Visual C#
2013
从零开始学

李馨 著

清华大学出版社

北京

内 容 简 介

本书引导使用 C/C++、VB 的程序员或者类似语言的开发者迅速转向 C#，使用 C# 高效地开发基于微软 .NET 网络框架（平台）的各种应用程序。

全书分 4 篇 17 章。程序基础篇（第 1~4 章）以控制台应用程序为主，介绍变量、常数基本数据类型的使用、流程控制的条件选择和循环以及数组和字符串等。对象使用篇（第 5~9 章）以面向对象为基础来探讨类和对象，提供对象"生命周期"的构造函数；探讨面向对象程序设计的三大特性，即继承、封装和多态；了解集合的特性等。窗口接口篇（第 10~14 章）以 Windows Form 为主，使用工具箱加入控件，包括显示信息的控件、文字编辑控件、具有选择功能的控件、提供互动的控件，以及键盘和鼠标事件的处理等内容。应用篇（第 15~17 章）介绍 ADO.NET 组件、LINQ 语言的应用以及简易方块游戏的制作。

本书对 Visual C# 语言进行了全面的介绍，非常适合对 Visual C# 语言感兴趣、想对 .NET Framework 类库有更多认识的读者阅读。

本书为荣钦科技股份有限公司授权出版发行的中文简体字版本

北京市版权局著作权合同登记号　图字：01-2016-8563

本书封面贴有清华大学出版社防伪标签，无标签者不得销售。

版权所有，侵权必究。举报：010-62782989，beiqinquan@tup.tsinghua.edu.cn。

图书在版编目（CIP）数据

Visual C# 2013 从零开始学/李馨著. —北京：清华大学出版社，2017（2021.1重印）

ISBN 978-7-302-46686-4

Ⅰ．①V… Ⅱ．①李… Ⅲ．①C 语言—程序设计 Ⅳ．①TP312.8

中国版本图书馆 CIP 数据核字(2017)第 080417 号

责任编辑：夏毓彦
封面设计：王　翔
责任校对：闫秀华
责任印制：杨　艳

出版发行：清华大学出版社
网　　址：http://www.tup.com.cn，http://www.wqbook.com
地　　址：北京清华大学学研大厦 A 座　　　　　邮　　编：100084
社 总 机：010-62770175　　　　　　　　　　　邮　　购：010-62786544
投稿与读者服务：010-62776969，c-service@tup.tsinghua.edu.cn
质量反馈：010-62772015，zhiliang@tup.tsinghua.edu.cn
印 刷 者：小森印刷霸州有限公司
经　　销：全国新华书店
开　　本：190mm×260mm　　　　印　　张：34　　　　字　　数：880 千字
版　　次：2017 年 6 月第 1 版　　　　　　　　　印　　次：2021 年 1 月第 5 次印刷
定　　价：89.00 元

产品编号：072289-01

序

各种程序设计语言都在不断发展、不断完善，C#程序设计语言跟随着.NET Framework 技术发展已经超过十年。这个原本模仿音乐上的"C♯"（C 调升），从 C#.NET 到 Visual C# 2013 一直昂首阔步，向前迈进。下面我们从 4 个方面来认识 Visual C#语言。

程序基础篇（第 1~4 章）

这是踏上学习之旅的第一步，焦点在 Visual Studio 2013 集成开发环境上，以 Visual Studio Express 版本为"主场"，从控制台应用程序来浅尝 .NET Framework 的魅力。变量和常数的使用、流程控制的条件选择和循环、数组和字符串的使用是本篇的重点内容。

对象使用篇（第 5~9 章）

首先以面向对象为基础来探讨类和对象，并提供对象"生命周期"的构造函数。然后探讨静态类以及传值调用、传址调用。接着探讨面向对象程序设计的 3 个特性：继承（Inheritance）、封装（Encapsulation）和多态（Polymorphism）。最后由命名空间 System.Collections 实现 IDictionary 接口，以了解集合的特性，认识泛型（Generics）的重复使用性、类型安全和高效率的优点。除此之外，还介绍了委托（Delegate）的相关内容，将方法当作变量来传递。

窗口接口篇（第 10~14 章）

Windows 应用程序主要围绕.NET Framework 创建，以窗体（Form）为主，使用工具箱加入控件，最大的优点是不编写任何程序代码也能调整输入输出接口。要设计一个好的 Windows 应用程序，必须了解控件！这些章节将介绍常用的公共控件、不同用途的对话框、打开多份文件的 MDI 窗体；探讨 System.IO 命名空间和数据流的关系；打开文件并读取，创建文件并写入数据，这些不同格式的串流可搭配不同读取器和写入器。

应用篇（第 15~17 章）

要以窗体来显示数据库的记录，ADO.NET 就是不可或缺的组件。简单介绍它的关系数据库的特色，以 Access 数据库为模板，配合 DataGridView 控件显示记录。然后介绍 LINQ，它的迷人之处在于数据的查询。最后以一个完整的方块游戏的制作作为结尾。

下载资源获取

为了方便读者学习，本书给出了完整的范例程序代码，请扫描下方二维码下载：

如果下载有问题，请发送电子邮件至 booksaga@126.com，邮件主题设置为"求 Visual C# 2013 从零开始学下载资源"。

编　者

2017 年 4 月

改编说明

和 Java 有着惊人相似之处的 C# ，几乎集成了当今所有关于软件开发和软件工程研究的最新成果，从微软公司 2000 年发布 C#到今天，经过十多年的不断完善和发展，用"安全、稳定、简单、优雅、高效"这些关键词来描绘 C#的"如日中天"一点也不夸张。C#综合了 VB 简单的可视化操作和 C/C++运行的高效率，使其成为 .NET 开发的首选语言。

本书的写作目的是希望帮助 C/C++、VB 的程序员或者类似语言的开发者迅速转向 C#，从而可以使用 C# 高效地开发基于微软 .NET 网络框架（平台）的各种应用程序。

要学习一门新的程序设计语言的捷径就是以范例程序为蓝本，亲自修改、调试、测试程序。本书的一大特点就是范例程序丰富而实用，改编本书的工作与其说是改编文字，不如说是调试和测试范例程序，我们花了大量时间在简体中文环境下修改、调试和测试范例程序，并不遗余力地修改范例程序运行中使用的范例文件和范例数据库，以及每章习题部分的编程实践题，以保证正文中的范例程序和为实践作业提供的参考范例程序都准确无误。

书中所有的范例程序都在下列开发环境中修改、调试并顺利测试通过，可以正常运行。

- Microsoft Visual Studio Express 2013 for Windows Desktop，版本 12.0.4 Update 5。
- Microsoft .Net Framework 版本 4.6.0。
- Microsoft Access。

使用范例程序的注意事项如下：

（1）为了让所有范例程序不经过任何修改就能直接编译运行，建议把范例程序压缩文件解压到 F 盘的"\Visual C# 2013 Demo"文件夹下，注意路径字符串中的空格，完整的路径是"F:\Visual C# 2013 Demo"。其中，"Visual""C#""2013"和"Demo"之间都有空格。

（2）如果系统中没有 F 盘，那么在某些范例程序的源代码中要把"F:\Visual C# 2013 Demo"中的"F:"替换成范例程序解压到的目标盘盘符。例如，解压到 C 盘就改为"C:\Visual C# 2013 Demo"，之后重新编译范例程序即可顺利运行。

（3）也可以把范例程序解压到任意目标盘和文件夹下，只要在范例程序源代码中把"F:\Visual C# 2013 Demo"替换成"范例程序解压的目标盘符:\文件夹名"，之后重新编译范例程序就可以顺利运行。

（4）有些范例程序在运行时需要用到"Easy"文件夹下的文件和子文件夹，请务必保留此文件夹以及它和"\Visual C# 2013 Demo"文件夹之间的层级关系。或者修改源程序中有关路径的代码，重新指向正确的"Easy"文件夹及其子文件夹，之后重新编译范例程序也可以顺利运行。

（5）第 15 章范例程序需要用到的两个数据库文件也都已修改为简体中文版，其中查询程序、数据表、报表、窗体设计、宏以及程序模块都已修改、调试并测试通过。它们分别放在第 15 章的范例程序文件夹下，这两个数据库文件名为"North.accdb"和"CH15Db.accdb"。在"\Visual C# 2013 Demo\Easy"文件夹下还保留了备份文件。

最后祝大家学习顺利！

资深架构师 赵军

2017 年 4 月

目　录

第 1 篇　程序基础

第 2 篇　对象使用

第 3 篇 窗口接口

第 4 篇　应用

第 **1** 章

欢迎来到 C# 的世界

章节重点

⌘ 认识 .NET Framework 架构，包括公共语言运行库和 .NET Framework 类库。

⌘ 初探 VS Express 2013 工作环境、解决方案和项目的关系。

⌘ 以控制台应用程序来了解 C# 语言的惯例。

踏上学习之旅的第一步，是把焦点放在 Visual Studio 2013 集成开发环境，以 Visual Studio Express 版本为"主场"，由控制台应用程序来浅尝 C#语言的魅力。

1.1　从.NET Framework 说起

.NET Framework 由微软公司开发，从字面上来看，可解释成"骨干""架构"。Visual Studio 2013 提供了一个安全性高、集成性强的工作环境，用户可以使用 Visual Basic、C#、Visual C++ 等程序设计语言来进行应用程序的开发。除了用于 Windows 应用的开发，也能致力于 Web 的开发，通过图 1-1 来做初步的认识。

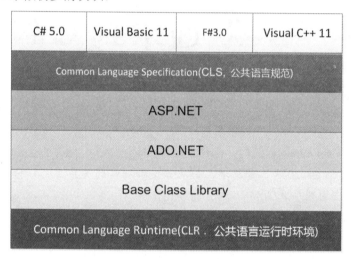

图 1-1　.NET Framework 架构

.NET Framework 包括两大组件，即公共语言运行库（Common Language Runtime，CLR，或称为公共语言运行时环境）和 .NET Framework 类库（Class Library），主要提供了以下功能。

- 提供一致的设计环境，使用 Visual Studio 编写程序代码，不同的程序设计语言能相互沟通。
- 提高程序代码的安全运行环境，让开发后的软件更容易部署，并且减少运行环境的冲突。
- 高达 4000 多个链接库，借助命名空间让 Windows 和 Web 拥有一致的开发设计环境。

1.1.1　公共语言运行库

"公共语言运行库"为 .NET Framework 提供了应用程序的虚拟运行环境，让我们编写的程序设计语言在共享的类库下能彼此协调、相互合作。以 CLR 为主并经过编译的程序代码称为"托管（Managed）程序代码"，它具有以下功能。

- 负责垃圾收集管理，协助程序开发者进行内存的配置和释放。
- 由于基类是由 .NET Framework 类系统定义的，因此能进行跨语言整合，不同语言所编写的对象可以彼此互通。

- 具有强制类型的安全检查，简化版本管理以及安装。
- 支持结构化异常情况处理。

1.1.2　.NET Framework 类库

无论开发的应用程序是 Windows 窗体（Form）、Web Form 还是 Web Service，都需要.NET Framework 提供的类库（Class Library）。为了让不同的语言之间具有"互操作性"（Interoperability），在"公共语言规范"（Common Language Specification，CLS）的要求下，使用.NET Framework 类。此外，.NET Framework 类库也能实现面向对象程序设计，包含派生自定义的类、组合接口和创建抽象（Abstract）类。为了建立分层结构，.NET Framework 类库也提供了"命名空间"（Namespace）的功能。

1.1.3　程序的编译

一般来说，编写的程序代码（Source code）要经过编译才能执行。使用 C#语言编写的程序需要经过 C#编译程序（Compiler）编译才能运行。不同之处是 .NET Framework 会将 C#程序代码编译成 MSIL（Microsoft Intermediate Language）中间语言。它产生的汇编程序（Assembly）是可执行文件，扩展名是"EXE"或"DLL"，编译过程如图 1-2 所示。

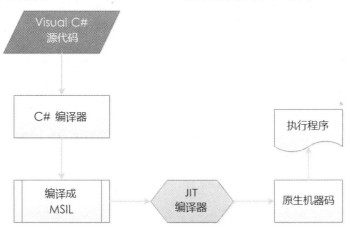

图 1-2　C#程序代码的编译过程示意图

经过编译的程序代码要运行时，汇编程序会以 .NET Framework 的 CLR 进行加载，符合安全性需求后，再由 JIT（Just-in-Time）编译程序将 MSIL 转译成原生机器码才能执行。简单来说，我们要将 C#的程序代码编译成可执行文件（*.EXE），运行的环境必须安装.NET Framework 软件才能顺利执行。

1.2　认识 Visual Studio 2013

Visual Studio 2013（后文中简称为 VS 2013）是一款集成开发环境，能编写、编译、调试和测试应用程序的软件。VS 2013 也是语言的组合套件，可以使用 Visual Basic、Visual C#、

Visual C++、F#等程序设计语言，开发 Web、Windows、Office、数据库和移动设备等多种类型的应用程序。

1.2.1　Visual Studio 2013 的版本

VS 2013 有多种版本，包含 Professional 专业版、Premium 企业版、Ultimate 旗舰版和适合初学者的 Express 版本。本书将 Visual Studio Express（后文中简称为 VS Express）2013 for Windows Desktop 作为 Visual C# 程序设计语言练习的使用环境。Visual Studio Express 2013 分为以下几种版本。

- Visual Studio Express 2013 for Web：创建 Web 应用程序和服务，例如 ASP.NET。
- Visual Studio Express 2013 for Windows：创建 Windows 商店和 Windows Phone 应用程序，软件必须安装于 Windows 8.1 或 Windows 10 操作系统。
- Visual Studio Express 2013 for Windows Desktop：使用 Visual Basic、C#、Visual C++等程序设计语言创建桌面应用程序。
- Visual Studio Team Foundation Server Express 2013：以小型团队来共同协作、管理项目，提高效率。

Visual Studio Express 2013 for Windows Desktop 默认的操作系统是 Windows 8.1 或 Windows 10，可连上官网"http://www.visualstudio.com/zh-cn/downloads"进行下载并安装。

1.2.2　启动软件并创建项目

VS 2013 是一套具有集成开发环境（Integrated Development Environment，IDE）的软件，具有程序代码编辑器，用于协助程序的编写、调试和执行；进行文件的管理，部署项目并发布；将相关工具集成在同一个环境下，以便于开发人员使用。要启动 VS Express 2013，可以按照以下方式进行。

- 如果是 Windows 8/8.1 或 Windows 10，就进入应用程序，找到"VS Express 2013 for Desktop"软件。
- 如果是 Windows 7，就执行"开始菜单"→"所有程序/Visual Studio 2013"→"VS Express 2013 for Desktop"。

先创建"控制台应用程序"（Console Application）项目，配合 VS Express 2013 的工作环境，了解 C#语言的编写和应用程序的创建。"控制台应用程序"完成编译的程序会在"命令提示符"窗口下运行，只会输出文字。

范例 CH0102　创建控制台应用程序项目

1 启动 VS Express 2013，进入起始页，单击"开始"处的"新建项目"，打开"新建项目"对话框（执行菜单"文件"→"新建项目"指令也可以），如图 1-3 所示。

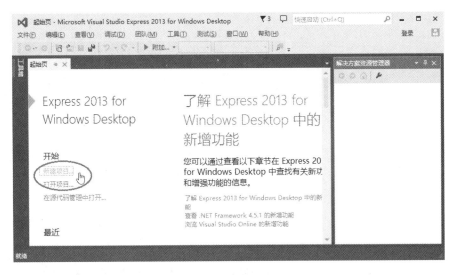

图 1-3　VS Express 2013

2 新建一个控制台项目。❶单击模板"Visual C#"；❷选择"控制台应用程序"；❸将名称
设置为"CH0102"；❹设置存储位置；❺取消勾选"为解决方案创建目录"复选框；❻单
击"确定"按钮。步骤如图 1-4 所示。

图 1-4　新建一个控制台应用程序的步骤

文件默认的存储位置是"C:\users\用户名称\documents\visual studio 2013\Project\
CH0103"文件夹。

3 生成控制台应用程序，打开程序代码编辑器并自动加入部分程序代码，如图 1-5 所示。

图 1-5　创建控制台应用程序

VS 2013 工作窗口

可以通过图 1-5 来认识 VS Express 2013 的环境。标题栏位于窗口最上方，它的左侧会显示项目名称以及 VS 2013 软件的版本。若程序在"运行"状态，则标题栏的文件名后会显示"正在运行"，如图 1-6 所示，表示当前正在运行一个应用程序。

CH0102 (正在运行) - Microsoft Visual Studio Express 2013 for Windows Desktop

图 1-6　标题栏会显示程序正在运行

标题栏下方是菜单栏，提供所有指令。菜单栏下方是工具栏，默认设置是"标准"和"文本编辑器"栏，可通过菜单"查看"→"工具栏"得知，如图 1-7 所示。

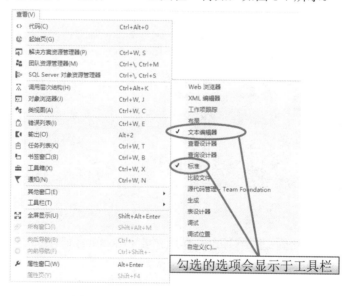

图 1-7　展开菜单"查看"→"工具栏"

继续浏览图 1-5。在工具栏下方，左侧是"工具箱"（图中是隐藏状态），右侧是"解决方案资源管理器"窗口和属性窗口，中间是主窗口区，图 1-5 中是程序代码编辑器，以选项卡方式存在。

1.2.3 "解决方案资源管理器"窗口

从图 1-8 可知，虽然我们并未创建解决方案，但是从解决方案资源管理器窗口中还是可以看到解决方案的身影：名称为"解决方案'CH0102'（1个项目）"，说明 VS Express 2013 以解决方案为架构，以项目名称"CH0102"为解决方案名称。其中，"1 个项目"显示出当前我们只创建了一个项目，也就是解决方案下方的"CH0102"；C#标记表示这是一个 C#语言项目。

图 1-8　解决方案资源管理器窗口

解决方案和项目

解决方案和项目有什么不同呢？可以通过文件资源管理器来查看：在 CH0102 文件夹下，解决方案的扩展名是"*.sln"，项目的扩展名是"*.csproj"，如图 1-9 所示。

展开（◢表示展开，▷表示折叠或收起）CH0102项目可以看到以下内容。

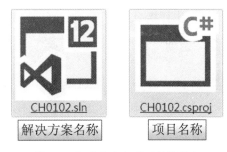

图 1-9　解决方案和项目的扩展名

- Properties：用来设置此项目的相关信息。用鼠标双击此项后，会在主窗口区程序代码编辑器的左侧新增一个"CH0102"选项卡，如图 1-10 所示，从中可以得知组件名称是"CH0102"、默认命名空间为"CH0102"以及与项目有关的设置等。
- 引用→App.config：是与项目相关的配置设置。
- Program.cs：C#的源代码文件，编写的程序代码都会存放于此。

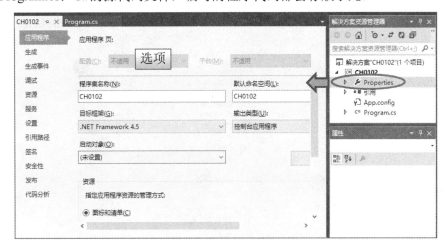

图 1-10　设置项目的 Properties

以解决方案管理项目

简单的应用程序可能只需要一个项目，而复杂的应用程序需要多个项目才能组成一个完整的解决方案。Visual Studio 2013 使用解决方案机制来管理有多个项目的应用程序。解决方案的组成如图 1-11 所示。

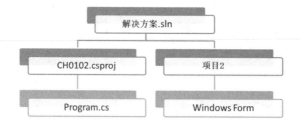

图 1-11　解决方案的组成

要在当前的项目中加入第二个项目，有两种方法。

- 执行指令：在菜单中执行❶"文件"→❷"添加"→❸"新建项目"指令，如图 1-12 所示。

图 1-12　通过菜单为当前解决方案新建项目

- 在解决方案资源管理器的解决方案名称上❶右击，展开快捷菜单后，执行❷"添加" →❸"新建项目"指令，如图 1-13 所示。

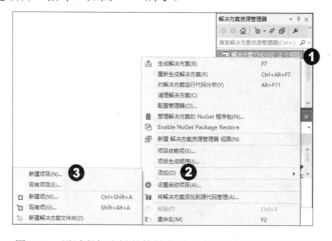

图 1-13　通过鼠标右键的快捷菜单为当前解决方案新建项目

1.2.4 项目的打开和关闭

从 3 个角度来执行"关闭"指令。执行菜单"文件"→"关闭"指令，可关闭当前正在使用的文件，就现阶段而言，它会关闭"Program.cs"文件。若执行"文件"→"关闭解决方案"指令，则会关闭当前打开的解决方案，并不会关闭 Visual Studio 2013 操作环境。若要关闭 VS Express 2013，则执行"文件"→"退出"指令，或者按 Visual Studio 2013 右上角的"X"（关闭）按钮。

打开项目

打开项目有以下两种方法。

- 启动 VS Express 2013 软件后，从起始页"最近"区域中就能直接打开 CH0102 项目，如图 1-14 所示。

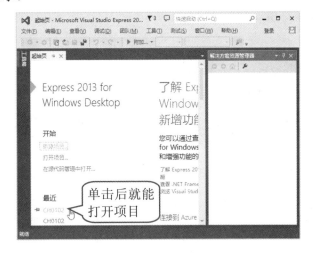

图 1-14　打开项目的方法之一

- 使用菜单，执行"文件"→"打开项目"指令，打开"打开项目"对话框，如图 1-15 所示。

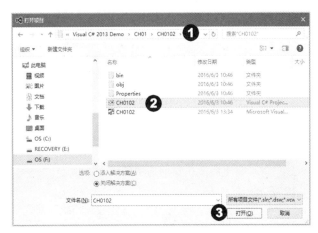

图 1-15　"打开项目"对话框

9

如图 1-15 所示,当我们打开"打开项目"对话框的"CH0102"文件夹时,可以看到两个文件:"CH0102.sln"(解决方案)和"CH0102.csproj"(项目)。

改编者注:在 Windows 10 环境下,这两个文件的扩展文件名都隐含了,不过可以从文件名前的小图标区分。尽管前述步骤并未创建解决方案,不过系统会以解决方案为主轴,无论用鼠标双击"CH0102.sln"还是"CH0102.csproj"都能打开范例 CH0102。

1.2.5 操作环境的设置

对于 VS Express 2013 来说,所有环境都能使用"工具/选项"指令来进行设置。项目的存储位置默认在"用户名称\我的文档\Visual Studio 2013"文件夹下,可借助"项目和解决方案"选项的"常规"子选项来重新设置存储位置。为了便于后续程序代码的编写和讲解,设置文本编辑器时最好加入行号。

范例 CH0102 设置环境

1 执行菜单"工具"→"选项"指令,进入"选项"对话框。

2 更改项目存储位置。❶展开"项目和解决方案"选项;❷选择"常规";❸单击 按钮设置存储路径。步骤如图 1-16 所示。

图 1-16 更改项目的存储位置

3 更改新选项卡的位置。❶展开"环境";❷选择"选项卡和窗口";❸勾选"将新选项卡插入现有选项卡的右侧"。步骤如图 1-17 和图 1-18 所示。

4 加入行号。❶单击"文本编辑器";❷单击"C#";❸勾选"行号";❹单击"确定"按钮。步骤如图 1-19 所示。

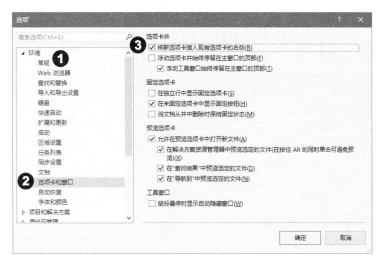

图 1-17　更改新选项卡的位置

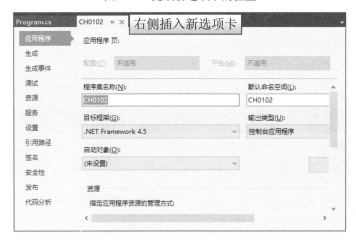

图 1-18　右侧插入新选项卡

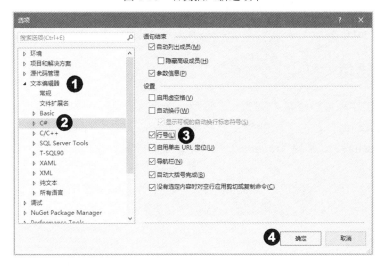

图 1-19　加入行号

1.3 控制台应用程序

我们已经创建了控制台应用程序，并在创建项目的过程中加入了部分程序代码。下面让我们一步一步来完成此项目。

1.3.1 认识 C#语言

编写程序前，先来认识一下什么是 C#（读成"C-sharp"）？2000 年，Anders Hejlsberg 带领 Microsoft 团队，参考 C、C++和 Java 语言的特色，创造发明了一门新的语言，并交由 ECM 和 ISO 完成标准化的工作，这门语言就是 C#。

C#是一个面向对象的程序设计语言（Object-Oriented Programming，OOP），具有对象、类和继承。微软称之为"Visual C#"，表示它是一个简单、通用的高级程序设计语言。

C#的发展史

C#语言随着时间的推移，配合.NET Framework 和 Visual Studio 软件不断发展，可以通过表 1-1 来了解它的发展史。

表 1-1　C#语言的发展史

Visual Studio	.NET Framework	C#版本
2002	1.0	1.0
2003	1.1	1.2
2005	2.0	2.0
2008	3.5	3.0
2010	4	4.0
2012	4.5	5.0
2013	4.5.2	5.0

1.3.2 程序语句

VS 2013 的工作环境以解决方案为主，管理一个或多个项目；每一个项目又可能有一个或多个程序集（assembly），由一个或多个程序编译而成。这些程序代码可能是类（class），也可能是结构（structure）、模块（module）等。无论是哪一种，它们都是一行又一行的程序"语句"（statement）。

每一行"语句"都包含标识符（identifier，在程序代码编辑器中呈现黑色的字体）、关键字（keyword，在程序代码编辑器中显示为蓝色字体）和符号。

程序块或程序段

为了区分不同的语句，我们以多行程序语句组成程序段或程序块（Block）来表示它的涵盖范围。程序块由一对"{}"（大括号）构成，从"{"（左大括号）开始，进入某个程序块，到"}"（右大括号）结束。通过范例 CH0102 可以看到 3 个程序块：❶命名空间 namespace{}、❷类 class{}和❸主程序 Main{}，如图 1-20 所示。

这也表示自定义的命名空间 CH0102 所组成的程序块从第 7 行开始，到第 15 行结束。命名空间下有类（行号 9~14），类下有主程序 Main()。

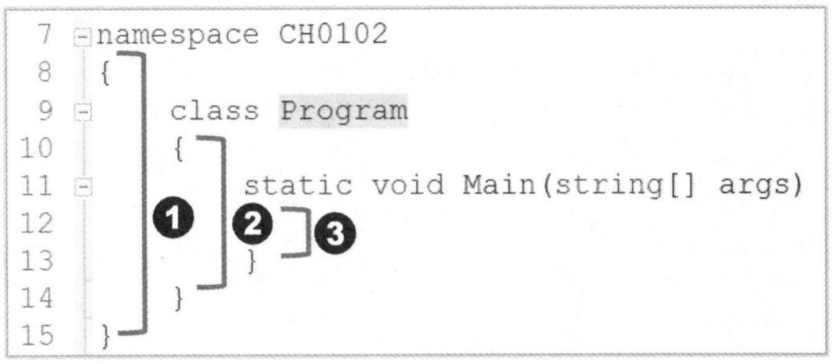

```
 7  namespace CH0102
 8  {
 9      class Program
10      {
11          static void Main(string[] args)
12          {

13          }
14      }
15  }
```

图 1-20　程序块或程序段

此外，程序块还可以展开或收起。❶ 表示 namespace 和 class 程序块展开，❷ 表示 Main 主程序块收起，如图 1-21 所示。

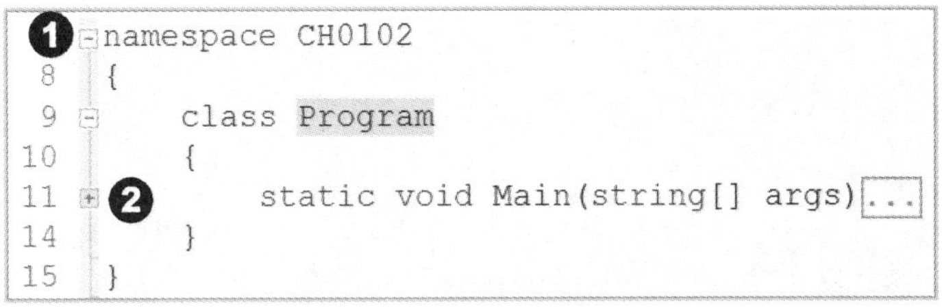

```
    namespace CH0102
 8  {
 9      class Program
10      {
11          static void Main(string[] args)...
14      }
15  }
```

图 1-21　程序块的展开和收起

1.3.3 认识命名空间

命名空间（Namespace）的作用是把功能相同的类聚集在一起。我们可以把它想象成计算机里存储数据的磁盘，根据存储数据的不同性质可以分成不同的文件夹；若有需要，可以在文件夹下再添加文件夹，形成一个分层结构。这样的好处是可以将两个文件名相同的文件存放在不同的文件夹下，避免因相同名称而产生的冲突。

.NET Framework 会根据不同的类组成不同的命名空间。可以使用关键字"using"调用系统已经定义好的命名空间。范例 CH0102 的"Program.cs"引用了系统已经定义好的命名空间，并通过以下语句加入命名空间。

```
using System;
using System.Collections.Generic;
using System.Linq;
using System.Text;
using System.Threading.Tasks;
```

可以看到除了 System 命名空间外，还有其他命名空间。想要进一步存取 System 下的命名空间，可使用"."（Dot）运算符，例如"System.Text"。

引用系统提供的命名空间后，也可以声明自己的命名空间，使用的关键字是"namespace"，可以查看程序代码的第 7 行语句：

```
namespace CH0102 {}
```

1.3.4　编写程序代码

程序代码要从什么地方开始加入？从 Main 主程序的程序块开始。Main()本身也是一个方法（Method，面向对象程序设计的专有名词，后文同），是控制台应用程序的进入点（Entry Point）。

```
static void Main(string[] args)
{

}
```

要注意的是 Main()方法必须在类或结构中声明。关键字"void"表示没有返回值，括号中的 string[] args 是命令行参数，可在运行时输入参数。

程序代码很简单，使用 Console 类的 WriteLine()方法进行整行字符串的输出，例如：

```
Console.WriteLine("第一个 C#程序");
```

由于输出的是字符串，因此要在字符串前后加""""（双引号）。

范例　CH0102 编写程序

1 将鼠标指针移向第 12 行左括号后，单击鼠标形成插入点，然后按"Enter"键插入新行，如图 1-22 所示。

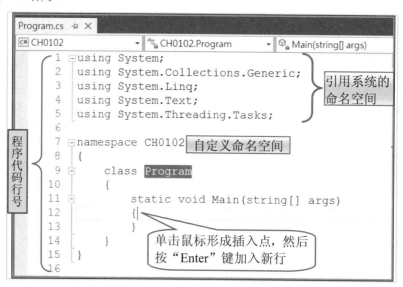

图 1-22　用鼠标选择插入点

2 分别在第 13、14 行插入程序代码"Console.WriteLine("My First C# Program!");"和"Console.ReadLine();"，如图 1-23 所示。

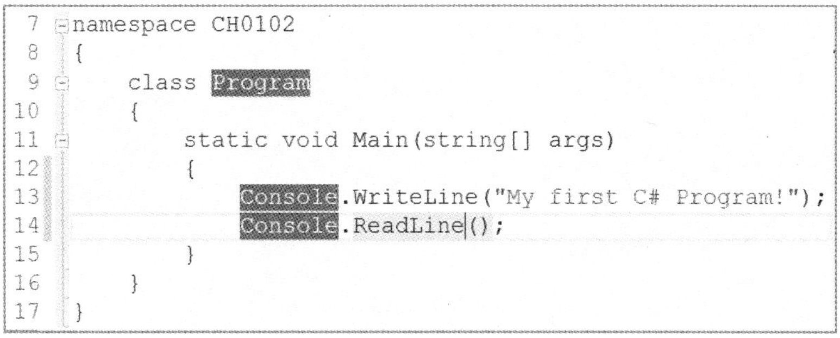

```
 7 □namespace CH0102
 8  {
 9  □    class Program
10        {
11  □        static void Main(string[] args)
12            {
13                Console.WriteLine("My first C# Program!");
14                Console.ReadLine();
15            }
16        }
17  }
```

图 1-23　插入程序代码

- 由于 C#是一个结构严谨的语言，因此编写程序时英文字母有大小写的区别，"Console"不能写成"console"，"WriteLine""ReadLine"的 W、L 和 R、L 一定要大写。
- ReadLine()是 Console 类中用来读取用户输入的字符，运行时用户未按下"Enter"键前，屏幕会呈现暂停状态。如果未加入这行语句，程序运行时显示界面就会一闪而过，用户无法看到程序的输出结果。
- 每一行的语句后一定要加上"；"（结尾分号）。

3 执行"文件"→"全部保存"指令，将文件存盘，如图 1-24 所示。

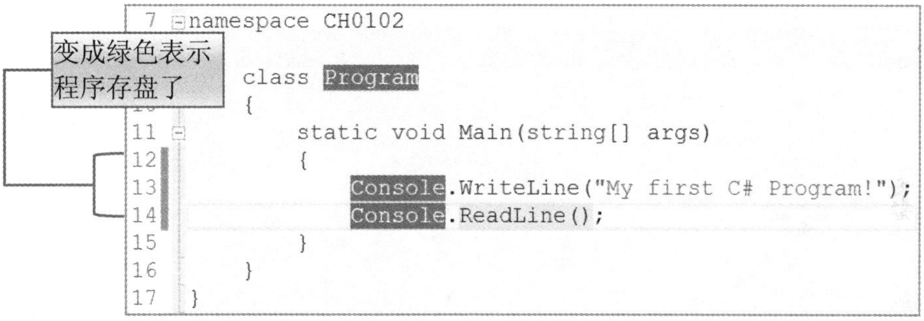

变成绿色表示程序存盘了

```
 7 □namespace CH0102
        class Program
        {
11  □        static void Main(string[] args)
12            {
13                Console.WriteLine("My first C# Program!");
14                Console.ReadLine();
15            }
16        }
17  }
```

图 1-24　程序存盘后的状态

1.3.5　为程序代码加注释

为了提高程序的可维护性和可阅读性，可以在程序代码里加入注释（Comment）文字。在 Visual C#中以使用"//"可形成单行注释；或者以"/*"开始注释文字，以"*/"结束注释文字，形成多行注释，如图 1-25 所示。形成注释的文字会以绿色呈现，编译时，编译程序会忽略这些注释文字。

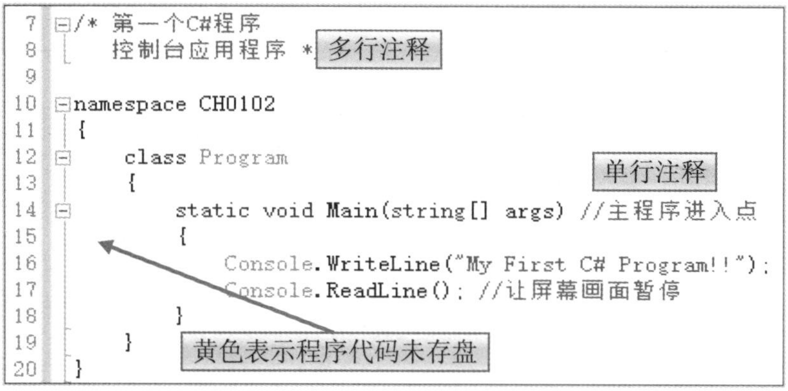

```
 7  /* 第一个C#程序
 8     控制台应用程序 *    多行注释
 9
10  namespace CH0102
11  {
12      class Program
13      {                           单行注释
14          static void Main(string[] args) //主程序进入点
15          {
16              Console.WriteLine("My First C# Program!!");
17              Console.ReadLine(); //让屏幕画面暂停
18          }
19      }
20  }
```

黄色表示程序代码未存盘

图 1-25　在程序代码中加入注释

1.3.6　让程序适时缩排

编写程序时，适时缩排可以增加程序的可阅读性。VS Express 2013 对缩排采用默认功能，提供了更人性化的处理，会根据程序的编排方式自动产生缩排。用户也可以手动按"Tab"键产生缩排，按"Shift＋Tab"键减少缩排。如果想要变更"缩进大小"，可以执行"工具"→"选项"指令，进入"选项"对话框，如图 1-26 所示进行设置：❶展开"文本编辑器"选项；❷展开"C#"选项；❸选择"制表符"；❹修改"制表符大小"和"缩进大小"，默认值均为"4"；❺单击"确定"按钮。

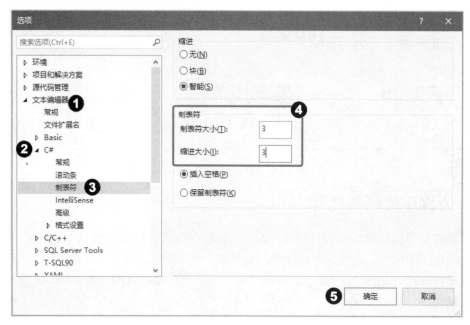

图 1-26　设置缩排

缩进时可选择"块"（程序段）和"智能"两个选项，说明如下。

- 块：编写程序代码，按"Enter"键后使下一行与前一行对齐。
- 智能：默认值，编写程序时由系统决定适当的缩排样式。

1.3.7　善用 IntelliSense

程序代码编辑器提供了 IntelliSense 功能，让用户可以简化程序代码的编写工作，提供了"列出成员""参数信息""快速信息"和"完成单词"等操作。用户还可以执行"编辑"→"IntelliSense"指令查看支持的各项功能，如图 1-27 所示。

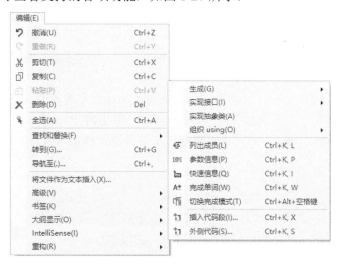

图 1-27　IntelliSense 支持的各项功能

编写程序时，只要输入相关名称就会列出相关内容；要选择某个成员，先按上或下箭头键，再按"Enter"或"空格"键即可。若类名称无误，按"."（dot）则会自动列出此类的属性、方法或枚举常数，如图 1-28 所示。

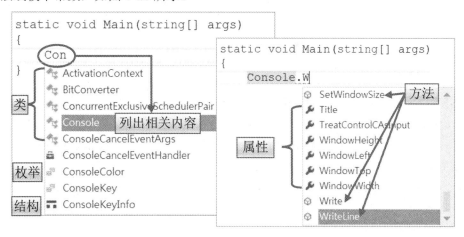

图 1-28　IntelliSense 的部分功能

快速信息

将鼠标移向某一个标识符或者某一个方法，系统能提供它的完整语法，并告诉我们 WriteLine() 方法输出的指定字符串，如图 1-29 所示。

图 1-29　提供语法的快速信息

1.3.8 创建并运行程序

程序代码编写完成后，就能编译并运行此程序。
通过菜单中的"调试"→"启动调试"指令、直接按
键盘上的"F5"键，或者单击工具栏上的 ▶ 启动 ▾ 按钮
都可以启动调试。如果程序代码无任何错误，就会打
开图 1-30 所示的运行界面。

图 1-30　运行控制台应用程序

如何关闭应用程序呢？单击"命令提示符"窗口左上角的 ■ X ■ 按钮，或者直接按键盘上的 "Enter" 键就可以关闭运行窗口。

执行菜单中的"调试"→"启动调试"指令时，编译程序的同时会进行调试的操作。若没有任何错误则会得到一个可执行文件（executable）"CH0102.exe"。这个可执行文件存放在项目的"CH0102\bin\Debug"目录下，可通过文件资源管理器来查看。

Release 版本

有调试（Debug）版本，当然就有正式（Release）版本。更改工具栏的解决方案配置，把 Debug 变更为 Release，如图 1-31 所示，再按一次 "F5" 键，就可以看到 "bin" 文件夹下产生了一个 "Release" 目录，同样也有 "CH0102.exe" 的可执行程序。

图 1-31　将解决方案配置变更为 "Release"

1.4　重点整理

- .NET Framework 提供应用程序架构，包括两大组件：公共语言运行库（CLR）和 .NET Framework 类库。

- VS 2013 有多种版本，包括 Professional 专业版、Premium 企业版、Ultimate 和适合初学者的 Express 版本。

- 经过公共语言运行库（CLR）编译的程序代码称为"托管（Managed）程序代码"，负责垃圾收集管理、跨语言的整合，并支持异常处理（Exception Handing），具有强制类型安全检查和简化版本管理及安装。

- .NET Framework 的类库（Class Library）让不同的语言之间具有"互操作性"（Interoperability），在"公共语言规范"（Common Language Specification，CLS）要求下，使用 .NET Framework 类型。

- .NET Framework 会将 VB 程序代码编译成 MSIL（Microsoft Intermediate Language）中间语言；已编译的程序代码要执行时，须由 JIT（Just-in-Time）编译程序将 MSIL 转译成机器码。

- Visual Studio 2013 以解决方案来管理多个项目，在项目下会有属性不同的多个文件。
- 在 Visual Studio 2013 操作界面中，环境设置可通过"工具"→"选项"指令来进行，而工作环境中的相关窗口可从"查看"菜单重新找出。
- 编写程序时，一行行的程序代码就是"语句"。调用系统定义好的命名空间时使用关键字"using"，自行定义命名空间时则使用关键字"namespace"。

1.5　课后习题

一、填空题

（1）以.NET Framework 为核心架构的 Visual Studio 2013，目前版本是_____。

（2）公共语言运行库的简称是_____；经过其编辑的程序代码称为_____。

（3）列举 3 个可以在 .NET Framework 上开发的程序设计语言：_____、
_____、_____。

（4）说明 Visual Studio 2013 操作界面（见图 1-32）中各个窗口的名称：❶为_____，
❷为_____，❸为_____，❹为_____。

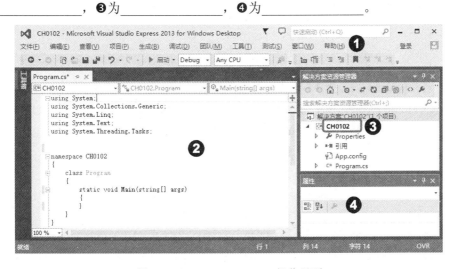

图 1-32　Visual Studio 2013 操作界面

（5）编写程序时，一行行的程序代码称为_____，调用系统定义好的命名空间使用
关键字_____；自行定义命名空间使用关键字_____。

（6）编写程序时，加入单行注释使用_____字符；形成多行注释要以_____开始，
以_____结束。

二、问答题

（1）连上 MSDN 官方网站，查看.Net Framework 目前更新到哪个版本了，有什么重要
更新？

（2）VS Express 2013 涵盖了哪些版本？请简单介绍。

（3）请说明如何编译程序代码。

（4）说明解决方案和项目的不同。

（5）打开文件资源管理器，查看范例 Ch0102 项目，回答下列问题。

　　① "Ch0102.sln" 是什么？有什么作用？

　　② "Ch0102.exe" 执行文件位于哪个文件夹下？双击鼠标会如何？

习题答案

一、填空题

（1）略

（2）CLR、托管程序代码

（3）Visual Basic　Visual C++　C#

（4）❶菜单栏　❷程序代码辑器　❸解决方案资源管理器窗口　❹属性窗口

（5）语句　using　namespace

（6）//　/*　*/

二、问答题

（1）略

（2）

- Visual Studio Express 2013 for Web：创建 Web 应用程序和服务，例如 ASP.NET。

- Visual Studio Express 2013 for Windows：创建 Windows 商店和 Windows Phone 应用程序，软件必须安装于 Windows 8.1 或 Windows 10 操作系统。

- Visual Studio Express 2013 for Windows Desktop：使用 Visual Basic、C#、Visual C++等程序设计语言创建桌面应用程序。

- Visual Studio Team Foundation Server Express 2013：以小型团队来共同协作、管理项目，提高效率。

（3）一般来说，程序要经过编译才能执行。不同之处是 .NET Framework 会将 C#程序代码编译成 MSIL 中间语言。经过编译的程序代码要执行时，必须经过 JIT 编译程序将 MSIL 转译成机器码才行。

（4）"项目"是由不同的文件组成，通过项目进行管理，项目的扩展名为 "*.csproj"。一个单纯的应用程序可能只会有一个项目，而较为复杂的应用程序可能会需要多个项目，此时就得借助 "解决方案"，使用 "解决方案文件夹" 来管理组织相关的项目群组。

（5）① 在 "Ch0102" 项目中，可以看到解决方案 "Ch0102.sln"。

"sln" 表示 Visual Studio 的解决方案，将项目和解决方案组织后，提供它们在磁盘上的存储位置。

② "Ch0102.exe" 文件位于 "…\CH0102\bin\Debug" 文件夹下。

双击鼠标，运行应用程序。

第 2 章

数据与变量

章节重点

- ⌘ 在通用类型系统下，C#的数据类型有两种：值类型（Value Type）和引用类型（Reference Type）。
- ⌘ 经过运算后，会改变值的是变量；赋初值后不能改变的是常数。
- ⌘ 控制台应用程序的 Read()和 ReadLine()方法有什么不同，Write()和 WriteLine()方法有什么不同？
- ⌘ 为什么需要类型转换？如何实现隐式类型转换和显式类型转换？
- ⌘ 运算要有操作数和运算符。C#提供算术、赋值、关系和逻辑运算符。

程序设计语言的首要课题是：C#如何处理数据？内存扮演着什么角色？变量和数据类型在程序代码中是鱼帮水、水帮鱼，还是互相制衡？此外，数据运算时，C#提供了多种功能的运算符。运算时，如果有多种数据类型，C#编译程序就会自动转换合适的类型。

2.1　什么是通用类型系统

不同数据要有适当的装载容器。举个最简单的例子，购买 500 毫升的绿茶，茶铺的销售人员不会拿 1000 毫升的杯子来装，有浪费之嫌；更不会使用 350 毫升的杯子来装，有溢出的危险。

在.NET Framework 下，为了确保运行程序的安全性，数据会以通用类型系统（Common Type System，CTS）为主，让所有托管的程序代码都能强化它的类型安全。C#是一种强类型（Strongly Typed）语言，无论是变量还是常数都要定义类型。C#语言有以下两种类型。

- 值类型（Value Type）：数据存储于内存本身，包括所有值类型。整数有 sbyte、short、int、long 有符号的类型和 byte、ushort、uint、ulong 无符号的类型；浮点数有 float、double 和 decimal；其他类型有 bool、char、枚举（enum）和结构（struct）。
- 引用类型（Reference Type）：内存中只存储指向数据的内存地址（Address），包括数组、String、Object、类、接口和委托。

2.1.1　整数类型

整数数据类型（Integral Data Type）表示数据中只有整数，不含小数部分。根据存储容量的不同，整数数据类型有两种：一种是含正负值的有符号整数（Signed Integral），如表 2-1 所示；另一种是不含负值的无符号整数（Unsigned Integral），如表 2-2 所示。

表 2-1　含正负值的有符号整数类型

数据类型	占用空间	数值范围
sbyte（字节）	1 Byte	-128～127
short（短整数）	2 Bytes	-32 768～32 767
int（整数）	4 Bytes	-2 147 483 648～2 147 483 647
long（长整数）	8 Bytes	-9 223 372 036 854 775 808～9 223 372 036 854 775 807

表 2-2　不含正负值的无符号整数类型

数据类型	占用空间	数值范围
byte（无符号字节）	1 Byte	0～255
ushort（无符号短整数）	2 Bytes	0～65535
uint（无符号整数）	4 Bytes	0～4 294 967 295
ulong（无符号长整数）	8 Bytes	0～18 446 744 073 709 551 616

2.1.2 浮点类型和货币

数值中除了整数外还包含小数部分的是"浮点数据类型"（Floating Point Types），会以近似值存储于内存中，如表 2-3 所示。

表 2-3　含有小数的浮点数据类型

数据类型	占用空间	数值范围	精确度
float（浮点数）	4 Bytes	$\pm 1.5e\text{-}45 \sim \pm 3.4e38$	7 位数
double（双精度浮点数）	8 Bytes	$\pm 5.0e\text{-}324 \sim \pm 1.7e308$	15～16 位数
decimal（高精度浮点数）	16 Bytes	$-7.9e28 \sim 7.9e28$	

使用浮点数据类型，可以根据其数值范围来声明数据类型。如果处理的数值需要精确度且范围较小时，decimal 是最佳选择，能支持 28~29 个有效数字，例如财务工作。decimal 会根据指定的数值来调整有效范围，与 float、double 相比，更加精确。基本上，系统默认的数据处理会以 double 为主。

2.1.3 其他数据类型

还有哪些数据类型呢？参考表 2-4 的说明。

表 2-4　其他数据类型

数据类型	占用空间	数值范围
bool（布尔）	1 Byte	true 或 false
char（字符）	2 Bytes	Unicode 16 位字符

某些类型需要加入后置字符来明确表达它所代表的数据类型，可参考表 2-5 的说明。

表 2-5　数据类型的后置字符

数据类型	后置字符	数据类型	后置字符
float	F or f	long	L or l
double	D or d	decimal	M or m

为什么要加上后置字符呢？编译程序同样会将实数（含有小数）视为 double 来处理，所以要加上后置字符"M"或"m"来避免编译时发生错误。在编写程序代码时，即使我们已经把数据声明为 decimal，IntelliSense 也会在数值下方加上红色波浪线，将鼠标移近时，它会告诉我们必须加上后置字符 M，如图 2-1 所示。

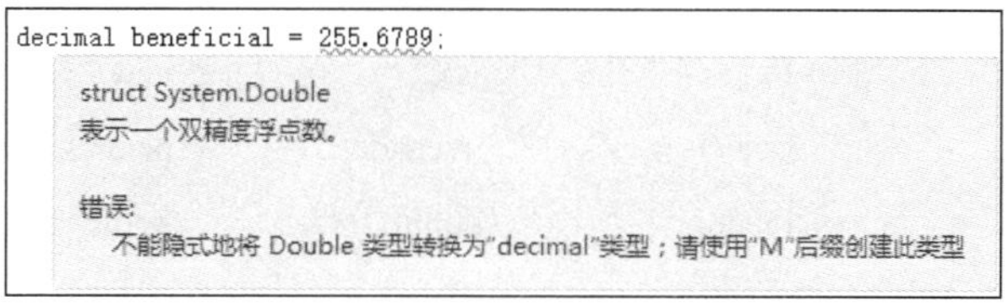

图 2-1　未加后置字符的错误提示

2.2　变量和常数

学习 C#程序设计语言得先了解数据的处理。数据要取得暂存空间才能存储或运算。"暂存空间"通常指向计算机的内存，占用内存空间的大小和存储的数据类型（Type）有关。使用"变量"（Variable）获得此暂存空间，并会随着程序的运行改变值的大小。

2.2.1　标识符的命名规则

变量需要赋予名称，是"标识符"（Identifier）的一种。程序中声明变量后，系统会分配内存空间。标识符包含变量、常数、对象、类、方法等，必须遵守以下命名规则（Rule）。

- 不可使用 C#关键字来命名。
- 名称的第一个字符使用英文字母或"_"（下划线）字符。
- 名称中的其他字符可以包含英文字母、数字和下划线。
- 名称的长度不可超过 1023 个字符。
- 尽可能少用单一字母来命名，会增加阅读的难度。

C#的命名惯例是区分英文字母大小写的，所以标识符为"birthday""Birthday""BIRTHDAY"是 3 个不同的名称。以下名称对 C#来说也是不正确的。

```
Birth day  // 变量不正确，中间有空格符
const      // 以关键字为名称
5_number   // 以数字为开头字符
```

2.2.2　关键字

对编译程序来说，关键字（Keyword）通常具有特殊意义，所以要预先保留，无法作为标识符。C#中的关键字如表 2-6 所示。

表 2-6　C#语言的关键字

abstract	as	base	bool	break	byte
case	catch	char	checked	class	const
continue	do	default	delegate	decimal	double
explicit	else	event	enum	extern	false
finally	for	float	fixed	foreach	goto
interface	if	in	int	implicit	internal
namespace	lock	long	is	new	null
operator	out	object	override	params	private
protected	ref	readonly	public	return	sbyte
stackalloc	short	sizeof	sealed	static	string

（续表）

struct	try	this	throw	true	switch
unchecked	uint	ulong	typeof	unsafe	ushort
volatile	void	using	virtual	while	

2.2.3 声明变量

声明变量的作用是为了获得内存的使用空间，之后才能存储设置的数据或运算后的数据。语法如下：

数据类型 变量名称；

一个变量只能存放一份数据，存放的数据值为"变量值"。声明变量的同时可以使用"="（等号运算符，即赋值符号）同时给变量赋初值，语法如下：

数据类型 变量名称 = 初值；

下面用一个简单语句来说明给变量赋初值：

```
int number = 25;
float result = 2356.78F
```

指定变量值时，若是浮点数 float 的值，则要在数值后面加上后置字符 f 或 F。

归纳以上语句，使用变量时所具备的基本属性如表 2-7 所示。

表 2-7 变量的基本属性

属性	说明
名称（Name）	能在程序代码中予以识别
数据类型（DataType）	决定变量值的范围，也确定了占用内存的大小
地址（Address）	存放变量的内存地址
值（Value）	暂存于内存的数据
生命周期（Lifetime）	变量值使用时的存活时间
作用域或作用范围（Scope）	声明变量后能存取的范围

由于以控制台应用程序为主，变量声明在 Main()主程序中，因此是一个"局部变量"（local variable）。离开了 Main()主程序，局部变量会结束"生命"，即生命周期终止。

范 例 CH0202A 声明变量并设置初值

1 启动 VS Express 2013，执行菜单中的"文件"→"新建项目"指令，进入"新建项目"对话框。

2 ❶单击模板"Visual C#"；❷选择"控制台应用程序"；❸设置名称为"CH0202A"；❹勾选"为解决方案创建目录"复选框；❺将解决方案名称改为"CH0202"；❻单击"确定"按钮结束对话框。步骤如图 2-2 所示。

图 2-2　新建项目的步骤

STEP 3　由于是"控制台应用程序"，因此从 Main()主程序开始编写以下程序代码。

```
14  static void Main(string[] args)
15  {
16    int number1 = 20; //声明第一个变量并设置初值
17    int number2 = 60; //声明第二个变量也设置初值
18    //先输出变量的初值
19    Console.WriteLine("number is {0}, number2 is {1}",
20      number1, number2);
21    //将两个变量值相加并输出结果
22    Console.WriteLine("number1 + number2 = {0}",
23      (number1 + number2));
24  }
```

　　运行、编译程序： 按"Ctrl＋F5"组合键来运行程序。

　　运行结果： 如果程序代码没有任何错误，会打开"命令提示符"窗口，运行结果如图 2-3 所示。

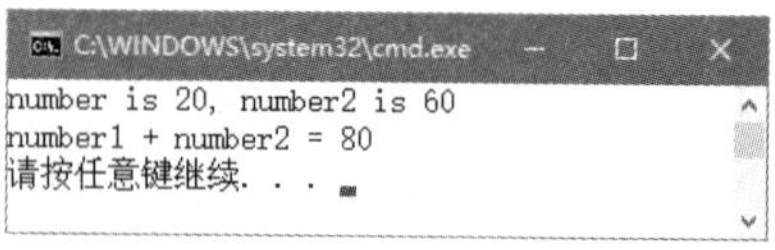

```
C:\WINDOWS\system32\cmd.exe    —   □    ×
number is 20, number2 is 60
number1 + number2 = 80
请按任意键继续. . .
```

图 2-3　范例 CH0202A 的运行结果

　　程序说明

* 主程序 Main()从第 14 行开始。
* 第 16、17 行：声明两个局部变量，即 number1 和 number2，并赋予初值。
* 第 19～20 行：使用 WriteLine()方法输出变量的初值。
* 第 22～23 行：将两个变量相加，以 WriteLine()方法输出相加后的结果。
* 程序代码未加入"Console.ReadLine()"方法让屏幕显示界面暂停，所以使用"Ctrl＋F5"组合键（菜单"调试"→"开始执行(不调试)"）来运行程序。要关闭窗口可按键盘上的任意键或单击窗口右上角的 ✕ 按钮。

2.2.4 常数

在某些情况下会希望在执行应用程序的过程中变量的值维持不变，这时使用常数（Constant）来代替是一个比较好的方式。或许要思考这样的问题：为什么要使用常数？主要是避免程序代码的出错。例如，有一个数值"0.000025"，运算时有可能打错而导致结果错误，如果以常数值处理，只要记住常数名称，即可减少程序出错的概率。

声明常数

在 C#中使用常数时要加入关键字"const"，声明常数的同时要赋予初值，语法如下：

```
const 数据类型 常数名称 = 常数值;
```

常数名称也要遵守标识符的规范，以常数声明圆周率 π 的语句如下：

```
const double PI = 3.1415926;
```

范例 CH0202B 声明常数，将输入坪数换算为平方米

▶1 在解决方案"CH0202"中加入新的项目"CH0202B"。打开解决方案资源管理器窗口，❶在解决方案名称上右击，弹出快捷菜单后，找到❷"添加"选项并执行下一层菜单中的❸"新建项目"指令，打开"加入新的项目"对话框。步骤如图 2-4 所示。

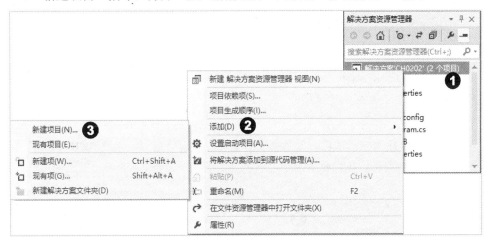

图 2-4 为解决方案添加新项目

▶2 ❶单击模板"Visual C#"；❷选择"控制台应用程序"；❸设置名称为"CH0202B"；❹单击"确定"按钮关闭对话框。步骤如图 2-5 所示。

步骤说明　注意第二个项目保存在解决方案"CH0202"目录下。

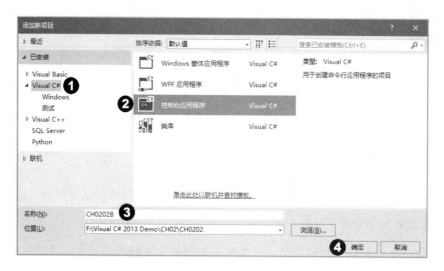

图 2-5　为添加的新项目进行基本设置

3 由于项目"CH0202B"也是"控制台应用程序",因此从 Main()主程序开始编写以下程序代码。

```
15  static void Main(string[] args)
16  {
17      const float Square = 3.0579F;//声明常数 1 坪=3.0579F
18      float area;//存储换算结果
19      Console.Write("请输入坪数值: ");
20      //Parse()方法转换为浮点数
21      area = float.Parse(Console.ReadLine());
22      Console.WriteLine("{0} = {1}平方米",
23          area, Square * area);
24  }
```

4 将 CH0202B 设为启动项目。借助解决方案资源管理器窗口,在❶"CH0202B"名称上右击,弹出快捷菜单,执行❷"设为启动项目"指令,如图 2-6 所示。

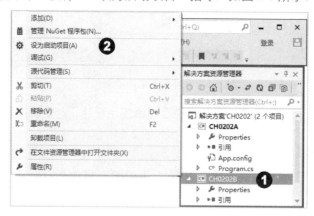

图 2-6　将 CH0202B 设为启动项目

解决方案组织下只能有一个启动项目。只有一个项目时，这个项目就是默认的启动项目，有多个项目时则要设置其中一个为启动项目。

运行、编译程序：按 "Ctrl + F5" 组合键运行程序。

运行结果：如果程序代码没有任何错误，就会打开 "命令提示符" 窗口。

运行时，插入点会停留在 "请输入坪数值：" 右侧，输入数值后按 "Enter" 键就能换算坪数。结果如图 2-7 所示。

图 2-7　CH0202B 的运行结果

程序说明

* 第 17 行：声明 Square 为常数并设置常数值。
* 第 21 行：由于 ReadLine() 读进来的是字符串，因此必须以 Parse() 方法转换为浮点数，此转换方法请参考第 2.4.2 小节。

2.2.5　枚举类型

枚举类型（Enumeration）提供相关常数的组合，只能以 byte、short、int 和 long 为数据类型。定义的枚举成员需以常数值初始化，语法如下：

```
enum EnumerationName [: 整数类型]
{
    成员名称 1 [ = 起始值]
    成员名称 2 [ = 起始值]
    . . .
}
```

* 一般会在命名空间下定义枚举类型，便于命名空间的存取。枚举类型以 "{"（左大括号）开始，以 "}"（右大括号）结束。可在程序块内定义枚举成员。
* EnumerationName 是枚举类型名称，命名规则和标识符相同（参考第 2.2.1 小节）。
* 枚举的数据类型只能以整数声明，默认的数据类型是 int。
* 枚举成员名称后，可指定常数值。若未指定，则默认常数值从 0 开始。

例如，将每周的日期定义为常数值，在程序代码中调用的是日期的名称而不是它们的整数值。

```
enum Days { Sun, Mon, Tue, Wed, Thu, Fri, Sat };
```

范例 CH0202E 使用枚举

➡️1 创建新项目。执行菜单中的"文件"→"新建项目"指令，进入"新建项目"对话框。

➡️2 创建"控制台应用程序"，并设置名称为"CH0202E"；取消勾选"为解决方案创建目录"复选框。

➡️3 在命名空间"CH0202E"下声明 enum，如图 2-8 所示。

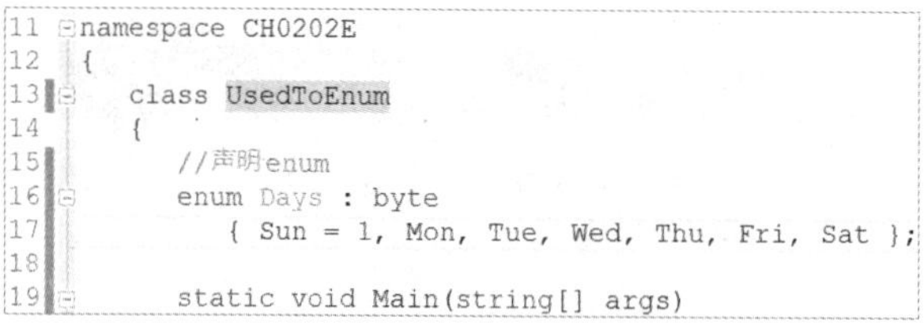

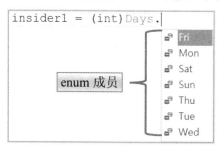

图 2-8 声明枚举类型

➡️4 若声明的 enum 无误，则按下"."时会列出 enum 成员，如图 2-9 所示。

图 2-9 按下"."时会列出 enum 成员

➡️5 编写程序代码。

```
16  enum Days : byte
17    { Sun, Mon, Tue, Wed, Thu, Fri, Sat };
18
19     static void Main(string[] args)
20     {
21       byte insider1, insider2;//存取 enum 成员
22       insider1 = (byte)Days.Sun; //转换为 byte
23       insider2 = (byte)Days.Fri;
24       Console.WriteLine("Sun = {0}", insider1);
25       Console.WriteLine("Fri = {0}", insider2);
26     }
```

运行、编译程序：按"Ctrl＋F5"组合键运行程序。

运行结果：如果程序代码没有任何错误，就会打开"命令提示符"窗口，显示图 2-10 所示的结果。

图 2-10 范例 CH0202E 的运行结果

程序说明

* 第 16、17 行: 声明 enum 枚举为 byte 类型,名称是 Days,并定义成员。
* 第 22、23 行: 声明 2 个变量 insider1、insider2 来存取 Days 成员并转换为 byte 类型,此处使用显式类型转换,请参考第 2.4.2 小节。
* 第 24、25 行: 输出 enum 第一个成员 Sun 和另一个成员 Fri 的值,由于未定其值,因此从 0 开始,即 "Sun = 0" "Fri = 5"。

想 想 看

如果将第 17 行的语句改写如下:

```
enum Days : byte
        { Sun = 1, Mon, Tue, Wed, Thu, Fri, Sat };
```

运行后,Sun 和 Fri 的值应为多少?

2.3 控制台应用程序的输入输出语句

编写控制台应用程序必须借助 System.Console 类: 要读取输入的数据时,使用 Read()或 ReadLine()方法; 要输出数据时,使用 Write()或 WriteLine()方法。

2.3.1 读取数据

Read()和 ReadLine()方法究竟有何差别? 下面先来看看 Read()和 ReadLine()的语法。

```
Console.Read();
Console.ReadLine();
```

无论是 Read()还是 ReadLine()方法,都必须指定输入设备,通常以键盘为默认输入设备。不同之处在于 Read()方法只能读取单个字符,用户按 "Enter" 键后才会继续后面的语句。在控制台应用程序中,可在程序最后一行语句加上 Read()方法来等待用户按下按键。ReadLine()方法是读取用户输入的一连串字符。为了读取这一串字符,可以通过变量来存储读取的字符串,语句如下:

```
name = Console.ReadLine();
```

范例 CH0203A 以 ReadLine()读取数据

1 执行菜单中的 "文件" → "新建项目" 指令,进入 "新建项目" 对话框。

2 使用模板 "Visual C#",并选择 "控制台应用程序",设置名称为 "CH0203A",取消勾选 "为解决方案创建目录" 复选框。

3 从主程序 Main()编写如下程序代码:

```
13  static void Main(string[] args)
14  {
15     Console.Write("请输入你的名字: ");
16     string name = Console.ReadLine();
17     Console.WriteLine("你好, {0}", name);
18     Console.Read();
19  }
```

运行、编译程序: 按 "Ctrl + F5" 键。

运行结果: 如果程序代码没有任何错误,就会打开 "命令提示符" 窗口。

（1）会先出现 "请输入你的名字" 这行文字,输入文字并按 "Enter" 键,就会显示图 2-11 所示的结果,插入点停留在第 3 行最前端,等待用户按 "Enter" 键。

（2）再按一次 "Enter" 键就会关闭运行窗口。

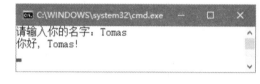

图 2-11　范例 CH0203A 的运行结果

程序说明

* 第 16 行: 将 ReadLine() 读入的字符串赋值给 name 变量,再由第 17 行 WriteLine() 方法输出变量值 Tomas,要了解更多细节请参考第 2.3.2 小节。

2.3.2　输出数据

输出数据使用 System.Console 类的 Write() 和 WriteLine() 方法,语法如下:

```
Console.Write(字符串常数);
Console.WriteLine(字符串常数);
```

两者之间最大的差别是 Write() 输出字符后不执行换行操作,也就是插入点依然停留在原行;但使用 WriteLine() 方法输出字符后会把插入点移向下一行的最前端。有时为了配合变量指定输出值,通过已定义好的格式信息以字符串方式输出。

```
WriteLine("format{0}...{1}...", arg0, arg1, …);
```

* format: 已格式化字符串,要显示变量的地方要用 {}（大括号）括住,而参数编号从 0 开始。
* arg0, arg1: 要写入 format 的参数。

在图 2-12 所示的语句中,变量 number1 的值会写入 {0} 中,而变量 number2 的值会写入 {1} 中。

图 2-12　写入 format 的参数示例

范例 CH0203A WriteLine 输出数据

STEP 1 沿用前面的范例，插入部分程序代码：

```
13  static void Main(string[] args)
14  {
15      Console.Write("请输入你的名字：");
16      string name = Console.ReadLine();//存放名称
17      Console.Write("请输入一个数字：");
18      //读取原为字符串的数字并以 Parse()方法转为 int 类型
19      int result = int.Parse (Console.ReadLine());
20      Console.WriteLine("你好, {0}! 输入数字{1:D6}",
21          name, result);
22      Console.Read();
23  }
```

运行、编译程序：按"Ctrl＋F5"组合键运行程序。

运行结果：如果程序代码没有任何错误，就会打开"命令提示符"窗口。

（1）出现第一行文字"请输入你的名字："，❶输入名称并按"Enter"键。

（2）出现第二行文字"请输入一个数字："，❷输入数字并按"Enter"键，显示图 2-13 所示的结果。

图 2-13　范例 CH0203A 的运行结果

（3）再按一次"Enter"键就会关闭运行窗口。

程序说明

* 第 17~20 行：插入的程序代码。

* 第 19 行：由 ReadLine()方法读取的是字符串，使用 Parse()方法转换为 int 类型，再赋值给 result 变量存储，要了解更多细节请参考第 2.4.2 小节。

* 第 20 行：WriteLine()方法输出两个变量值，第 2 个变量值指定了格式{1:D6}。"1"表示第 2 个变量值；"D"表示以十进制输出；"6"表示输出 6 位数字，不足 6 位前端补 0，所以输出"000067"。要了解更多细节请参考第 2.3.3 小节。

2.3.3　格式化输出

为了让 WriteLine()方法输出数据时更符合需求，C#提供了丰富的格式化字符，可参考表 2-8 的说明。

表 2-8　标准数值格式化字符

格式化字符	说明（以数值 1234.5678 为例）
C 或 c	将数字转为表示货币金额的字符串。如{0:C}，输出"NT\$1234.5678"
D 或 d	将数字转为十进制数。如{0:D4}，输出 4 位整数"1234"，不足 4 位左边补 0
E 或 e	以科学记数法来表示，小数默认位数是 6 位。如{0:E}，输出"1.234568+e003"
F*n* 或 f*n*	表示含 *n* 位小数。如{0:F3}，输出"1234.568"
G 或 g	以常规格式表示。如{0:G}，输出"1234.5678"
N 或 n	含 2 位小数，并带有千分号。如{0:N}，输出"1,234.57"；{0:N3}，输出"1,234.568"
X 或 x	以十六进制表示。数值 1234，如{0:X}，输出"4D2"

除了使用标准数值格式外，C#也提供了自定义数值格式化字符，以 ToString()方法将数值数据以指定格式输出，可参考表 2-9 的说明。

表 2-9　自定义数值格式

自定义格式化字符	说明（以数值 1234 为例）
0	表示零值的占位符。如 toString("00000")，输出"01234"
#	表示数值的占位符。如 toString("#####")，输出"1234"（前端空 1 位）
.	小数点默认位数。数值 123.456，如 toString("##.00")，输出"123.46"
,	每个千分号代表 1/1,000。数值 1234567，如 toString("#,#")，输出"1,234,567"；toString("#,#,")，输出"1,235"
%	百分比默认位置。数值 0.1234，如 toString("#0.##%")，输出"12.34%"
E+0	使用科学记数法，以 0 表示指数位数。如 toString("0.##E+000")，输出"1.23E+003"
\	转义字符"\"会让下一个字符进行特殊处理。如 WriteLine("D:\\menu.txt")，输出"D:\menu.txt"

2.4　类型转换

"数据类型转换"（Type Conversion）就是将 A 数据类型转换为 B 数据类型。不过，什么情况下会需要类型转换呢？例如，运算的数据同时拥有整数和浮点数。还有一种常见的情况，例如范例 CH0202B 中的语句：

```
area = float.Parse(Console.ReadLine());
```

由于 ReadLine 处理的对象是字符串，因此必须经由类型转换才能进行单位换算。

2.4.1 隐式类型转换

"隐式类型转换"是指程序在运行过程中根据数据的作用自动转换为另一种数据类型。可以通过图 2-14 来说明不同类型之间的转换原则。

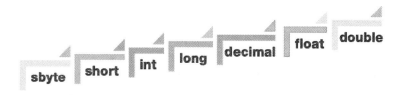

图 2-14 含有正负符号的数值类型转换

当数据含有正负值（有符号数）时，图 2-14 最左边的"sbyte"是占用内存空间最小的数据类型，最右边的"double"是占用内存空间最大的数据类型。从小空间转换成大空间是"扩展转换"，如图 2-15 所示。"缩小转换"则是从大空间转换成小空间，但有可能造成存储数值的遗失。例如，数据类型为"long"的变量，转换成 decimal、float 或 double 都为"扩展转换"，转换为 int、short、sbyte 则可能会因溢出现象（overflow）造成数据的遗失。

图 2-15 无符号数值的类型转换

当数据不含正负值（无符号数）时，从图 2-15 可以得知："byte"是占用内存空间最小的数据类型，"double"是占用内存空间最大的数据类型。"扩展转换"就是从 byte 按箭头方向转换至大空间；"缩小转换"则是从 double 大空间按箭头反方向转换成小空间，这种情况有可能造成存储值的遗失。例如，数据类型为"uint"的变量，转换成 long、ulong、decimal、float 或 double 都为"扩展转换"，转换为 int、ushort、short、byte 可能会因溢出现象造成数据的遗失。更明确的做法可参考表 2-10 的说明。

表 2-10 隐式类型转换

类型	可以自动转换的类型
sbyte	short、int、long、float、double 或 decimal
byte	short、ushort、int、unit、long、ulong、float、double 或 decimal
short	int、long、float、double 或 decimal
ushort	int、uint、long、ulong、float、double 或 decimal
int	long、float、double 或 decimal
uint	long、ulong、float、double 或 decimal
long	float、double 或 decimal
char	ushort、int、unit、long、ulong、float、double 或 decimal

（续表）

类型	可以自动转换的类型
float	double
ulong	float、double 或 decimal

范例 CH0204A 类型自动转换

➡️**1** 执行菜单中的"文件"→"新建项目"指令，进入"新建项目"对话框。

➡️**2** 创建"控制台应用程序"，设置名称为"CH0204A"，取消勾选"为解决方案创建目录"复选框。

➡️**3** 从主程序 Main()开始编写如下程序代码：

```
14  static void Main(string[] args)
15  {
16      const double Pound = 2.20462D;//常数
17      Console.Write("请输入公斤: ");
18      //读取公斤数，再以 Parse 转为 int
19      int weight = int.Parse(Console.ReadLine());
20      Console.WriteLine("共是{0}磅", weight*Pound);
21  }
```

运行、编译程序：按"Ctrl＋F5"组合键运行程序。

运行结果：如果程序代码没有任何错误，就会打开"命令提示符"窗口。

出现第一行文字"请输入公斤："，输入数值并按"Enter"键，显示图 2-16 所示的结果。

图 2-16　范例 CH0204A 的运行结果

程序说明

* 第 16 行：声明 Pound 为常数并设置常数值。
* 第 19 行：用 ReadLine()方法读取的值（字符串），以 Parse 转换为 int，再赋值给 weight 变量，Parse()方法请参考第 2.4.2 小节。
* 运行结果显示虽然 weight 为 int，但是经过运算后已由 int 自动转换为 double。

2.4.2　显式类型转换

系统的"隐式类型转换"能减轻编写程序代码的负担，相对地，有可能会让数据的类型不明确，或者转换成错误的数据类型。为了降低程序的错误，有必要对数据进行明确的"转型"（Cast）。转型是明确地告知编译程序要转换的类型。若是"缩小转换"，则有可能造成数据遗失。执行转型时，要在转换值或变量前指明要转换的类型，语法如下：

```
变量 = (要转换类型)变量或表达式;
```

这种做法在范例 CH0202E 中曾经使用过。

```
insider1 = (byte)Days.Sun;//转换为 byte，再赋值给 insider1
```

Parse 方法

类型转换时还可以使用 Parse()方法指定要转换的数据类型，语法如下：

```
数值变量 = 数据类型.Parse(字符串);
```

- 数据类型是指要转换的数值数据类型。

在控制台应用程序中，以 ReadLine()方法读入的数据是字符串，要通过 Parse()方法转换成指定的值类型才能进行后续的运算，语句如下：

```
area = float.Parse(Console.ReadLine());
```

- ReadLine()方法读取字符串后，以 Parse()方法转换为 float 类型，再赋值给 area 变量，进行下一条语句。

Convert 类

使用 Convert 类将表达式转换为兼容的类型。我们通过范例来实际了解一下。使用 ToDateTime()方法将读取的字符串转换为日期格式。ToDateTime()方法的语句如下：

```
DateTime 对象 = Convert.ToDateTime(字符串);
```

范例 CH0204B 使用 Convert 类转换类型

1 创建新的控制台应用程序项目，设置项目名称为"CH0204B"。
2 从主程序 Main()开始编写如下程序代码：

```
14  static void Main(string[] args)
15  {
16     string birth; DateTime special;
17     Console.Write("请输入今天日期: ");
18     birth = Console.ReadLine();//读取日期
19     //ToDateTime(字符串)转为日期格式
20     special = Convert.ToDateTime(birth);
21     Console.WriteLine("今天是{0}", special);
22     Console.Read();//让屏幕显示画面暂停
23  }
```

运行、编译程序：按"Ctrl＋F5"组合键运行程序。

运行结果：如果程序代码没有任何错误，就会打开"命令提示符"窗口。

输入"25, Jan, 2015, 20:35"后按"Enter"键，结果如图 2-17 所示。

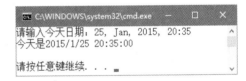

图 2-17 范例 CH0204B 的运行结果

程序说明

* ★ 第 16 行：声明 DataTime 类要实现的 special 对象。
* ★ 第 18 行：使用 ReadLine()方法读取输入字符串后赋值给 birth 变量存储。
* ★ 第 20 行：使用 Convert 类的 ToDateTiem()方法将读取的数据转为日期后赋值给 special 对象存放。
* ★ 要注意的是运行时必须输入日期格式，如"2015/1/6"；不能输入"20150106"，编译程序会认为是数字，将弹出异常情况（Exception），如图 2-18 所示，必须单击"中断"按钮来结束程序。

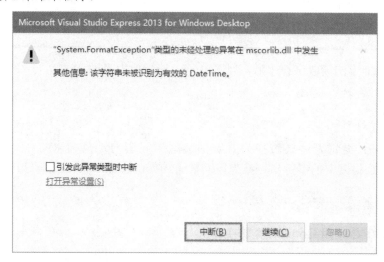

图 2-18 范例 CH0204B 弹出的异常情况

2.4.3 用户自定义类型——结构

在存储数据时，有时会碰到数据由不同的数据类型组成的情况。例如，学生注册时要有姓名、入学日期、缴纳的费用等。以"用户自定义类型"（User Defined Type）来看，"结构"（Structure）可符合上述需求，即组合不同类型的数据项，语法如下：

```
[AccessModifier] struct 结构名称
{
    数据类型 成员名称1;
    数据类型 成员名称2;
}
```

* AccessModifier 是访问权限修饰词，设置结构的存取范围，包括 public、private 等。
* 定义结构时，必须以{}来表示结构的开始和结束。
* "结构名称"的命名规则和标识符相同（参考第 2.1.1 小节）。
* 每个结构成员可以根据需求定义不同的数据类型。

完成结构类型的定义后会变成"复合数据类型"。接着要创建一个结构变量才能使用此结构类型的成员，语法如下：

> 结构类型 结构变量名称；
> 结构变量名称.结构成员

范例 CH0204C 创建结构

▶1 创建新的控制台应用程序项目，设置项目名称为"CH0204C"。

▶2 在命名空间下编写结构类型的程序代码，如图 2-19 所示。

```
9  namespace CH0204C
10
11     //声明结构
12     public struct Computer
13     {
14         public int price;//价格
15         public string serial;//序号
16         public DateTime madeDay;//制造日期
17     }
```

图 2-19 结构类型的程序代码

▶3 从主程序 Main()开始编写如下程序代码：

```
21  static void Main(string[] args)
22  {
23      Computer PersonalPC;//产生结构变量
24      PersonalPC.price = 22500;
25      PersonalPC.madeDay = DateTime.Today;
26      PersonalPC.serial = "zct1205010578";
27      Console.Write("这台计算机: ");
28      Console.WriteLine (
29          "价格-{0:C} \n 制造日期: {1} \n 序号: {2}",
30          PersonalPC.price,
31          PersonalPC.madeDay.ToString("D"),
32          PersonalPC.serial);
33  }
```

运行、编译程序：按"Ctrl + F5"组合键运行程序。

运行结果：如果程序代码没有任何错误，就会显示"命令提示符"窗口，运行结果如图 2-20 所示。

程序说明

图 2-20 范例 CH0204C 的运行结果

* 第 12~17 行：以 public（访问权限修饰词）来声明结构，Main()主程序才能存取结构成员。结构内有 3 种不同的数据类型，price 存放价格，serial 存放序号，而 madeDay 以 DateTime 类所创建的对象存放日期和时间。

* 第 23 行：产生一个结构变量 PersonalPC，用来存取结构成员。

* 第 24~26 行：使用结构变量设置成员的初值，使用 "." 运算符来存取结构成员；"DateTime.Today"获取系统当前的日期和时间，然后赋值给 madeDay 成员。

* 第 28~32 行：输出结构变量的值，其中 madeDay 取得系统当前的日期和时间，然后使用 ToString()方法进行日期的输出。

2.5 运 算 符

在程序设计语言中，经由运算会产生新值，其中的表达式（Expression）则是由操作数和运算符结合而成。"操作数"（Operand）是被运算符处理的数据，包括变量、常数值等；"运算符"（Operator）指的是一些数学符号，例如＋（加）、－（减）、*（乘）、/（除）等。运算符会针对特定的操作数进行处理，例如：

```
total = A + (B * 6)
```

在上述表达式中，操作数包括变量 total、A、B 和数值 6，包括运算符=、+、()、*。C# 能使用的运算符大概分为以下几种。

* 算术运算符：用于数值计算。
* 关系运算符：比较两个表达式，并返回 true 或 false 的比较结果。
* 逻辑运算符：用于流程控制，将操作数进行逻辑判断。

要注意的是 "="（等号）运算符是指 "赋值、设置为"，而不是数学式中的 "相等"。最常见的做法是把等号右边的数值赋值给等号左边的变量使用。

2.5.1 算术运算符

算术运算符用来进行加、减、乘、除的计算。表 2-11 列出了常用的算术运算符。

表 2-11 算术运算符

运算符	例子	说明
+	x = 20 + 30	将两个操作数（数值）20、30 相加，可当正号使用
－	x = 45－20	将两个数值相减，可当负号使用
*	x = 25 * 36	将两个数值相乘
/	x = 50 / 5	将两个数值相除
%	x = 20 % 3	相除后取所得的余数，x = 2

一个表达式中有多个运算符时，要 "从左向右，先乘除后加减，带括号的运算优先"。

2.5.2 赋值运算符

赋值运算符用来简化加、减、乘、除的表达式。例如，将两个操作数相加，语句如下：

```
int num1 = 25;
int num2 = 30;
```

```
num1 = num1 + num2;          //可以使用赋值运算符进行修改
num1 += num2;
```

原本是 num1 与 num2 相加后再赋值给 num1 变量，但可经过赋值运算符简化语句。C#中有哪些赋值运算符呢？这里先列举表 2-12 中的几种。

表 2-12 赋值运算符

运算符	例子	说明
=	op1 = op2	将操作数 op2 赋值给变量 op1
+=	op1 += op2	op1、op2 相加后，再赋值给 op1
−=	op1 −= op2	op1、op2 相减后，再赋值给 op1
*=	op1 *= op2	op1、op2 相乘后，再赋值给 op1
/=	op1 /= op2	op1、op2 相除后，再赋值给 op1
%=	op1 %= op2	op1、op2 相除后，将所得余数赋值给 op1

2.5.3 关系运算符

关系运算符用来比较两边的表达式，包括字符串、数值等，返回 true 或 false 的结果，通常应用于流程控制中，可通过表 2-13 来认识它们。

表 2-13 关系运算符

运算符	例子	结果	说明（op1=20, op2=30）
=	op1 = op2	false	比较两个操作数是否相等
>（大于）	op1 > op2	false	op1 是否大于 op2
<（小于）	op1 < op2	true	op1 是否小于 op2
≥（大于或等于）	op1 ≥ op2	false	op1 是否大于或等于 op2
≤（小于或等于）	op1 ≤ op2	true	op1 是否小于或等于 op2
!=（不等于）	op1 != op2	true	op1 是否不等于 op2

2.5.4 逻辑运算符

将操作数进行逻辑判断，返回 true 或 false 的结果，以表 2-14 来说明。

表 2-14 逻辑运算符

运算符	表达式 1	表达式 2	结果	说明
&&（与）	true	true	true	两边表达式为 true 才会返回 true
	true	false	false	
	false	true	false	
	false	false	false	

（续表）

运算符	表达式 1	表达式 2	结果	说明
‖（或）	true	true	true	只要一边表达式为 true 就会返回 true
	true	false	true	
	false	true	true	
	false	false	false	
!（否）	true	--	false	将表达式取反，所得结果与原来相反
	false	--	true	

2.5.5　运算符的优先级

当表达式中有不同表达式时需要考虑运算符的优先级，采用如下原则：

- 算术运算符的优先级会高于关系运算符、逻辑运算符。
- 比较运算符的优先级都相同，且高于逻辑运算符。
- 优先级相同的运算符根据表达式的位置从左到右执行。

运算符的优先级如表 2-15 所示。

表 2-15　运算符的优先级

优先级	运算符	运算次序
1	()括号、[]下标	由内向外
2	+（正号）、－（负号）、!、++、--	由内向外
3	*、/、%	从左向右
4	+（加）、－（减）	从左向右
5	<、>、≤、≥	从左向右
6	==、!	从左向右
7	&&	从左向右
8	‖	从左向右
9	?:	从右向左
10	=、+=、－=、*=、/=、%=	从右向左

2.6　重点整理

- C#是一种强类型（Strongly Typed）语言，在 CTS 下共有两种数据类型：值类型和引用类型。
- 整数类型可分为含符号的类型（有 sbyte、short、int、long）和无符号的类型（有 byte、ushort、uint、ulong）。

- 引用类型（Reference Type）：其内存指向存储数据的内存地址（Address），包括数组、String、Object、类、接口和委托。
- 标识符命名规则（Rule）：不可使用 C#关键字；第一个字符使用英文字母或下划线"_"字符；名称中其他字符可以包含英文字符、数字和下划线；名称长度不可超过 1023 个字符。
- 变量的基本属性有名称（Name）、数据类型（DataType）、地址（Address）、值（Value）、生命周期（Lifetime）、作用域（Scope，或称为使用范围）。
- 枚举类型（Enumeration）提供相关常数的组合，只能以 byte、short、int 和 long 为数据类型；定义的枚举类型成员必须以常数值初始化。
- 控制台应用程序的输入输出语句可使用 System.Console 类的 Read()、ReadLine()方法来读取数据，使用 Write()、WriteLine()方法来输出数据。在输出数据时，配合格式化字符串，可指定输出格式。
- "隐式类型转换"是指程序在运行过程中根据数据的作用自动转换为另一种数据类型。
- .NET Framework 也提供显式类型转换，例如 ToString()、Parst()方法，或者使用 Convert 类来转换类型数据。
- 结构（Structure）可以在声明范围内组成不同类型的数据项。

2.7 课后习题

一、选择题

（1）标识符命名规则中，哪一个名称是正确的？（　　）

A. Public　　　　B. value　　　　C. goodName　　　　D. std&Number

（2）byte 类型的数值范围是（　　）。

A. 0~65 535　　　B. −127～−258　　C. 0~255　　　D. −32 768～32 727

（3）如果数值"789.4562"要以变量来处理，使用哪种数据类型比较合适？（　　）

A. int　　　　B. ushort　　　　C. decimal　　　　D. float

（4）声明 decimal 类型的变量时，变量值要加上哪一个后置字符？（　　）

A. F 或 f　　　　B. M 或 m　　　　C. L 或 l　　　　D. D 或 d

（5）声明结构时，要用哪一个关键字？（　　）

A. struct　　　　B. enum　　　　C. const　　　　D. namespace

（6）下列哪个描述对常数的解释是不正确的？（　　）

A. 常数值不能改变　　　　B. 声明常数要使用 const 关键字
C. 声明常数时不用设置初值　　　D. 声明常数要指定数据类型

（7）声明枚举类型时，要使用哪一个关键字？（　　　）

A. struct　　　　　　B. enum　　　　　　C. const　　　　　　D. class

（8）使用 Write()，下列描述哪一个是正确的？（　　　）

A. 它属于 System.Console 类
B. 输出数据后，插入点会移向新的一行最前端
C. 它能读取任何数据
D. 只能输出字符

二、填空题

（1）C#根据数据存储于内存的情况可分成两种类型：_____和_____。

（2）在数据类型中，无符号的整数类型有_____、_____、_____和_____。

（3）decimal 类型提供了数字的最大有效位数，共有_____位。浮点数据类型以_____为默认处理的数据类型。

（4）float 类型的后置字符以_____表示，long 以_____表示。

（5）枚举以_____为默认的数据类型，此外也可以使用_____、_____、_____的数据类型。

（6）_____是指程序在运行过程中根据数据的作用自动转换为另一种数据类型。

（7）数据类型进行转换时，_____由小空间转换成大空间，例如 byte 转换成 long；_____由大空间转换成小空间，例如 decimal 转换成 int。

（8）有一个数值 4478，设置输出格式为{0:D5}，其中 D 表示_____，会输出_____。

三、问答与实践

（1）请说明标识符的命名规则。

（2）使用变量时有哪些基本属性？请简单说明。

（3）说明在控制台应用程序中，使用 Read()、ReadLine()、Write()、WriteLine()方法的不同。

（4）定义一个以一周内各天为主的枚举常数类型。

① 创建"控制台应用程序"项目。
② 定义从星期一到星期日的枚举常数。
③ 运行时显示"星期三是第 4 天"。

习题答案

一、选择题

（1）C　（2）C　（3）D　（4）D　（5）A　（6）C　（7）B　（8）A

二、填空题

（1）值类型、引用类型　　　　（2）byte、ushort、uint、ulong

（3）28~29、double　　　　　　（4）F 或 f、L 或 l

（5）int、byte、short、long　　（6）隐式类型转换

（7）扩展转换、缩小转换　　　　（8）十进制、04478

三、问答与实践

（1）
- 不可使用关键字来命名。
- 名称的第一个字符使用英文字母或 "_"（下划线）字符。
- 名称中其他字符可以包含英文字符、数字和下划线。
- 名称的长度不可超过 1023 个字符。

（2）
- 名称（Name）：能在程序代码中予以识别。
- 数据类型（DataType）：决定变量值可存放的大小。
- 地址（Address）：存放变量的内存地址。
- 值（Value）：暂存于内存中的数据。
- 生命周期（Lifetime）：变量值在使用时的存活时间。
- 作用域（Scope）：声明变量后能存取的范围。

（3）
- Read()或 ReadLine()方法：需指定输入设备，通常是键盘。Read()方法只能读取单个字符，用户按 "Enter" 键后才会继续后续的语句。使用 ReadLine()方法读取用户输入的一连串字符。
- Write()输出字符后不换行，也就是插入点依然停留在原行；WriteLine()方法输出字符后会把插入点移向下一行的最前端，有时为了配合变量会指定输出值。

（4）略

第 3 章

流程控制

章节重点

⌘ 认识结构化程序是学习程序设计语言的必备基础，借助 UML 活动图来说明流程控制的意义。

⌘ 有条件可以选择，从单一条件到多种条件，学习使用 if 语句、if/else 语句、if/else if 语句和 switch/case 语句。

⌘ 循环会处理重复的语句，它包含 for、while 和 do/while 循环。

⌘ break 和 continue 语句通常会搭配循环让流程控制更具弹性。

3.1 认识结构化程序

常言道："工欲善其事，必先利其器"。编写程序也要善用技巧，"结构化程序设计"是一种软件开发的基本精神，也就是开发程序时，根据从上而下（Top-Down）的设计策略，将复杂的问题分解成小且简单的问题，产生"模块化"程序代码，由于程序逻辑仅有单一的入口和出口，因此能单独运行。一个结构化的程序包含以下 3 种流程控制。

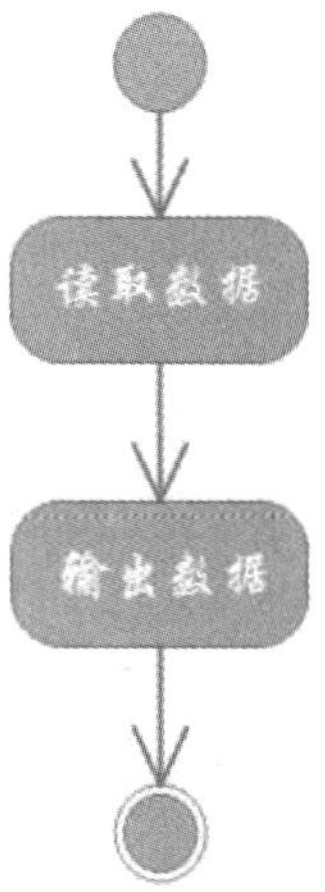

图 3-1 顺序结构

- 顺序结构（Sequential）：从上而下的程序语句，这也是前面章节最为常见的处理方式，例如声明变量后，设置变量的初值，如图 3-1 所示。
- 选择结构（Selection）：选择结构是一种条件选择语句，根据其作用可分为单一条件和多种条件选择。例如以天气有无下雨为条件判断，下雨天就搭公交车，没有下雨就骑自行车去上学。
- 循环结构（Iteration）：循环结构就是循环控制，在条件符合时重复执行，直到条件不符合为止。例如拿了 1000 元去超市购买物品，直到钱花光了才停止购物。

使用 UML 活动图

后续的流程图中，我们以 UML 的活动图来表达流程控制，有关 UML 活动图的元素可参考表 3-1。

表 3-1 UML 活动图元素

元素	说明
●	起始点，表示活动的开始
◉	结束点，表示活动的结束
▢	活动，表示一连串的执行细节
→	转移，代表控制权的改变
◇	判断，代表分支转移的准则

3.2 条件选择

选择结构根据其条件进行选择；条件分为"单一条件"和"多重条件"。处理单一条件时，if/else 语句能提供单向或双向的处理；多重条件情况下，要返回单一结果，switch/case 语句是处理的法宝。

3.2.1 单一选择

我们常常会说："如果明天下雨，就搭公交车吧！"。句子中点出"下雨"是单一条件，"下了雨"表示条件成立，只有一个选择"搭公交车"，就像 if 语句，语法如下：

```
if(条件表达式)//如果下雨
{
    true 的程序语句;//就去搭公交车
}
```

"条件表达式"可搭配关系运算符。若条件成立（true），则进入程序块内的语句；若条件不成立（false），则不进入程序块内的语句。使用 if 语句时，如果程序块内的语句有很多行，可以加入{}（大括号）形成程序块。if 语句的简述如下：

```
if(grade >= 60)
    Console.WriteLine("Passing…");
```

如果 grade 的变量值要大于或等于 60，就会输出"Passing…"；如果 grade 变量值小于 60，就不会输出任何数据。以 UML 活动图表示 if 单一条件的语句，如图 3-2 所示。

如果对 if 语句比较陌生，可以在程序代码编辑器中执行❶"编辑"→❷"IntelliSense"的❸"外侧代码"指令；或者在程序代码编辑处右击，弹出快捷菜单后，直接执行"外侧代码"指令来加入 if 语句，如图 3-3 和图 3-4 所示。

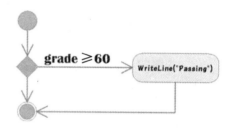

图 3-2　if 单一条件语句

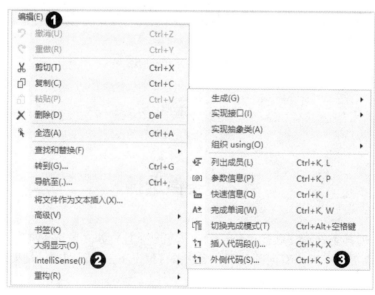

图 3-3　选择"IntelliSense"辅助工具

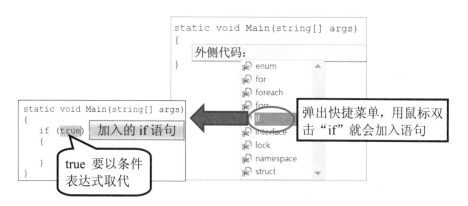

图 3-4 再选择"外侧代码"选项

范例 CH0302A 单一条件

➡ **1** 创建控制台应用程序,项目名称为"CH0302A"。

➡ **2** 从 Main()主程序编写如下程序代码:

```
13  static void Main(string[] args)
14  {
15      Console.Write("请输入分数: ");
16      //1 读取数值,转为 int 类型
17      int grade = int.Parse(Console.ReadLine());
18      //以 if 做单一条件判断
19      if (grade >= 60)
20      {
21          Console.WriteLine("Passing ...");
22      }
23  }
```

运行、编译程序:按"Ctrl + F5"组合键运行程序,打开"命令提示符"窗口。

(1) 如果输入的数值没有大于或等于 60,会显示图 3-5 所示的运行结果。

(2) 输入数值大于 60,会进入 if 语句进行条件判断,显示图 3-6 所示的运行结果。

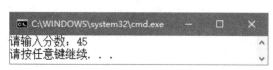

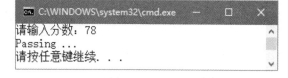

图 3-5 分数未大于或等于 60 的运行结果   图 3-6 分数大于 60 的运行结果

程序说明

★ 第 17 行:使用 Parse()将读取的字符串转为 int 类型后,赋值给 grade 变量。

★ 第 19 ~ 22 行:if 单一条件语句,如果输入数值没有大于 60,就不会进入 if 区段;如果分数大于 60,就会显示"Passing ..."字符串。

3.2.2 双重选择

"如果明天下雨，就搭公交车去上课；如果没有下雨，就骑自行车"。表示下雨是单一条件；没有下雨条件就不会成立。此时有两种选择：下了雨，符合条件（true），就搭公交车；不下雨，不符合条件（false），就改骑自行车。当单一条件有双向选择时，就得采用 if/else 语句，其语法如下：

```
if(条件表达式)
{
    true 程序语句;
}
else
{
    false 程序语句;
}
```

如果条件的运算结果符合（true），就进入 if 程序块的语句；如果运算结果不符合（false），就执行 else 程序块的语句。else 的语句有多行，要加上{}（大括号）形成程序块。if/else 语句的例子如下：

```
if(grade >= 60)
    Console.WriteLine("Passing…");
else
    Console.WriteLline("Failed");
```

如果 grade 的变量值大于或等于 60（true），就输出"Passing…"；如果 grade 变量值小于 60（false），就输出"Failed"。以 UML 活动图表示 if/else 单一条件的双向语句，如图 3-7 所示。

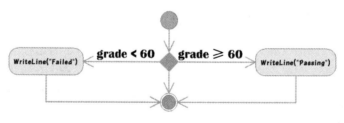

图 3-7 if/else 语句

范 例 CH0302A if/else 语句

➡ 1 延续前一个项目"CH0302A"，加入 else 语句。

➡ 2 在 Main()主程序的 if 语句后增加 else 语句程序代码。

```
24  if (grade >= 60)
25  {
26      Console.WriteLine("Passing ...");//条件成立(true)
```

```
27  }
28  else
29      Console.WriteLine("Failed !!");//条件不成立(false)
```

　　运行、编译程序：按"Ctrl + F5"组合键运行此程序，打开"命令提示符"窗口。如果输入的数值小于 60，就会显示图 3-9 左侧的结果。如果输入数值大于 60，就会显示图 3-8 右侧的结果。

图 3-8　范例 CH0302A 的运行结果

程序说明

* 第 28~29 行：加入 else 语句，从 24~29 行形成 if/else 语句。符合条件时，进入 if 程序块，执行第 26 行语句；不符合条件时，进入 else 程序块，执行第 29 行语句。
* 第 29 行：由于 else 语句后只有一行语句，因此可以省略其程序块的{} （大括号）。

使用条件运算符

　　if/else 语句也可以使用 "?:" 条件运算符来取代。条件运算符是三元运算符，因为运算时需要 3 个操作数故得此名，其语法如下：

```
条件式 ? true 语句 : false 语句
```

　　使用条件运算符可以简化 if/else 语句，当条件式符合时，会执行 "?" 运算符后的语句；若条件不符合，则执行":"运算符后的语句。在控制台应用程序中，条件运算符配合 WriteLine() 方法输出，通过下述范例来实际了解一下。

范 例　CH0302B　条件运算符

➡ 1　创建控制台应用程序，项目名称为"CH0302B"。

➡ 2　从 Main()主程序编写如下程序代码：

```
13  static void Main(string[] args)
14  {
15      ushort one = 79;
16      Console.Write("请输入一个 0~100 数值：");
17      ushort result = ushort.Parse(Console.ReadLine());
18      //条件运算符"?:", result>one, 显示 result, 否则就显示 one
19      Console.WriteLine(result > one ?
20          "大于默认值, Result: " + result :
21          "小于默认值,  One: " + one);
22  }
```

运行、编译程序：按"Ctrl + F5"组合键运行此程序，打开"命令提示符"窗口。输入数值后，会显示图 3-9 所示的运行结果。

图 3-9   范例 CH0302B 的运行结果

程序说明

* 第 17 行：使用 ReadLine()方法读取输入数值，以 Parse()方法转换为 ushort 类型，再以变量 result 存储。
* 第 19~21 行：以 WriteLine()方法输出时，配合"?:"条件运算符进行判断。如果 result 变量值大于 one 的值，就输出 result；反之，输出 one 的默认值。

3.2.3   嵌套 if

嵌套 if 基本上是"if/else"语句的变形，换句话说就是"if/else"语句中还含有"if/else"，如同洋葱一般，一层一层由外向内裹成条件。执行时，符合第一个条件，才会进入第二个条件，一层层进入到最后一个条件。所以使用嵌套 if 可以让程序语句有所变化，其语法如下：

```
if(条件运算 1)
{
    if(条件运算 2)
    {
        if(条件运算 3)
        {
            符合条件运算 1、2、3 的语句;
        }
        else
        {
            符合条件运算 1、2，不符合条件运算 3 的语句;
        }
    }
    else
    {
        符合条件运算 1，不符合条件运算 2 的语句;
    }
}
else
{
    不符合条件运算 1 的语句;
}
```

嵌套 if 是一层层进入，所以第三层 if 语句代表它符合条件运算 1、2、3。第三层 else 语句表示符合条件运算 1、2，但不符合条件运算 3。由于嵌套 if 结构比较复杂，比较好的编写方式是使用 IntelliSense 先加入第一层 if/else 语句，填入部分程序代码后，再加入第二层 if/else 语句，以此方式往下加入下一层 if/else 语句，如图 3-10 所示。

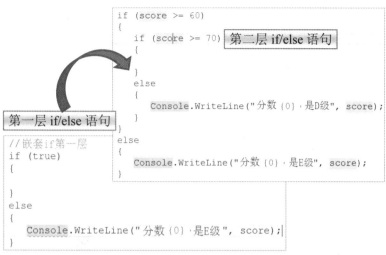

图 3-10　编写嵌套 if

　　程序代码的适时注释和缩排便于阅读和日后维护，没有缩排的程序代码还有可能造成编译错误！如图 3-11 所示，程序代码如果没有缩排，就会提高阅读的困难度！

　　我们把成绩单的分数分成 5 个等级，等级 A 为 90~100 分、等级 B 为 80~89、等级 C 为 70~79、等级 D 为 60~69、等级 E 为 60 分以下，使用嵌套 if 实现成绩的分级，流程控制如图 3-12 所示。

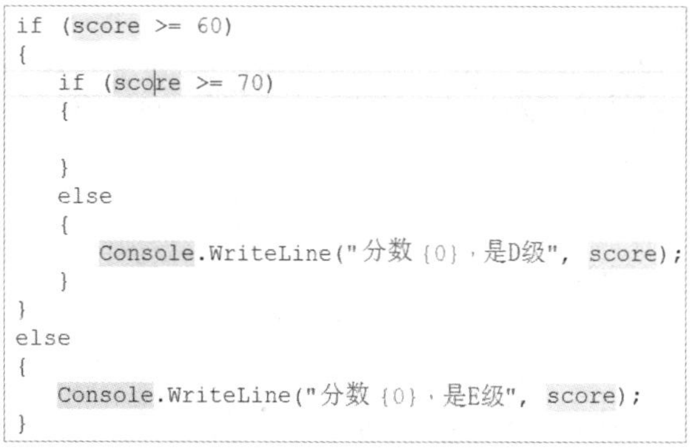

```
if (score >= 60)
{
    if (score >= 70)
    {

    }
    else
    {
        Console.WriteLine("分数 {0}，是D级", score);
    }
}
else
{
    Console.WriteLine("分数 {0}，是E级", score);
}
```

图 3-11　没有缩排的程序代码

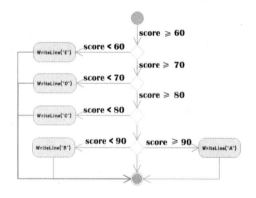

图 3-12　嵌套 if

范例　CH0302C　嵌套 if

➡1　创建控制台应用程序，项目名称为"CH0302C"。

➡2　从 Main()主程序编写如下程序代码：

```
13   static void Main(string[] args)
14   {
15       Console.Write("请输入分数：");
16       ushort score = ushort.Parse(Console.ReadLine());
17       //条件运算 1：大于等于 60 分
18       if(score >= 60 )
```

```
19  {
20     if (score >= 70)//条件运算 2：大于等于 70 分
21     {
22        if (score >= 80)//条件运算 3：大于等于 80 分
23        {
24           if (score >= 90)//条件运算 4：大于等于 90 分
25              Console.WriteLine("分数{0},是 A 级", score);
26           else//符合条件运算 1、2、3，不符合条件运算 4
27              Console.WriteLine("分数{0},是 B 级", score);
28        }
29        else//符合条件运算 1、2
30           Console.WriteLine("分数 {0}，是 C 级", score);
31     }
32     else//符合条件运算 1
33        Console.WriteLine("分数 {0}，是 D 级", score);
34  }
35  else   //未符合条件运算 1：小于 60 分
36     Console.WriteLine("分数 {0}，是 E 级", score);
37 }
```

运行、编译程序：按 "Ctrl＋F5" 组合键运行程序，打开 "命令提示符" 窗口。输入数值后，根据条件运算会显示图 3-13 所示的运行结果。

图 3-13　范例 CH0302C 的运行结果

程序说明

* 第 16 行：使用 ReadLine 方法()读取输入数值，以 Parse()方法转为 ushort 类型，再赋值给 score 变量。

* 第 18~36 行：根据 score 值，开始进行嵌套 if 的条件运算判别。

* 第 18~34 行：第一层 if 语句，分数大于等于 60，进入第二层 if 语句；小于 60 分，进入第 35 行 else 语句，得到 E 级结果。

* 第 20~31 行：第二层 if 语句，分数大于等于 70，进入第三层 if 语句；分数小于 70，进入第 32 行 else 语句，得到 D 级结果。

* 第 22~28 行：第三层 if 语句，分数大于等于 80，进入第三层 if 语句；分数小于 80，进入第 29 行 else 语句，得到 C 级结果。

* 第 24~25 行：第四层 if 语句，分数大于等于 90，输出 A 级；分数小于 90，进入第 26 行 else 语句，得到 D 级。

3.2.4 多重条件

当条件是多个的情况下，if/else 语句变身为嵌套 if，会增加程序编写的难度。因此，if/else 变成"if/else if/else"语句，或者使用"switch/case"语句，都是不错的处理方法。先来看 switch/case 的语法。

```
switch(表达式)
{
    case 值 1:
        程序块 1;
        break;
    case 值 2:
        程序块 2;
        break;
...
    case 值 n:
        程序块 n;
        break;
    default:
        程序块 n+1;
        break;
}
```

- switch 语句会形成一个程序块，其表达式为数值或字符串。
- 每个 case 标签都会指定一个常数值，但不能把相同的值同时提供给两个 case 语句使用。另外，Case 语句中常数值的数据类型必须和表达式相同。
- 执行 switch 语句，会进入 case 寻找符合的值，完成 case 程序块的语句后，以 break 语句离开 switch 语句。
- 若没有值符合 case 语句，则跳到 default 语句，执行该程序块的语句。

如果要使用"IntelliSense"功能加入 switch 语句，就在程序代码编辑区右击，弹出快捷菜单后，❶选择"插入代码段"；❷用鼠标双击"Visual C#"；❸展开列表，再用鼠标双击"switch"；❹查看加入的 switch 语句，如图 3-14 所示。

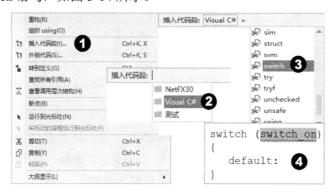

图 3-14 加入 switch 语句

范例 **CH0302D switch/case 语句**

1 创建控制台应用程序，项目名称为"CH0302D"。

2 完整范例参考"moreSelects.cs"，其中列出了与 switch/case 语句有关的程序代码。

```
23  switch(days)
24  {
25    case 0: //数值 0 是星期天，再以枚举列出成员
26      Console.WriteLine("{0} 是星期天", weeks.Sunday);
27      break;
28    case 1:  //数值 1 是星期一
29      Console.WriteLine("{0} 是星期一", weeks.Monday);
30      break;
31    case 2:  //数值 2 是星期二
32      Console.WriteLine("{0} 是星期二", weeks.Tuesday);
33      break;
34    case 3:  //数值 3 是星期三
35      Console.WriteLine("{0}是星期三", weeks.Wednesday);
36      break;
37    case 4:  //数值 4 是星期四
38      Console.WriteLine("{0} 是星期四", weeks.Thursday);
39      break;
40    case 5:  //数值 5 是星期五
41      Console.WriteLine("{0} 是星期五", weeks.Friday);
42      break;
43    case 6:  //数值 6 是星期六
44      Console.WriteLine("{0} 是星期六", weeks.Saturday);
45      break;
46    default : //输入 0~6 以外的数值
47      Console.WriteLine("数字不正确，重新输入");
48      break;
49  }
```

运行、编译程序：按"Ctrl + F5"组合键运行程序，打开"命令提示符"窗口。输入数值后，根据 switch 语句进行运算判断，会显示图 3-15 所示的运行结果。

图 3-15　范例 CH0302D 的运行结果

程序说明

* 使用"枚举"定义星期常数值，再以 switch 判断输入的数值应转换的星期数字。
* 第 23~49 行：使用 switch 语句判断输入的 day 值。如果输入的是 0~6 以外的数值，就跳到第 46 行的 default 语句，提示用户重新输入数值。

* 第 25~27 行；若 days 值为 0，则 "weeks.Sunday"（weeks 为枚举名称）输出星期天；
  并以 break 结束 switch 语句，也会停止程序的运行。
* 第 34~45 行：根据 days 值对比 case 语句后的常数，再输出对应的星期数字。

if/else if 语句

要处理多个条件还可以使用 "if/else if" 语句，可以说是 if/else 语句的进化版本，通过以下语句来认识。

```
if(条件运算 1)
{
   //符合条件运算 1 的语句
}
else
{
   if(条件运算 2)
   {
   }
}
```

将上述 if/else 语句改进后，可以形成如下语句：

```
if(条件运算 1)
{
   符合条件运算 1 的语句；
}
else if(条件运算 2)
{
   符合条件运算 2 的语句；
}
else
{
   上述条件运算都不符合的语句；
}
```

"if/else if" 语句会将条件逐一过滤，经过运算找到符合条件的结果后就不会再往下执行，所以它跟 switch/case 有异曲同工之妙！

范例 CH0302E　if/else if 语句

STEP 1 创建控制台应用程序，项目名称为 "CH0302E"。

STEP 2 完整范例参考 "muliConditons.cs"，其中列出了 if/else if 语句程序代码。

```
30  if(result > 4400000)
31  {
32     result = result * 0.4M - 805000;
```

```
33     Console.WriteLine("税率40%, 缴纳税额 = {0}", result);
34  }
35  else if(result > 2350000)
36  {
37     result = result * 0.3M - 365000;
38     Console.WriteLine("税率30%, 缴纳税额 = {0}", result);
39  }
40   else if (result > 1170000)
41   {
42      result = result * 0.2M - 130000;
43     Console.WriteLine("税率20%, 缴纳税额 = {0}", result);
44  }
45  else if (result > 520000)
46  {
47     result = result * 0.12M - 36400;
48     Console.WriteLine("税率12%, 缴纳税额 = {0}", result);
49  }
50  else
51  {
52     result *= 0.05M;
53     Console.WriteLine("税率5%, 缴纳税额 = {0}", result);
54  }
```

运行、编译程序：按"Ctrl + F5"组合键运行程序，打开"命令提示符"窗口。输入数值后，if 语句的条件运算根据 result 变量值来判断，显示图 3-16 所示的运行结果。

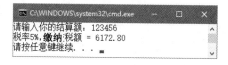

图 3-16　范例 CH0302E 的运行结果

程序说明

* 以个人综合所得额，使用 if/else if 语句，按金额大小进行不同税率的计算。
* 第 30~34 行：若 result 大于 4 400 000，则执行第一个条件运算并显示结果。注意由于是 decimal 类型，因此第 32 行的"0.4"要加上后置字符 M。
* 第 35~39 行：若 result 值小于等于 4 400 000，则继续前往第二个条件；若金额大于 2 350 000，则执行计算并显示结果。
* 第 40~44 行：若 result 值小于等于 2 350 000，则继续前往第三个条件；若金额大于 1 170 000，则执行计算并显示结果。
* 第 45~46 行：若 result 值小于等于 1 170 000，则继续前往第四个条件；若金额大于 520 000，则执行计算并显示结果。
* 第 51~54 行：当上述条件都不符合时，执行 else 语句后的计算并显示结果。

3.3 循　　环

循环结构（或重复结构）的流程处理，其逻辑性就如同生活中的"如果...就持续..."。当程序中某一个条件成立时，重复执行某一段语句，我们把这种流程结构称为"循环"。由于重复处理的流程取决于设置的条件运算，假如条件判断式的设计不当，就会造成"无限循环"现象，因此设计时必须小心注意！一般来说，循环包含以下几种。

- for 和 for/each 循环：可计次循环，通过计数控制循环执行的次数。
- while 循环：前测试循环。条件判断为 true 的情况下才会进入循环体，直到条件判断为 false 才会离开循环体。
- do/while 循环：后测试循环。先进入循环体执行语句，再进行条件运算。

3.3.1 for 循环

使用 for 循环时，必须有计数器、条件运算和控制表达式来完成重复计次的工作，其语法如下：

```
for(计数器; 条件表达式; 控制表达式)
{
    //程序语句;
}
```

- 计数器：控制 for 循环的次数，声明变量后须进行初始化设置；第一次进入循环会被执行一次。
- 条件表达式：条件运算成立（true）时，会进入循环体内运行程序语句，不断重复执行，直到条件值为 false 时，才会停止并离开循环体。
- 控制表达式：当条件表达式为 true 时执行此表达式，作为 for 循环计数器的增减值，在循环体内的语句执行后才会被运算。
- 注意计数器、条件表达式和控制表达式要以";"（分号）隔开。

使用 for 循环最经典的范例就是把数字累加；从"1+2+3+...+10"来了解 for 循环的运行方式。UML 活动图如图 3-17 所示，一个简单的例子如图 3-18 所示。

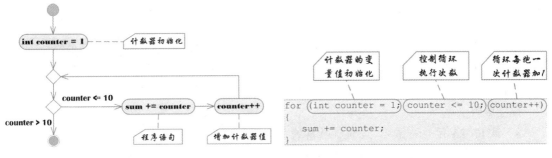

图 3-17　for 循环　　　　　　　　　　　　　　图 3-18　for 循环

- 计数器：声明变量并设置初值，所以"int counter = 1"。由于 counter 是一个局部变量，因此它只适用于 for 循环，离开此循环就无法使用。
- 条件表达式：控制循环执行次数，条件成立时，就会进入 for 循环体执行语句，直到计器值大于 10（表示条件不成立）时才会离开循环体。
- 控制表达式：根据计数器给予的初值，在条件表达式成立的情况下，每进入 for 循环一次，就累加一次，直到循环结束为止。

此外，可以使用"IntelliSense"的"插入代码段"功能插入 for 语句，然后修改计数器和条件表达式，如图 3-19 所示，这样可以减少出错的概率。

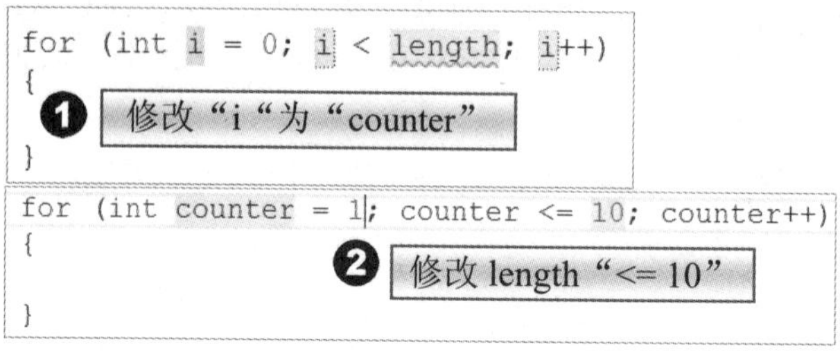

图 3-19　使用"IntelliSense"的"插入代码段"功能插入 for 语句

范例 CH0303A　for 循环

STEP 1　创建控制台应用程序，项目名称为"CH0303A"。

STEP 2　从 Main()主程序编写如下程序代码：

```
13  static void Main(string[] args)
14    {
15    int sum = 0; //存储数值累加结果
16
17    for (int counter = 1; counter <= 10; counter++)
18    {
19      sum += counter;
20      Console.WriteLine(
21        "counter = {0:D2}, sum = {1:D2}",
22        counter, sum);
23    }
24  }
```

运行、编译程序：按"Ctrl + F5"组合键来运行程序，打开"命令提示符"窗口，显示图 3-20 所示的运行结果。

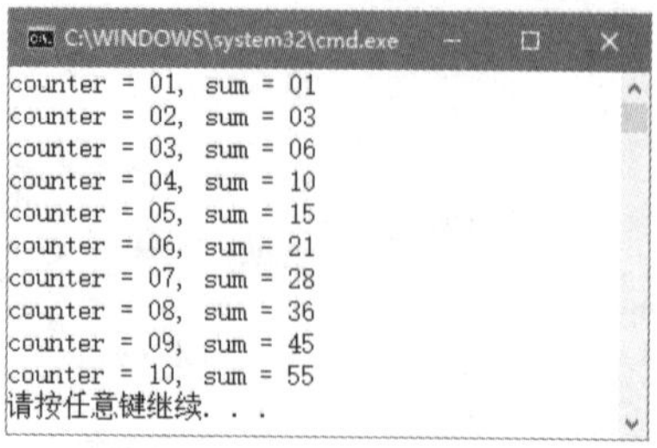

程序说明

* 第 17~23 行：for 循环，设置计数器的初值为 1，条件运算"≤10"，控制运算是循环体每执行一次就加 1。

图 3-20　范例 CH0303A 的运行结果

- ★ 第 19 行：sum 变量，假设初值为 0，用来存储数值累加的结果。
- ★ 第 20~22 行：在循环中输出计数器和每次数值累加的结果。从图 3-21 得知，"counter =1, sum =1"；"counter = 5, sum = 15"，直到 counter 的值大于 11，表示条件运算不成立，结束循环。
- ★ 如果将 WriteLine()方法放在 for 循环外，会得到图 3-21 所示的结果。为什么"counter = 11"呢？这是因为计数器经由控制运算加 1，由 10 变成 11，还要对比条件表达式，发现条件不成立才结束循环。

图 3-21 范例 CH0303A 的运行结果

不同变化的数值累加

使用 for 循环进行数值的累加，调整计数器、条件运算和控制运算会有不同的结果，列举如下：

```
//将偶数值 2+4+6…相加
for (counter = 2; counter <= 10; counter += 2)
//将奇数值 1+3+5+…相加
for (counter = 1; counter <= 10; counter += 2)
```

变化的 for 循环

虽然我们强调 for 循环是一个可计次的循环，但是在很多情况下，for 循环也可以形成无限循环。做法很简单，就是 for 循环不使用计数器和条件表达式，语句如下：

```
for( ; ;){
  //程序语句

}
```

范例 CH0303A2 有变化的 for 循环

1 创建控制台应用程序，项目名称为"CH0303A2"。

2 这些程序代码放在 Main()主程序下。

```
16  int number = 0, sum = 0, count = 0;
17  string endkey;
18  for ( ; ; )
19  {
20    Console.Write("请输入数值: ");
21    number = int.Parse(Console.ReadLine());
22    count++;//计数器累计次数
23    sum += number;//存储数值
24    Console.Write("还要继续吗?(Y 继续 N 离开)");
25    endkey = Console.ReadLine();
26
```

```
27    if (endkey == "y" || endkey == "Y")
28      continue;//继续执行
29    else if (endkey == "n" || endkey == "N")
30      break;//结束循环
31  }
32  Console.WriteLine("输入{0}个数值，总计：{1}",
33      count, sum);
```

运行、编译程序：按"Ctrl + F5"组合键运行程序，打开"命令提示符"窗口，显示图 3-22 所示的运行结果。

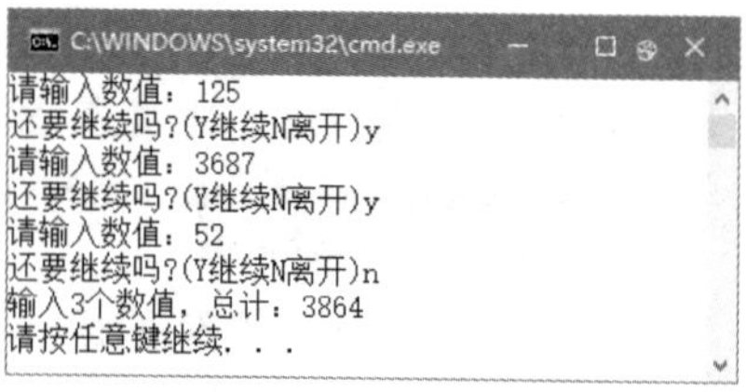

图 3-22　范例 CH0303A2 的运行结果

程序说明

* 第 18~31 行：for 循环，不设计数器、条件运算和控制运算。计数器由 count 取代，用户按"Y or y"累计次数。
* 第 23 行：sum 变量，假设初值为 0，用于存储数值累加的结果。
* 第 25 行：endkey 变量，存储用户输入的字符。
* 第 27~30 行：使用"if/else if"语句判断按下的按键。"Y or y"表示继续，continue 语句会继续运行程序；"N or n"表示不再继续，break 语句中断循环，输出累加的结果。

3.3.2　while 循环

如果不知道循环要执行几次，那么 while 循环或 do-while 循环就是比较好的处理方式，语法如下：

```
while(条件表达式)
{
    执行条件为 true 语句;
}
```

进入 while 循环时，必须先检查条件表达式，如果符合，就会执行循环体内的语句；如果不符合，就会跳离循环。因此循环内的某一段语句必须以改变条件表达式的值来结束循环的执行，否则就会形成无限循环。那么 while 循环与 for 循环有什么不同？通过以下例子来说明。

```
int counter = 1;//计数器
while(counter <= 10)
{
    sum += counter;
    counter++;//将计数累加
}
Console.WriteLine("累加结果：{0}", sum);
```

使用 while 循环来处理时，counter 变量相当于 for 循环的计数器。"counter≤10"的条件表达式相等于 for 循环的条件表达式，"sum += counter"是将相加后的结果存储于 sum 变量中。

控制运算以 counter 变量进行计数累加，与 for 循环的控制表达式是一样的，如图 3-23 所示。

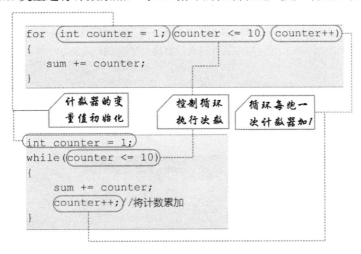

图 3-23　for 循环和 while 循环

范例 CH0303B 使用 while 循环来求取两个整数的最大公约数（GCD），使用数学辗转相除法的原理，让两数相除来取得 GCD 的值。其流程控制图如图 3-24 所示。

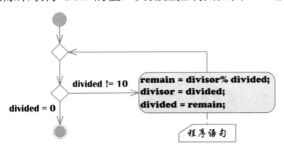

图 3-24　while 循环

范例　CH0303B　while 循环

▷1　创建控制台应用程序，项目名称为"CH0303B"。

▷2　这些程序代码放在 Main() 主程序下。

```
15  int remain;//余数
16  Console.WriteLine("输入两个整数值，求取最大公约数");
17  Console.Write("输入第一个数值：");
18  //取得除数
19  int divisor = Convert.ToInt32(Console.ReadLine());
20  Console.Write("输入第二个数值：");
21  //取得被除数
22  int dividend = Convert.ToInt32(Console.ReadLine());
23  Console.Write("{0}与{1}的", divisor, dividend);
24
25  while (dividend != 0)//被除数不能为 0
```

```
26  {
27     remain = divisor % dividend; //求取余数
28     divisor = dividend; //被除数(dividend)更换成除数(divisor)
29     dividend = remain;  //将前式所得余数更换为除数(divisor)
30  }
31  Console.WriteLine("最大公约数: {0} ", divisor);
```

运行、编译程序: 按"Ctrl + F5"组合键运行程序, 打开"命令提示符"窗口, 显示图 3-25 所示的运行结果。

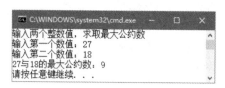

图 3-25　范例 CH0303B 的运行结果

程序说明

* 第 25~30 行: 这几行为 while 循环。条件表达式的被除数 "dividend != 0" 情况下(true), 才能进入循环体执行语句。若 "dividend = 0", 则条件不成立, 不会再进入 while 循环。
* 第 27 行: 将两数相除来取得余数, 若余数为 0, 则除数(divisor)就是这两个整数的最大公约数。
* 第 28 行: 处理余数不是 0 的情况, 必须将除数(divisor)更换成被除数(dividend)。
* 第 29 行: 取得第 27 行所得余数并变更为除数, 继续执行, 直到余数为 0 为止。

3.3.3　do/while 循环

无论是 while 循环还是 do/while 循环都是用来处理未知循环执行次数的程序。while 循环先进行条件运算, 再进入循环体执行语句; do/while 循环恰好相反, 先执行循环体内的语句, 再进行条件运算。对于 do/while 循环来说, 循环体内的语句至少会被执行一次; while 循环在条件运算不符合的情况下不会进入循环体来执行语句。do/while 循环语法如下:

```
do{
   //程序语句;
}while(条件运算);
```

不要忘记条件运算后要有";"结束循环。那什么情况下会使用 do/while 循环呢? 通常是询问用户是否要让程序继续执行时。下面的例子还是以"1+2+3+...+10"来认识 do/while 循环, 语句如下:

```
int counter = 1, sum =0;//counter 是计数器
do{
   sum += counter;//sum 存储数值累加的结果
   counter++;//控制运算: 让计数器累加
}while(counter <= 10);//条件表达式
```

表示会进入循环体内，运行程序语句后再进行条件运算，若条件为 true 则继续执行，不断重复，直到 while 语句的条件运算为 false 才会离开循环。它的流程控制图如图 3-26 所示。

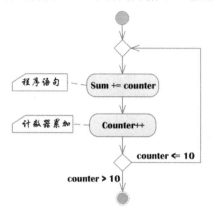

图 3-26　do/while 流程控制

范例 CH0303C　do/while 循环

⇒1　创建控制台应用程序，项目名称为"CH0303C"。

⇒2　这些程序代码放在 Main()主程序下。

```
14  bool guess = false;  //判断是否猜中了
15  int counter=1, value = 67; //设置要猜的数值
16
17  do
18  {
19    Console.Write("请输入介于 0~100 之间的整数:");
20    int keyin = Convert.ToInt32(Console.ReadLine());
21    if (keyin > value)
22      Console.WriteLine ("第{0}次，{1}数字太大了!",
23        counter, keyin);
24    else if (keyin < value)
25      Console.WriteLine("第{0}次，{1}数字太小了!!",
26        counter, keyin);
27    else
28    {
29      Console.WriteLine(
30        "第{0}次，终于猜中了，数字是{1}!!", counter, keyin);
31      guess = true;//表示猜对了
32    }
33    counter++;//猜的累计次数
34  } while (!guess);//以 guess 作为条件判断
```

运行、编译程序：按"Ctrl＋F5"组合键运行此程序，打开"命令提示符"窗口，显示图 3-27 所示的运行结果。

程序说明

* 第 17~34 行：do/while 循环，没有猜对的情况下（条件成立）会继续执行循环，直到用户猜对才会结束循环。

* 第 21~33 行：if/else if/else 语句。将用户输入的数值和默认值进行比较。

图 3-27　范例 CH0303C 的运行结果

* 第 21~23 行：若输入的数字太大，则执行 if 程序块的语句，并告知用户输入的数字太大。

* 第 24~26 行：若输入的数字太小，则执行 else if 程序块的语句，并告知用户输入数字太小。

3.3.4　嵌套 for

使用循环也会有嵌套循环，表示循环内还有循环，最常看到就是 for 循环。通常是每一层循环体都有独立的循环控制，这种做法和前面的嵌套 if 相同，也就是循环体之间不可以将程序块重叠。

范例 CH0303D　嵌套 for

⏩1　创建控制台应用程序，项目名称为"CH0303D"。

⏩2　程序代码从 Main()主程序开始。

```
01   static void Main(string[] args)
02   {
03       //外层 for 控制行数
04       for (int one = 5; one >= 1; one--)
05       {
06           //内层 for 控制输出的数目
07           for (int two = 1; two <= one; two++)
08           {
09               Console.Write("*");
10           }
11           Console.WriteLine();
12       }
13   }
```

运行、编译程序：按"Ctrl + F5"组合键运行此程序，打开"命令提示符"窗口，显示图 3-28 所示的运行结果。

程序说明

* 第 4~12 行：外层 for 循环，控制行数。第 7~10 行为内层 for 循环，负责输出*字符。下面通过表 3-2 来说明。

图 3-28　范例 CH0303D 的运行结果

表 3-2 双层 for 循环的运行方式

外层 for 循环			内层 for 循环			备注
循环	计数器 one	条件表达式 one≥1	循环	计数器 two	条件表达式 two≤one	Write("*")
1	5	5≥1, true	1	1	1≤5, true	*
			2	2	2≤5, true	**
			3	3	3≤5, true	***
			4	4	4≤5, true	****
			5	5	5≤5, true	*****
			6	6	6≤5, false	外层 for 换行
2	4	4≥1，true	1	1	1≤4, true	*
			2	2	2≤4, true	**
			3	3	3≤4, true	***
			4	4	4≤4, true	****
			5	5	5≤4, false	外层 for 换行
3	3	3≥1，true	1	1	1≤3, true	*
			2	2	2≤3, true	**
			3	3	3≤3, true	***
			4	4	4≤3, false	外层 for 换行
4	2	2≥1，true	1	1	1≤2, true	*
			2	2	2≤2, true	**
			3	3	3≤2, false	外层 for 换行
5	1	1≥1, true	1	1	1≤1, true	*
			2	2	2≤1, false	外层 for 换行
6	0	0≥1, false			结束循环	

- 外层 for 停留在第一行。内层 for 循环，使用 Write()方法打印出 5 个*字符，执行到条件运算为 false 时，外层 for 循环的 WriteLine()方法会换到新行。依此类推，直到外层 for 循环结束。
- 嵌套 for 的特色就是内层 for 循环没有结束时，外层 for 循环不会变更计器数的值；每次进入内层 for 循环都是从设置的初值开始。

3.3.5 其他语句

一般来说，break 语句用来中断循环的执行，continue 语句用来暂停当前执行的语句，它会回到当前语句的上一个区段，让程序继续执行下去。因此，可以在 for、while、do…while 循环中的程序语句中加入 break 或 continue 语句，使用一个简单的范例来说明这两者间的差异。

范例 CH0303E continue 和 break 语句

STEP 1 创建控制台应用程序，项目名称为"CH0303E"。

STEP 2 程序代码从 Main()主程序开始。

```
13  static void Main(string[] args)
14  {
15    int counter, sum = 0;
16    for (counter = 0; counter <= 20; counter++)
17    {
18      if (counter % 2 == 0)//找出奇数
19      {
20        continue;//继续循环
21      }
22      sum += counter;
23      if(sum > 60)
24        break;//中断循环
25      Console.WriteLine(
26        "Counter = {0}, Sum = {1}", counter, sum);
27    }
28  }
```

运行、编译程序：按"Ctrl + F5"组合键运行程序，打开"命令提示符"窗口，显示图 3-29 所示的运行结果。

```
Counter = 1, Sum = 1
Counter = 3, Sum = 4
Counter = 5, Sum = 9
Counter = 7, Sum = 16
Counter = 9, Sum = 25
Counter = 11, Sum = 36
Counter = 13, Sum = 49
请按任意键继续. . .
```

图 3-29 范例 CH0303E 的运行结果

程序说明

★ 第 16~27 行：以 for 循环将数值相加。使用 if 语句找出奇数值，当累加数值大于 60 时停止循环的执行。

★ 第 18 行：if 语句判断计数器（counter）的值，把它除以 2，若余数为 0，则不再继续下一条语句；它会回到上一层 for 循环继续循环的执行。所以 counter 的值是"2,4, 6, ..."的偶数值时，就不进行数值累加；for 循环只会针对奇数值进行累加。

★ 第 23 行：第 2 个 if 语句，当 sum 累加的值大于 60 时，就以 break 语句来中断整个循环的执行并结束应用程序，得到图 3-30 所示的结果。

3.4 重点整理

✧ "结构化程序设计"是一种软件开发的基本精神，根据从上而下（Top-Down）的设计策略，将复杂的问题分解成小且简单的问题，产生"模块化"程序代码。"结构化程序设计"包含 3 种流程控制，即顺序结构、选择结构和循环结构。

◆ 条件选择的"单一选择"是若 if 语句的条件运算成立（true），则执行程序块中的语句。"双向选择"是使用 if/else 语句，若条件运算成立，则执行 if 程序块中的语句；若条件不成立，则执行 else 程序块中的语句。

◆ 条件运算符可以简化 if/else 语句，若条件符合，则执行"?"运算符后的语句；若条件不符合，则执行":"运算符后的语句。

◆ 嵌套 if 是"if/else"语句的变形，也就是"if/else"语句中还含有"if/else"。执行时，符合第一层条件才会进入第二个条件，一层层进入到最后一个条件。

◆ 条件选择有多重时，if/else if 或 switch/case 语句都能处理。switch 语句的运算可以是数值或常数，case 语句所处理的数据类型必须和表达式同；不符合的值就使用 default 语句。

◆ 重复流程结构有 for 循环、while 循环和 do/while。

◆ for 循环是可计次循环，必须配合计数器、条件运算和条件控制进行循环控制。

◆ while 循环是前测试循环，要符合指定条件才会进入循环体，直到条件不符合才离开循环。do/while 循环则是后测试循环，会先进入循环体执行语句，再进行条件判断。

3.5 课后习题

一、选择题

（1）UML 活动图中，哪一种元素代表条件判断？（ ）

A. ◉ 　　　　　B. ▢ 　　　　　C. ● 　　　　　D. ◇

（2）使用 if 语句，下列语句会返回什么结果？（ ）

A. 不打折 　　　B. 打 85 折 　　　C. false 　　　D. true

```
int money = 35000;
if(money >= 40000)
    Console.WriteLine("打 85 折");
```

（3）若条件为多选一时，下列语句哪一个不适用？（ ）

A. if/else 语句 　　B. if/else if 语句 　　C. switch/case 　　D. 以上都是

（4）对于嵌套 if 的描述，哪一种有误？（ ）

A. 可设置多个条件来进行单一选择

B. 表示 if 语句中还有 if 语句

C. 当第一个条件符合时，不会再进入第二个条件

D. 由 if/else 语句变化而产生

（5）使用 switch/case 语句，如果条件都不符合时，要使用哪个程序块的语句？（ ）

A. false 　　　B. else 　　　C. default 　　　D. 以上都可

（6）下列循环中，哪一种循环必须配合计数器？（　　）

A. for 循环　　　　　B. do/while 循环　　　　　C. While 循环　　　　　D.以上都可

（7）对于 do/while 循环，下列描述哪一个正确？（　　）

A. 前测试循环，条件为 true 会进入循环体执行
B. 后测试循环，先执行语句再进行条件运算
C. 即使条件运算不成立也会进入循环执行
D. 后测试循环，条件运算为 false 才会进入循环体执行

（8）对于 break 语句，哪一个描述有误？（　　）

A. 能让语句回到上一层循环，继续执行
B. 可以配合循环，如 for、while 语句
C. 会中断语句，结束程序的执行
D. 配合 switch/case 语句，找到符合条者就停止语句

二、填空题

（1）下列语句运行后会输出_____。

```
int score = 75, grad = 60;
Console.WriteLine(score > grade ? "Passing" : "Failed");
```

（2）流程控制共有 3 种：_____、_____、_____。

（3）请填入下述语法的关键字：❶_____、❷_____、❸_____。

```
switch(表达式)
{
   ① 值1:
      程序块1;
   ②;
...
   ③: //上述条件都不符合
      程序块 n+1;
      break;
}
```

（4）请说明下列 for 语句各代表的意义（见图 3-30）：❶代表_____、
❷代表_____；❸代表_____。

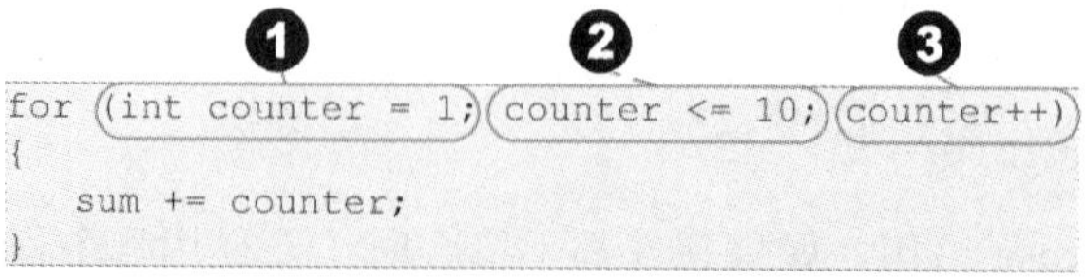

```
for (int counter = 1; counter <= 10; counter++)
{
   sum += counter;
}
```

图 3-30　for 语句

（5）_____循环进入循环后会先执行循环体的语句，再进行条件运算。do/while 下列语句 while 循环中，计数器为_____；条件运算为_____；控制运算为_____。

```
int counter = 1, sum = 0;
while(counter <=10)
{
    sum += counter;
    counter++;
}
```

三、实践题

1. 将范例 CH0302D 改为 if/else if 语句。
2. 使用 switch/case 语句，输出图 3-31 所示的结果。

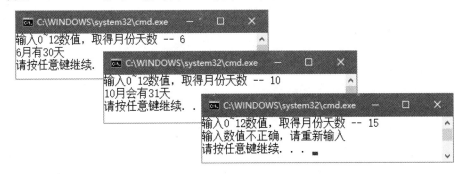

图 3-31　使用 Switch/case 语句输出的结果

3. 请以 for 循环输出图 3-32 所示的结果。

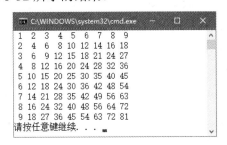

图 3-32　使用 for 循环输出的结果

4. 将实践题 2 加以改进，让语句能重复执行，如图 3-33 所示。

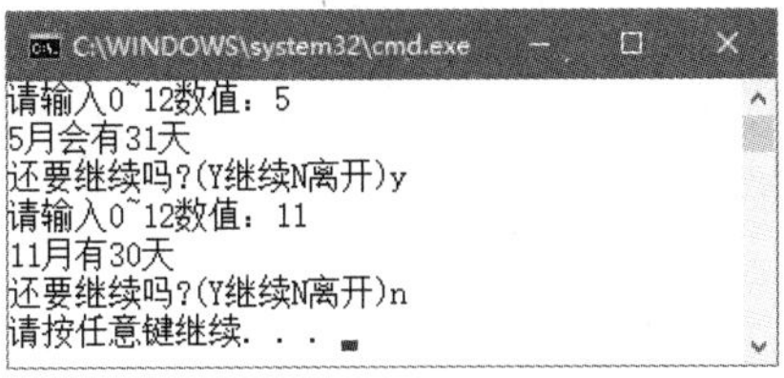

图 3-33　重复执行语句

5. 使用双层 for 循环输出图 3-34 所示的星形图案。

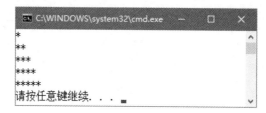

图 3-34   输出星形图案

习题答案

一、选择题

（1）D   （2）A   （3）A   （4）C   （5）C
（6）A   （7）B   （8）A

二、填空题

（1）Passing
（2）顺序结构   选择结构   循环结构
（3）switch   default   break
（4）计数器的变量值初始化   控制循环执行次数   循环每跑一次计数器加 1
（5）counter =1   counter≤10   counter++

三、实践题

答案参考"\\Visual C# 2013 Demo\LAB\Lab3\Lab1~Lab5"

第 **4** 章

数组和字符串

章节重点

- 由一维数组开始，从声明、分配内存空间到设置初值。也可以简化步骤，将数组初始化；要读取数组中的元素，可搭配 for、foreach 循环。
- 认识二维数组，了解它如何声明；或者以初始化操作来产生数组。
- 数组长度不固定时，使用"不规则数组"，它意味着"数组中有数组"。"隐式数组"是数组的数据类型未进行显式声明。
- 认识 String 的不变性，StringBuilder 是管理字符串的好帮手。

使用数组必须先进行声明，然后进行初始化，一维数组节省了内存空间，多维数组则丰富了程序的内涵。String 和 StringBuilder 不同之处在哪儿？下面一同来了解！

4.1　数　　组

数组是由数组元素组成的。为什么要使用数组？先来了解一些实际情况。若要以程序来处理某一项"数据"，必须先设置一个变量名称，再将这项数据赋值给这个变量。举例来说，学校里要计算学生的成绩，每位学生成绩可能有 4~5 科的分数，如果通过程序处理，这些成绩要 4~5 个变量来存储。如果全班有 30 个学生，可能需要更多变量！假设一个学年有 3 个班级，那么统计全校学生的成绩可能还需要更多变量才能处理！

计算机的内存有限，为了让内存空间的利用率发挥得淋漓尽致，使用"数组"这种特殊的数据结构可解决上述问题。把程序中同类的信息全部记录在某一段内存中，一来可省去为同类信息逐一命名的步骤，二来可以通过"下标值"（index，或称为索引值）获取在内存中真正需要的信息。因此，数组可视为一连串数据类型相同的变量。

4.1.1　一维数组的声明

变量与数组最大的差别在于一个变量只能存储一个数据，而数组能把类型相同的数据集合在一起，称为"数组元素"，它占用连续的内存空间。数组依照排列方式和占用的内存空间大小可分为一维数组、二维数组等。

第一步：声明数组

声明变量后，内存要分配空间才能存放变量值；声明变量并给予初值，表示完成变量的"初始化"。产生一个完整的数组有 3 个步骤：声明数组、创建数组、数组初值设置。声明一维数组的语法如下：

```
数据类型[] 数组名;
```

- 数据类型：为了取得内存空间，必须告知编译程序要使用的数据类型，例如 int、string、float 和 double 等。
- [] （中括号，或称下标）表示数组的维数（dimension），括号中没有任何字符，表示它是一维数组（Single-Dimension）。
- 数组名：标识符名称的一种，数组名的使用方式必须遵守标识符名称的规范。

第二步：创建数组

数组经过声明不代表已获得内存空间，必须以 new 运算符创建数组的长度，才能进一步获得内存空间的分配，其语法如下：

```
数组名 = new 数据类型[size];
```

- size：表示数组的长度或大小，也就是能存放的数组元素。

如同变量的做法，也可以将第一步和第二步合并；声明数组并以 new 运算符来设置数组长度，合并后的语法如下：

数据类型[] 数组名 = new 数据类型[size];

如何在程序代码中声明数组，其语句如下：

```
int[] grade;                //声明数组
grade = new int[4];         //以 new 运算符创建长度为 4 的数组
int[] grade = new int[4];   //将上述两行合并成一行
```

- 声明了一个 int 类型的数组，它的名称是 grade。
- 以 new 运算符创建一个长度为 "4" 的数组，表示它能存放 4 个元素。

声明数组后，它如何存放于内存中，使用图 4-1 来说明。

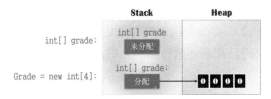

图 4-1　创建数组获得内存分配

第三步：数组初值设置

数组经过声明，以 new 运算符获得了连续的内存空间，不过数组里并无任何元素（element）。若是值类型，则会将初值设为 "0"；若是 string，则是空字符串。要在数组中存放数据，可以针对各个数组元素给予初值，其语法如下：

数组名[下标编号] = 初值;

数组的下标编号（index）从 0 开始。在[]（中括号）内标上数字代表下标编号，一个下标编号只能存放一个数组元素。例如：

```
int[] grade = new int[4];
grade[2] = 34;
```

- 声明一维数组 grade，以 new 运算符分配长度为 4 的数组，表示可存放 4 个元素，它的下标编号从 grade[0]到 grade[3]。
- 指定 grade[2]存放数值 "34"。

数组初始化

我们也可以在声明数组时进行初始化设置，也就是将产生数组的步骤简化成两步或一步，配合{}（大括号）填入数组元素。要怎么做呢？

方法一：声明数组并初始化，使用例子来说明。

```
int[] grade = {20, 145, 34, 57};
```

- 声明一维数组 grade，并在大括号内填入数组元素，元素与元素之间要用逗号来隔开。grade 变量如何存放数组元素，通过图 4-2 来说明。

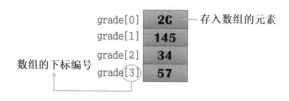

图 4-2　数组元素

方法二：声明数组并以 new 运算符完成初始化，例子如下。

```
int[] grade2;
grade2 = new int[]{20, 145, 34, 57};
int[] grade3 = new int[] {20, 145, 34, 57};
```

- 声明一维数组 grade2，以 new 运算符初始化数组元素。
- 声明一维数组 grade3，把前述两行语句合并成一行语句。
- 不管是数组 grade2 还是 grade3，都使用大括号{}来初始化数组元素，所以数据类型后[]（中括号）可以不填数值。

4.1.2　数组元素的存取

一个经过初始化的数组可使用 foreach 循环读取其元素，它会按照数组元素返回的顺序进行处理，从下标编号 0 开始到最后，其语法如下：

```
foreach(数据类型 对象变量 in 集合)
{
    程序区段语句;
}
```

- 对象变量：对象变量的内容包含数组甚至对象，数据类型必须和集合或数组相同。
- 集合（Collection）：数据类型必须和对象变量相同。
- foreach 循环语句执行程序块中的语句时，根据数组的长度来决定循环次数；可搭配 break 或 continue 语句。

范例 CH0401A　以 foreach 读取数组元素

模板为"控制台应用程序"。从 Main()主程序编写如下程序代码：

```
13  static void Main(string[] args)
14  {
15    int[] grade;//声明一维数组
16    grade = new int[] {78, 65, 92, 85};//初始化数组元素
17    foreach (int item in grade)//读取数组
18    {
```

```
19        Console.Write("{0}, ", item);
20   }
21 }
```

运行、编译程序：按"Ctrl + F5"组合键运行此
程序，打开"命令提示符"窗口，运行结果如图 4-3
所示。

图 4-3　范例 CH0401A 的运行结果

程序说明

* 第 15 行：声明数组 grade，第 16 行使用 new 运算符将它初始化。
* 第 17~20 行：foreach 循环读取数组元素，会从下标编号"0"的元素开始，直到数组
  元素读取完毕。

使用 for 循环读取数组

for 循环也能处理数组，不过要注意使用属性"Length"来获取数组的长度，其语法如下：

```
数组名.Length
```

例子如下：

```
for(int item =0; item < grade.Length; item++)
  Console.WriteLine("grade[{0}]={1}",
     item, grade[item]);
```

* 计数器"item = 0"：表示从数组的下标编号零开始。
* 条件运算"item < grade.Length"：表示计数器大于数组的长度就会停止运算离开循环。
* 条件控制"item++"：每读取一个数组元素，计数器就加 1，直到数组读取完毕。
* 要输出每个元素的存储值，必须以数组名[下标编号]进行输出。

4.1.3　数组的属性和方法

Array 是所有数组的基类，提供所有数组的属性和方法。第 4.1.2 小节使用 Array 类的
"Length"属性来获取数组的长度，使用"Rank"属性获取数组的维数。Sort()方法能将一维
数组排序，而 Reverse()方法会把数组元素反转，IndexOf()方法用于返回数组某个元素的位置。

数组的排序

将数值从小到大排序称为递增；若把数值从大到小排序则是递减。Sort()和 Reverse()方法
的语法如下：

```
Array.Sort(数组名 1, [数组名 2]);//数组元素从小到大排序
Array.Reverse(数组名);//将数组元素做反转
```

* Sort()方法只能针对一维数组进行递增排序；如果想要进行递减排序，必须先以 Sort()
  方法完成升序，再以 Reverse()进行数组元素的反转。

范例 CH0401B Sort()方法给数组元素排序

模板为"控制台应用程序"。在 Main()主程序块编写如下程序代码：

```
15   //声明数组并初始化元素
16   int[] number = { 56, 78, 9, 354, 17 };
17   Console.Write("排序前: ");
18   //读取排序前的数组元素
19   foreach (int element in number)
20      Console.Write("{0,3} ", element);
21
22   Array.Sort(number);//升序
23   //Array.Reverse(number);//反转数组元素
24   Console.Write("\n排序后: ");
25   //读取排序后的元素
26   for(int item = 0; item < number.Length; item++)
27      Console.Write("{0,3} ", number[item]);
28   Console.Read();
```

运行、编译程序：按"Ctrl + F5"键运行此程序，打开"命令提示符"窗口，运行结果如图 4-4 所示。

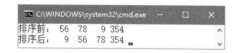

程序说明

图 4-4 范例 CH0401B 的运行结果

* 创建一维数组并初始化数组元素。排序前使用 foreach 循环，排序后则以 for 循环处理，让大家了解这两种循环的不同之处。
* 第 16 行：声明一维数组 number 并初始化数组元素。
* 第 19~20 行：使用 foreach 循环读取数组并输出，如图 4-4 所示的第一行数值。
* 第 22、23 行：以 Array 类的 Sort()方法把 number 数组排序。如果要按递减排序，取消第 23 行注释（Sort()方法先做升序，Reverse()方法反转数组就能达到递减排序）。
* 第 26~27 行：以 for 循环输出排序后的数组元素。{0,3}表示会预留 3 位数，不足位数者前方保留空白。
* 使用 foreach 循环读取数组元素时，只要设置对象变量 "element" 再把它输出即可；for 循环读取元素后，必须以数组名加上中括号和下标编号。

如果要排序的对象是名字加数值，就使用 Sort()方法，例子如下：

```
int[] number = {56, 78, 9, 354};
string[] name = {"Mary", "Judy", "Lida","Molly"};
Array.Sort(number, name);
```

使用两个数组来存放分数和名字，然后将 number 和 name 这两个数组名作为 Sort 方法的参数，可参考图 4-5 来了解。

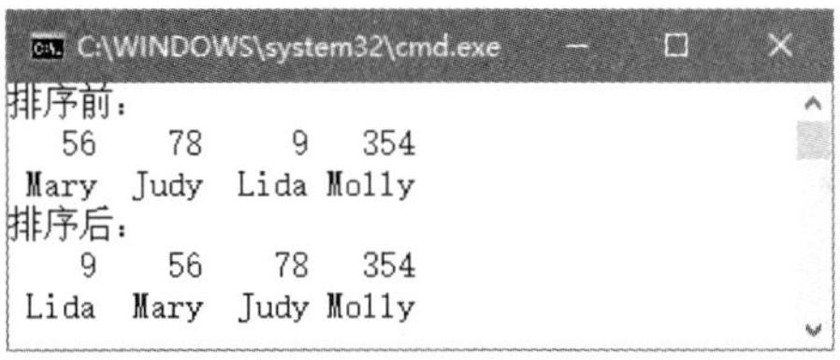

```
排序前:
    56    78     9   354
  Mary  Judy  Lida  Molly
排序后:
     9    56    78   354
  Lida  Mary  Judy  Molly
```

图 4-5　使用 Sort()方法排序

在数组中查找

每个数组元素都会有下标编号，想要知道数组里是否有某个元素，可通过 IndexOf()方法查找，再返回它的下标编号。IndexOf()的语法如下：

```
Array.IndexOf(数组名, value[,start, count])
```

- value：数组中查找的对象，找到符合的第一个元素就会返回结果。大多数数组会以 0 为下限，找不到 value 时，将 -1 作为返回值。
- start：指定要开始查找的下标值，若省略此参数，则从下标编号 0 开始查找。
- count：配合 start 值指定要查找的元素数目，若省略此参数，则以整个数组为查找对象。

下面的例子中，IndexOf()方法会返回数组元素"354"的下标编号"3"。

```
int[] number = {56, 78, 9, 354, 17};
int index = Array.IndexOf(number, 354);
```

范例 CH0401C　使用 IndexOf()方法进行查找

模板为"控制台应用程序"。在 Main()主程序块编写如下程序代码：

```
15  string[] name =
16    {"Molly", "Eric", "John", "Janet", "Iron"};
17  int[] age = {25,26,27,26,28};
18  //返回 26 岁的 index 值
19  int index = Array.IndexOf(age, 26);
20
21  //使用 while 循环查找符合 26 岁的人
22  Console.WriteLine("符合 26 岁的人有: ");
23  while (index >= 0)
24  {
25    Console.Write("{0} ", name[index]);
26    //继续往下一笔去查找
27    index = Array.IndexOf(age, 26, index+1);
28  }
```

运行、编译程序：按"Ctrl + F5"键运行此程序，打开"命令提示符"窗口，运行结果如图 4-6 所示。

图 4-6　范例 CH0401C 的运行结果

程序说明

★ 使用 IndexOf()方法找出数组中年龄是 26 岁的人。先以 IndexOf()方法查找 age 数组中年龄 26 的下标编号，再使用 while 循环重复查找数组中下一个年龄是 26 的人。

★ 第 15~17 行：两个数组，name 存放名字，age 存放年龄。

★ 第 19 行：使用 IndexOf()方法找出 26 岁的下标编号值。

★ 第 23~28 行：使用 while 循环，以下标编号大于或等于 0 为条件运算，以 "index + 1" 来查找数组元素中下一个符合年龄是 26 的人。

改变数组大小

创建数组时通常要指定它的大小，要改变数组的大小可以使用 Resize()方法，它的语法如下：

```
Array.Resize(ref 数组名, newSize)
```

• 数组名：要在数组名加上 ref 来引用数组，而且必须是一维数组。

• newSize：表示要重新指定数组的大小。

以 Resize()重新分配数组大小时，newSize 参数有 3 种情况要注意：

• newSize 等于旧数组长度，Resize()方法不会执行。

• newSize 大于旧数组长度，旧数组的所有元素会复制到新数组。

• newSize 小于旧数组长度，旧数组元素复制填满新数组，多出的元素会被舍弃。

范例 CH0401D Array.Resize()方法改变数组大小

模板为"控制台应用程序"。在 Main()主程序块编写如下程序代码：

```
15  //原来的数组
16  string[] fruit = {"orange","apple","banana", "grape"};
17  Console.Write("原来的数组元素:");
18  foreach (string item in fruit)
19      Console.Write("{0} ", item);
20  //newSize > fruit : 将数组变大
21  Array.Resize(ref fruit, fruit.Length + 2);
22  //加入数组元素
23  fruit[4] = "waterlemon";
24  fruit[5] = "strawberry";
25  Console.WriteLine("\n 改变后的数组元素:");
26  foreach (string item in fruit)
27      Console.Write("{0} ", item);
28  //newSize < fruit : 将数组变小，多出的元素舍弃
29  Array.Resize(ref fruit, fruit.Length-1);
30  Console.WriteLine("\n 变小后的数组元素:");
```

```
31  foreach (string item in fruit)
32      Console.Write("{0} ", item);
```

运行、编译程序：按"Ctrl + F5"组合键运行此
程序，打开"命令提示符"窗口，运行结果如图 4-7
所示。

图 4-7　范例 CH0401D 的运行结果

程序说明

* 先设置一个 string 类型的一维数组，第一次以 Array.Resize()方法将数组加大；第二次
  以 Array.Resize()方法将数组变小。通过 foreach 循环的处理来了解数组的内部变化。
* 第 16 行：声明一个 string 类型的 fruit 数组。
* 第 21~24 行：以 Array.Resize()方法将 fruit 数组加大，并加入两个元素。
* 第 29 行：以 Array.Resize()将数组变小，它会舍弃部分元素。
* 第 18~20 行、第 26~28 行、第 31~32 行：使用 foreach 循环读取数组元素，查看 fruit
  数组的改变情况。

4.2　使用多维数组

数组的维数是"一"（或只有一个下标），称为"一维数组"（Single-Dimensional Array）。
在程序设计需求上，也会使用维数为 2 的"二维数组"（Two-Dimensional Array），最简单的
例子就是 Microsoft Office 软件中的 Excel 电子表格，使用行与列的概念来表示位置。如果教
室里只有一排学生，可以使用一维数组来处理。如果有 5 排学生，每一排有四个座位，表示教
室里能容纳 20 个学生。这样的描述表达了二维数组的基本概念：由行、列组成。当数组的维
数是二维（含）以上，又称"多维数组"（Multi-Dimensional　Array），例如一栋建筑物含有
多间教室时，就构成了多维数组。

4.2.1　创建二维数组

当数组维数是 2 时称为二维数组。跟一维数组相同，通过声明、以 new 运算符分配内存
空间，再给数组元素赋值。或者以初始化来产生二维数组。二维数组的语法如下：

```
数据类型[,] 数组名;//步骤1：声明二维数组
数组名 = new 数据类型[行数, 列数];//步骤2：分配内存
数据类型[,] 数组名 = new 数据类型[行数, 列数];
```

* 声明二维数组，必须使用中括号标上逗点来表示它是一个二维数组。
* 声明二数组后，以 new 运算符来分配内存空间。
* 声明二维数组并以 new 运算符来创建数组，也就是将前述两行合并成一行。

声明二维数组，以[]（中括号）内加上逗点来表示它有行有列；同样地，行、列都有长度
或大小。例如声明一个 4×3 的整数类型数组，语句如下：

```
int[,] number;          //声明数组
number = new int[4, 3];//创建 4 行 3 列的数组
```

创建了一个 4 行 3 列的二维数组 number，它的下标编号位置如表 4-1 所示。

表 4-1　二维数组 number 的下标编号

	第 0 列	第 1 列	第 2 列
第 0 行	number[0, 0]	number[0, 1]	number[0, 2]
第 1 行	number[1, 0]	number[1, 1]	number[1, 2]
第 2 行	number[2, 0]	number[2, 1]	number[2, 2]
第 3 行	number[3, 0]	number[3, 1]	number[3, 2]

4.2.2　二维数组初始化

以 new 运算符分配二维数组的内存空间后，必须进行数组元素的初值设置。其语法如下：

```
数组名[行下标编号, 列下标编号] = 初值;
```

以一个简单例子来了解。

```
int[,] number = new int[4, 3];
number[0, 1] = 64;
```

- 声明二维数组 number 并以 new 运算符获得 4 行 3 列的内存空间。
- 在第 1 行（下标编号 0）第 2 列（下标编号 1）的空间存放数值"64"。

或者声明二维数组的同时进行初始化，例如：

```
int[,] number = {
   {75, 64, 96}, {55, 67, 39}, {45, 92, 85}, {71, 69, 81}};
int[,] number2 = new int[4, 3]
   {{75, 64, 96}, {55, 67, 39}, {45, 92, 85}, {71, 69, 81}};
```

- 二维数组声明的同时将数组元素初始化，大括号内有 4 组大括号，表示行的长度为 4。每一行存放 3 个数组元素，所以它是一个 4 行 3 列的二维数组。
- 二维数组以 new 运算符创建并初始化数组元素，它的存放位置如表 4-2 所示。

表 4-2　初始化数组元素

	第 0 列	第 1 列	第 2 列
第 0 行	number[0,0]=75	number[0,1]=64	number[0,2]=96
第 1 行	number[1,0]=55	number[1,1]=67	number[1,2]=39
第 2 行	number[2,0]=45	number[2,1]=92	number[2,2]=85
第 3 行	number[3,0]=71	number[3,1]=69	number[3,2]=81

GetLength()方法

如果数组维数是 2 以上，要获取数组的长度，可使用 GetLength()方法来取得指定维数的长度，其语法如下：

```
数组名.GetLength(数组维数);
```

使用 GetLength()方法获取数组维数的值后再赋给变量使用，例如：

```
int[,] score = {{75, 64, 96}, {55, 67, 39}};
int row = score.GetLenght(0);
int column = score.GetLength(1);
```

- 表示 score 数组是一个 2*3 的二维数组，行数为 "2"，列数为 "3"。
- 获取行数值（第 1 维数组），变量 row 返回值是 "2"。
- 获取列数值（第 2 维数组），变量 column 返回值是 "3"。

范 例 CH0402A　嵌套 for 读取二维数组元素

模板为 "控制台应用程序"。在 Main()主程序块编写如下程序代码：

```
16  string[] name = {"Mary", "Tomas", "John"};
17
18  int[,] score = {{75, 64, 96}, {55, 67, 39},
19                  {45, 92, 85}, {71, 69, 81} };
20  int outer, inner;//嵌套 for 的计数器
21  int[] sum = new int[3];//存放每个人的总分
22  //读取名字并输出，{0,7}表示默认使用 7 个字段来存放
23  foreach(string item in name)
24  {
25    Console.Write("{0,7}", item);
26  }
27  Console.WriteLine();
28  int row = score.GetLength(0);//获取第 1 维数组
29  int column = score.GetLength(1);//获取第 2 维数组
30
31  //读取行数
32  for (outer=0; outer < row; outer++)
33  {
34     //读取列的元素
35     for (inner = 0; inner < column; inner++)
36     {
37       Console.Write("{0,7}", score[outer, inner]);
38     }
39     Console.WriteLine();
```

```
40    sum[0] += score[outer, 0];//第1行分数相加
41    sum[1] += score[outer, 1];//第2行分数相加
42    sum[2] += score[outer, 2];//第3行分数相加
43  }
44  Console.WriteLine("-------------------------");
45  Console.WriteLine("Sum: {0} {1,7} {2,7}",
46    sum1, sum2, sum3);
47  Console.Read();
```

运行、编译程序：按"Ctrl + F5"组合键运行此程序，打开"命令提示符"窗口，显示图4-8所示的运行结果。

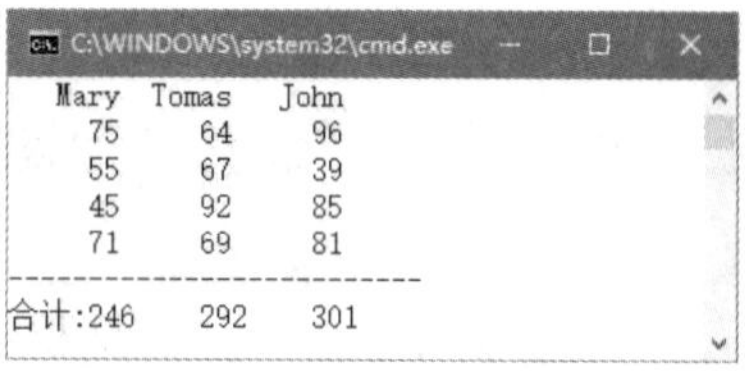

程序说明

图4-8　范例CH0402A的运行结果

* score是二维数组，要读取数组元素时，以GetLength()取得行和列的长度，配合双层for循环是较好的处理方式，然后将每个人的分数相加。
* 第16行：使用一维数组name来存放名字，声明并初始化数组。
* 第17~18行：使用二维数组score存放每个人的成绩，声明并初始化数组。
* 第21行：使用一维数组sum存放每个人的总分。
* 第23~26行：使用foreach循环读取name数组并输出，每个名字以7个字段为默认格式。
* 第26、27行：以GetLength()方法来获取指定数组的维数。所以GetLength(0)会获取第一维数（行）的长度，GetLength(1)会获取第二维数（列）的长度。
* 第32~43行：使用外层for循环读取行的长度；第35~38行则是内层for循环读取每行数组中每列的元素。
* 第40~42行：sum[0]会将第1列分数相加得到Mary的总分数，第2列、第3列则是得到Tomas和John的总分数，程序运行结果如图4-8所示。

Tips　以foreach循环读取二维数组
使用foreach循环读取二维数组也是没有问题的！其语句如下：

```
foreach (int one in score)
   Console.Write("{0}", one)
```

要注意的地方是，它读取的是二维数组的所有元素。

4.2.3　不规则数组

前面介绍的是经过声明的数组，数组大小是固定的。不过有些情况无法固定数组的大小，例如从数据库读取数据时，并不知道有多少笔数据。这种情况下可采用"不规则数组"（Jagged Array），也就是数组里的元素也是数组，也有人把它称为"数组中的数组"。由于数组元素采用引用类型，因此初始化时为null；数组的每一行长度也有可能不同，这意味着数组的每一行必须实例化才能使用。使用不规则数组和其他数组一样，声明并以new运算符获取内存空

间，设置数组长度。声明语法如下：

```
数据类型[][] 数组名 = new 数据类型[数组大小][];
数组名[0] = new 数据类型[]{...};
数组名[1] = new 数据类型[]{...};
```

方法一：声明不规则数组，每行有 3 个元素，然后以 new 运算符指定每行的长度，再存取各个数组元素。其语句如下：

```
int[][] number = new int[3][];//声明数组
number[0] = new int[4]; //初始化第一行数组，存放 4 个元素
number[1] = new int[3];
number[2] = new int[5];
number[0][1] = 12;//给各个元素赋值
```

方法二：声明不规则数组 number2，每行有 3 个元素，配合 new 运算符初始化每行的元素。

```
int[][] number2 = new int[3];
number1[0] = new int[] {11,12,13,14};
number2[1] = new int[] {22,23,24};
number3[2] = new int[]{31,32,33,34,35};
```

方法三：声明数组的同时完成初始化。

```
int[][] number3 = new int[][]
{
   new int[] {11,12,13,14},
   new int[] {22,23,24},
   new int[] {31,32,33,34,35}
};
```

方法四：每行的数组元素未给长度设置初始值，所以初始化时必须使用 new 运算符。

```
int[][] number4 =
{
   new int[] {11,12,13,14},
   new int[] {22,23,24},
   new int[] {31,32,33,34,35}
};
```

范例 CH0402B 使用不规则数组

模板为"控制台应用程序"。在 Main()主程序块编写如下程序代码：

```
15  //声明不规则数组
16  string[][] subject = new string[3][];
17  //以 new 运算符将每行的数组元素初始化
```

```
18   subject[0] = new string[]
19     {"Tomas","语文","英语会话","程序设计"};
20   subject[1] = new string[]
21     {"Molly", "语文", "计算机概论"};
22   subject[2] = new string[]
23     {"Eric", "英语", "数学", "多媒体论","应用文"};
24
25   //使用双层 for —— 外层 for 获取行数，内层 for 读取行的每个元素
26   for (int one=0; one < subject.Length; one++)
27   {
28       for(int two=0; two<subject[one].Length; two++)
29       {
30           Console.Write("{0}\t", subject[one][two]);
31       }
32       Console.WriteLine();
33   }
34   Console.Read();
```

运行、编译程序：按"Ctrl + F5"组合键运行此程序，打开"命令提示符"窗口，显示图 4-9 所示的运行结果。

图 4-9　范例 CH0402B 的运行结果

程序说明

- ✱ 使用不规则数组存入选修者的名字和科目，再以嵌套 for 循环读取。
- ✱ 第 16 行：声明不规则数组 subject，表示它有 subject[0]~subject[2] 的 3 行数组。
- ✱ 第 18~23 行：将每行数组以 new 运算符进行初始化。
- ✱ 第 26~33 行：外层 for 循环，使用"Length"属性来获取行的下标值。
- ✱ 第 28~31 行：内层 for 循环，根据每行的长度来读取每行的元素并输出结果。

4.2.4　隐式类型数组

先了解"隐式"（implicitly）的意义，相对于"显式声明"（Explicit Declaration），它有"不明确表示"的含义。也就是创建数组时要显式声明它的数据类型。隐式类型是不明确表示数组的数据类型。其语法如下：

```
var 数组名 = new[]{…};
```

声明一个隐式类型数组时，以 var 来取代原有的数据类型，同样必须以 new 运算符来获取内存空间，我们以下面的范例来认识隐式类型数组。

范例 CH0402C　使用不规则数组

模板为"控制台应用程序"，项目名称为"CH0402C"。在 Main()主程序块编写如下程序代码：

```
15   //声明一个隐式类型的不规则数组
16   var number = new[]
17      { new[]{68, 135, 83},
18        new[]{75,64,211,37}};
19   Console.Write("读取隐式的不规则数组：");
20   //由于是二维数组，因此使用双层 for 来读取数组元素
21   for (int one = 0; one < number.Length;one++)
22   {
23      for (int two = 0; two < number[one].Length; two++)
24         Console.Write(" {0}", number[one][two]);
25   }
26   Console.Read();
```

运行、编译程序： 按"Ctrl + F5"组合键运行此
程序，打开"命令提示符"窗口，显示图 4-10 所示的
运行结果。

图 4-10　范例 CH0402C 的运行结果

程序说明

* 创建一个隐式类型的不规则数组，再以嵌套 for 循环读取数组的元素。
* 第 16~18 行：以 var 关键字来声明隐式类型的不规则数组，然后初始化每行数组元素。
* 第 21~25 行：外层 for 循环以 Length 属性获取数组的长度。内层 for 循环也以同样方式获取每行的总列数，读取并进行输出。

4.3　字符和字符串

"字符串"从字面上可以解释成"把字符一个一个串起来"。这里的字符（Char）是指
Unicode 字符，中文又称为"统一码""万国码"或"单一码"。那么字符串又是什么？它们
可对应到 .NET Framework 类库 System 命名空间的 String 类和 Char 结构。

4.3.1　转义字符

char 类型的大小采用 Unicode 16 位字符值，可用来表示字符常值、十六进制转义字符
（Escape Sequence）或 Unicode。

"转义字符"是指"\"这个特殊字符，紧接在它后面的字符要进行特殊处理。表 4-3 列
出了一些常用的转义字符。

表 4-3　转义字符常用字符

转义字符	字符名称	范例	运行结果
\'	单引号	Write("ZCTs\' Book");	ZCTs' Book
\"	双引号	Write("C\"#\"升记号");	C "#" 升记号
\n	换行字符	Write("Visual \nC#");	Visual C#

（续表）

转义字符	字符名称	范例	运行结果
\t	Tab 键	Write("Visual\t C#");	Visual C#
\r	回车字符	WriteLine("Visual\rC#");	C#sual
\\	反斜杠	Write("D:\\范例");	D:\范例

"\t"就如同在两个字符间按下键盘的"Tab"，让两个字符分隔开。"\r"会让 C#这两个字符回到此行的开始位置，取代 Vi 变成"C#sual"。

4.3.2 创建字符串

字符串的用途相当广泛，它能传达比数值数据更多的信息，例如一个人的名字、一首歌的歌词，甚至整个段落的文字。在 C#语言中，由多个 Unicode 字符（Char）组合而成的就是字符串（string）的数据类型。在前面的范例里，其实已经将字符串派上场了，下面复习一下它的声明语法。

```
string 字符串变量名称 = "字符串内容";
```

字符串变量名称同样遵守标识符的命名规则。

- 指定字符串内容时要在前后加上双引号。
- 使用下面的例子来说明字符串。

```
string msg1;//声明字符串
string msg2 = null; //设置字符串的初值是 null
string msg3 = "Hello World!";//声明字符串并设置初值
```

字符串常用的属性

字符串有两个常用的属性，如表 4-4 所示。

表4-4　字符串常用属性

属性	说明
Chars	获取字符串中指定下标位置的字符
Length	获取字符串的长度（字符总数）

字符串中每一个字符都有下标位置，其下标编号也是从零开始，通过 Chars 属性可返回指定位置的 Char 对象，不过要注意 Chars 属性并不是直接使用，借助下面的范例来进一步了解一下。

范例 CH0403A　认识 Chars 和 Length 属性

模板为"控制台应用程序"。在 Main()主程序块编写以下程序代码：

```
string msg = "This is my favorite programming!";
int index;//字符串下标编号
```

```
//for 循环获取下标编号 0~5 的字符
for (index = 0; index <= 5; index++)
  Console.WriteLine("[{0}]=字符'{1}'", index, msg[index]);
Console.WriteLine("\n 字符串总长度= {0}", msg.Length);
Console.Read();
```

运行、编译程序：按"Ctrl + F5"组合键运行此程序，
打开"命令提示符"窗口，显示图 4-11 所示的运行结果。

程序说明

* 范例借助 Chars 属性了解字符串与字符的关系，指
  定下标编号，再以 for 循环读取字符。

图 4-11　范例 CH0403A 的运行结果

* 第 15 行：声明 msg 字符串并初始化其内容。
* 第 19~21 行：使用 for 循环读取字符串中的字符，配合 Chars 属性的特质，由下标编
  号 0（index = 0）开始，到下标编号 5（index = 5）结束，显示读取的部分字符。
* 第 22 行：使用 Length 属性获取 msg 字符串的总长度是"32"。

4.3.3　字符串常用方法

使用字符串时，不外乎将两个字符串进行比较、将字符串进行串接，或者将字符串分割，
表 4-5 列出了一些常用的字符串方法。

表 4-5　字符串常用方法

方法名称	说明
CompareTo()	比较实例与指定的 String 对象排序顺序是否相等
Split()	以字符数组提供的分隔符（Delimiter）来分割字符串
Insert()	在指定的下标位置插入指定字符
Replace()	指定字符串来取代字符串中符合条件的字符串

CompareTo()方法的语法如下：

```
CompareTo(string strB)
```

* strB：要比较的字符串。

比较所得结果如表 4-6 所示。

表 4-6　CompareTo()方法

值	条件
小于 0	表示实例的排序顺序在 strB 前
0	表示实例的排序顺序和 strB 相同
大于 0	表示实例的排序顺序在 strB 后

使用 CompareTo()方法并不是比较两个字符串的内容是否相同，以下面的例子来说明。

```
string str1 = "abcd";
string str2 = "aacd";//str1 的排序顺序在 str2 后
int result = str1.CompareTo(str2);//result = 1
string str1 = "abcd";
string str2 = "accd";//str1 的排序顺序在 str2 前
int result = str1.CompareTo(str2);//result = -1
string str1 = "abcd";
string str2 = "ab\u00ADcd";// str2"ab-cd"
int result = str1.CompareTo(str2);//result = 0
```

Split()方法会根据字符数组所提供的符号字符将字符串分割。例子如下：

```
char[] separ = {',', ':' };
string str1 = "Sunday,Monday:Tuesday";
string[] str2 = str1.Split(separ);
foreach(string item in str2)
    Console.WriteLine("{0}", item);
```

所以 str1 字符串配合 separ 字符数组以 Split()方法分割后，变成 3 行字符串：Sunday、Monday、Tuesday。

Insert()方法的语法如下：

```
Insert(int startIndex, string value);
```

- startIndex：插入的下标位置，一般来说从零开始算。
- value：要插入的字符串。

如何插入字符串，以下面的例子来学习它的用法。声明 str 是原有的字符串，将 wds 字符串以 Insert()方法插入 str 字符串。

```
string str = "Learning programing";
string wds = " visual C#";
string sentence = str.Insert(str.Length, wds);
Console.WriteLine(sentence);
```

那么 wds 字符串要从什么地方插入呢？就从 str 尾端加入，使用 Length 属性获取 str 字符串的长度来作为 Insert()方法要插入的位置。

Replace()方法的语法如下：

```
Replace(string oldValue, string newValue);
```

- oldValue：要被取代的字符串。
- newValue：取代符合条件的指定字符串。

要把“She is a nice girl”变成“She is a beautiful girl”，意味着 nice 要被 beautiful 取代，实例如下。

```
string str = "She is a nice girl";
string wds = "beautiful";
string sentence = str.Replace("nice", wds);
Console.WriteLine(sentence);
```

所以初始化 wds 字符串，存放要取代的字符串"beautiful"，将 Replace 的 oldValue 指定为"nice"，newValue 指向 wds 字符串变量就能完成取代操作。

范例 CH0403B 认识字符串的常用方法

模板为"控制台应用程序"。在 Main()主程序块编写以下程序代码：

```
13   string str = "Learning programming";//原始字符串
14   string wds = "Visual C# ";//要插入的字符串
15   //以 Insert()方法，在下标编号为 9 的位置插入字符串
16   string sentence = str.Insert(9, wds);
17   Console.WriteLine("原来字符串{0}, \n 插入字符串后: {1}",
18       str, sentence);
19   string word = "Writing";//要取代的字符串
20   sentence = sentence.Replace("Learning", word);
21   Console.WriteLine("取代后字符串: {0}", sentence);
22   //分割字符串
23   char[] separ = {' '};//以空格符为根据来分割
24   string[] str2 = sentence.Split(separ);
25   Console.WriteLine("分割字符串: ");
26   foreach (string item in str2)
27       Console.WriteLine("{0}", item);
```

运行、编译程序： 按"Ctrl + F5"组合键运行此程序，打开"命令提示符"窗口，显示图 4-12 所示的运行结果。

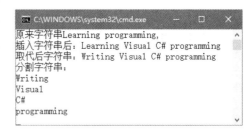

图 4-12 范例 CH0403B 的运行结果

程序说明

* 第 13 行：声明 str 字符串并初始化其内容。
* 第 16 行：使用 Insert()方法将第 14 行所创建的 wds 字符串插入。
* 第 20 行：使用 Replace()方法，用 Writing 字符串取代 Learning 字符串。
* 第 23~27 行：分割字符串，以空格符为根据，再以 foreach 循环执行读取操作。

查找字符串

查找字符串的概念就是设置条件，返回字符串的下标编号，共有 4 个方法。SubString 可从字符串中提取部分字符串，表 4-7 说明了它们的用法。

表 4-7　查找字符串的方法

方法名称	说明
IndexOf()	和指定字符串匹配的字符串第一次出现的下标编号（从 0 开始）
LastIndexOf()	和指定字符串匹配的字符串最后一次出现的下标编号（从 0 开始）
StartsWith()	判断此字符串的开头是否匹配指定的字符串
EndsWith()	判断此字符串的结尾是否匹配指定的字符串
Substring	在字符串中提取子字符串，会从指定的字符位置开始到字符串结尾

其语法如下：

```
IndexOf(string value); //value 要查找的字符串
LastIndexOf(string value); //value 要查找的字符串
StartsWith(string value); //value 要比较的字符串
EndsWith(string value); //value 要查找的字符串
Substring(int startIndex);//子字符串的起始字符位置
```

- IndexOf()方法的 value，它的下标位置从 0 开始，没有找到时返回-1。
- LastIndexOf()方法的 value，其下标位置从 0 开始，找到字符串时返回-1。下标编号指定字符串最后一次出现所在的位置。
- StartsWith()方法的 value，若符合此字符串的开头，则返回 true，否则返回 false。
- EndsWith()方法的 value，若符合此字符串的结尾，则返回 true，否则返回 false。
- Substring()方法提取子字符串时会从指定位置到最后的字符。

范例 CH0403C　字符串查找方法

模板为"控制台应用程序"。在 Main()主程序块编写以下程序代码：

```
13  string str = "Visual C# programming";//原始字符串
14  bool start = str.StartsWith("visual");
15  Console.WriteLine(
16      "对比开头字符串\"visual\"的结果：{0}", start);
17  bool finish = str.EndsWith("programming");
18  Console.WriteLine(
19      "对比结尾字符串\"programming\"的结果：{0}", finish);
20  int begin = str.IndexOf("g");
21  Console.WriteLine(
22      "\"g\"开始的下标编号：{0} ", begin);
23  int last = str.LastIndexOf("g");
24  Console.WriteLine("\"g\"最后的下标编号：{0} ", last);
25   string secondStr = str.Substring(begin);
26   Console.WriteLine("子字符串：{0}", secondStr);
```

运行、编译程序：按"Ctrl + F5"组合键运行此程序，打开"命令提示符"窗口，显示图 4-13 所示的运行结果。

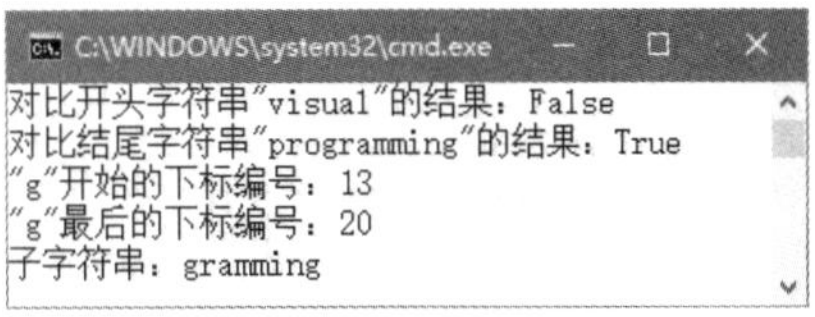

图 4-13 范例 CH0403C 的运行结果

程序说明

* 第 14 行：使用 StartsWith()方法来比较开头的字符串"Visual"和"visual"是否相同，再把对比结果存储到变量 bool 类型的变量"start"中，由于第一个字母大小写不同，因此返回 False。
* 第 17 行：使用 EndsWith()方法来比较结尾的字符串"programming"，再把对比结果存储到变量 bool 类型的变量"finish"中，两个字符串相同所以返回 True。
* 第 20 行：使用 IndexOf()方法来查找字符串中的"g"，找到第一个匹配的位置，返回下标编号 13；第 23 行的 LastIndexOf()方法也是查找字符串中的"g"，找到最后一个匹配的位置，返回下标编号 20。
* 第 25 行：使用 IndexOf()方法获取的下标编号值存储于变量 begin 中，作为 Substring()方法提取子字符串的起始值，进行子字符串的提取。

4.3.4 使用 StringBuilder 类

对于 Visual C#来说，字符串是"不可变的"（Immutable）；也就是说字符串创建后，就不能改变其值。声明一个字符串 str 并初始化其内容为"Programming"，若修改内容为"Programming language"，则系统会创建新字符串并放弃原来的字符串，变量 str 会指向新的字符串并返回结果。这是因为字符串属于引用类型，声明 str 变量时，会创建实例来存储"Programming"字符串；变更内容为"Programming language"时，会新建另一个实例。所以 str 指向"Programming language"，原来的实例就被当作"垃圾"收集了。

如果要修改字符串内容，另一个方法就是借助"System.Text.StringBuilder"类，它提供了字符串的附加、删除、取代和插入功能。

创建 StringBuilder 对象

使用 StringBuilder 类时，必须使用 new 运算符来创建它的对象（也就是实例），其语法如下：

```
StringBuilder 对象名称;//创建 StringBuilder 对象
对象名称 = new StringBuilder();//new 运算符初始化对象
StringBuilder 对象名称 = new StringBuilder();//合并上述语句
```

如同我们先前创建数组的概念，创建 StringBuilder 对象前要先声明，再以 new 运算符来获取内存的使用空间。也可以将创建对象和获取内存空间以一行语句来完成。使用以下语句来说明。

```
StringBuilder strb;//声明 StringBuilder 对象
strb = new StringBuilder();//获取内存空间
StringBuilder strb = new StringBuilder();//合并上述两行
```

创建 StringBuilder 对象后，就可以进一步使用 "." （dot）运算符来存取 StringBuilder 的属性和方法。

StringBuilder 常用属性

StringBuilder 常用属性如表 4-8 所示。

表 4-8　StringBuilder 常用属性

属性	说明
Capacity	获取或设置 StringBuilder 对象的最大字符数
Chars	获取或设置 StringBuilder 对象中指定位置的字符
Length	获取或设置当前 StringBuilder 对象的字符总数
MaxCapacity	获取 StringBuilder 对象的最大容量

对于 StringBuilder 来说，属性 Capacity 的默认容量是 16 个字符，加入的字符串若大于 StringBuilder 对象的默认长度，内存会根据总字符来调整 Length 属性，让 Capacity 属性的值加倍。使用下面的例子来说明。

```
//未加入字符串，Capacity 为 16 个字符
StringBuilder strb = new StringBuilder();
/*以 Append()方法附加了字符串，超过 16 个字符，会以字符串的长度 "41" 作为 Capacity 的容量*/
strb.Append("Research supports the significance of EQ.");
```

StringBuilder 常用方法

表 4-9 介绍了 StringBuilder 常用的方法。

表 4-9　StringBuilder 常用方法

属性	说明
Append	将字符串附加到 StringBuilder 对象
Insert()	在 StringBuilder 对象指定的字符位置插入字符串
Remove()	从 StringBuilder 对象删除指定的字符
Replace()	指定字符串来取代 StringBuilder 对象匹配的字符串
ToString()	将 StringBuilder 对象转换为 String 对象

这些常用方法的语法如下：

```
Append(string value);
//index：开始插入的位置；value：要插入的字符串。
Insert(int index, string value);
//startIndex：要删除的下标位置；length：删除的字符数
Remove(int startIndex, int length);
//oldValue：被取代的旧字符串；newValue：要取代的新字符串
Replace(string oldValue, string newValue);
ToString();
```

使用 Append()方法是从字符串尾端加入新的字符串，还可以使用 AppendLine()方法加入行终止符。或者以 AppendFormat()加入格式化字符串，让 StringBuilder 对象在插入字符串时更具弹性。使用 String 和 StringBuilder 类的差别如下：

- 字符串的变动性：如果不需要经常修改字符串内容，就以 String 类为主；若要经常变更字符串内容，则 StringBuilder 会比较好。
- 使用字符串常值或者创建字符串后要进行大量查找，String 类会比较好。

范例 CH0403D　认识 StringBuilder

模板为"控制台应用程序"。在 Main()主程序块编写以下程序代码：

```
15  //创建 StringBuilder 对象
16  StringBuilder strb = new StringBuilder();
17  Console.WriteLine("默认容量：{0}", strb.Capacity);
18  //Append()方法附加字符串
19  strb.Append(
20     "Research supports the significance of EQ.");
21  Console.WriteLine("字符串长度：{0}，总容量：{1}",
22     strb.Length, strb.Capacity);
23  strb.AppendLine("\n");
24  Console.WriteLine("字符串长度：{0}，总容量：{1}",
25  strb.Length, strb.Capacity);
26  strb.AppendLine(
27     "A 40-year study that IQ wasn't the only thing.");
28  Console.WriteLine("字符串长度：{0}，总容量：{1}",
29  strb.Length, strb.Capacity);
30  Console.WriteLine("原来字符串 -- {0}",strb);
31  //Remove()方法删除 found
32  string text = "found";//要删除字符串
33  //获取要删除的字符串的下标编号
34  int index = strb.ToString().IndexOf(text);
35  if(index >= 0)
36     strb.Remove(index, text.Length);
37  Console.WriteLine("变更后字符串 -- {0}", strb);
38  //取代部分内容
39  strb.Replace("boys", "people");
40  string nword = "of 450 boys found ";
41  //获取要插入位置的下标编号
42  int index2 = strb.ToString().IndexOf("that");
43  strb.Insert(index2, nword);
44  Console.WriteLine("插入后字符串 -- {0}", strb);
```

运行、编译程序：按"Ctrl＋F5"组合键运行此程序，打开"命令提示符"窗口，显示图 4-14 所示的运行结果。

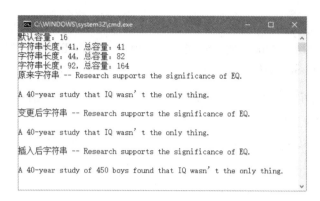

图 4-14　范例 CH0403D 的运行结果

程序说明

* 第 16、17 行：创建 StringBuilder 对象 strb，再以 Capacity 属性来查看未存放字符串时的默认字符长度。

* 第 19~29 行：使用 Append()、AppendLine()方法将字符串从尾端附加到 strb 对象里。配合属性 Length 来观察 Capacity 容量的变化。第一次使用 Append()，Length 的字符串长度和 Capacity 的容量相同。第二次以 AppendLine()方法加入换行符号，Length 的字符数为 44，Capacity 的容量加倍，为 "41×2=82"。第三次 Capacity 的容量是 "82×2=164"。

* 第 32~36 行：要删除 strb 对象中的 "found" 字符串，先以 ToString()方法将 strb 对象转为字符串，再以 IndexOf()方法获取要删除的字符串的下标编号，并存储于 index 变量中，然后以 Remove()方法删除。

* 第 39 行：以 Replace()方法用 "people" 取代 "boys"。

* 第 40~43 行：要在 strb 对象中的 "that" 字符串前插入部分字符串。同样地，先以 ToString()方法将 strb 对象转为字符串，再以 IndexOf()方法获取 that 字符串的下标编号，并存储于 index2 变量中，然后以 Insert()方法插入字符串。

4.4　重点整理

⊹ 计算机的内存是有限的，为了节省内存空间，C#程序语言中提供了 "数组" 这种特殊的数据结构。

⊹ 变量与数组最大的差别在于一个变量只能存储一个数据，而一个数组可以连续存储数据类型相同的多个数据。

⊹ 创建数组的 3 个步骤：声明数组、创建数组和数组初值设置。

⊹ 使用 Array 类的 "Length" 属性能获取数组长度，而 "Rank" 属性能获取数组的维数。使用 Sort()方法将一维数组排序，Reverse()方法能反转数组元素；使用 IndexOf()方法返回数组某个元素的位置，GetLength()方法能获取指定维数的长度。

- 当数组维数是 2 时被称为二维数组。它必须经由声明以 new 运算符分配内存空间，再指定数组元素，或者以初始化来产生二维数组，以嵌套 for 循环来处理数组元素是较好的方式。
- 所谓"不规则数组"（Jagged Array），就是数组里的元素也是数组，所以又称为"数组中的数组"。由于数组的每行长度可能不同，因此数组的每行必须实例化才能使用。
- "隐式"（implicitly）是相对于"显式声明"（Explicit Declaration）来定义的，隐式类型是不明确表示数组的数据类型，声明时使用关键字"var"。
- "字符串"可以解释成"把字符一个一个串起来"。这里的字符（Char）是指 Unicode 字符，中文称为"统一码""万国码"或"单一码"。
- .NET Framework 类库 System 命名空间的 String 类提供了属性和方法。属性 Chars 获取字符串中指定下标位置的字符；Length 获取字符串的长度；方法 Insert() 能在字符串中插入指定字符；Replace() 以新字符串取代指定的旧字符串；Split() 进行字符串的分割。
- 字符串具有不变性，要管理字符串可借助"System.Text.StringBuilder"类，它提供了字符串的附加、删除、取代或插入的功能。

4.5 课后习题

一、选择题

（1）下列对于数组的描述，哪一个是正确的？（　　）

A. 可以使用 foreach、for 循环来读取数组元素
B. 下标编号从 1 开始
C. 是一连串不同数据类型的变量
D. [] （中括号）代表数组的长度。

（2）要获取数组的长度，使用 Array 类的什么属性？（　　）

A. IsFixedSize　　　　　B. Rank　　　　　C. Length　　　　　D. GetLength

（3）声明一个 3×2 的多维数组，总共存放几个元素？（　　）

A. 4 个　　　　　B. 6 个　　　　　C. 12 个　　　　　D. 8 个

（4）改变数组大小时，能使用 Array 类的哪一种方法？（　　）

A. IndexOf()　　　　　B. Resize()　　　　　C. Sort()　　　　　D. Reverse

（5）对于不规则数组，下列描述哪一个是正确的？（　　）

A. 称为"数组中的数组"
B. 声明不规则数组后，不用指定每一行的长度
C. 数组中的元素是 null
D. 数组长度是固定的

（6）对于隐式数组，下列描述哪一个是错误的？（　　）

A. 数组的数据类型不进行显式声明

B. 使用 var 关键字来取代数据类型

C. 不使用 new 运算符就可获取内存空间

D. 数组长度可以固定或者不固定

（7）想要获取数组的维数，要使用哪一个？（　　）

A. Sort()方法　　　　　B. Resize()方法　　　　C. GetLength()方法　　　　D. Rank 属性

（8）对于字符串的描述，哪一个是错误的？（　　）

A. 把字符一个一个串起来

B. 这里的字符是指 ASCII 字符

C. 由 .NET Framework 类库 System 命名空间的 String 类提供

D. 它具有不变性

（9）在字符串中，要以新字符串取代某部分字符串，使用哪一种方法？（　　）

A. Insert()　　　　　B. CompareTo()　　　　C. Replace()　　　　D. IndexOf()

（10）要分割字符串，使用哪一种方法？（　　）

A. Insert()　　　　　B.Split()　　　　C. Resize()　　　　D. IndexOf()

二、填空题

（1）填入下列数组元素；数组声明并进行初始化。

```
int[] score = new int[] {56, 78, 32, 65, 43};
```

score(1)=_____、score(2)=_____；score.Length = _____。

（2）_____就是将数值从小到大排序；Array 类提供_____进行排序；_____会把数组元素反转。

（3）声明一个二维数组如下：

```
int[,] num = {{11, 12, 13}, {21, 22, 23}, {31, 32, 33}};
```

这是一个____×____的数组；num[0,1] = _____，属性 Length=_____，GetLength(1)=_____。

（4）写出下列转义字符的作用：\t 为_____；\n 为_____；\" 为_____；\r 为_____。

（5）写出下列字符串属性的作用：Chars 用于_____；Length 用于_____。

（6）根据字意，填入这些查找字符串的方法。_____：匹配的指定字符串第一次出现的下标编号；_____：匹配的指定字符串最后一次出现的下标编号；_____：判断此字符串的开头是否匹配指定的字符串；④_____：判断此字符串的结尾是否匹配指定的字符串。

（7）创建 StringBuilder 对象后，未放入字符串前，它的 Capacity 默认是_____个字符。以_____方法附加 10 个字符，它的 Capacity 是_____个字符，Length 是_____。

（8）从 StringBuilder 对象删除指定的字符，要用_____方法；将 StringBuilder 对象转换为 String 对象，要用_____方法。

三、问答与实现

（1）分别以 for 和 foreach 循环读取下列数组元素，并说明二者的不同之处。数组创建如下：

```
string[] name = {"Eric", "Mary", "Tom", "Andy", "Peter"};
```

（2）有一个数组 "int[] number = { 5, 71, 25, 125, 84 };"，请找出它的最大值。

（3）编写完整的程序代码来输出图 4-5 的结果。

（4）有一个不规则数组，声明如下，编写程序代码输出图 4-15 的结果。

```
int[][,] number = new int[3][,]
{
    new int[,] { {11,23}, {25,27} },
    new int[,] { {22,29}, {14,67}, {18,47} },
    new int[,] { {13,62}, {99,88}, {20,69} }
};
```

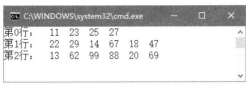

图 4-15　习题 4 的运行结果

（5）String 和 StringBuilder 类在使用上有什么不同，请简单说明。

习题答案

一、选择题

（1）A　（2）C　（3）C　（4）B　（5）A　（6）C　（7）D
（8）B　（9）C　（10）B

二、填空题

（1）78　32　5　　（2）升序　Sort()方法　Reverse()方法　　（3）3　3　12　9　3

（4）按 Tab 键　换行　双引号　归位字符

（5）获取字符串中指定下标位置的字符　获取字符串的长度

（6）IndexOf()　LastIndexOf()　StartsWith()　EndsWith()

（7）16　Append()　26　26　　（8）Remove()　ToString()

三、问答与实现

（1）for 循环使用计数器来限制循环执行次数，所以使用的是数组的下标值；foreach 循环虽然和 for 循环很相似，但是它会遍历数组或集合的每一个对象，直到全部读取才会停止。此外，foreach 循环读取数组元素时，只要输出"对象变量"即可；for 循环读取元素后，必须以数组名加上中括号和下标编号。

（2）（3）（4）略

（5）字符串变动性：如果不需要经常修改字符串内容，就以 String 类为主；若要经常变更字符串内容，则 StringBuilder 会比较好。

使用字符串常值或者创建字符串后要进行大量查找，String 类会比较好。

第 5 章

对象和类

章节重点

⌘ 从面向对象程序设计的观点来认识类和对象。

⌘ 如何定义类？如何实例化对象？什么是构造函数？通过实际范例来认识。

⌘ 对象的旅程由构造函数开始，而构造函数是对象的终点。根据需求，构造函数也能重载。

⌘ 为了和对象区别，类的静态成员会使用 static 关键字。

5.1 面向对象的基础

所谓"面向对象"（Object Oriented），是将真实世界的事物模块化，主要目的是提供软件的可重用性和可读性。最早的面向对象程序设计（Object Oriented Programming，OOP）是1960 年 Simula 提出的，它导入"对象"（Object）的概念，这当中也包含"类"（class）、继承（Inheritance）和方法（method）。数据抽象化（data abstraction）在 1970 年被提出来开始探讨，派生出"抽象数据类型"（Abstract data type）概念，提供了"信息隐藏"（Information hiding）的功能。1980 年，Smalltalk 程序设计语言对于面向对象程序设计发挥了最大作用。它除了汇集 Simula 的特性外，还引入了"消息"（message，或信息）的概念。

在面向对象的世界里，通常通过对象和传递的信息来表现所有操作。简单来说，就是"将脑海中描绘的概念以实例的方式表现出来"。

5.1.1 认识对象

何谓对象？以我们生活的世界来说，人、车子、书本、房屋、电梯、大海和大山等都可视为对象。举例来说，想要购买一台电视，品牌、尺寸大小、外观和功能都可能是购买时要考虑的因素。品牌、尺寸和外观都可用来描述电视的特征；以对象观点来看，它具有"属性"（Attribute）。如果以"人类"来描述人，只有模模糊糊的印象，但是我们说一个东方人，就会有比较具体的描绘：黑发、体型中等、肤色较黄。上述描述东方人的过程，这些较为明显的特性可视为对象的属性。真实世界当然不会只有东方人，还包含其他形形色色的人；这也说明以面向对象技术来模拟真实世界的过程中，一个系统也是由多个对象组成的。

对象具有生命，表达对象内涵还包含"行为"（Behavior）。如果有人从屋外走进来，将门重重关上，他的行为告诉我们，"此人心情可能不太好"！所以"行为"是一种动态的表现。以手机来说，就是它具有的功能，随着科技的普及，照相、上网、实时通信等相关功能一般手机都具有；以对象来看，就是方法（Method）。属性表现了对象的静态特征，方法则是对对象动态的特写。

对象除了具有属性和方法外，还要有沟通方式。人与人之间通过语言的沟通来传递信息。那么对象之间如何进行信息的传递呢？以手机来说，拨打电话时，按键会有提示音让使用的人知道是否按下了正确的数字，最后按下"拨打"按键，才会进行通话。如果以面向对象程序设计概念来看，数字按钮和拨打按钮分属两个不同的对象。按下数字按钮时，"拨打"功能会接收这些数字，按下"方法"的"通话"，才会把接收的数字传送出去，让通话机制建立。进一步来说，借助方法可以传递信息！如果号码正确，并且传送了信息，就可以得到对方的响应，所以以方法进行参数的传递，必须要有返回值。

5.1.2 提供蓝图的类

面向对象应用于分析和系统设计时，称为"面向对象分析"（Object Oriented Analysis）和"面向对象设计"（Object Oriented Design）。对于应用程序的开发来说，凭借面向对象程序设计语言的发展，将程序设计融入面向对象的概念，例如 Visual Basic、Visual C#和 Java 等。

C#是一种面向对象的程序设计语言,想要认识它的魅力就从面向对象着手。一般来说,类(Class)提供了实现对象的模型,编写程序时,必须先定义类,设置成员的属性和方法。例如,盖房屋前要有规划蓝图,标示坐落位置,楼高多少?什么地方有大门、阳台、客厅和卧室。蓝图规划的主要目的就是反映出房屋建造后的真实面貌。因此,可以把类视为对象原型,产生类后,还要具体化对象,称为"实例化"(Instantiation),经由实例化的对象,称为"实例"(Instance)。类能产生不同状态的对象,每个对象也都是独立的实例,如图 5-1 所示。

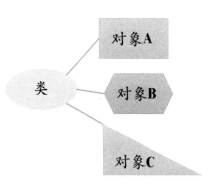

图 5-1 类能建立不同状态的对象

5.1.3 抽象化概念

若要模拟真实世界,则必须把真实世界的东西抽象化为计算机系统的数据。在面向对象的世界里,以各个对象自行分担的功能来产生模块化,基本上包含 3 个基本元素:数据抽象化(封装)、继承和多态(动态绑定)。

数据抽象化(Data Abstraction)是以应用程序为目的来决定抽象化的角度,基本上就是"简化"实例功能。延续对东方人的观察,如果要描述一位朋友:身高可能是 175 厘米,身材高高瘦瘦,短发,脸上戴一副眼镜。这就是数据抽象化的结果,针对一些易辨认的特征将这个人的外观素描进行抽离。数据抽象化的目的是便于日后的维护,应用程序的复杂性越高,数据抽象化做得越好,越能提高程序的再利用性和阅读性。

再来看看手机的例子。拨打电话可能按错数字。抽象化后,手机的操作界面上只有数字键和取消键,将显示数字的属性和操作按键的行为结合起来就是"封装"(Encapsulation)。对于使用手机的人来说,并不需要知道数字如何显示,确保按下正确的数字键就好。

手机经过抽象化后,操作模块也会进行规范。就像按数字 5,不会变成数字 8。使用手机时,只能通过操作界面使用它的功能,外部无法变更它的按键功能,如此一来就能达到"信息隐藏"(Information hiding)的目的。

存取范围和方法

创建抽象数据类型时有两种存取范围:公有和私有。在公有范围,所定义的变量都能自由存取;在私有范围,定义的变量只适用于它本身的抽象数据类型。外部无法存取私有范围的变量,这就是信息隐藏的一种表现方式。

想要进一步了解对象的状态必须通过其"行为",这也是"封装"(Encapsulation)概念的由来。在面向对象技术里,对象的行为通常使用"方法"(method)来表示,它会定义对象接收信息后应执行的操作。对于 C#来说,处理的方法大概分为两种:一种用来存取类实例的变量值;另一种调用其他方法与其他对象产生互动。

5.2 使 用 类

对于面向对象的概念有所认识后，要以 C#程序设计语言的观点来深入探讨类和对象的实现，配合面向对象程序设计的概念，了解类和对象的创建方式。

5.2.1 定义类

类由类成员（Class Member）组成，它包含字段、属性、方法和事件。字段和属性为类的数据成员，用来存储数据；方法负责数据的传递和运算，当然也包含函数。使用类之前，同样也要进行声明，其语法如下：

```
class 类名称
{
    [访问权限修饰词] 数据类型 数据成员;
    [访问权限修饰词] 数据类型 方法
    {
        ...
    }
}
```

- class：定义类的关键字。
- 类名称：创建类使用的名称，必须遵守标识符的命名规范。类名称后要以一对大括号来产生程序块。
- 访问权限修饰词（modifier）有 5 个：private、public、protected、internal 和 protected internal（参考第 5.2.3 小节）。
- 数据成员包含字段和属性：可将字段视为类内所定义的变量，一般会以英文小写作为识别名称的开头。

创建一个 student 类，只有一个公有的字段变量，其语句如下：

```
class student //声明类
{
    public string name;//声明类的字段
}
```

编写类时，在控制台应用程序中，必须将类放在 Main()主程序的前面（见图 5-2），否则编译时会发生错误。

```
 9 ⊟namespace CH0502A
10  {
11 ⊟    class Program
12      {
13 ⊟        class student   //声明类   声明类
14          {
15              public string name;//类的字段
16          }
17
18 ⊟        static void Main(string[] args)
19          {                Main()主程序
20          }
21      }
22  }
```

图 5-2　编写类程序的位置

5.2.2　实例化对象

由于类属于引用类型，声明后，必须以 new 运算符来实例化对象，其语法如下：

类名称 对象名称；
对象名称 = new 类名称()；
类名称 对象名称 = new 类名称()；

表示声明对象名称后，要以 new 运算符实例化对象，或者声明对象和实例化一同完成。继续前例，声明一个 student 对象。

```
student first;
first = new student();
student first = new student();
```

存取数据成员

产生对象后，对象的状态如何被改变？如何使用方法进行操作？必须使用 "."（dot）运算符来存取类中所产生对象的成员，其语法如下：

对象名称.数据成员；

由于 student 类的数据成员 name 是公有的（public），因此可以在 Main()主程序中进行存取，如图 5-3 所示。

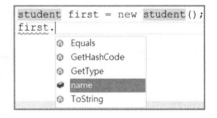

图 5-3　存取类的字段

范例 CH0502A　创建类并实例化对象

模板为 "控制台应用程序"。在 class Program 程序块编写以下程序代码：

```
11  class student  //声明类
12  {
13      public string name;//类的字段
14  }
15
16  static void Main(string[] args)
```

```
17  {
18      //创建两个对象并实例化
19      student first = new student();
20      student second = new student();
21      first.name = "Peter";//first 的名字是 Peter
22      second.name = "Jason";
23      Console.WriteLine("第一个学生 {0}", first.name);
24      Console.WriteLine("第二个学生 {0}", second.name);
25      Console.Read();
26  }
```

运行、编译程序：按"F5"键运行此程序，打开"命令提示符"窗口，显示图 5-4 所示的运行结果。

图 5-4 范例 CH0502A 的运行结果

程序说明

* ★ 创建 student 类，只有一个公有的属性 name。
* ★ 第 11~14 行：声明类 student，并有一个公有的字段 name。
* ★ 第 19~20 行：在 Main()主程序中创建两个 student 对象：first 和 second，并以 new 运算符实例化。
* ★ 第 21~22 行：直接将字段值 Peter、Jason 通过 name 属性设置给 first 和 second 对象。
* ★ 第 23~24 行：使用 Console.WriteLine()方法输出字段值。

5.2.3 访问权限

声明类时，它的数据成员和方法会因为访问权限修饰词而有不同等级的访问权限。访问权限修饰词的存取范围（或访问范围）如表 5-1 所示。

表 5-1 访问权限修饰词的存取范围

访问权限	作用	存取范围或访问范围
Public	公有的	所有类都可存取
Private	私有的	只适用于该类的成员函数
protected	受保护的	产生继承关系的类
internal	内部的	只适用于当前项目（组件）
protected internal	受保护内部的	只限于当前组件或派生自包含类的类型

* public：表示任何类都可存取，适用于对外公有的数据。
* private：当对象的数据不想对外公开时，只能被类内的方法存取，同类的其他对象也能存取该对象的数据。
* protected：只有此类或继承此类的子类的对象（参考第 7 章）才能存取。
* internal：在命名空间下声明的类和结构会以 public 或 internal 为默认的存取范围。若没有指定访问权限修饰词，则默认值是 internal。

在面向对象技术的世界里，为了达到"信息隐藏"的目的，可以通过"方法"来封装对象的成员。访问权限的作用是让对象掌握成员，控制对象在被允许的情况下才能让外界使用。为了保护对象的字段不被外界其他类存取，通常会将数据成员声明为 private。但是范例 CH0502A 将字段存取范围声明为 public（公有的），表示数据未受保护，如何提高数据的安全性，请继续认识类的方法。

5.2.4　定义方法成员

将字段声明为公有的虽然很方便，但是有潜在的危险！为了确保数据成员的安全，通过"方法"（method）是比较好的做法，这才能达到前文所提到的"由于外部无法存取私有范围的变量，因此这是信息隐藏的一种表现方式"。将字段 name 的存取变更为 private（私有的），再以两个方法来设置和获取 name 字段值，方法成员的语法如下：

```
[访问权限修饰词] 返回值类型 方法名称(数据类型 参数列表){
    程序语句;
    [return 表达式;]
}
```

- 返回值类型：定义方法后要返回的类型，它必须与 return 语句返回值的类型相同。如果方法没有返回任何数据，可设为 void。
- 方法名称：命名同样遵守标识符的规范。
- 数据类型：定义方法时要传递变量的数据类型。
- 参数列表：可根据需求设置多个参数来接收数据，每个接收的参数都必须清楚地声明其数据类型。无任何传入值，保留括号即可。
- return 语句：返回运算结果。

方法成员如何传递参数？setName() 方法没有使用 return 语句返回运算结果，所以它的返回值类型是"void"。当它接收对象 first 对象所传递的变量"Peter"后，再赋值给字段 name，如图 5-5 所示（有关方法中变量的传递机制请参考第 6 章）。

如何调用类内的方法，同样使用"."（dot）运算符，其语法如下：

图 5-5　方法成员传递参数

```
对象名称.方法名称(变量列表);
```

上述范例是把类的程序代码放在 Main() 主程序的前面，然后由 Main() 主程序块实例化类对象。使用模块化概念，将类的程序代码存放在另一个独立文件也可以，所以下面的范例 CH0502B 会有两个 C# 文件"student.cs"和"Program.cs"（Main() 主程序）。创建主控制台应用程序后，新增一个类文件"student.cs"，用来存放定义的类文件。

范例 **CH0502B   修改类，以方法存取字段**

STEP 1   创建"控制台应用程序"后；执行菜单中的"项目"→"添加类"指令，进入"添加新项"对话框。

STEP 2   添加类。❶选择"类"；❷名称改为"student.cs"；❸单击"添加"按钮，如图 5-6 所示。

图 5-6   在项目中添加类

STEP 3   可以看到窗口上方除了原有的"Program.cs"选项卡外，还有添加的"student.cs"。在 class student 程序块编写相关程序代码，如图 5-7 所示。

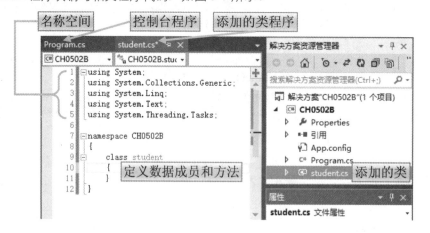

图 5-7   在集成编程环境中看到的添加类及其程序代码

```
09  class student{ //声明类
10    private string name;//类的字段
11    //设定名字，存取范围为公有的
12    public void setName(string stuName){
13       name = stuName;//将传进来的名字赋值给 name
14    }
15    //获取名字
```

```
16    public string getName(){
17        return name;//返回 name
18    }
19 }
```

4 要编写 Main()主程序，切换到"Program.cs"选项卡，在 Main()方法中编写以下程序代码:

```
11 static void Main(string[] args){
12    //创建两个对象并实例化
13    student first = new student();
14    student second = new student();
15    //setName 传入参数 Peter, Jason
16    first.setName("Peter");
17    second.setName("Jason");
18    //getName 返回参数值
19    Console.WriteLine("第一个学生 {0}", first.getName());
20    Console.WriteLine("第二个学生 {0}",
21      second.getName());
22    Console.Read();
23 }
```

程序说明

* 将 name 的访问权限修饰词变更为"private"，再以两个方法 getName()和 setName() 来读取字段。由 Main()主程序创建 student 的两个对象: first 和 second，运行结果和图 5-4 相同。

student.cs 程序

* 第 12~14 行: 方法成员 setName()，存取范围是公有的，所以 Main()主程序可以使用。 传入参数值后，再复制给字段 name。
* 第 16~18 行: getName()方法，就是将 setName 获取的 name 字段值使用 return 语句返回。

Program.cs 程序

* 第 16、17 行: 使用 setName()方法分别传入参数值 Peter、Jason 给字段 name。
* 第 19~21 行: 配合 Console.WriteLine()方法输出 getName()方法所返回的值，会得到图 5-4 所示的运行结果。

5.2.5 类属性和存取器

类的成员有字段（Field）和属性（Attribute）。字段也称为"实例字段"（Instance Field），属性（Property）是对象静态特征的呈现。在前面的范例中，将字段的存取范围设为 public，外界可直接存取，会使类内的数据成员无法受到保护。建议改变字段的访问权限修饰词，再使用类内的方法存取字段值。就字段而言，它所声明的位置须在类内、方法外（方法内所声明的变量称为"局部变量"，参考第 6.4 节），可视为类内的"全局变量"。

为了不让外部存取字段内容，更弹性的做法是将字段改成属性的副本，经由公有的属性来存取私有的字段，这种做法称为"支持存放"（baking store）。配合"存取器"（Accessor）的 get 或 set 进行读取、写入或计算的私有（Private）。让类在"信息隐藏"机制下，既能以公有的方式提供设置或获取属性值，又能提升方法的安全性和弹性。属性的声明如下：

```
private 数据类型 字段名;
public 数据类型 属性名称
{
    get
    {
        return 字段名;
    }
    set
    {
        字段名 = value;
    }
}
```

- 存取器 set 把新值赋给属性时要使用关键字 value，同样要在程序块中。
- 存取器 get 用来返回属性值，属性被读取时会执行其程序块。
- 属性中只有存取器 get，表示是一个"只读"属性；若只有存取器 set，则是一个"唯写"属性；若二者都有，则能读能写。
- 要注意的是，属性不能归类为变量，它与字段不同。使用属性时要以访问权限修饰词指定字段的存取范围，设置属性的数据类型和名称，并使用存取器 get 和 set。

那么属性的存取器 get 和 set 又是如何设置新值，返回属性值的呢？执行"first.title = Console.ReadLine()"语句时，会获取用户输入的名字，表示 title 属性被外部设置给予新值，存取器 set 会以 value 这个隐含变量来接收并赋值给字段 name。然后存取器 get 会以 return 语句返回 name 的字段值，如图 5-8 所示。

图 5-8　存取器 get 和 set 的运行过程

范例 CH0502C　类内加入字段

模板为"控制台应用程序"。在程序"Person.cs"定义类中编写以下程序代码：

```
12  class Person{ //声明类
13    private string name;//定义字段
14
15    public string title{//定义属性
16      get{return name;}
```

```
17        set{name = value;}
18    }
19    //定义方法成员
20    public void showMessage(){//公有的方法成员
21        Console.WriteLine("Hollo! {0}.", title);
22    }
23 }
```

在 Main()主程序块中编写以下程序代码：

```
11  static void Main(string[] args)
12  {
13      //创建 person 对象并实例化
14      Person first = new Person();
15
16      Console.Write("请输入你的名字：");
17      //读取输入的名字
18      first.title = Console.ReadLine();
19      //显示信息
20      first.showMessage();
21      Console.Read();
22  }
```

运行、编译程序：按"F5"键运行此程序，打开"命令提示符"窗口，显示图 5-9 所示的运行结果。

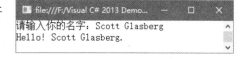

图 5-9 范例 CH0502C 的运行结果

程序说明

✦ 参照范例 CH0502B 创建控制台应用程序，然后加入"Person.cs"程序，编写其程序代码。

Person.cs 程序

✦ 定义了私有的字段 name，以公有的属性 title 配合存取器 set 和 get，获取外部输入的数据，再调用方法成员 showMessage()来显示内容。

✦ 第 13 行：将字段 name 的存取范围设为 private，表示只有 Person 类能存取。

✦ 第 15~18 行：定义属性 title，它的存取范围为 public，存取器 get 获取字段值 name 并返回，set 以 value 存储用户输入的字段值，再赋值给字段 name（见图 5-8）。

✦ 第 20~22 行：showMessage()为方法成员，public 为公有的存取范围。由于不需要返回结果，因此数据类型设为"void"，获取字段值并输出。

Main( )主程序

✦ 第 14 行：创建 Person 对象 first。

✦ 第 18~20 行：获取用户输入的名字存储于 title 属性，调用 showMessage()方法输出，得到图 5-9 所示的输出结果。

只读/唯写属性

"只读"属性表示运行程序时，只能读取而无法修改其值，如果将范例 CH0502C 改写成只读属性，就只保留存取器 get，编写如下。

```
public string title{   //只读属性
    get{return name;}
}
```

"唯写"属性表示运行程序时，只能写入数据而无法读取，将范例 CH0502C 改成唯写属性，就是只保留存取器 set，编写如下。

```
public string title{   //唯写属性
    set{name = value;}
}
```

自动实现属性

编写类程序，为了让声明的属性更简洁，其程序块中只使用存取器 get 和 set，不加任何程序代码，编译程序会自动设定为私有（private）字段。

```
private string name;   //定义字段
public string title{   //定义属性
    get{return name;}
    set{name = value;}
}
//采用自动实现属性
public string title {get;set;}
```

也就是经过自动实现属性，原有的私有字段 name，编译程序会匿名自动支持，只能由属性的存取器 get、set 存取字段的数据。

范例 CH0502D 自动实现属性

模板为"控制台应用程序"。在程序"Student.cs"定义类中编写以下程序代码：

```
11  class Student {
12    //自动实现属性：属性 title（名字），Ages（年龄）
13    public string title{get; set;}
14    public string Ages{get; set;}
15    //定义类方法
16    public void showMessage(){//公有的方法成员
17      Console.WriteLine("Hollo! {0}, 年龄是 {1}.",
18        title, Ages);
19    }
20  }
```

在 Main()主程序块中编写以下程序代码：

```
13  //创建 student 对象
14  Student first = new Student();
15  Console.Write("请输入你的名字：");
16  //读取输入的名字
17  first.title = Console.ReadLine();
18  Console.Write("请输入你的年龄：");
19  first.Ages =Console.ReadLine ();
20  //显示信息
21  first.showMessage();
```

运行、编译程序：按"F5"键运行此程序，打开"命令提示符"窗口，显示图 5-10 所示的运行结果。

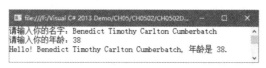

图 5-10　范例 CH0502D 的运行结果

程序说明

Student.cs 程序

* 类 Student 中，原来的私有字段 name 和 age 被匿名，公有属性 title 和 Ages 采用自动实现属性，配合存取器 get 和 set 来读写数据，然后由方法成员 showMessage()显示相关信息。
* 第 13、14 行：自动实现属性。声明两个字段 title、Ages，存取范围设为 public，只有存取器 get、set，未加任何程序代码。
* 第 16~19 行：showMessage()为方法成员，public 为公有的存取范围。由于不需要返回结果，因此数据类型设为 "void"，获取字段值并输出。

Main( )主程序

* 第 14 行：创建 Student 对象 first。
* 第 17、19 行：使用属性 title 存储输入的名字，Ages 存储输入的年龄，调用 showMessage() 方法来输出名字和年龄，如图 5-10 所示。

5.3　对象旅程

类孕育了对象，对象的生命旅程究竟何时展开？前面已经介绍过对象要实例化。要初始化对象就得使用"构造函数"（constructor），它对于对象的生命周期有更丰富的描述。对象的生命起点由构造函数开始，析构函数则为对象画上句号，并从内存中清除。至于有哪些构造函数，将会在本章中说明。

5.3.1 产生构造函数

如何在类内定义构造函数，声明如下：

```
[访问权限修饰词] 类名称(参数列表){
   //程序语句;
}
```

在类内定义构造函数，跟声明类的方法很相似，不过要注意以下 3 点：

- 构造函数必须与类同名，访问权限修饰词使用 public。
- 构造函数虽然有参数列表，但是它不能有返回值，也不能使用 void。
- 可根据需求，在类内使用多个构造函数。

范例 CH0503A　使用构造函数

模板为"控制台应用程序"。在文件"Student.cs"中编写以下程序代码：

```
11  class Student{
12     //实例变量(instance variable)，采用自动实现属性
13     public int number{get; set;}
14     public Student(int score){   //含有参数的构造函数
15        Console.WriteLine("调用了构造函数！");
16        number = score;//将 score 接收的值赋给属性 number
17     }
18     //声明类方法 —— 判别分数的等级
19     public void judgeFrom(){
20     if (number >= 90){
21        Console.WriteLine("你的分数 {0}，表现优良！",
22           number);
23     }
24     else if (number >= 80){
25        Console.WriteLine("你的分数 {0}，表现不错！",
26           number);
27     }
28     else if (number >= 70){
29        Console.WriteLine("你的分数 {0}，成绩尚可！",
30           number);
31     }
32     else if (number >= 60){
33        Console.WriteLine("你的分数 {0}，通过考核！",
34           number);
35     }
36     else {
```

```
37        Console.WriteLine(
38          "你的分数 {0},要多多努力...", number);
39    }
40 }
```

在 Main()主程序块中编写以下程序代码:

```
11  static void Main(string[] args)
12  {
13      Console.Write("请输入分数: ");
14      int grade = Convert.ToInt16(Console.ReadLine());
15      //创建一个含有参数的 Student 对象
16      Student Tomas = new Student(grade);
17      Tomas.judgeFrom();//调用方法成员
18      Console.Read();
19  }
```

运行、编译程序: 按"F5"键运行此程序,打开"命令提示符"窗口,显示图 5-11 所示的运行结果。

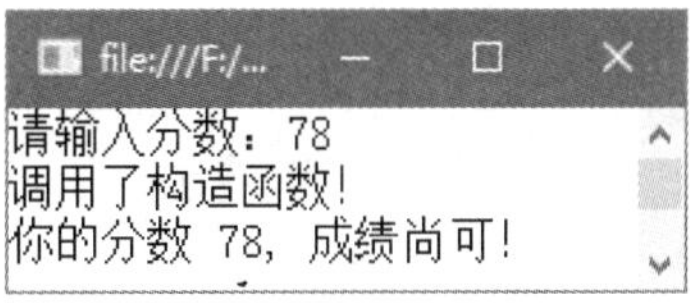

```
□ file:///F:/...    —    □    ×
请输入分数: 78
调用了构造函数!
你的分数 78,成绩尚可!
```

图 5-11 范例 CH0503A 的运行结果

程序说明

Student.cs 程序

* 属性 number 采用自动实现属性,构造函数的参数 score 接收到数据后会把它赋值给属性 number。此外,构造函数以 Console.WriteLine()输出信息,构造函数初始化对象时就会输出此信息。方法成员 judgeFrom()根据属性值进行级别判断。
* 第 13 行: 创建类的属性,采用自动实现属性,存取器 get、set,不加任何程序代码。
* 第 14~17 行: Student 类的构造函数。参数 score 接收到数据会赋值给属性 number。
* 第 19~39 行: 定义方法成员 judgeFrom(),根据属性值以 if/else if 进行条件判断,显示分数属于哪一个级别。

Main( )主程序

* 第 14~17 行: 获取输入的分数,存储于变量 grade 中,初始化 Tomas 对象时,以此变量值作为构造函数的参数,然后调用 judgeFrom()方法,显示分数等级。

5.3.2 析构函数回收资源

使用构造函数初始化对象。当程序执行完毕后,必须清除该对象所占用的资源,释放内存空间。如何清除对象?得借助"析构函数"(destructor)来帮忙。其语法如下:

```
~类名称(){
  //程序语句;
}
```

* 析构函数必须在类名称前加上"~"符号,它不能使用访问权限修饰词。

- 一个类只能有一个析构函数。它不含任何参数，也不能有任何返回值；无法被继承或重载。
- 析构函数无法直接调用，只有对象被清除时才会执行。

范例 CH0503B 使用析构函数

模板为"控制台应用程序"。修改范例 CH0503A，在文件"Student.cs"中加入析构函数。

```
11  class Student{
12    public int number{get; set;}//属性
13
14    public Student(int score){   //含有参数的构造函数
15      Console.WriteLine("调用了构造函数！");
16      judgeFrom(score);//调用 judgeFrom()方法
17    }
18
19    //析构函数
20    ~Student(){Console.WriteLine("析构函数清除对象！");}
21    //以下程序代码省略
22  }
```

运行、编译程序：按"Ctrl + F5"组合键运行此程序，打开"命令提示符"窗口，显示图 5-12 所示的运行结果。

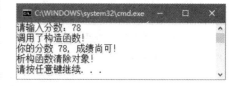

图 5-12　范例 CH0503B 的运行结果

程序说明

★ 第 20 行：定义了析构函数。运行程序，对象初始化和清除对象时会显示相关信息。

5.3.3　使用默认构造函数

相信大家会觉得奇怪，在前面几个小节中并没有声明构造函数，那么对象是如何进行初始化操作的呢？一般来说，使用 new 运算符实例化对象，便会调用默认的构造函数。不含任何参数的构造函数称为"默认构造函数"（Default Constructor）。倘若程序中自行定义了构造函数，此时编译程序就不会提供默认构造函数。

范例 CH0503C　使用默认构造函数

模板为"控制台应用程序"。在文件"makeTime.cs"中的程序代码如下。

```
09  class makeTime {
10    //构造函数，没有任何参数
11    public makeTime(){Console.WriteLine("调用时间");}
12    //析构函数
```

```
13    ~makeTime(){Console.WriteLine("释放资源");}
14    public int hour{get; set;}//自动实现属性 hour
15    //类的方法，获取时间，判断是上午或下午
16    public void showTime(int tm) {
17      hour = tm;
18      if (hour > 12){
19        hour %= 12;
20        Console.WriteLine("时间是下午：{0}点", hour);
21      }
22      else
23        Console.WriteLine("时间是上午：{0}点", hour);
24    }
25  }
```

在 Main()主程序块中编写以下程序代码：

```
13  static void Main(string[] args)
14  {
15    makeTime  mkT = new makeTime ();//创建对象
16    //创建 DateTime 结构并以 Now 获取系统时间
17    DateTime  moment = DateTime.Now;
18    //属性 Hour 表示只获取系统时间的"时"
19    int justNow = moment.Hour;
20    mkT.showTime(justNow);
21  }
```

运行、编译程序：按"Ctrl + F5"组合键运行
此程序，打开"命令提示符"窗口，显示图 5-13
所示的运行结果。

程序说明

图 5-13 范例 CH0503C 的运行结果

makeTime.cs 程序

* 自行定义一个无任何参数的构造函数，属性 hour 采用自动实现。方法成员 showTime()
  的参数 tm 接收了输入值后，赋值给属性 hour，判断时间是上午还是下午。
* 第 11 行：定义无参数的默认构造函数。被调用时会显示"显示时间"字符串。
* 第 13 行：定义析构函数来清除对象。执行时会显示"释放资源"字符串。
* 第 16~24 行：方法成员 showTime()，根据属性 name 获取的时间来显示是上午或下午。

Main()主程序

* 第 15 行：创建 makeTime 对象。
* 第 17 行：创建一个 DateTime 结构，以其属性 Now 获取系统当前的时间，然后通过
  Hour 属性获取 Now 属性中的"时"，赋值给 justNow 变量。
* 第 20 行：调用方法成员 showTime()并传入 justNow 时间值来显示是上午还是下午。

5.3.4　构造函数的重载

重载（overloading）的概念是"名称相同，但变量不同"。就像在学校选修课程一样，每位学生可根据自己的需求来选修不同的课程，例如：

```
Mary();//可能没有尚未选修
Tomas(语文，英语);
Eric(计算机概论，数学，语文，程序设计语言);
```

转化为程序代码时，如果为每位学生设计选修课程的方法，那么需要很多方法，这不符合模块化的要求。如果使用同一个名称，携带的参数不同，不但能简化程序的设计，还能降低设计的难度。相同的道理，创建对象时可根据需求让构造函数重载。

范例 CH0503D　构造函数重载

模板为"控制台应用程序"。文件"Student.cs"的程序代码如下。

```
11  class Student{
12    //3个属性存放各科成绩
13    private int math{get; set;}
14    private int eng{get; set;}
15    private int comp {get; set;}
16    //第一个构造函数，有2个参数
17    public Student(int sb1, int sb2){
18      math = sb1; eng = sb2;
19      int total = math + eng;
20      sum(total); //调用方法成员
21    }
22    //第二个构造函数，有3个参数
23    public Student(int sb1, int sb2, int sb3){
24      math=sb1; eng =sb2; comp = sb3;
25      int total = math + eng + comp;
26      sum(total); //调用方法成员
27    }
28    ~Student(){}//析构函数
29    //方法成员，返回总分
30    public void sum(int result){
31      Console.WriteLine ("总分 {0}", result );
32    }
33  }
```

在 Main()主程序块中编写以下程序代码：

```
11  static void Main(string[] args)
12  {
13     Console.Write("Mary ");
14     Student Mary = new Student(78,69);
15     Console.Write("Tomas");
16     Student Tomas = new Student(55, 85, 74);
17  }
```

运行、编译程序：按"Ctrl＋F5"组合键运行此程序，打开"命令提示符"窗口，显示图 5-14 所示的运行结果。

图 5-14　范例 CH0503D 的运行结果

程序说明

Student.cs 程序

* 定义自动实现属性：math、eng、comp。以重载形式定义 2 个构造函数，接收参数后计算总分，再调用方法成员 sum() 显示总分的信息。
* 第 12~14 行：定义 3 个属性，自动实现属性。
* 第 15~20 行：第一个构造函数，有 2 个参数。
* 第 21~26 行：第二个构造函数，有 3 个参数。
* 第 29~31 行：方法成员 sum()，构造函数会调用它，输出计算的总分。

Main()主程序

* 第 14、16 行：创建 Student 对象。Mary 对象以构造函数初始化时有 2 个参数，Tomas 对象有 3 个参数，输出图 5-14 所示的运行结果。

5.3.5　对象的初始设置

C#提供了"对象的初始设置"的用法。通常创建类后，会以 new 运算符将对象实例化，或者使用构造函数携带参数来初始化对象。什么是"对象的初始设置"？使用数组时，可以在声明的过程中使用大括号初始化数组元素，也可以用相同的做法来给对象赋值，通过类中的字段或属性进行存取，不调用构造函数。

范例 CH0503E　对象的初始设置

模板为"控制台应用程序"。改写范例 CH0503D，文件"Student.cs"的程序代码如下。

```
11  class Student{
12     public int Math{get;set;}   //属性：存储数学成绩
13     public int Eng{get;set;}    //属性：存储英语成绩
14     public int Comp{get;set;}   //属性：存储计算机概论成绩
15
16     //类的方法，返回总分
17     public int sum(){
```

```
18        return Math + Eng + Comp;
19    }
20 }
```

在 Main()主程序块中编写以下程序代码：

```
11 static void Main(string[] args)
12 {
13    Student Mary = new Student {Math =78, Eng =65};
14    Console.Write("Mary: 数学 {0}", Mary.Math);
15    Console.Write(", 英语 {0}", Mary.Eng);
16    Console.WriteLine(", 总分 = {0}", Mary.sum());
17
18    Student Tomas = new Student
19       {Math = 83,Eng = 85, Comp=61 };
20    Console.Write("Tomas: 数学 {0}", Tomas.Math);
21    Console.Write(", 英语 {0}", Tomas.Eng);
22    Console.Write(", 计算机概论 {0}", Tomas.Comp);
23    Console.WriteLine(", 总分 = {0}", Tomas.sum());
24    Console.Read();
25 }
```

运行、编译程序：按 "Ctrl＋F5" 组合键运行此程序，打开 "命令提示符" 窗口，显示图 5-15 所示的运行结果。

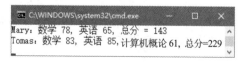

图 5-15　范例 CH0503E 的运行结果

程序说明

Student.cs 程序

* 第 12~14 行：定义了 3 个属性，自动实现属性，分别存放语文、英语和计算机概论的成绩。
* 第 17~19 行：类方法 sum()，以 return 语句返回总分。
* 第 13 行：声明一个 Student 对象 Mary，设置其初始值，语文和英语的分数；然后调用 sum()方法输出 2 科总分。

Main()主程序

* 第 18~19 行：声明一个 Student 对象 Tomas，设置其初始值，语文、英语和计算机概论的分数；然后调用 sum()方法输出 3 科总分。

5.4 静 态 类

前面的范例中定义了类后，都是针对对象成员来进行描述。静态类和常规类最大的差异就是静态类不能使用 new 运算符来实例化类，为了有所区别，加上了"静态"，静态类的属性、方法也必须定义成"静态"才能使用。

5.4.1 认识静态类成员

为了与一般对象成员区别，定义类成员时会加上 static 关键字，称为静态成员。那么静态类成员和对象成员的差别在哪里？

- 不能使用 new 运算符将静态类实例化（Instantiated）。
- 类包含的成员和方法都为静态，属于密封类（Sealed Class），无法产生继承。
- 静态类不会有实例，也不能有构造函数，只能配合静态构造函数。
- 静态成员存取时只能使用静态类名称。

使用一般类时也能加入静态成员，它为所有对象共同拥有，让独立的各对象间具有"沟通的渠道"，如此一来就不需要全局变量作为对象成员间的暂存空间，避免内存空间的浪费。

5.4.2 静态属性

在类中声明"静态属性"，作用主要是让编译程序知道在执行时期"仅为每个类分配一份该属性的内存空间"。为了进一步说明，先了解静态属性的声明，其语法如下：

```
class 类名称 {
    访问权限修饰词 static 返回值类型 类成员名称;
    . . . .
}
```

静态字段有两个常见的作用，即计算已实例化的对象个数和存储所有实例间的共享值。

范例 CH0504A　使用静态类字段

模板为"控制台应用程序"。文件"Student.cs"中的程序代码如下。

```
09  class Student{
10    //静态属性，记录对象
11    public static int Count{get; private set;}
12    //自动实现成员属性: Name, Age
13    public string Name{get; set;}
14    public int Age{get; set;}
15    //含有 2 个参数的构造函数
16    public Student(string stuName, int stuAge){
```

```
17        Name = stuName; Age = stuAge;
18        Count++;//创建对象时就累计
19        Console.WriteLine(
20          "创建第{0}学生, 名字{1}, 年龄{2,3}",
21          count, Name, Age);
22      }
23    ~Student(){}//析构函数
24  }
```

在 Main()主程序块中编写以下程序代码：

```
13  static void Main(string[] args)
14  {
15    //直接以类名称 Student 存取静态属性 Count
16    Console.WriteLine ("没有实例化, {0}个学生",
17      Student.Count);
18    Student one = new Student ("Vicky", 23);
19    Student two=new Student ("Charles", 18);
20    Student three = new Student ("Michelle", 20);
21    Console.Read();
22  }
```

运行、编译程序：按"Ctrl + F5"组合键运行此程序，打开"命令提示符"窗口，显示图 5-16 所示的运行结果。

程序说明

Student.cs 程序

图 5-16   范例 CH0504A 的运行结果

* 以静态属性 Count 来记录生成的对象，并在构造函数放入此静态属性，当构造函数被调用来初始化对象时，就进行累计操作。
* 第 11 行：static 声明 count 为静态类属性，自动实现属性，只要生成对象就会进行记录。
* 第 13、14 行：以存取器 get、set 来自动实现属性 Name 和 Age。
* 第 16~22 行：定义含有 2 个参数的构造函数，放入类静态属性 Count。由于构造函数用来初始化对象，因此每生成一个对象，Count 值就会累计。

Main( )主程序

* 第 17 行：直接以类名称 Student 存取静态属性 Count。
* 第 18~20 行：生成含有参数的对象，构造函数每实例化一个对象，静态属性 Count 的值就增加，显示图 5-16 所示的运行结果。

5.4.3　静态类方法

与静态属性类似，若要使用静态类方法，必须以"static"声明类方法为"静态类方法"，其语法如下：

```
class 类名称 {
    访问权限修饰词 static 返回值类型 类成员名称;
    访问权限修饰词 static 返回值类型 类方法名称{...};
}
```

- 经过 static 声明的静态成员都属于全局变量的作用域，无论类产生多少对象，都会共享这些静态成员。
- 静态成员在内存中只会保留一份，所以能在同类对象间传递数据，记录类的状况；不像其他数据成员，会伴随对象而分别产生。

范例 CH0504B　使用静态类方法

模板为"控制台应用程序"。文件"Circls.cs"中的程序代码如下。

```
11  class Circle{
12      const double PI = 3.1415926;//常数
13      //类方法 —— 计算圆周长
14      public static double calcPeriphery(string one){
15          double periphery = double.Parse(one);
16          double result = periphery * PI;
17          return result;
18      }
19      //计算圆面积
20      public static double calcArea(string two){
21          double area = double.Parse(two);
22          double circleArea = 2 * area * area * PI;
23          return circleArea;
24      }
25  }
```

在 Main()主程序块中编写以下程序代码：

```
13  double caliber, ridus = 0;
14  Console.Write("请选择 1.计算圆周长，2.计算圆面积：");
15  string wd = Console.ReadLine();
16  switch (wd)
17      {
18          case "1":
19              Console.Write("请输入直径：");
20              caliber = Circle.calcPeriphery(
21                  Console.ReadLine());
22              Console.WriteLine("圆周长 = {0}", caliber);
23              break;
24          case "2":
25              Console.Write("请输入半径：");
```

```
26          ridus = Circle.calcArea(Console.ReadLine());
27          Console.WriteLine("圆面积 = {0}", ridus);
28          break;
29     default:
30          Console.WriteLine("选择错误");
31          break;
32     }
```

　　运行、编译程序：按"Ctrl＋F5"组合键运行此程序，打开"命令提示符"窗口，显示图 5-17 所示的运行结果。

程序说明

图 5-17　范例 CH0504B 的运行结果

Circle.cs 程序

* 第 12 行：常数用来存储 PI 值。
* 第 14~18 行：静态类第一个方法，传入直径值计算圆周长，return 语句返回计算后的结果。由于参数 one 是 string 类型，因此以 Parse()方法将它转为 double，再赋值给 periphery 变量。
* 第 20~24 行：静态类第二个方法，传入半径值计算圆面积，return 语句返回计算后的结果。由于参数 two 是 string 类型，因此以 Parse()方法将它转为 double，再赋值给 area 变量。

Main( )主程序

* 由于 Circle 类中定义了静态类方法，因此使用时直接以类名称进行存取，分别计算圆周长或圆面积。
* 第 15 行：变量 wd 获取用户输入的数值是"1"或"2"。
* 第 16~32 行：switch/case 语句判断 wd 变量值。若输入"1"，则获取用户输入的直径，直接调用静态类方法"Circle.calcPeriphery()"，输出圆周长。若输入"2"，则获取用户输入的半径，直接调用静态类方法"Circle.calcArea()"，输出圆面积。

5.4.4　静态构造函数

　　已经知道构造函数用来初始化对象。那么类呢？产生类后，定义它的静态字段和静态方法，同样也会有"静态构造函数"用来初始化静态成员，或者只需执行一次的特定操作。和默认构造函数一样，只要程序中会引用到静态成员，都会自动调用静态构造函数。它的特性如下：

* 由于静态构造函数不使用访问权限修饰词，也无参数，因此无法直接调用静态构造函数。
* 静态构造函数的运行时间无法以程序来控制。
* 可以把静态构造函数当作类使用的记录文件，将项目写入文件里。

范例 CH0504C 使用静态类方法

模板为"控制台应用程序"。改写"范例 CH0504A"，修改文件"Student.cs"中的程序代码如下。

```
13  class Student {
14      //只读静态字段，对象共有 —— 获取系统时间
15      static readonly DateTime startTime;
16      //静态属性 —— 记录生成的对象
17      public static int Count{get; private set;}
18      //自动实现成员属性：Name, Age
19      public string Name {get; set;}
20      public int Age {get; set;}
21
22      //静态构造函数，只会执行一次
23      static Student(){
24          startTime = DateTime.Now;//获取系统当前的日期和时间
25          //只显示时间
26          Console.WriteLine("静态构造函数执行的时间：{0}",
27              startTime.ToLongTimeString());
28      }
29
30      //含有 2 个参数的构造函数
31      public Student(string stuName, int stuAge){
32          //TimeSpan 为时间间隔，以毫秒为间隔单位
33          TimeSpan initTime = DateTime.Now - startTime;
34          Name = stuName; Age = stuAge;
35          Count++;//创建对象时就累计
36          Console .WriteLine(
37              "第{0}个学生，时隔：{1}, \n 名字 {2}，年龄{3,3}",
38              Count, initTime.TotalMilliseconds, Name, Age);
39      }
40      ~Student(){}
41  }
```

运行、编译程序：按"Ctrl＋F5"组合键运行此程序，打开"命令提示符"窗口，显示图 5-18 所示的运行结果。

程序说明

Circle.cs 程序

★ 静态构造函数只会执行一次，所以使用 DateTime 结构作为只读静态字段，Now 属性获取系统的时

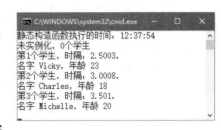

图 5-18 范例 CH0504C 的运行结果

间。构造函数以 TimeSpan 结构为时间间隔，以毫秒为单位，记录对象的生成。

* 第 15 行：以 DateTime 结构创建 startTime，加上 static 和 readonly（只读）关键字，表示它具有静态只读的特性，用来存储系统当前的日期和时间。

* 第 23~28 行：定义静态构造函数，只要它被执行，通过 DateTime 结构的 Now 属性来获取时间戳，显示系统当前的时间。它与初始化的构造函数并不相同，只会执行一次，不会随着对象的增加来累计。

* 第 31~39 行：定义含有两个参数的构造函数。以 TimeSpan 结构为时间间隔，以毫秒 Milliseconds 为间隔单位。每次构造函数实例化对象时就会扣除系统时间，记录生成对象的间隔毫秒数。

综合范例的演练，对比初始化对象生命的构造函数和只会执行一次的静态构造函数，如表 5-2 所示。

表 5-2　构造函数与静态构造函数的对比

	构造函数	静态构造函数
与类同名	是	是
初始化对象	是	否
访问权限修饰词	public	不能使用
是否有参数	可以选择	不能有参数
执行次数	可以多次调用	只会执行一次

5.5　重点整理

◇ 1960 年，Simula 提出了面向对象程序设计（Object Oriented Programming，OOP），引入了对象（Object）、类（class）、继承（Inheritance）和方法（method）的概念。数据抽象化（data abstraction）在 1970 年被提出来探讨，之后派生了"抽象数据类型"的（Abstract data type）概念。1980 年，Smalltalk 程序设计语言对于面向对象程序设计发挥了最大作用。它除了汇集 Simula 的特性外，也引入"消息"（message，或信息）的概念。

◇ 在面向对象的世界里，以各个对象自行分担的功能产生模块化，基本上包含 3 个基本元素：数据抽象化（封装）、继承和多态（动态绑定）。

◇ 类是对象原型，类下的实例可以各自拥有不同的状态。声明类后，类内必须包含数据成员（字段、属性）和方法成员。

◇ 定义方法成员，使用 return 语句返回运算结果。返回值类型必须与 return 语句返回值的类型相同，没有返回任何数据，可设为 void。括号中的变量列表也要有类型，可根据需求设置多个，或者只使用括号。

◇ 属性（Property）用来表现对象的静态特征。配合"存取器"（Accessor）的 get 或 set 进行读取、写入或计算的私用（Private）。让类在"信息隐藏"的机制下，既能以公有的方式提供设置或获取属性值，又能提升方法的安全性和弹性。

◈ 编写类程序，为了让声明的属性更简洁，其程序块中只使用存取器 get 和 set，这被称为 "自动实现属性"。

◈ 初始化对象就得使用 "构造函数"（constructor）。对象的生命起点从构造函数开始，析构函数则为对象画上句号，并从内存中清除。

◈ 定义构造函数必须与类同名，访问权限修饰词使用 public。虽然有参数列表，但是它不能有返回值，也不能使用 void。可根据需求，在类内使用多个构造函数。

◈ 析构函数必须在类名称前加上 "~" 符号，它不能使用访问权限修饰词；一个类只能有一个析构函数；它不含任何参数，也不能有任何的返回值；无法被继承或重载。

◈ 定义类成员时会加上 static 关键字，所以称为静态成员。

5.6 课后习题

一、选择题

（1）下列对于类的描述，哪一个不正确？（ ）

A. 以 class 关键字来声明 B. 类提供对象的蓝图
C. 属于类的静态成员要使用 get、set 存取器 D. 类为对象所共有

（2）下列对于对象的描述，哪一个正确？（ ）

A. 使用 private 将对象实例化 B. 类下可以实例化多个对象
C. 一个类只能产生一个对象 D. 使用 new 运算符来自动实现属性

（3）在类内可视为变量用途的成员是哪一个？（ ）

A. 对象 B.方法 C.属性 D.字段

（4）下列对于构造函数的描述，哪一个正确？（ ）

A. 构造函数不能与类同名 B. 用来初始化对象
C. 可以使用 void 来表示，不能有返回值 D. 构造函数可以重载

（5）要让类的属性能在类以外的地方存取，用哪一个访问权限修饰词？（ ）

A. public B. private C. protected D. void

（6）对于方法成员，下列叙述哪一个正确？（ ）

A. 传递的参数可以忽略类型 B. void 表示一定要有返回值
C. 返回值的类型不一定要和 return 语句相同 D. return 语句返回运算后的结果

（7）对于析构函数的描述，下列哪一个正确？（ ）

A. 一个类能使用多个析构函数
B. 可在析构函数中加入参数
C. 用来清除对象

D. 定义析构函数必须使用访问权限修饰词 pubic

（8）对于静态成员的描述，下列哪一个不正确？（　　）

A. 为了和对象区别，使用 static 关键字　　　　B. 静态类可以使用构造函数
C. 静态类不会有实例　　　　　　　　　　　　　D. 静态类不会有继承机制

（9）对于对象的初始设置描述，下列哪一个正确？（　　）

A. 不能使用 new 运算符　　　　　　　　　　　B. 使用默认构造函数
C. 必须使用存取器 get 和 set　　　　　　　　　D. 实例化对象时使用大括号指定其值

（10）定义方法成员时，如果不需要返回值，要用哪一个关键字？（　　）

A. void　　　　　　B. return　　　　　　C. class　　　　　　D. public

二、填空题

（1）类由类成员组成，包含_____、_____、_____、_____。
（2）类创建后，必须以_____运算符实例化对象。经由实例化的对象，称为_____。
（3）类属性中，存取器_____用来设置属性，将新值赋给属性。若没有实现，则属性只能_____。
（4）存取器_____用来返回属性值。若没有实现，则该属性只能_____。
（5）定义类的属性，程序块中只使用存取器 get 和 set，不加任何程序代码，称为_____。
（6）不含任何参数的构造函数称为_____。
（7）重载（overloading）的概念是_____。
（8）静态字段有两个作用：_____和_____。
（9）_____用来初始化静态成员，或者只需执行一次的特定操作。

三、问答与实践

（1）请说明 public、private、protected 这些访问权限修饰符的使用范围。
（2）请说明构造函数与静态构造函数有什么不同？
（3）声明一个 Car 类，输出图 5-19 所示的结果。

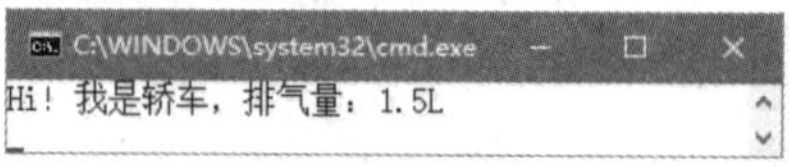

声明两个属性来输出图 5-19 所示信息。Main()主程序中的代码如下：

图 5-19　输出结果

```
static void Main(string[] args)
{
    Car Normal = new Car();
    Normal.CarType = "轿车";
    Normal.EngiDisplacement = 1.5F;
    Normal.ShowMessage();
    Console.Read();
}
```

将"轿车"和"1.5L"信息使用构造函数进行参数的传递。

使用构造函数的重载，完成图 5-20 所示的信息。

图 5-20　运行结果

习题答案

一、选择题

（1）C　（2）B　（3）D　（4）B　（5）A　（6）D　（7）C
（8）B　（9）D　（10）A

二、填空题

（1）字段、属性、方法、事件　　　　（2）new、实例　　　　（3）set、只读
（4）get、唯写　　　　　　（5）自动实现属性　　（6）默认构造函数
（7）名称相同变量不同　　（8）计算已实例化的对象数、存储所有实例间的共享值
（9）静态构造函数

三、问答与实践

（1）public　　　　公有的　　　所有类都可存取
　　　private　　　　私有的　　　只适用该类的成员函数
　　　protected　　 保护的　　　产生继承关系的类

（2）"构造函数"（constructor）用来初始化对象。构造函数必须与类同名，访问权限修饰词使用 public。构造函数虽然有参数列表，但是它不能有返回值，也不能使用 void。

静态构造函数不使用访问权限修饰词，也无参数，因此无法直接调用静态构造函数。静态构造函数的运行时间无法以程序进行控制。可以把静态构造函数当作类使用的记录文件，将项目写入文件里。

	构造函数	静态构造函数
与类同名	是	是
初始化对象	是	否
访问权限修饰词	public	不能使用
是否有参数	可以选择	不能有参数
执行次数	可以多次调用	只能执行一次

（3）程序实践参考"\LAB"文件夹。

第**6**章

方法和传递机制

章节重点

✤ 从 .NET Framework 类库提供方法(函数),以面向对象的观点来了解"方法"(Method)还有哪些机制。

✤ 定义方法,了解方法中参数如何传递。传"值"表示以数值为传递对象,传"参"则是以内存地址为传递对象,所以要有方法参数 ref、out 和 params。

✤ 进一步讨论以对象、数组作为变量传递时,要如何处理呢?命名参数、选择性变量有何妙用?

✤ 方法同样可以实施重载(overload),对于变量的作用域做更多了解。

6.1　方法是什么

　　大家一定使用过闹钟吧！无论是手机上的闹铃设置，还是撞针式的传统闹钟，功能都是定时调用。只要定时功能没有被解除，它就会随着时间的循环，不断重复响铃的动作。以程序的观点来看闹钟定时调用功能，就是所谓的"方法"（Method），有些语言会称之为"函数"（Function）。两者的差别在于："方法"是从面向对象程序设计的视角来看，"函数"则是结构化程序设计的用语，例如 Visual C++。在第 5 章中已经介绍过 Visual C#程序设计语言的方法，执行时必须调用方法的名称，然后它会根据运行程序返回结果或不返回结果。那么使用方法有什么优点呢？现在列举如下：

- 使用方法可以建立信息模块化。
- 方法能重复使用，方便日后的调试和维护。
- 从面向对象的概念来看，提供操作接口的方法可达到数据隐藏的作用。
- 按其程序的设计需求，方法大致可分为以下两种：
  - ➢ 系统内建，由.NET Framework 类库提供。
  - ➢ 程序设计者自行定义，即系统并未提供。

6.1.1　系统内建的方法

　　.NET Framework 类库提供了 Random（随机数）、String（字符串）、Math（数学）和 DateTime（日期/时间）等类，我们可以直接引用它们的属性和方法。String 和 DateTime 类，在前面的章节都陆续使用过，所以针对 Math 和 Random 类再简单讲解一下。首先，介绍 Math 静态类，它会提供数学上的计算，一些常用的属性和方法可以参考表 6-1。

表 6-1　Math 类的字段和方法

字段和方法	说明
PI 字段	圆周率，就是常数 π 值
Pow()方法	返回 x 的 y 次幂的值，ex: $5 \times 5 \times 5 = 5^3 = Pow(5, 3)$ 语法：public static double Pow(double x, double y) x：底数；y：指数
Round()方法	舍入为指定的小数位数最接近的数值；未指定小数位数就是舍入到最接近的整数 语法：public static double Round(double value, int digits) value：要舍入的数值；digits：指定的小数位数
Sqrt()方法	返回指定数值的平方根 语法：public static double Sqrt(double d) d：要求平方根的数值
Max()方法	返回两个数值中较大的一个 语法：public static short Max(int val1, int val2) val1：比较的第 1 个数值；val2：比较的第 2 个数值

由于 Math 为静态类，因此使用时可直接以类名称进行存取，即"Math.属性"或"Math.方法()"。

范例 CH0601A 使用 Math 类

模板为"控制台应用程序"。在 Main()主程序块中编写以下程序代码：

```
13  static void Main(string[] args){
14     Console.Write ("请输入半径值：");
15     double radius =
16        Convert.ToDouble(Console.ReadLine());
17     //圆面积 PI*r*r，Math 字段 PI 提供圆周率，Pow 计算 2 次方
18     double area = Math.PI*Math.Pow(radius,2);
19     //Round()方法输出圆面积含 4 位小数
20     Console.WriteLine("圆面积 = {0}",
21        Math.Round(area,4));
22     Console.Read();
23  }
```

运行、编译程序：按"Ctrl + F5"组合键运行此程序，打开"命令提示符"窗口，显示图 6-1 所示的运行结果。

程序说明

图 6-1　范例 CH0601A 的运行结果

* 计算圆面积的公式"πR^2"，先前的范例都以自定义常数 PI 再乘以"半径*半径"来处理，使用 Math 就简单多了。
* 第 14~16 行：输入半径后，以 Console.ReadLine()方法读取再转换为 double 类型存储于 radius 变量中。
* 第 18 行：计算圆面积"PI*半径*半径"，借助 Math 类提供的 PI 字段值和 Pow()方法。
* 第 20~21 行：输出圆面积时，以 Math 类提供的 Round()方法输出含有 4 位小数的值，如图 6-1 所示。

Random 类

Random 类提供随机产生的随机数，它常用的方法如表 6-2 所示。

表 6-2　Random 类的方法

方法	说明
Next()	返回非负值的随机整数，ex:Next(10, 100)产生 10~100 随机数值 语法：public virtual int Next(int minValue, int maxValue) minValue 下限；maxValue 上限
NextBytes()	产生字节数组的随机数

范例 CH0601A2　产生随机数

模板为“控制台应用程序”。在 Main()主程序块中编写以下程序代码：

```
13  static void Main(string[] args){
14    /*创建产生随机数的 Random 对象 lotto
15      使用 DateTime 结构的 Ticks 属性（时间刻度）作为随机数种子 */
16    Random lotto = new Random(
17      (int)DateTime.Now.Ticks);
18    //存储随机数
19    byte[] item = new byte[6];
20    //NextBytes()方法产生随机的字节数组
21    lotto.NextBytes(item);
22    Console.Write("乐透，有：");
23    for(int count=0; count<item.Length ; count++) {
24      //将第 6 个数组元素作为特别奖
25      if(count == 5){
26        byte special = item[count];
27        Console.WriteLine("\n特别奖：{0}", special);
28      }
29      else
30        Console.Write("{0,4}", item[count]);
31    }
32    Console.WriteLine();
33  }
```

　　运行、编译程序：按“Ctrl＋F5”组合键运行此
程序，打开“命令提示符”窗口，显示图 6-2 所示的
运行结果。

图 6-2　范例 CH0601A2 的运行结果

程序说明

* 第 16~17 行：先创建 Random 对象 lotto，再使用 DateTime 结构的属性 Ticks 作为随机
  数种子，避免产生有次序的随机数。Ticks 为时间刻度，1 毫秒有 10 000 个刻度，或者
  是千万分之一秒。
* 第 19 行：以数组 item 来存储随机产生的 6 个随机数。
* 第 21 行：使用 lotto 对象调用 NextBytes()方法产生字节类型的随机数组。
* 第 23~31 行：以 for 循环来读取 item 的数组元素，for 循环中再以 if/else 语句进行条件
  判断。第 26 行以 special 变量来存储数组的第 6 个元素作为特别奖，所以 for 循环只会
  输出 5 个数组元素。

6.1.2　方法的声明

　　如何自定义方法？其实在第 5 章讲述类时，已介绍过类中的方法，它包含方法成员、初

始化对象的构造函数和专属于类的静态类方法。此处复习一下声明方法的语法。

```
[修饰词] [static] 返回值类型 函数名称([参数列表]){
  . . . ;
  [return 计算结果;]
}
```

- 修饰词：就是访问权限修饰词，限定方法的存取范围。常用的修饰词有 private、public 和 protected，省略修饰词时，表示会以 private 为存取范围。
- static：如果加上 static 表示它是一个静态方法，可参考第 5.4 节。
- 返回值类型：定义方法后，要有返回值的类型。如果方法没有返回任何数据，可使用 void 关键字。
- 方法名称：方法的命名必须遵守标识符的规范。
- 参数列表：定义方法若没有参数或变量列表，则可以加上 "( )"（左、右括号），而且不能省略。括号中的变量或参数，若有多个时，则每个使用的参数或变量都要清楚地声明类型，然后再以 ","（逗号）分隔开每个变量或参数。
- 程序块（方法的主体）：将方法的处理语句放在 { } 程序块内，这也包含 return 语句。
- return 语句：将方法运算的结果返回，返回时它的类型必须和返回值类型相同。此外，return 语句一定是方法程序块中的最后一条语句。

在方法程序块内可以声明变量，但它的作用域（scope，或者有效使用范围）仅限于方法主体，这是局部变量（local variable）的概念。主程序与方法的互动如图 6-3 所示。

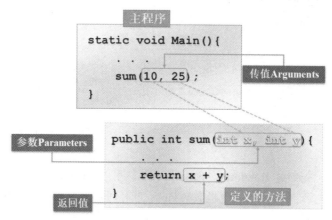

图 6-3　主程序调用方法

在 Main()主程序中调用 sum()方法时，会将变量 10 传给 sum()方法的参数 "x"，变量 25 传给 sum()方法的参数 "y"，return 语句返回计算结果 "35" 给主程序的 sum()方法。所以方法运行时，可以归纳如下：

- 方法运行时，会从程序中调用它所对应的方法，进行变量传递。
- 声明方法时，可根据实际需求来加入参数（parameter），但不一定有传递参数的操作。
- 当方法具有传递参数的操作时，称为 "传参"（Argument）。

第一种情况，创建方法后，调用者与被调用者位于同一个类下，例如从主程序（调用者）调用静态方法。

```
静态方法名称(变量列表);
变量 = 静态方法名称(变量列表);
```

为什么是静态方法（见图 6-4）？当我们以 VS 2013 Express 创建控制台应用程序后，命名空间下会有一个由系统创建的 class Program，而类 Program 的程序段中会有 Main()主程序，所以它的前端就有 public static void。

- public 是访问权限修饰词，表示任何类都可存取。
- static 表示它属于静态类的方法。
- void 使用 Main()方法时不需要返回值。

以图 6-4 来说，没有创建 Program 类的实例（对象）时，就必须把定义的方法加上 static 才能使用。return 语句把计算结果返回给主程序，因此要有一个变量 avg 来存储运算的结果，而且只能有一个返回结果。此处，静态方法 Average()返回的数据类型、存储计算结果的 total 和主程序的变量 avg，这三者的数据类型必须一致。

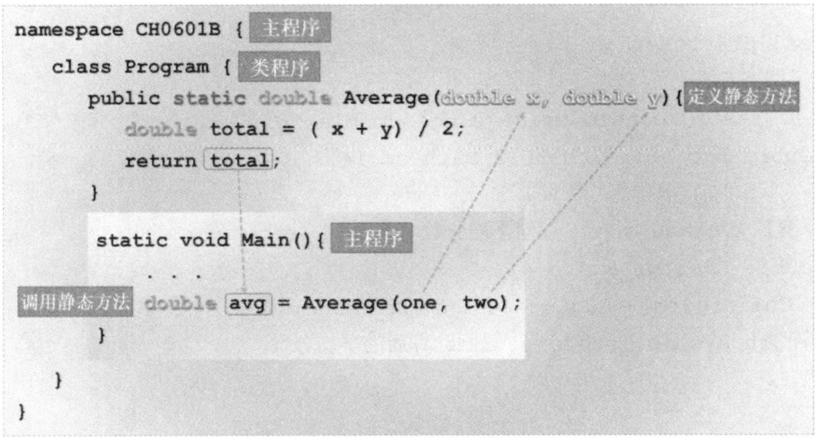

```
namespace CH0601B {          主程序
    class Program {          类程序
        public static double Average(double x, double y) {   定义静态方法
            double total = ( x + y ) / 2;
            return total;
        }

        static void Main(){          主程序
            . . .
调用静态方法   double avg = Average(one, two);
        }

    }
}
```

图 6-4　调用静态方法

如果不使用静态类方法，就要通过对象来调用，其语法如下：

```
对象名称.方法名称([变量列表]);
```

使用对象名称进行存取，表示类 Program 下要实例化一个对象。当然，也可以修改 Program 的名称。❶ 先从"解决方案资源管理器"单击原有的"Program"；❷ 然后从属性窗口的"文件名"处输入新的文件名；❸ 按 Enter 键会有提示信息，单击"是"按钮后，命名空间下的 Program 名称就会替换新的类名称，如图 6-5 所示。

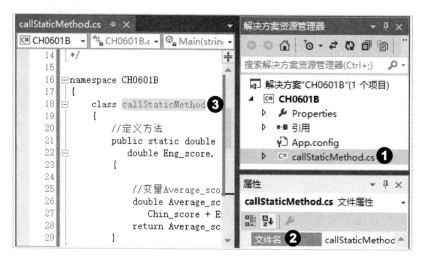

图 6-5　修改类的名称

范例 CH0601B　调用静态方法，传递实际参数

模板为"控制台应用程序"。在 callStaticMethod 程序块中编写以下程序代码：

```
18  class callStaticMethod {
19    //定义静态方法
20    public static double calcAverage(double Chin_score,
21      double Eng_score, double Math_score){
22
23      //变量 Average_score 存储平均分数
24      double Average_score = (
25        Chin_score + Eng_score + Math_score) / 3;
26      return Average_score; //返回计算后的平均分数
27    }
28
29    //主程序
30    static void Main(string[] args) {
31      double chinese, english, math, equal;//各科分数
32      Console.Write ("请输入名字：");
33      string studentName = Console.ReadLine();
34      Console.Write("请输入语文分数：");
35      chinese  = double.Parse(Console.ReadLine());
36      Console.Write("请输入英语分数：");
37      english = double.Parse(Console.ReadLine());
38      Console.Write("请输入数学分数：");
39      math = double.Parse(Console.ReadLine());
40      equal = calcAverage(chinese, english, math);
41      Console.WriteLine ("{0}! 你好！，3 科平均 = {1}",
42        studentName , equal);
```

```
43        Console.Read();
44    }
45 }
```

运行、编译程序：按"Ctrl + F5"组合键运行此程序，打开"命令提示符"窗口，显示图 6-6 所示的运行结果。

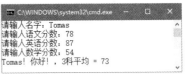

程序说明

图 6-6 范例 CH0601B 的运行结果

* 由于命名空间 CH0601B 定义的是一个类程序，只要定义一个静态类方法，就可以直接调用。
* 第 20~27 行：定义静态类方法 calcAverage()接收传入的参数，求取平均分数，再以 return 语句返回结果。
* 第 40 行：由于位于同类之下，直接调用静态类方法 calcAverage()，传入参数，再把 return 语句返回的结果存储于 avg 变量中。
* 主程序中调用 calcAverage()方法时要传递的参数个数及定义 calcAverage()方法所接收的参数个数必须一致。

6.2 参数的传递机制

使用方法时，若要获取返回结果，则必须通过 return 语句，但是 return 语句只能返回一个结果。方法之间若要返回多个参数值，则必须进一步了解方法中参数的传递方式。Visual C# 提供了传值（By Value）、传引用（By Reference，即传变量的地址，简称传址）两种方法。为了让大家更清楚解说的对象，定义方法时如果括号内有指定的对象，就称之为"参数"；调用方法才会有传递数据的操作，所以也称为"变量"。在说明参数的传递方法前，先了解以下两个名词。

* 实际参数（或称为调用者）：在程序中调用方法，用于传递数据的变量。
* 形式参数（或称为被调用者）：事先已定义好方法；其中的参数用来接收传递的数据，进入方法主体执行语句或运算。

那么传递机制要探讨的就是实际参数传递变量时要用哪一种传递方式？如果变量是值类型，传值或传址会有相同结果吗？或者变量是引用类型，传值或传地址不同之处又在哪里？一同进行更多的学习吧！

6.2.1 传值调用

传值调用（By Value）是指实际参数调用方法时，会先将变量内容（值 value）复制，再把副本传递给被调用方法的形式参数。要注意的是实际参数所传递的"实际参数"和形式参数（方法）必须是相同的类型，否则会引发编译错误！由于实际参数和形式参数分占不同的内存位置，因此被调用的方法所接收的是变量值，而非变量本身。执行方法时，形式参数有改变并不会影响原来实际参数的内容。

范例 CH0602A　使用传值调用

模板为"控制台应用程序"。在 class Arithmetic 程序块中编写以下程序代码：

```
15   //定义方法成员，使用 private，同类才能存取
16   private int progression(int first, int last,
17       int diversity){
18     int sum = 0, temp = 0, nonce, number;
19     if(first < last){      //检查传入的首项是否大于末项
20       nonce = first;       //若首项小于末项则予以置换
21       first = last;
22       last = temp;
23     }
24     number = (first - last)/ diversity + 1; //计算项数
25     sum = (number * (first + last)) / 2;     //计算等差数列的和
26     return sum;//返回计算结果
27   }
28
29   static void Main(string[] args){
30     //创建对象，调用方法成员
31     Arithmetic copyValue = new Arithmetic();
32     Console.WriteLine("--等差数列的和--");
33     Console.Write("请输入起始值(首项)：");
34     int first_value = int.Parse(Console.ReadLine());
35     Console.Write("请输入最后值(末项)：");
36     int last_value = int.Parse(Console.ReadLine());
37     Console.Write("请输入公差：");
38     int item = int.Parse (Console.ReadLine());
39     //调用方法成员
40     int total = copyValue.progression
41       (first_value, last_value, item);
42     //输出等差数列的和
43     Console.WriteLine("{0}到{1}的等差数列的和：{2}",
44       first_value, last_value, total);
45       //输出实际参数内容
46       Console.WriteLine("首项 ={0}，末项 ={1}，公差 ={2}",
47       first_value, last_value, item);
48       Console.Read();
49   }
```

运行、编译程序：按"Ctrl＋F5"组合键运行此程序，打开"命令提示符"窗口，显示图6-7 所示的运行结果。

程序说明

图 6-7　范例 CH0602A 的运行结果

* 范例是以计算等差数列的和为前提，前面的章节都是使用 for 循环，设置计数器的初值和终值，此处让用户输入起始值、末项和差值，求出等差数列的和。

* 第 16~27 行：定义 progression()方法，有 3 个参数：即起始值、末项和公差。它们会接收主程序中第 40 行所传递的数值。

* 第 19~22 行：以 if 语句来判断 3 个所接收的变量值，如果起始值小于末项，就使用 temp 变量进行置换的操作。

* 第 24~26 行：根据数学公式"项数（首项+末项)/2"，第 24 行先计算出项数，第 25 行求等差数列的和，再以 return 把计算结果返回给主程序的 total 变量。

* 第 29~49 行：Main()主程序。第 31 行创建对象的实例，以此对象来调用方法成员 progression()。

* 第 40~41 行：使用 copyValue 对象调用 progression()方法并传入变量，由于采用"传值调用"，因此传递的是变量值。最后以 total 变量存储计算结果。输出时会得到图 6-7 所示的结果。

6.2.2　传址调用

传递变量的另一种机制是"传址调用"（By Reference，也称为传引用调用）。何谓"传址"？"址"指的是内存的地址。从图 6-8 可以得知，实际参数调用时会传递内存的地址给形式参数，连同内存存储的数据也会一同传递，这就形成了实际参数、形式参数共享相同的内存地址，当形式参数的值被改变时，也会影响实际参数的内容（见图 6-9）。什么时候会使用传址调用呢？通常是方法内要将多个处理结果返回，而且 return 语句只能返回一个结果的情况下！使用传址调用还要注意以下两件事：

* 无论是实际参数还是形式参数，其类型前必须加上方法参数 ref 或 out。
* 实际参数所指定的变量必须给予初值设置。

图 6-8　实际参数传递地址给形式参数　　　图 6-9　实际参数、形式参数共享相同的地址

范例 CH0602B　传址调用

模板为"控制台应用程序"。在 Difference 类程序块编写以下程序代码：

```
15  //使用传值调用
16  static void calcNum(double figure){
17     figure = Math.Pow(figure, 2);
```

```
18  }
19  //使用传址调用
20  static void calcNumeral(ref double figure){
21    figure = Math.Pow(figure, 2);
22  }
23  static void Main(string[] args)
24  {
25    Console.Write("请输入一个 10~25 的数值: ");
26    double number = double.Parse(Console.ReadLine());
27    if(number < 10 || number > 25)
28      Console.Write("超出范围，不做计算");
29    else {
30      calcNum(number);//传值调用
31      Console.WriteLine("传值调用，数字 = {0}",number);
32      calcNumeral(ref number);//传址调用
33      Console.WriteLine("传址调用，数字 = {0}", number);
34    }
35  }
```

运行、编译程序：按 "Ctrl + F5" 组合键运行此程序，打开 "命令提示符" 窗口，显示图 6-10 所示的运行结果。

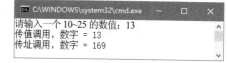

图 6-10　范例 CH0602B 的运行结果

程序说明

* 范例采用 calcNum()和 calcNumeral()两个方法，没有加上存取修饰，表示以 private 为它们的存取范围；分别以传值调用和传址调用来认识这两个方法所得结果的差异。

* 第 16~18 行：calcNum()方法中的参数为传值，使用 void，所以没有返回值。参数 figure 接收数值后，用 Math 类的 Pow()方法计算它的次方。

* 第 20~22 行：calcNumeral()方法的参数为传址，也使用 void，所以没有返回值，参数 figure 的类型前必须加上 "ref" 关键字，figure 接收数值后，同样用 Math 类的 Pow() 方法计算它的次方。

* 第 30 行：将用户输入的值以 number 变量存储后，调用 calcNum()方法进行变量的传递，由于传递机制采用传值调用，输出的 number 值由图 6-10 可知，还是 13 并未改变。

* 第 32 行：调用 calcNumeral()方法并做变量的传递，采用传址调用，所以 number 的前端要加上方法参数 ref，因为实际参数（number）和形式参数（figure）共享相同的内存地址，所以输出的 number 值是计算结果，由图 6-10 可知，它的值已经改变。

6.3 方法的传递对象

方法中要传递的对象可能是值类型，也有可能是引用类型。以它们为对象进行传递时要注意哪些事项呢？传址调用可以搭配方法的相关参数，它们有 ref、out、params。ref 已在前面使用过，那么 out 和 ref 的差别在哪里呢？params 对于传址调用能提供什么协助？下面一同来了解吧！

6.3.1 以对象为传递目标

方法中要传递的目标是对象时，分别以传值调用和传址调用进行讨论。

范例 CH0603A 以对象为传递目标

模板为"控制台应用程序"。在 Score 类程序块中编写以下程序代码：

```
13   //字段：Name、Mark 自动实现属性
14   public string Name {get; set;}
15   public int Mark{get; set;}
16   //声明静态方法
17   static void showMsg(Score one) {
18     one = new Score();//重新创建一个对象
19     one.Name  = "Peter";//指定名字
20     one.Mark = 73;//指定分数
21   }
22
23   static void Main(string[] args)
24   {
25     Score first = new Score();
26     first.Name ="Janet";
27     first.Mark =95;
28     showMsg(first);//以对象作为传递目标
29     Console.WriteLine("{0}, 分数 {1}",
30       first.Name, first.Mark);
31   }
```

运行、编译程序：按"Ctrl + F5"组合键运行此程序，打开"命令提示符"窗口，显示图 6-11 所示的运行结果。

图 6-11 范例 CH0603A 的运行结果

程序说明

★ 创建对象后，采用传值调用，静态方法 showMsg()接收的是 first 对象的副本，即使它能够实例化另一个对象 one，也不会影响主程序的对象。

- 第 14、15 行：声明两个属性 name 和 number，采用自动方式实现。
- 第 17~21 行：定义静态方法，接收对象是 Score 类实例化的对象。方法主体以 new 运算符实例化所接收的对象，并重新指定新的属性值。
- 第 26~30 行：主程序中实例化另一个对象 first，设置它的属性值后，调用静态类方法 showMsg()，以 first 为传递对象。采用传值调用只会输出主程序实例化的对象和它的属性值，结果如图 6-11 所示。

传址调用

将范例 CH0603A 的程序代码修改如下：将静态方法 showMsg()加上关键字 ref，主程序中调用静态类 showMsg()的实际参数也加上关键字 ref，表示使用传址调用，它会输出静态方法的字段值，而非主程序中原有的设置值。运行结果如图 6-12 所示。

```
static void showMsg(ref Score one){
   one = new Score();//重新创建一个对象
   one.name  = "Peter";//指定名字
    one.number = 73;//指定分数
}
static void Main(string[] args){
   . . .
   showMsg(ref first);//以对象作为传递目标
   . . .
}
```

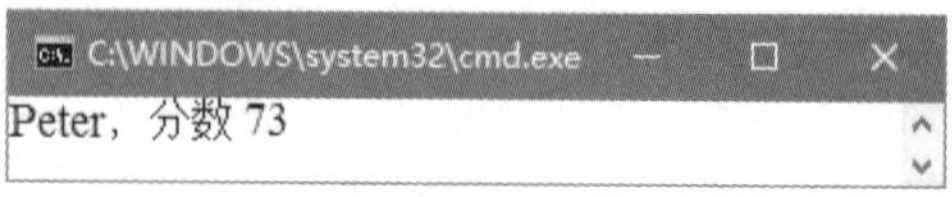

图 6-12　对象采用传址调用的程序运行结果

这说明传递对象无论是值类型还是引用类型，都会因为传递方式不同而有不同的结果。

6.3.2　参数 params

进行变量传递时，在变量不是固定数目的情况下，可使用方法参数 params。当方法中已使用了方法参数 params，就无法再使用其他方法参数，而且只能使用一个 params 关键字。什么情况下会使用方法参数 params？通常是处理数组元素的时候，由于数组的长度可能不一致，配合 for 循环，能更灵活地读取数组元素。

范例 CH0603B　传递数组使用方法参数 params

模板为“控制台应用程序”。在 Student 类程序块中编写以下程序代码：

```
//传递长度不一的数组，加入 params 关键字
static void calcScore(params int[] one){
   int sum=0; double average = 0.0;
   for(int count=0; count<one.Length;count++)  {
```

```
15        sum = sum + one[count];//将数组元素加总
16    }
17    average = (double)sum/one.Length;//求平均值
18    Console.WriteLine("总分 = {0}，平均 = {1:f3}",
19        sum, average);
20 }
21 static void Main(string[] args)
22 {
23    int[] score1 = {78, 96, 45, 33};
24    Console.Write("Peter 修了{0}科，", score1.Length);
25    calcScore(score1);//调用静态方法
26    int[] score2 = {95, 76, 55, 64, 74, 91, 87};
27    //省略程序代码
28 }
```

运行、编译程序：按"Ctrl + F5"组合键运行此
程序，打开"命令提示符"窗口，显示图 6-13 所示的
运行结果。

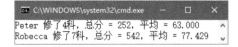

图 6-13　范例 CH0603B 的运行结果

程序说明

* 如果每个选修的科目不同，将选修的分数存储于数组中，传递对象为数组。由于长度
  不一，所以定义静态方法时，接收参数以数组为主，并且在数据类型前加入方法参数
  params。
* 第 12~20 行：定义静态方法 calcScore()，使用方法参数 params 接收长度不一致的数组。
  使用 Length 属性获取数组的大小，再以 for 循环读取数组元素后进行加总，再求平均值。
* 第 21~28 行：主程序。创建两个数组，score1 有 4 个数组元素，score2 有 7 个数组元素。
* 第 26 行：调用静态方法 calcScore()并以数组为传递对象，完成运算会输出图 6-13 所
  示的结果。

6.3.3　关键字 ref 和 out 的不同

以传址调用传递参数时，必须在实际参数和形式参数上加上方法参数 ref 或 out。这两个
关键字的最大差异是加上 ref 关键字的实际参数必须先进行初始化，而 out 关键字不用将变量
设置初始化。通过以下语句来佐证。

```
static void Main(string[] args){
    int[] two; //声明一个数组
    initArray(out two);//调用处理数组的静态方法
    Console.WriteLine("数组的元素，有：");
    for (int i = 0; i < two.Length; i++){
        Console.Write(two[i]+" ");
    }
}
```

```
static void initArray(out int[] one){//定义静态方法
    one = new int[5] {21, 12, 32, 14, 5};
}
```

　　主程序 Main()声明了一个数组 two，但没有进行初始化，而是调用静态类方法 initArray()
的主体将数组初始化。所以实际参数传递的数组要
加上方法参数 out。同样，形式参数的 initArray()方
法接收数组时，数据类型前方也要有方法参数 out。
这表示使用传址机制配合 out 时不进行初始化是可
行的，所以它会输出图 6-14 所示的结果。

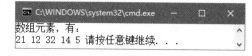

图 6-14　使用 out 传址的运行结果

　　如果将上述语句以方法参数取代 ref 原来的 out，从图 6-15 就会发现数组只有声明，没有
初始化，并且会提醒我们 two 有错误。这说明方法参数 ref 所指定的变量要先进行初始化。

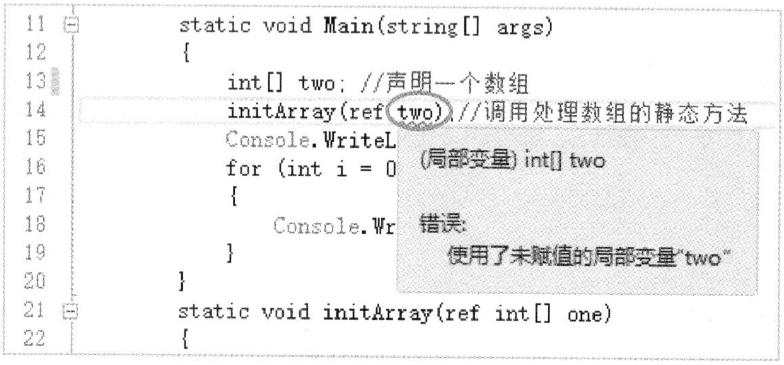

```
11  static void Main(string[] args)
12  {
13      int[] two; //声明一个数组
14      initArray(ref two);//调用处理数组的静态方法
15      Console.WriteL
16      for (int i = 0                  (局部变量) int[] two
17      {
18          Console.Wr             错误:
19      }                              使用了未赋值的局部变量"two"
20  }
21  static void initArray(ref int[] one)
22  {
```

图 6-15　使用 ref 须初始化数组

范例 CH0603C　关键字 ref 与 out 的不同

　　模板为"控制台应用程序"。在 Student 类程序块中编写以下程序代码：

```
12  static void calcScore(ref double chin, ref double eng,
13      ref double math, out double sum)
14  {
15      chin *= 0.3;
16      eng *= 0.3;
17      math *= 0.4;
18      sum = chin + eng + math;
19  }
20  static void Main(string[] args)
21  {
22  . . .
31      //调用静态方法, 传入各个参数
32      calcScore(ref chinese, ref english,
33          ref mathem, out total);
34      Console.WriteLine(
35          "{0}, 语文 30%{1}, 英语 30%{2}, 数学 40%{3}, 合计 = {4}",
```

```
36        name, chinese, english, mathem, total);
37  }
```

　　运行、编译程序：按“Ctrl + F5”组合键运行此程
序，打开“命令提示符”窗口，显示如图 6-16 所示的
运行结果。

程序说明

*　定义静态方法 calcScore()，以传址调用来传递
　图 6-16　范例 CH0603C 的运行结果
　　变量，各科成绩的变量使用方法参数 ref，表示主程序中这些变量要给予初值。但是变
　　量 sum 必须统计各科分数才会产生，方法参数使用 out，表示声明时不用设置初值。

*　第 12~19 行：定义静态方法 calcScore()，以传址调用接收传入的参数，方法主体中根
　　据各科所占百分比进行计算并存储于 sum 参数中。

*　第 32~33 行：在主程序中实际参数会去调用 calcScore()方法，并传递变量值。由于实
　　际参数和形式参数共享相同的内存地址，未使用 return 语句依旧得到总分，如图 6-16
　　所示。

6.3.4　更具弹性的命名参数

　　一般情况下，实际参数传递变量的顺序必须根据方法中所示的顺序，而“命名参数”（Named
Argument）提供更弹性的应用。“命名”表示指定名称，所以传递变量时，可以指定要传递
的变量名称，而不是根据方法中已定义好的参数顺序，这就是命名参数的做法。传递变量时，
将变量与参数的名称建立关联，而不是根据参数列表中的参数位置。也就是实际参数进行调用
时，使用参数名，再以“:”指定变量名。

```
[修饰词] 返回值类型 方法名称(类型 参数 1，类型 参数 2) {...}
方法名称(参数 2:变量 2，参数 1:变量 2);
```

　　如图 6-17 所示，实际参数调用 calcFee()方法时，先指定参数名，再给予变量值，中间以
“:”隔开，例如“y: two”。

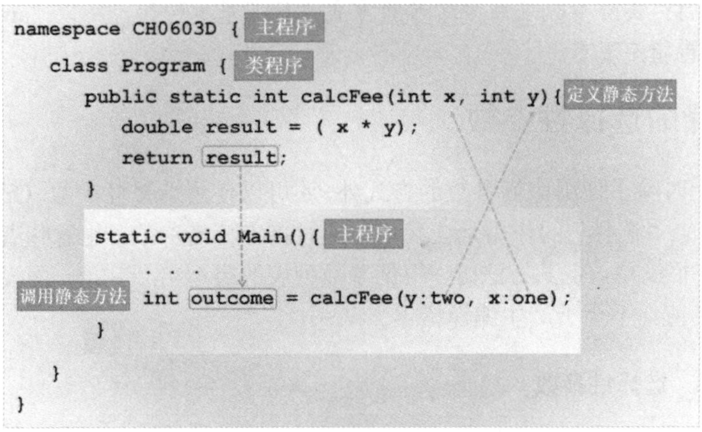

```
namespace CH0603D {  主程序
  class Program {  类程序
    public static int calcFee(int x, int y){  定义静态方法
      double result = ( x * y);
      return result;
    }

    static void Main(){  主程序
      ...
调用静态方法  int outcome = calcFee(y:two, x:one);
    }
  }
}
```

图 6-17　命名参数的调用

范例 CH0603D　使用命名参数

模板为"控制台应用程序"。在 Program 类程序块中编写以下程序代码：

```
13  //定义静态类方法
14  static int calcFee(string name, int amount, int price)
15  {
16      int result = amount * price;
17      return result;
18  }
19  static void Main(string[] args)
20  {
21      Console.Write("请输入数量: ");
22      int unit = int.Parse (Console.ReadLine());
23      Console.Write("请输入金额: ");
24      int bill = int.Parse(Console.ReadLine());
25      //调用时指定变量的名称
26      int outcome = calcFee(amount:unit,
27          price: bill, name:"Peter");
28      Console.WriteLine ("Peter! 要付金额 {0:c}", outcome);
29  }
```

运行、编译程序：按"Ctrl + F5"组合键运行此程序，打开"命令提示符"窗口，显示图 6-18 所示的运行结果。

图 6-18　范例 CH0603D 的运行结果

程序说明

* 实际参数调用时，传递变量时使用命名参数的方式。
* 第 14~18 行：定义静态类方法，有 3 个变量，顺序是 name、amount、price。方法主体将"数量（amount）×价钱（price）"，再以 return 语句返回结果。
* 第 26~27 行：实际参数采用命名参数方式进行变量的传递，所以"amount：unit"先命名参数，再指定变量。

6.3.5　能选择的选择性参数

实际参数调用时除了使用命名参数的方式外，还可以使用选择性参数（Optional Argument，或者选择性变量）。"选择"的作用是让我们传递时指定特定参数，也意味着某些参数可以省略。要如何做呢？很简单，定义方法时，根据参数列表的类型给予初值，而没有接收到数据的参数就可以保留初值，不至于产生编译错误。

范例 CH0603E　选择性参数

模板为"控制台应用程序"。在 Main()主程序块中编写以下程序代码：

```
13    //方法成员，有 3 个参数
14    void calcScore(int eng = 0, int math = 0, int chin = 0)
15    {
16        int result = eng + math + chin;
17        Console.WriteLine ("总分：{0}", result);
18    }
19
20    static void Main(string[] args)
21    {
22        argtChoice Tommy = new argtChoice();
23        Console.Write("Tommy, ");
24        Tommy.calcScore(56, 78, 92);//传递 3 个变量
25        argtChoice Judy = new argtChoice();
26        Console.Write("Judy, ");//传递 1 个变量
27        Judy.calcScore(85);
28        argtChoice Daniel = new argtChoice();
29        Console.Write("Daniel, ");//传递 2 个变量
30        Daniel.calcScore(56, 83);
31    }
```

运行、编译程序：按"Ctrl + F5"组合键运行此程序，打开"命令提示符"窗口，显示图 6-19 所示的运行结果。

图 6-19　范例 CH0603E 的运行结果

程序说明

* 第 14~18 行：定义方法成员 calcScore()，有 3 个参数。将这 3 个参数设为选择性参数，每个参数都设置初值。
* 第 24 行：产生一个对象 Tommy，调用方法成员 calcScore()传递 3 个参数。
* 第 27 行：产生一个对象 Judy，调用方法成员 calcScore()传递 1 个参数。
* 第 30 行：产生一个对象 Daniel，调用方法成员 calcScore()传递 2 个参数。

6.4　方法的重载

第 5 章介绍构造函数时曾介绍过"重载"的概念，也就是方法名称相同，可以有不同的参数列表。由于名称相同，因此由编译程序按参数来决定适用的方法。例如定义一个 doWork() 方法，根据参数个数可分为无参数、2 个参数和 3 个参数，语句如下。

```
doWork();
doWork(int sb1, int sb2);
doWork(int sb1, int sb2, double Avg);
```

CH0605A　方法的重载

模板为"控制台应用程序"。在 Main()主程序块中编写以下程序代码：

```
16  static void Main(string[] args)
17  {
18    int[] number;//声明数组
19    Console.Write(
20      "请选择 1.输入两个数值 2.输入三个数值 \n 或 按 0 离开:");
21    int outcome = int.Parse(Console.ReadLine());
22    //根据选择数值 -- 0, 1, 2 调用不同参数的 doWork
23    if(outcome == 0)
24      doWork();//没有参数
25    else if(outcome == 1){
26      int size = 2;//设置数组长度
27      number = new int[size];//根据长度，重设数组大小
28      for (int i = 0; i < number.Length; i++){
29        Console.Write("第{0}个: ", i);
30        number[i]= int.Parse(Console.ReadLine());
31      }
32      doWork(number);//以数组为传递的参数
33    }
34    else if(outcome == 2)
35    {
36      int size = 3;
37      number = new int[size];
38      for (int i = 0; i < number.Length; i++)
39      {
40        Console.Write("第{0}个: ", i);
41        number[i] = int.Parse(Console.ReadLine());
42      }
43      doWork(number, 0);
44    }
45  }
46  //方法重载
47  public static void doWork()
48  {
49    Console.WriteLine ("没有输入任何数值");
50  }
51  public static void doWork(int[] one)
52  {
53    int total = 0;
54    for(int i=0; i<one.Length; i++)
55      total += one[i];
```

```
56        Console.Write("两数相加{0}: ", total);
57  }
58  public static void doWork(int[] one, int max)
59  {
60     //使用 Math.Max 找出 3 个数的最大值
61     max = Math.Max(one[0], Math.Max (one[1], one[2]));
62     Console.Write("最大值{0}: ", max);
63  }
```

　　运行、编译程序：按"Ctrl＋F5"组合键运行此程序，打开"命令提示符"窗口，显示图 6-20 所示的运行结果。

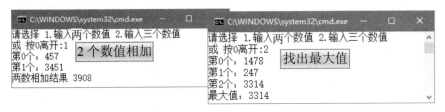

图 6-20　范例 CH0605A 的运行结果

程序说明

* 方法重载：选择 0 时调用无参数的 doWork()；选择 1 时调用 1 个参数的 doWork()，方法中让两个数相加；选择 1 时调用 2 个参数的 doWork()，方法中使用 Math.Max 找出 3 个数值中的最大值。
* 第 18 行：声明一个数组，没有设置初值，好处是可以使用 new 运算符让它变成动态的数组。
* 第 23~44 行：以 if/else if 语句来判断选择的数值。
* 第 25~33 行：选择 1 时，表示要调用有 1 个参数的 doWork()静态方法，把输入的两个数相加。所以第 27 行重设 number 数组的大小，再以 for 循环来读取。
* 第 34~44 行：选择 2 时，表示要调用有 2 个参数的 doWork()静态方法，在输入的 3 个数中找出最大值。所以第 37 行重设 number 数组的大小，再以 for 循环来读取。
* 第 47~63 行：方法重载，共有 3 个：即不含参数、1 个参数和 2 个参数的 doWork()方法。
* 第 51~57 行：定义 1 个参数的 doWork()方法，接收的是数组，以 for 循环读取数组元素，再把 2 个数值相加。
* 第 58~63 行：定义 3 个参数的 doWork()方法，以 for 循环读取数组元素，再把 3 个数值使用静态类 Math 的 Max()方法来判断哪一个最大。由于 Max()只能判断 2 个数值，因此使用 2 个 Max()方法。

6.5　了解变量的作用域

我们陆续使用了 Visual C#定义的各种变量，有静态变量、实例变量（Instance Variable，就是不经 static 修饰词声明的字段）、数组元素、数值参数、引用参数、输出参数和局部变量，以下面的例子来进行说明。

```
class Program {
  public static int one;//one 是静态变量
  int count;//字段，也是实例变量
  //num[0]是数组元素，a 是数值参数，b 是引用参数
  void calcSt(int[] num, int a, ref int b, out int c) {
    int sum = 1; //位于方法内是局部变量
    outcome = a + b++; //outcome 是输出参数
  }
}
```

局部变量

这里先探讨的是"局部变量"（local variable）。望文生义，"区域"表示在程序中某个范围内使用，称为"程序段"或"程序块"。那么"程序段""程序块"又代表什么？它可能在 for 循环、switch 语句，或者方法（method）中使用，只要声明就可以在程序块或程序段内使用，这样的变量称为"局部变量"。

无论是哪一种变量都有适用的范围（scope，通常称为变量的作用域）和生命周期（lifetime，或称为存留期）。下面通过 for 循环来说明。

```
static void Main() {
  int countA = 0, sum = 0;
  for(int countB =0; countB < 10; countB++){
    countA++;
    sum += countB;
  }
}
```

- 变量 countA 和 countB 都是局部变量，countA 的适用范围是 Main()主程序；countB 适用于 for 循环。更明确地说，变量 countB 离开 for 循环就无法使用，可以从图 6-21 和图 6-22 来了解。
- 进入 Main()主程序，开始变量 countA 的生命周期，进入 for 循环则开始变量 countB 的生命周期，它会一直留存到 for 循环结束。

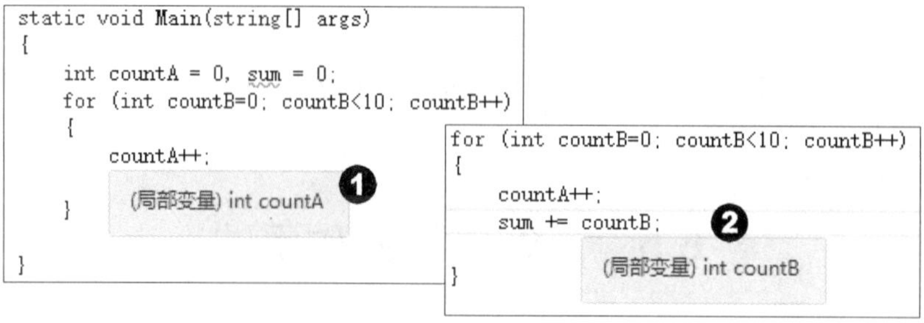

图 6-21　countA 和 countB 都是局部变量

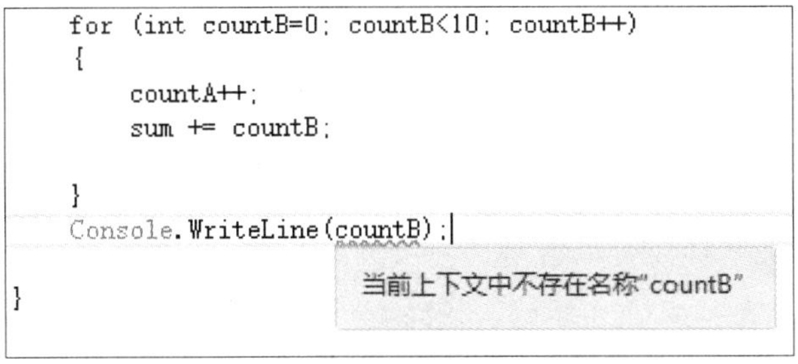

```
for (int countB=0; countB<10; countB++)
{
    countA++;
    sum += countB;

}
Console.WriteLine(countB);
```

当前上下文中不存在名称"countB"

图 6-22　for 循环外 countB 会显示错误

数值、引用参数

传值调用时无论是进行传递变量的实际参数还是接受参数值的形式参数（方法），所声明的变量都是"数值参数"。进一步来说，就是不加方法参数 ref、out 或 params。一般来说，数值参数完成了传递操作，它的生命周期也就结束了。

使用传址调用的参数，添加方法参数 ref、out 或 params 后，就是"引用参数"。由于实际参数和形式参数这时共享了相同的存储位置（相同的内存地址），因此引用参数不会创建新的存储位置。

6.6　重点整理

◇ 在.NET Framework 类库中，静态类 Math 提供了一些数学运算的方法。要处理随机产生的随机数要使用 Random 类。

◇ "方法"是从面向对象程序设计的视角出发，"函数"则是结构化程序设计的用语，例如 Visual C++。Visual C#程序设计语言中有方法，执行时必须调用方法的名称，然后它会根据运行程序返回结果或不返回结果。

◇ 定义方法后，会从程序中某个地方去调用它对应的方法，进行变量传递。声明方法时，根据实际需求加入参数（parameter）。当方法的参数具有传递的操作时，称为"传参"（Argument）。

◇ 使用方法时，必须通过 return 语句获取返回结果，但是 return 语句只能返回一个结果。方法之间若要返回多个参数值，就得应用它的传递机制。Visual C#提供了传值（By Value）、传址（By Reference，或称为传引用）两种方法。

◇ 传值调用（By Value）是指实际参数调用方法，先将变量内容（值 value）复制，再把副本传递给形式参数。要注意的是实际参数所传递的"变量"和形式参数（方法）必须是相同的类型，否则会引发编译错误。

◇ 传递变量的另一种机制是"传址"（By Reference），"址"为内存地址。实际参数调用时会传递内存地址给形式参数，连同内存存储的数据也会一同传递，形成实际参数、形式参数共享相同的内存地址，当形式参数的值被改变时，也会影响实际参数的内容。

◇ 传址调用可搭配相关参数 ref、out、params。参数数目不固定的情况下，使用方法参数 params。实际参数必须先进行初始化的方法参数是 ref，而 out 不用做初始设置。

⊕ 方法传递时，实际参数传递变量的顺序必须根据方法中所设置的参数顺序，使用"命名参数"（Named Argument）的"命名"表示指定名称，所以传递变量时，可以指定要传递的变量名称，而不是根据方法中已定义好的参数顺序。

⊕ 使用选择性参数（Optional Argument）。"选择"的作用是让我们传递时指定特定的参数，也意味着某些参数可以省略。

6.7　课后习题

一、选择题

（1）静态类 Math 的 PI 属性，提供了什么？（　　）

A. 圆的半径　　　　B. 圆周率　　　　C. 自然对数基底　　　D. 指定数字的平方根

（2）声明方法时，如果要表示它是一个静态类，要使用哪一个关键字？（　　）

A. out　　　　　B. readonly　　　C. return　　　　D. static

（3）哪一个类能提供随机产生的随机数？（　　）

A. Random　　　　B. Math　　　　C. DateTime　　　　D.Graphics

（4）定义方法要有参数时，哪一个语句才正确？（　　）

A. public void myMethod(){}
B. public void myMethod(name, score){}
C. public void myMethod(string name, int score){}
D. 上述都正确

（5）定义方法要有 return 语句返回其值时，哪一个语句才正确？（　　）

A. public void myMethod(){ return a + b;}
B. public string myMethod(name, score){ return score*.1.15 }
C. public int myMethod(string name, int score) {return score*1.15}
D. public double myMethod(string name, double score) {return score*1.15}

（6）对于传值调用（By Value）的描述，哪一个正确？（　　）

A. 实际参数会将变量内容复制后，把副本传给形式参数
B. 实际参数会把内存地址传递给形式参数
C. 实际参数和形式参数共占相同的内存位置
D. 实际参数和形式参数可使用不同的数据类型

（7）定义方法，若传递变量的数目不固定时，要使用哪一个关键字？（　　）

A. params　　　　　B. ref　　　　　C. out　　　　　D. return

（8）方法传递采用命名参数时，哪一个描述不正确？（　　　）

A. 命名要指定名称　　　　　　　　B. 要按照参数顺序进行参数的传递

C. 使用"参数：变量"进行传递　　　D. 上述都正确

二、填空题

（1）请按下列程序代码的语句，填入正确的答案。

```
static void Main(){
    Sum(10, 25);
}
public int Sum(int x, int y){
    return x + y;
}
```

Sum 称为＿＿＿＿＿＿，10 和 25 称为＿＿＿＿＿＿；定义 Sum()时，x、y 称为＿＿＿＿＿＿；return 语句的作用是＿＿＿＿＿＿＿＿＿＿。

（2）方法中的参数，Visual C#提供了两种传递机制：＿＿＿＿＿＿＿、＿＿＿＿＿＿＿。

（3）方法的传递机制中，在程序中调用方法，进行数据传递者，称为＿＿＿＿＿＿。事先已定义好方法的参数，用来接收所传递的数据，称为＿＿＿＿＿＿。

（4）传址调用中，"址"是指＿＿＿＿＿＿＿；传递时要加上关键字＿＿＿、＿＿＿、＿＿＿＿。

（5）哪一种情况会使用方法参数 params？＿＿＿＿＿＿＿＿＿＿，使用了方法参数 params，只能＿＿＿＿＿＿＿。

（6）参考下列程序代码来填写答案。showMsg()是＿＿＿＿＿＿＿，传递机制是＿＿＿＿＿＿＿，变量 one 是＿＿＿＿＿，输出结果＿＿＿＿＿＿＿＿＿。

```
static void Main() {
    Score first = new Score();
    first.Name = "Mary";
    first.Mark = 95;
    showMsg(first);
    Console.WriteLine("{0}, {1}", first.Name, first.Mark);
static void showMsg(ref Score one){
    one = new Score();
    one.Name = "Peter";
    one.Mark = 73;
}
```

（7）定义方法传递变量时，"命名"来指定变量名称，称为＿＿＿＿＿＿；"选择"的作用是传递指定的参数，也意味着如果某些参数可以省略，称为＿＿＿＿＿＿＿。

三、问答与实践

（1）使用 Main()主程序时，通常是"public static void Main()"。其中的 public、static 和 void 各代表什么意义？

（2）请以一个简单范例来说明 By Vaule 和 By Reference 的不同之处。

习题答案

一、选择题

（1）B　（2）D　（3）A　（4）C　（5）D　（6）A　（7）A　（8）B

二、填空题

（1）方法　变量　参数　返回计算结果

（2）By Value　By Reference

（3）实际参数　形式参数

（4）内存的地址　ref　out　params

（5）参数不固定　使用一个

（6）静态方法　传址调用　对象　会出现错误

（7）命名参数　选择性参数

三、问答与实践

（1）

- public 是访问权限修饰词，表示任何类都可以存取。
- static 表示它属于静态类的方法。
- void 使用 Main()方法时不需要返回值。

第 **7** 章

继承、多态和接口

章节重点

⌘　从面向对象的视角分析，继承关系的 is_a（是什么）、has_a（组合）的不同之处。

⌘　C#的单一继承制下，子类配合 base 和 new 关键字来存取父类的成员。

⌘　讨论多态的概念，子类如何与父类在重载（Overload）和覆盖（Override）下携手合作。

⌘　由抽象类的定义和接口的实现来分辨它们的不同之处。

面向对象程序设计的 3 个主要特性：继承（Inheritance）、封装（Encapsulation）和多态（Polymorphism）。它们的特别之处究竟在哪里？一起来认识吧。

7.1 了解继承

继承（Inheritance）是面向对象技术中一个重要的概念。继承机制是使用现有类派生出新的类所建立的分层式结构。通过继承为已定义的类添加新增、修改原有模块的功能。使用 UML（统一建模语言）类图表示继承关系，如图 7-1 所示。

图 7-1 类的继承

在 UML 类图中，白色空心箭头指向父类，表示 Jason 和 Mary 类继承了 Person 类。Person 类是一个"基类"（Base Class），Jason 和 Mary 则是"派生类"（Derived Class）。Person 有两个公有的方法，即 walking()和 showMessage()，能分别被子类继承。

7.1.1 特化和泛化

就概念而言，派生类是基类的特制化项目。当两个类建立了继承关系，表示派生类会拥有基类的属性和方法。图 7-1 中基类和派生类是一种上下对应的关系，此处的基类（Person）是派生类 Jason 和 Mary 类的"泛化"（Generalization）。另一方面，Jason 和 Mary 类是 Person 类的"特化"（Specialization）。

"泛化"表达了基类和派生类"是一种什么"（is a kind of, is_a）关系。图 7-2 所示的是"钢琴是乐器的一种"，继承的派生类能够进一步阐述基类要表现的模型概念。因此根据白色箭头来读取，尤克里里也"是"乐器的一种。

图 7-2 特化和泛化

继承的关系可以继续往下推移，表示某个继承的派生类，还能往下再派生出子类（即孙子类）。当派生类继承了基类已定义的方法，还能修改基类某 1 部分特性，这种青出于蓝的方法，称为"覆盖"（override）。

继承的相关名词

- "基类"（Base Class）也称为超类（Super class，或称为父类），表示它是一个被继承的类。
- "派生类"（Derived Class）也称为次类（Sub class，或称为子类），表示它是一个继承他人的类。

- 类层次结构（Class Hierarchy）：类产生继承关系后所形成的继承架构（或结构）。

一般来说，派生类除了继承基类所定义的数据成员和成员方法外，还能自行定义本身使用的数据成员和成员方法。从 OOP 观点来看，在类架构下，层次越低的派生类，"特化"（Specialization）的作用就会越强；同样地，基类的层次越高，表示"泛化"（Generalization）的作用也越高。

7.1.2　组合关系

另一种继承关系是组合（composition），称为 has_a 关系。表示在模块概念中，对象是其他对象模块的一部分，例如计算机是一个对象，它是由主机、显示器、键盘等对象组合而成，如图 7-3 所示。

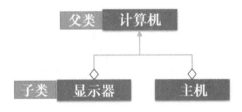

图 7-3　对象的组合关系

组合概念中，比较常听到的 whole/part，表达一个"较大"类的对象（整体）是由另一些"较小"类的对象（组件）组成的。在 C#语言中会以部分类（Partial Class）来组合一个类。例如编写 Windows 窗体程序时，会以 "Form1.cs" 和 "Form1.Designer.cs" 来组成一个 Form1 类，只要这两个文件同属于一个命名空间。

7.1.3　为什么要有继承机制

从程序代码使用的观点来看，继承提供了软件的"可重用性"（reuse）。当我们编写一个运行较为复杂的系统时，如果以面向对象技术来处理，使用继承至少有以下两个优点。

- 减少系统开发的时间：让系统在开发过程中使用模块化概念，加入继承的做法，让对象能集中管理。由于程序代码能够重复使用，因此不但能缩短开发过程，后面的维护也较为方便。
- 扩充系统更为简单：新的软件模块可以通过继承建立在现存的软件模块上。声明新的类时，可从现有类的方法重复定义，达到共享程序代码和软件架构的目的。

7.2　单一继承机制

在继承关系中，如果只有一个基类，称为"单一继承"。简单来说，子类只能有一个爸爸或妈妈（单亲）。同时拥有双亲和义父、母的类称为"多重继承"（multiple inheritance）。Visual C#程序基本上是以单一继承为机制；也就是派生类只会有一个基类，而基类会有多个派生类。

7.2.1　继承的存取（或访问）

声明类时，C#会以访问权限修饰词来限定访问权限。常用的访问权限修饰词有 3 种：public（公有的）、protected（保护的）及 private（私有的）。实现继承时，子类会继承父类的 public、protected 和 private 成员。类之间产生继承的语法如下：

```
class 派生类 ：基类{
    //定义派生类本身的数据成员和成员方法；
}
```

- "："后指定要继承的类名称，产生继承关系后，派生类能继承基类所有成员，包含字段、属性和方法。
- 派生类无法继承基类的构造函数和析构函数。
- 基类使用了 private 访问权限修饰词时，派生类无法继承。

private 的存取范围只适用于它所声明的类，可视为基类所具有的特质，不可能被继承，通过图 7-4 的范例可提供佐证，编译程序会告知此成员无法存取。

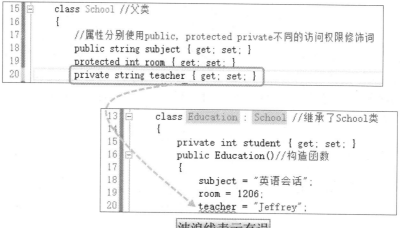

图 7-4　private 的成员不能继承

- 基类 School 有 3 个属性，分别是 subject、room 和 teacher，访问权限修饰词分别是 public、protected 和 private。
- Education 继承了 School 类，所以是一个子类，它使用父类的属性 subject、room 没有问题，但是使用 teacher 时，会以红色波浪线表示有误！这表示父类的 private 成员无法被存取。

基类的"生"与"死"由构造函数与析构函数所掌管，理所当然，它们都不能被继承。了解继承的限制与原理后，通过范例来了解如何编写继承类。

范例 CH0702A　类的继承

1 模板为"控制台应用程序"。项目下加入两个类：School（基类）和 Education（派生类）；
Program.cs 是 Main()主程序所在的文件，如图 7-5 所示。

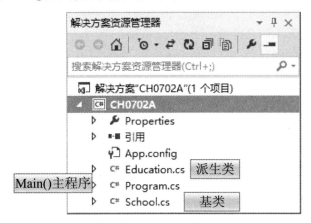

图 7-5　在项目中加入基类和派生类

2 在"School.cs"中编写的程序代码如下：

```
15  class School //父类
16  {
17    //属性分别以 public、protected、private
18    public string subject{get; set;}
19    protected int room{get; set;}
20    protected string teacher{ get; set;}
21    public School()//构造函数
22    {
23       subject = "计算机概论";
24       room = 1205;
25       teacher = "Toms";
26    }
27    public void ShowMsg()
28    {
29       Console.WriteLine("科目 {0}，教室 {1}，老师 {2}",
30          subject, room, teacher);
31    }
32  }
```

3 在"Education.cs："中编写的程序代码如下：

```
13  class Education : School //继承了 School 类
14  {
15    private int student{get; set;}
```

```
16    public Education()//构造函数
17    {
18        subject ="英语会话";
19        room = 1206;
20        teacher = "Jeffrey";
21    }
22    //定义子类的方法，传入学生数是否达到15人以上
23    public void Display(int people)
24    {
25        student = people;
26        if (student < 15)
27        {
28            Console.WriteLine("只有{0}人，不会开课",
29                student);
30        }
31        else
32        {
33            Console.WriteLine(
34                "科目 {0}，教室 {1}，\n 老师 {2}，学生 {3}",
35                subject, room, teacher, student);
36        }
37    }
38 }
```

步 4 在 Main() 主程序块中编写的程序代码如下：

```
11 static void Main(string[] args)
12 {
13    //基类的对象
14    School ScienceEngineer = new School();
15    ScienceEngineer.ShowMsg();
16    //派生类的对象
17    Education choiceStu = new Education(20);
18    choiceStu.Display();
19 }
```

运行：按"Ctrl + F5"键运行此程序，打开"命令提示符"窗口，显示图 7-6 所示的运行结果。

程序说明

图 7-6 范例 CH0702A 的运行结果

* 父类定义了 3 个属性，即科目、教室编号和老师，这 3 个属性组成了上课。子类继承这 3 个属性，并以自己定义的方法来判断选修此科目的学生人数是否大于 20 人，如果大于 20 人才开课。

School.cs 程序（基类）

* School 类中，3 个属性采用自动实现，构造函数中设置属性新值，ShowMsg()输出信息，想要获取此类的更多信息，可以从解决方案资源管理器展开 School.cs 类，进一步查看，如图 7-7 所示。
* 第 18~20 行：3 个属性采用自动实现，属性 subject 存放科目名称，room 获取教室编号，teacher 为授课老师。
* 第 21~26 行：构造函数中设置各属性的新值。
* 第 27~31 行：定义成员方法 ShowMsg()，接收参数值后只负责输出属性的相关信息。

Education.cs 程序（基类）

* Education，继承父类 School 3 个属性：subject（科目）、room（教室编号）和 teacher（教师），同样在构造函数中设置新值，Display()方法输出信息。
* 想要获取 Education 子类的更多信息，还可以通过 VS 2013 Express "查看"菜单的"类视图"指令来查看，如图 7-8 所示。

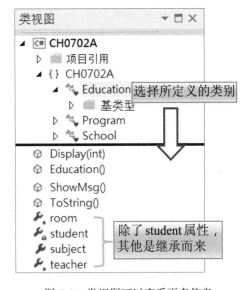

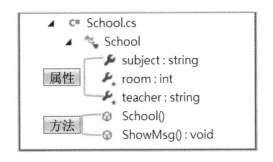

图 7-7　查看 School.cs 类　　　　图 7-8　类视图可以查看更多信息

* 第 15 行：自行定义一个属性 student 来存放上课人数。
* 第 16~21 行：定义构造函数，虽然继承了父类的属性，但可以覆盖新值。
* 第 23~37 行：定义子类本身的成员方法 Display()，接收参数值后会进行判断，学生人数高于 15 人才会开课并输出相关信息。

Main()主程序

* Main()主程序就是实现父、子类来产生对象，父类对象 ScienceEngineer 调用自己的成员方法 ShowMsg()；子类对象 choiceStu 也是调用自己的成员方法 Display()。
* 结论：通过继承机制，子类不但能使用父类的成员，还能进一步"扩充"自己的属性和方法，达到程序代码再使用的目的。

7.2.2　访问权限修饰词 protected

访问权限修饰词使用过 private（私有的）和 public（公有的），对于它的存取范围也有所认识。这里要讨论的是另一个常用的访问权限修饰词 protected（受保护的）的访问权限。它的存取范围只限于继承的类才能使用基类的成员。图 7-9 是以 UML 元素绘制成的类图，基（父）类 Person 有 2 个属性，它的数据类型分别是 string 和 int。前面的"#"表示它的存取范围是"protected"。此外，它也定义了 showMessage()方法，前面的"+"表示使用了访问权限修饰词"public"，没有返回值，所以方法名称后面先加"："，再接上"void"。下方的类 Jason 是派生（子）类，只定义了一个公有的方法 Show()，由于也没有返回值，因此使用 void。

如何知道基类使用了 protected 访问权限修饰词，只有派生类可以存取？如图 7-10 所示，Main()主程序中创建了 Person 类的对象"Peter"，按下"."（dot）后，弹出的列表只有 showMessage()这个公有的方法可以存取。表示属性 Hair 和 Height 只能继承它的类进行存取。

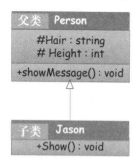

图 7-9　父类 Person 和子类 Jason

图 7-10　弹出的列表无 Person 类属性

this 关键字

this 关键字可以引用到对象本身所属类的成员。简单地说，当我们实例化一个类 A 的对象 B 时，使用 this 关键字就是指向对象 B，或者与对象有关的成员，但不包括初始化对象的构造函数。所以属于静态类的字段、属性或方法是无法使用 this 关键字的。下述范例中除了使用 protected 访问权限修饰词来建立继承外，在子类里使用 this 关键字来获取父类的成员。

```
class Human : Person {
  public Human {
    this.Hair = Hair  //获取父类的属性值
  }
}
```
```
class Person{//父类
  protected string Hair {get {return "棕色";}}
}
class Human : Person { //子类
  public string this [string Hair]
    { get {return Name ;}}
}
```

- 第一个语句使用 this 关键字来获取父类原有的属性值。
- 第二个语句是将 this 关键字用于获取父类属性"this [类型 父类属性名称]",以中括号 [ ]围住父类的类型和属性名称。

范例 CH0702B 使用 this 关键字

1 模板为"控制台应用程序"。项目下加入两个类：Person（基类）和 Human（派生类）；Program.cs 是 Main()主程序所在的文件。

2 在"Person.cs"中编写的程序代码如下：

```
11  class Person //父类
12  {
13      //Height、Hair 自动实现属性
14      protected int Height{get; set; }
15      protected string Hair{get; set;}
16      //只用 get 提取姓氏，return 返回其值，形成只读属性
17      protected string Surname
18      { get {return "Cumberbatch";}}
19      public Person(){ //派生类的构造函数
20          Height = 170;
21          Hair = "棕色";
22      }
23      public void showMessage(){
24          Console.WriteLine(
25              "父亲 {0}，头发{1}，身高 = {2} cm",
26              Surname, Hair, Height);
27      }
28  }
```

3 在"Human.cs："中编写的程序代码如下：

```
11  class Human : Person //Human 继承了 Person 类
12  {
13      //this 获取父类设置的属性值
14      public string this [string Surname]
15      { get {return Surname;}}
16      public Human() //构造函数
17      {
18          Height = 175;//设置新的身高
19          this.Hair = Hair;//获取基类的属性
20      }
21      public void Show()
22      {
23          Console.WriteLine(
```

```
24              "我是第二代，我也是{0}头发，身高 ={1} cm",
25              Hair, Height);
26      }
27  }
```

4 在 Main()主程序块中编写的程序代码如下：

```
11  static void Main(string[] args)
12  {
13      Person Peter = new Person();//声明基类的对象
14      Jason Junior = new Jason(); //声明派生类的对象
15      Peter.showMessage();
16      Junior.Show();
17  }
```

运行：按"Ctrl + F5"组合键运行此程序，打开"命令提示符"窗口，显示图 7-11 所示的运行结果。

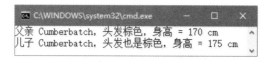

图 7-11　范例 CH0702B 的运行结果

程序说明

Person.cs 程序（基类）

* 第 14、15 行：Height、Hair 自动实现属性，使用 protected 为访问权限修饰词。
* 第 17~18 行：属性 Surname 只以存取器 get 来获取，return 语句返回其值，所以是一个只读属性。
* 第 19~22 行：定义 Person 类的构造函数，设置 Height、Hair 属性值。
* 第 23~27 行：定义 showMessage()方法，无返回值，只输出属性值的信息。

Human.cs 程序

* Human 是一个继承 Person 的派生类，使用 this 关键字来获取父类的属性值。
* 第 14~15 行：以 this 关键字来获取父类已写入的 Surname 值。
* 第 16~20 行：定义 Human 构造函数，从基类继承的属性 Height 重设新值（覆盖的概念）；另一个属性 Hair 则以 this 关键字获取基类原有的属性值。
* 第 21~26 行：定义 Show()方法，无返回值，输出属性值。

Main()主程序

* 声明 Person 类的对象 Peter，再调用它的成员方法 showMessage()。Human 也实例化一个 Junior 对象，再去调用它的成员方法 Show()。
* 结论：从图 7-11 的运行结果可以得知：派生类能继承基类的所有成员，派生类的构造函数可以指定子类新的属性值，也可以使用 this 关键字来获取原有父类的属性值。

7.2.3　调用基类成员

类之间可以产生继承机制，但是构造函数却是各自独立的；无论是基类还是派生类都有自己的构造函数，用来初始化该类的对象。由于它与对象本身的生命周期有极密切的关系，主宰着对象的生与死，因此不会产生继承机制。如果想要使用基类的构造函数，就必须使用 base 关键字。如何从派生类以 base 关键字调用基类的构造函数，下面进行简单介绍。

```
class 派生类 : 基类
{
  public 构造函数() : base()
  {
      //构造函数程序段;
  }
}
```

- base 关键字须使用于派生类，才能存取基类成员，如此才能引用到父类的成员。
- 基类定义了构造函数，派生类也必须定义构造函数。
- 父类的构造函数含有参数时，继承的子类必须显示声明类型和参数，再以 base()方法带入声明的参数名。父类的构造函数没有参数时，子类可以选择构造函数是否实现，是否要使用 base()方法。

base()方法如何调用基类含有参数的构造函数，例子如下。

```
class Father{ //父类
  public Father(string fatherName){
      //父类构造函数程序段;
  }
}
class Son : Father {  //子类
  public Son(string sonName) : base(sonName) {
      //子类构造函数程序段
  }
}
```

- 表示子类 Son 被实例化时就得调用父类 Father 的构造函数。

虽然 base 关键字可以在关键时刻使用，还是得注意不能在静态方法中使用 base 关键字。基类已定义的方法被其他方法所覆盖也可以使用 base 关键字来调用。

范例 CH0702C　调用基类的构造函数

➡1 模板为"控制台应用程序"。项目下加入两个类：Person（基类）和 Employee（派生类），Program.cs 是 Main()主程序所在的文件。

2 在“Person.cs”中编写的程序代码如下：

```
11  class Person //父类
12  {
13    //Name、baseSalary 自动实现属性
14    protected int baseSalary {get; set;}
15    protected string Name {get; set;}
16    //定义基类构造函数：传入名字和薪资
17    public Person(string namePrn, int salary)
18    {
19      Name = namePrn;
20      baseSalary = salary;
21      Console.WriteLine(
22        "员工：{0}，薪水 {1:C0}", Name, baseSalary);
23    }
24    //定义成员方法，计算工作年薪
25    public void showTime(){
26      //hire —— 用于存储开始工作日期
27      DateTime hireDate = new DateTime(2010, 5, 12);
28      DateTime two = DateTime.Now; //获取系统日期
29      //以 Subtract()方法获取 two - hireDate 间隔时间
30      TimeSpan jobYear = two.Subtract(hireDate);
31      //先以 Days 属性获取天数，再换算成年份
32      double work = (double)(jobYear.Days)/365;
33      Console.WriteLine(
34        "雇用日期：{0,10}, 工作：{1:F2} 年",
35        hireDate.ToShortDateString(), work);
36    }
37  }
```

3 在“Employee.cs”中编写的程序代码如下：

```
12  class Employee : Person //继承 Person 类
13  {
14    //使用 base()方法调用基类的构造函数
15    public Employee(string Name, int money)
16        : base(Name, money){}
17    public void hireTime()
18    {
19      DateTime startDate = DateTime.Now;
20      Console.WriteLine("雇用日期：{0}",
21        startDate.ToShortDateString());
22    }
23  }
```

4　在 Main()主程序块中编写的程序代码如下：

```
11  static void Main(string[] args)
12  {
13      //初始化 onePrn 对象，并传入初始值
14      Person onePrn = new Person("Annabelle", 25000);
15      onePrn.showTime();
16      //实例化派生类，加入参数值
17      Employee partOne = new Employee("Tomas", 28000);
18      partOne.hireTime();
19      Console.Read();
20  }
```

运行：按 "Ctrl + F5" 组合键运行此程序，打开 "命令提示符" 窗口，显示图 7-12 所示的运行结果。

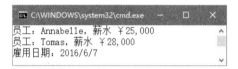

图 7-12　范例 CH0702C 的运行结果

程序说明

Person.cs 程序（基类）

* 定义 Person 类。定义构造函数，有 2 个参数：namePrn、salary。它接收参数后会赋值给 Name 和 baseSalary。接收数据后这两个属性会自动实现属性，再以 showTime()方法输出名字和薪资信息，如图 7-13 所示。

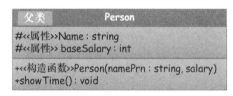

图 7-13　范例 CH0702C 的父类 Person

* 第 25~30 行：定义成员方法 showTime()，没有返回值，用来计算工作年薪。
* 第 27 行：创建一个 DateTime 结构对象 hireDate，用来存放一组日期。
* 第 28 行：创建一个 DateTime 结构对象 two，用来获取系统当前的日期。
* 第 30、32 行：先以 Subtract()方法以现有的日期（two）扣除就职日期（hireDate）来获取天数，再除以 365 算出年薪。

Employee.cs 程序（派生类）

* 派生类 Employee，定义了一个成员方法。
* 第 15~16 行：定义派生类的构造函数，由于 Person 的构造函数含有参数，因此以 base()方法调用时括号中要放入相关参数值。
* 第 17~22 行：定义成员方法，以 DateTime 结构对象 startDate 来获取系统当前的日期成为雇用日期。

Main()主程序

* 第 14 行：创建基类 Person 的对象 onePrn，并传入参数值为构造函数所使用。
* 第 17 行：创建派生类 Employee 的对象 partOne，加入指定参数。

问题思考

* 派生类的构造函数以 base 调用，没有任何参数时，系统会标示是错误的，如图 7-14 所示。

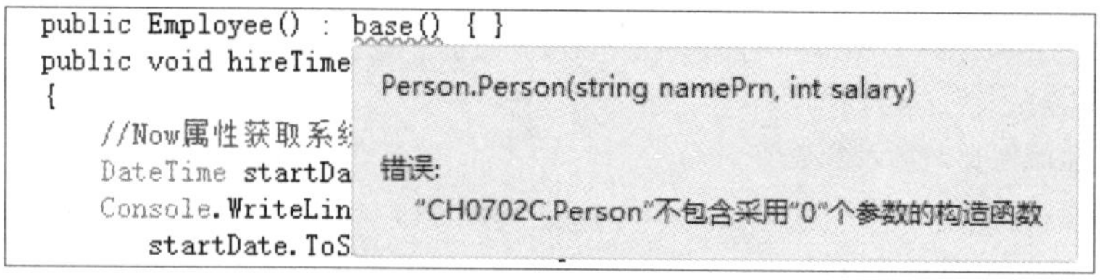

```
public Employee() : base() { }
public void hireTime
{
    //Now属性获取系统
    DateTime startDa
    Console.WriteLin
        startDate.ToS
```

Person.Person(string namePrn, int salary)

错误:
　　"CH0702C.Person"不包含采用"0"个参数的构造函数

图 7-14　调用父类的构造函数会发生错误

以 base 调用基类的成员

派生类要存取基类的成员时，必须是派生类在声明中指定的基类，而且只能在构造函数、实例方法（Instance Method）或实例属性存取器中存取。

```
class Person {//基类
  public void Show() { . . . }
}

class Employee : Person {//派生类
  public Employee(){
    base.Show();
  }
}
```

范例 CH0702D　base 存取基类成员

➡1　模板为"控制台应用程序"。项目下加入两个类：Person（基类）和 Employee（派生类），Program.cs 是 Main()主程序所在的文件。

➡2　在 "Person.cs" 中编写的程序代码如下：

```
11  class Person //父类
12  {
13    private int baseSalary;//私有字段
14    //Name —— 自动实现属性
15    protected string Name {get; set;}
16    //实现属性，扣除保险费
17    public int BaseMoney {
18      get {return baseSalary;}//返回扣除费用的薪资
19      set { //根据薪资等级扣除保险费
20        if (value >= 22800 && value <= 28800)
21        {
22          if (value < 22800)
23            baseSalary = value - 336;
```

```
24          else if (value < 24000)
25              baseSalary = value - 354;
26          else if (value < 25200)
27              baseSalary = value - 371;
28          else if (value < 26400)
29              baseSalary = value - 389;
30          else if (value < 27600)
31              baseSalary = value - 407;
32          else if(value < 28800)
33              baseSalary = value - 424;
34      }
35      else
36          Console.WriteLine("无法计算");
37      }
38  }
39  public Person() {//构造函数
40      Name = "Jason";
41      BaseMoney = 25000;
42  }
43  public void Show() {//定义成员方法
44      Console.WriteLine("员工{0,7}，实际薪水 {1:C0}",
45          Name, BaseMoney);
46  }
47 }
```

▣▶3　在"Employee.cs"中编写的程序代码如下：

```
11  class Employee : Person //继承了 Person 类
12  {
13      public Employee()//构造函数
14      {
15          Name = "Taylor";
16          BaseMoney = 26000;
17          //以 base 关键字调用基类的方法
18          base.Show();
19      }
20  }
```

▣▶4　在 Main()主程序块的程序代码如下：

```
13  static void Main(string[] args)
14  {
15      Person personOne = new Person();//父类对象
16      personOne.Show();
17      Employee empWorker = new Employee();//子类对象
```

169

```
18        empWorker.Display();
19   }
```

运行：按"Ctrl + F5"键运行此程序，打开"命令提示符"窗口，显示图 7-15 所示的运行结果。

图 7-15   范例 CH0702D 的运行结果

程序说明

Person.cs 程序（基类）

* 第 17~38 行：实现 BaseMoney 属性，以 2 个 if 语句来判断 value 值。
* 第 20~36 行：第一层 if 语句进行条件判断，判断薪资是否在 22800~28800 元之间，如果是，就扣除保险费部分。
* 第 22~33 行：if/else if 多重条件判断，value 会先扣除保险额，再赋值给 baseSalary 字段，最后由 get 存取器的 return 语句返回结果。
* 第 39~42 行：构造函数用来设置属性值。
* 第 43~46 行：定义成员方法 Show()来输出信息。

Employee.cs 程序（派生类）

* 第 13~19 行：定义构造函数，设置属性 Name、BaseMoney 的值。
* 第 18 行：以 base 关键字来调用父类的方法 Show()。

Main()主程序

* 第 15~18 行：产生父类的对象 personOne，调用 Show()方法输出扣除保险费的实际薪资。子类的对象 emWorker 也是调用 Display()方法输出实际薪资信息。

7.2.4   隐藏基类成员

前面所介绍的 new 运算符，都是用来实例化对象的。此处的 new 关键字作为修饰词（modifier）使用，加上 new 之后会明确隐藏继承自基类的成员。如此一来，派生类的成员就会取代基类成员。如果派生类使用了与基类同名的方法，编译程序会发出图 7-16 所示的警告信息。

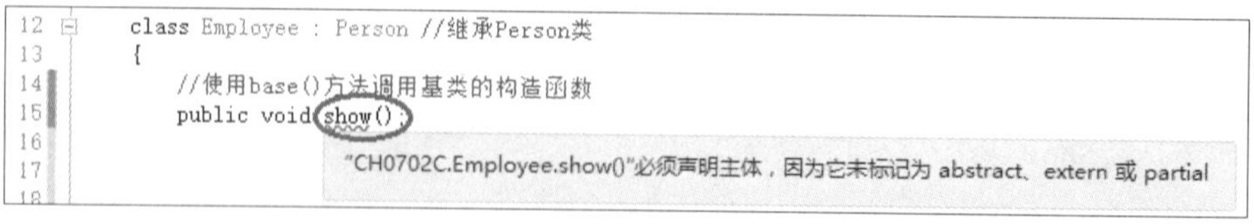

```
12   ☐    class Employee : Person //继承Person类
13        {
14             //使用base()方法调用基类的构造函数
15             public void show()
16
17                 "CH0702C.Employee.show()"必须声明主体，因为它未标记为 abstract、extern 或 partial
18
```

图 7-16   派生类使用相同名称会产生错误

虽然编译程序允许在不使用 new 修饰词的情况下隐藏成员，我们依然可以将程序进行编译并且执行。所以当派生类要隐藏来自基类的成员时，使用 new 修饰词是比较好的做法。new 修饰词要加在哪里呢？就是定义方法时，原有的访问权限修饰词前端，加上 new 修饰词。

```
new public string showTime(){}
```

* 派生类方法前端加上 new 修饰词，表示它是派生类所定义的，其内容与基类的方法无关。

范例 CH0702E 以 new 修饰词隐藏基类方法

➡ 1 模板为"控制台应用程序"。项目下加入两个类：Time（基类）和 diffTime（派生类），Program.cs 是 Main()主程序所在的文件。

➡ 2 在"Time.cs"中编写的程序代码如下：

```
11  class Time  //父类
12  {
13    //定义私有字段
14    private int hour;
15    private int minute;
16    private int second;
17
18    public int Hour {//实现属性 Hour
19      get { return hour; }
20      set {
21        if(value >= 0 && value < 24)
22          hour = value;
23      }
24    }
25    public int Minute { }//实现属性 Minute
26      //省略部分程序代码
27    public int Second { }//实现属性 Second
28      //省略部分程序代码
29    //判断时间是否大于 12，以此来显示上午或下午
30    public string showTime() {
31      //采用 12 小时制
32      if(hour == 0 || hour == 12)
33        hour = 12;
34      else
35        hour %= 12;
36      //以 Format 格式返回时制
37      return string.Format("{0} {1:D2}:{2:D2}:{3}",
38        (hour < 12 ? "上午" : "下午"),
39        hour, minute, second);
40    }
41  }
```

➡ 3 在"diffTime.cs"中编写的程序代码。

```
11  class diffTime : Time  //继承了 Time 类
12  {
13    private int exHour {get; set;}
```

```
14      private int exMinute {get; set;}
15      private int exSecond {get; set;}
16      //定义派生类构造函数，含有 3 个参数：时、分、秒
17      public diffTime(int hr, int mn, int sc)
18      {
19          exHour = hr;
20          exMinute = mn;
21          exSecond = sc;
22      }
23      //new 修饰词会遮盖原有的基类的方法
24      new public string showTime()
25      {
26          return string.Format("{0:D2}:{1:D2}:{2:D2}",
27              exHour, exMinute, exSecond);
28      }
29  }
```

4　在 Main()主程序块中编写的程序代码如下：

```
11  static void Main(string[] args)
12  {
13      //获取系统时间
14      DateTime moment = DateTime.Now;
15      //获取系统时间的时、分、秒
16      int Hr = moment.Hour;//时
17      int Mun = moment.Minute;//分
18      int Sed = moment.Second;//秒
19      //创建对象以初始值方式设置时间
20      Time oneTime = new Time {
21          Hour = Hr + 8,
22          Minute = Mun + 14,
23          Second = Sed + 12 };
24      Console.WriteLine("时间: {0}", oneTime.showTime());
25      diffTime TwentyFour = new ExtentTime(Hr,Mun,Sed);
26      Console.WriteLine("当前时间: {0}",
27          TwentyFour.showTime());
28  }
```

运行：按 "Ctrl + F5" 键运行此程序，打开 "命令提示符" 窗口，显示图 7-17 所示的运行结果。

图 7-17　范例 CH0702E 的运行结果

程序说明

Time.cs 程序（基类）

* 时间包含时、分、秒。以 Time 类设置时、分、秒字段后，使用属性来获取各自的存储值，然后以 showTime()方法配合 Format()输出时间格式。
* 第 14~16 行：定义私有字段，用来获取 hour（时）、minute（分）、second（秒）。
* 第 18~24 行：实现 Hour 属性，存取器 get 返回 hour 值，在 set 程序段里加入 if 语句来判断"时"是否在 0~24 内。
* 第 39~49 行：定义成员方法 showTime()，if 判断式让"时"采用 12 小时制，然后以 Format()方法设置输出的格式字符串是上午或下午的时间。

diffTime.cs 程序（派生类）

* diffTime 类继承了 Time 类，它是一个派生类。
* 第 13~15 行：将属性 exHour、exMinute、exSecond 采用自动实现属性。
* 第 17~22 行：定义构造函数，有 3 个参数接收传入的值并赋给相关的属性进行初始化。
* 第 24~28 行：以 new 修饰词隐藏基类的方法，即 showTime()方法，使用 string.Format() 方法来输出设置的时间格式。

Main()主程序

* 第 14 行：创建 DateTime 结构对象 moment 来获取系统时间。
* 第 16~18 行：分别以 DataTime 结构的属性 Hour、Minute 和 Second 来获取时、分、秒，然后存储于变量 Hr、Mun、Sed 中。
* 第 20~23 行：创建 Time 类对象 oneTime，以大括号进行初始值设置。
* 第 25 行：产生 diffTime 类的 TwentyFour 对象，含有时、分、秒 3 个参数。

Format()方法

在控制台应用程序中，先前的范例都以"Console.WriteLine()"来输出信息。上述范例是使用 String 类的 Format()方法，配合复合格式字符串，也能输出信息，其语法如下：

```
public static string Format(string format, Object arg0)
```

* 表示它是一个静态方法，无须实例化对象就能使用。
* format：复合格式字符串，搭配复式格式输出。

一般来说，复合格式功能会采用对象列表和复合格式字符串作为输入，就如同先前使用的"Console.WriteLine("{0}", 变量)"。复合格式字符串指的就是每对大括号所指定的索引替代符号，要配合一个变量来使用（也就是每个变量要对应到列表内对象的格式项）。

```
string.Format("{0:D2}:{1:D2}:{2:D2}", exHour,
    exMinute, exSecond);
```

所以变量 exHour 会对应到索引替代符号{0}，而{0:D2}表示输出 2 位整数。那么 exMinute 就对应到索引替代符号{1:D2}，其他依此类推，所以这和使用 Console.WriteLine()方法一样都能达到输出字符串的效果。

7.3 探讨多态

想必大家都使用过遥控器，单一的操作接口，根据它的用途，可能用于电视机、空调或其他电器，这就是"多态"（Polymorphism），也称为"同名异式"（即多种形态）。"同名"都称为遥控器，"异式"则指的是功能不同。从面向对象的观点来看，"同名"就是单一接口，"异式"就是以不同方式来存取数据。那么大家会想到，Visual C#就是先前学过的"重载"（overload）！它的"同名"指的是相同的方法名称或函数名称，"异式"则是变量不同，处理的对象也有可能不同。那么 C#如何编写多态程序呢？可以从以下 3 点来探讨。

- 子类的新成员使用 new 修饰词来隐藏父类成员，请参考第 7.2.4 小节。
- 父、子类使用相同的方法，但参数不同，由编译程序调用适当的方法来执行，请参考第 7.3.1 小节。
- 创建一个通用的父类，定义虚拟方法，再由子类适当覆盖，请参考第 7.3.2 小节。

7.3.1 父、子类产生方法重载

以继承机制来说，Visual C#的派生类会继承基类的成员，使用 base 关键字调用基类成员，使用 new 修饰词可以隐藏基类成员。此处要进一步探讨派生类定义的方法名称究竟能不能与基类方法相同！答案是可以。先来认识第一种情况，即基类、派生类产生方法重载。修改范例 CH0702E 程序代码。

```
class Time
{
  . . .
  public string showTime(int h){
    hour = h;
    . . .
  }
}
```

- 基类 Time 原来的 showTime()方法是没有参数，把它加入一个"时"的参数，获取值后，判断它是否大于 12 小时。

```
class diffTime : Time
{
  new public string showTime(){
    . . .
  }
}
```

- 继承的派生类所定义的showTime()方法原来以new修饰词表示它是一个跟基类无关的方法。

- 此时，基类、派生类都有相同名称的方法，但变量不同，所以产生重载（overload）的情况。进行编译时，编译程序也不会因为派生类的成员方法名称与基类的方法相同而发出警告信息。

7.3.2　覆盖基类

继承机制下另一种情况是"青出于蓝"，将基类原有的方法扩充，也就是通过派生类来进一步修改它所继承的方法、属性、索引器（Indexer）或事件声明，加上 override 关键字声明覆盖的方法。同样地，基类必须加上 virtual 关键字，当基类有 virtual 关键字，派生类有 override 关键字时，必须注意下列事项。

- 派生类的方法前面加上 override 关键字，表示调用自己的方法，而非基类方法。
- 静态方法不能覆盖，被覆盖的基类方法须冠上 virtual、abstract 或 override 关键字。
- override 覆盖时不能变更 virtual 方法的存取范围。简单地说，就是使用相同的访问权限修饰词。
- 覆盖属性声明必须指定和所继承属性完全相同的访问权限修饰词、类型和名称，且被覆盖的属性必须是 virtual、abstract 或 override。

如何加入 virtual、override 关键字在方法中呢？以下面的例子来说明。

```
class Person //基类
{
  . . .
  public virtual void showMessage() { . . . }//虚拟方法
}
class People //派生类
{
  . . .
  public override void showMessage() { . . . }//方法覆盖
}
```

- 修饰词 virtual 和 override 放在访问权限修饰词后，返回数据类型前。
- virtual 和 override 方法必须有相同的存取范围。在例子中，父类的 showMessage()方法使用 public 访问权限修饰词，子类的 showMessage()方法同样使用 public。
- virtual 修饰词不能与 static、abstract、private 或 override 等修饰词一起使用。

范例 CH0703A

1 模板为"控制台应用程序"。项目下加入两个类：Person（基类）和 People（派生类），Program.cs 是 Main()主程序所在的文件。

2 在"Person.cs"中编写的程序代码如下：

```
11 class Person //父类
12 {
```

```
13    //Height, Hair 自动实现属性
14    protected int Height{get; set;}
15    protected string Hair{get; set;}
16    public Person(){ //父类的构造函数
17       Height = 170;
18       Hair = "棕色";
19    }
20    public virtual void showMessage()
21    {
22       Console.WriteLine("父亲，头发{0}，身高 = {1} cm",
23          Hair, Height);
24    }
25  }
```

3 在 "People.cs" 中编写的程序代码如下：

```
11  class People : Person //继承了 Person 类
12  {
13    //使用 new 修饰词，写入新的属性值
14    public new int Height
15    { get {return 175;} }
16    public new string Hair
17    { get {return "黑色";} }
18    //override 覆盖父类同名的 showMessage
19    public override void showMessage()
20    {
21       Console.WriteLine(
22          "第二代，{0}头发，身高 ={1} cm",
23          Hair, Height);
24    }
25  }
```

4 在 Main()主程序块中的程序代码如下：

```
11  static void Main(string[] args)
12  {
13    Person Peter = new Person();//声明基类的对象
14    Peter.showMessage();
15    People Junior = new People();
16    Junior.showMessage();//派生类的对象调用自己的方法
17  }
```

运行：按 "Ctrl + F5" 键运行此程序，打开 "命令提示符" 窗口，显示图 7-18 所示的运行结果。

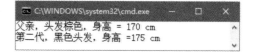

图 7-18　范例 CH0703A 的运行结果

程序说明

Person.cs 程序（基类）

* ★ Person 类有两个属性：Height 设置身高，Hair 设置发色，采用自动实现。
* ★ 第 16~19 行：定义构造函数，初始化对象，同时获取身高和发色的值。
* ★ 第 20~24 行：以 virtual 修饰词定义成虚拟成员方法 showMessage()，输出身高和发色的信息。

People.cs 程序（派生类）

* ★ People 类继承了 Person 类，所以它是一个派生类。
* ★ 第 14、15 行：属性 Height 原来是基类声明的，此处使用 new 修饰词隐藏原来的值，配合存取器 get 读取新的身高值。
* ★ 第 14、15 行：同样地，属性 Hair 原来是基类声明的，此处使用 new 修饰词作用于原来的值，配合存取器 get 读取新的发色。
* ★ 第 19~24 行：由于父类已将 showMessage()方法以 virtual 修饰词声明，因此此处子类使用 override 修饰词来定义同名的方法，表示子类实例化的对象是调用自己的 showMessage()方法，而不是父类的方法。

Main()主程序

* ★ 父、子类实现的对象调用的是同名的 showMessage()方法，对象 Peter 调用的是自己所定义的方法，对象 Junior 调用的方法是一个经过扩充的方法。
* ★ 结论：override 修饰词会"扩充"基类方法，而 new 修饰词"隐藏"了基类成员。

7.3.3 实现多态

在继承机制下，会使用修饰词 virtual、override 和 new，有时还会加上 base，使用表 7-1 做一个整理，让大家更清楚它的使用时机。

表 7-1　使用不同的修饰词

基类	派生类	
virtual	override	调用子类的方法
		覆盖父类的方法
	new	实现子类的方法
		隐藏父类的虚拟方法
	base	调用父类的成员

范例 CH0703B　修饰词 new 和 override 的用法

➡ **1** 模板为"控制台应用程序"。项目下加入 3 个类：基类 Staff、派生类 FullWork 和 Provisional，Program.cs 是 Main()主程序所在的文件，如图 7-19 所示。

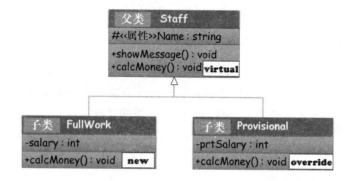

图 7-19 范例 CH0703B 的类图

STEP 2 "Staff.cs" 中的程序代码如下：

```
11  class Staff //父类
12  {
13      protected string Name{get;set;}//属性
14      public void showMessage(){//成员方法
15          Console.Write("ZCT 公司, ");
16          calcMoney();
17      }
18      //定义虚拟方法，计算薪资时可以让子类覆盖
19      public virtual void calcMoney(){
20          Console.WriteLine("薪水未知");
21      }
22  }
```

STEP 3 "FullWork.cs" 中的程序代码：

```
11  class FullWork : Staff //继承 Staff 类
12  {
13      private int salary; //字段 —— 获取计算的月薪
14      protected string Name{get{return "Janet";} }
15      //定义自己的方法 —— 计算月薪，隐藏父类的虚拟方法
16      public new void calcMoney()
17      {
18          int dayMoney = 1500;
19          salary = dayMoney * 25;
20          Console.WriteLine("{0} 是正式员工，薪水 {1:C0}",
21              Name, salary);
22      }
23  }
```

STEP 4 "Provisional.cs" 中的程序代码：

```
11  class Provisional : Staff //继承 Staff 类
12  {
```

```
13    private int prtSalary;//存储薪资
14    protected string Name { get {return "Tomas";} }
15    //覆盖基类方法，计算时薪
16    public override void calcMoney()
17    {
18       int hourMoney = 220;
19       prtSalary = hourMoney * 5 * 20;
20       Console.WriteLine("{0} 是兼职员工，薪水 {1:C0}",
21         Name, prtSalary);
22    }
23 }
```

▶ 5   在 Main()主程序块中的程序代码：

```
11 static void Main(string[] args)
12 {
13    Console.WriteLine("第一种方法：");
14    NonDisplay();
15    Console.WriteLine("---------------------------");
16    Console.WriteLine("第二种方法：");
17    SecDisplay();
18    Console.WriteLine("---------------------------");
19    Console.WriteLine("第三种方法：");
20    threeDispaly();
21 }
22 //方法一：实现各对象并调用 showMessage()，只有兼职员工算出时薪
23 public static void NonDisplay()
24 {
25    Staff  Peter = new Staff();
26    Peter.showMessage();
27    FullWork fullWorker = new FullWork();
28    fullWorker.showMessage();
29    Provisional partWork = new Provisional();
30    partWork.showMessage();//使用覆盖，算出时薪
31 }
32 //方法二：输出正式员工月薪、兼职员工时薪
33 public static void SecDisplay()
34 {
35    FullWork fullWorker = new FullWork();
36    fullWorker.calcMoney();
37    Provisional partWork = new Provisional();
38    partWork.calcMoney();
39 }
40 //方法三：以父类为类，以子类为其值的类型
```

```
41  public static void threeDispaly()
42  {
43    Staff Peter = new FullWork();
44    Staff fullWorkder = new Provisional();
45    Peter.calcMoney();//调用父类的方法
46    fullWorkder.calcMoney();//调用子类的方法
47  }
```

运行：按"Ctrl + F5"键运行此程序，打开"命令提示符"窗口，显示图 7-20 所示的运行结果。

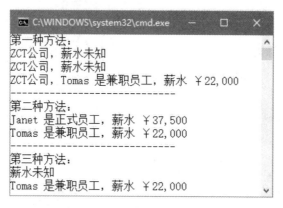

图 7-20　范例 CH0703B 的运行结果

程序说明

Staff.cs 程序（基类）

* 定义基类 Staff，它定义了一个虚拟方法 calcMoney()，必须由继承的派生类实现（覆盖）。
* 第 14~18 行：定义成员方法 showMessage()方法，输出公司名称。
* 第 19~21 行：定义虚拟方法 calcMoney()，无返回值，用来计算员工薪资。

FullWork.cs 程序（派生类）

* FullWork 是派生类，继承了 Staff 类，以 new 修饰词定义自己的 calcMoney()方法。
* 第 15 行：只读属性 Name 以存取器 get 来获取名字 Janet。
* 第 17~23 行：来自父类的成员 calcMoney()方法，以修饰词 new 来隐藏父类所声明的虚拟方法，再以自己定义的方法计算正式员工薪资。

Provisional.cs 程序（派生类）

* Provisional 为派生类，继承了 Staff 类，override 修饰词覆盖了 calcMoney()方法。
* 第 14 行：只读属性 Name 以存取器 get 来获取名字 Tomas。
* 第 16~22 行：以修饰词 override 覆盖继承的虚拟方法 calcMoeny()，实现其内容来计算兼职员工的时薪。

Main()主程序

* 第 23~31 行：定义第一个静态方法—— NonDisplay()方法，分别实现各类的对象，都调用了父类的虚拟方法 showMessage()。了解继承的子类实现继承的虚拟方法时，使用修饰词 new 和 override 会有所不同。

* 第 25、26 行：Staff 类的 Peter 对象，存取了本身的虚拟方法，所以输出的信息为 "ZCT 公司，薪水未知"。

* 第 27、28 行：FullWork 类的 fullWorker 对象存取了父类 showMessage()方法，由它来调用 calcMoney()时，因为本身所定义的 calcMoney()方法加了 new 修饰词而不是覆盖声明，所以输出与父类相同的信息 "ZCT 公司，薪水未知"。

* 第 29、30 行：Provisional 类的 partWork 对象虽然也调用了 showMessage()方法，进而调用 calcMoney()，但是由于加了 override 修饰词声明为覆盖，因此执行本身的方法计算兼职员工的时薪。

* 第 33~39 行：定义第二个静态方法 SecDisplay()，实例化子类对象并直接存取本身所定义的方法 calcMoney() —— 修饰词用了 new 和 override，分别算出正式员工的月薪和兼职员工的时薪。

* 第 41~47 行：定义第三个静态方法 threeDisplay()。实例化对象时以父类为类，以子类为其值的类型，所以 Peter 对象调用了父类的虚拟方法，不进行薪资计算；fullWorker 对象则是调用了覆盖的 calcMoney()方法，算出兼职员工的时薪所得。

7.4　接口和抽象类

抽象化（Abstraction）的作用是为了让描述的对象具体化、简单化。编写 OOP 程序时抽象化是一个很重要的步骤，将细节隐藏，保留使用的接口。为了让程序更具可读性，Visual C# 可以使用 abstract 关键字将类或方法进行抽象化。由于 C#不支持多重继承，因此通过接口为类定义不同的行为。

7.4.1　定义抽象类

一般来说，定义抽象类是以基类为通用定义，提供给多个派生类共享。也就是声明为抽象类的基类无法实例化对象，必须由继承的派生类来实现。此外，也可以根据实际需求在抽象类中定义抽象方法，相关语法如下：

```
abstract class 类名称{
  //定义抽象成员
  public abstract 数据类型 属性名称 {get; set;}
  public abstract 返回值类型 方法名称1(参数列表);
  public 返回值类型 方法名称2(参数列表) {...}
}
```

* 定义抽象类时不能使用 private、protected 或 protected internal 访问权限修饰词，也不能使用 new 运算符来实例化对象，static 或 sealed 这些关键字也无法使用。

- 抽象类中可同时定义一般的成员方法和抽象方法。
- 抽象方法无任何实现，方法后的括号会紧接着一个分号，而不像一般方法的括号后紧随着的是程序段（或程序块）。
- 声明抽象属性时必须指出属性中要使用哪一个存取器，但不能实现它们。
- 继承抽象类的子类必须搭配 override 关键字来实现抽象方法，抽象类的实现方法可以被覆盖。

范例 CH0704A 定义抽象类

1 模板为"控制台应用程序"。项目下加入 4 个类：基类 Staff、派生类 Worker、Provisional 和 Team，Program.cs 是 Main()主程序所在文件。

2 "Staff.cs"中的程序代码如下：

```
11  abstract class Staff//声明为抽象类
12  {
13    private string name;//私有名字字段
14    //构造函数
15    public Staff(string staffName)
16    { Name = staffName; }
17    protected string Name //属性名字获取构造函数的参数值
18    {
19      get {return name;}
20      set { name = value;}
21    }
22    //以 abstract 配合存取器 get 将 Salary 定义成只读属性
23    public abstract int Salary
24    { get; }
25    //定义抽象方法，不能加具有程序块的大括号
26    public abstract void showMessage();
27  }
```

3 "Worker.cs"中的程序代码如下：

```
11  class Worker : Staff //继承 Staff 类
12  {
13    //属性 daymoney 日薪，dayworks 工作天数
14    private int daymoney;
15    private int dayworks;
16    //构造函数，以 base()方法获取父类的参数 name
17    public Worker(string name, int daymoney,
18      int dayworks): base(name)
19    {
20      this.daymoney = daymoney;
21      this.dayworks = dayworks ;
```

```
22        }
23      //覆盖父类定义的只读属性，获取构造函数的参数值，返回每月薪资
24      public override int Salary
25      { get { return daymoney * dayworks;} }
26      //覆盖 override 父类定义的抽象方法，输出每月薪资信息
27      public override void showMessage()
28      { ·
29        Console.WriteLine("{0} 是正式员工，薪水 {1:C0}",
30          Name, daymoney * dayworks);
31      }
32    }
```

STEP 4 在 Main() 主程序块中编写的程序代码如下（Provisional.cs 和 Team.cs 此处省略）：

```
13  static void Main(string[] args)
14  {
15    //以数组方式声明每个继承类的实现对象
16    Staff[] staffs = {
17      new Team("Annabelle", 35000, 1800),
18      new Worker("Janet", 1500, 25),
19      new Provisional("Tomas", 242, 5, 18)
20    };
21    System.Console.WriteLine("**  列出员工薪资  **");
22    //foreach 读取数组元素，并调用 showMessage() 方法输出信息
23    foreach (Staff sf in staffs)
24    {
25      sf.showMessage();
26    }
27  }
```

运行：按"Ctrl＋F5"键运行此程序，打开"命令提示符"窗口，显示图 7-21 所示的运行结果。

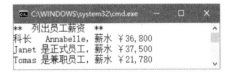

程序说明

Staff.cs 程序(基类)

图 7-21　范例 CH0704A 的运行结果

* 定义基类 Staff 为一个抽象类。它拥有抽象方法 showMessage() 和抽象属性 Salary，必须由继承的派生类实现（覆盖）。
* 第 17~21 行：属性 Name，获取构造函数的参数值。
* 第 23~24 行：定义抽象属性 Salary，只有存取器 get，所以是只读属性。
* 第 26 行：定义抽象方法 showMessag()，不能加具有程序段的大括号。

Worker.cs 程序(派生类)

* Worker 类是一个子类，继承了 Staff 类。由于父类是一个抽象类，因此必须实现抽象属性 Salary 和抽象方法 showMessage()。

★ 第 17~22 行：构造函数。以 base()方法获取父类的属性 Name，再使用 this 关键字来获取传入的参数值。

★ 第 24~25 行：以 override 修饰词覆盖父类所定义的抽象属性 Salary。由于它是一个只读属性，因此 return 语句获取构造函数传入的参数值，计算日薪 × 工作天后，返回每月薪资。

★ 第 27~31 行：以 override 修饰词覆盖父类所定义的抽象方法 showMessage()，输出正式员工的名字和薪水。

Main( )主程序

★ 第 16~20 行：以数组初始化要声明的对象，所以大括号内是已定义的子类，再根据所定义的构造函数，配合 new 运算符进行初始化。

★ 第 23~26 行：以 foreach 循环读取数组元素（初始化的对象），并调用 showMessage() 来输出相关信息。

7.4.2　认识密封类

密封类（Sealed Class）的意义就是不能被继承，简单地说就是无法产生派生类，所以又称为"最终类"（Final Class）。通常密封类不能当作基类使用，从程序实现的观点来看，能提高运行时（Runtime）的性能。此外，密封类也不能把它声明为抽象类。这是为什么呢？因为抽象类要有继承它的派生类并实现抽象方法。如何定义一个密封类呢？使用下述例子来说明。

```
sealed class Person : Provisional{//密封类
  public sealed override void showMessage() {//密封方法
    //程序段
  }
}
```

```
class partPrn : Person {//密封类无法被继承，会显示错误
  //程序段
}
```

● 声明密封类要使用 sealed 关键字，必须放在 class 前或访问权限修饰词后。

● 如果要声明为密封方法，须加在访问权限修饰词后，返回数据类型前。

从密封类生成派生类时，编译程序会显示图 7-22 所示的错误信息。

图 7-22　密封类被继承时产生的错误信息

7.4.3　接口的声明

为了提高程序的重复使用率，基类的层次越高，"泛化"（Generalization）的作用也越高。这说明创建类时，能将共同功能定义在"抽象类"（Abstract Class）中，以派生类重新定义某

一部分方法，创建实例化对象。另一种情况就是以接口定义共享功能，再以类实现接口所定义的功能。如果类提供了对象实现的蓝图，那么接口（Interface）可视为一种模板，两者异同之处请参考表 7-2。

表 7-2　抽象类和接口的异同

比较	抽象类	接口
功能	建立共享功能	建立共享功能
语法	不完整语法	不完整语法
实现	继承的派生类才能实现	实现接口（Implementation）
时机	具有继承关系的类	不同的类

接口包含方法、属性、事件和索引器，或者这 4 个成员类型的任意组合。但是接口不能有常数、字段、运算符、构造函数和析构函数，所以接口不能有任何访问权限修饰词，它的成员是自动设定为公有的，无法设立静态成员。

当我们打开 Word 软件时，会一个空白文件，是一个已经规划好的模板，输入文字，设置好段落格式，再存盘就是一份文件，这份文件的样式就继承了模板。接口也是运用相同的道理，只不过我们不是在文件上"涂鸦"，而是进一步来定义模板。接口的语法如下：

```
interface 接口名称 {
    数据类型 属性名称 {get; set;}//属性采用自动实现
    返回值类型 方法名称(参数列表);//定义方法原型，无程序段
}
```

- 定义接口要使用关键字 interface。
- 接口名称也须遵守识别名称的规范，习惯以英语字母 I 来代表接口的第一个字母。
- 接口内只定义属性、方法和事件，不提供实现，也不能有字段，所以它不能实例化，更不会使用 new 运算符。
- 类只能有一个父类，但多个接口可由一个类来实现。
- 实现接口的类或结构必须提供给所有成员。接口不提供继承，当基类实现某个接口时，派生下来的类也能实现其继承基类。
- 如同抽象基类，继承接口的类或结构都必须实现它所有成员。

范例 CH0704B　定义接口

▶1　创建"控制台应用程序"，执行菜单中的"项目"→"添加新项"指令。

▶2　进入"添加新项"对话框，❶选择"接口"；❷输入名称"ISchool"；❸单击"添加"按钮，如图 7-23 所示。

图 7-23　添加接口新项

STEP 3 进入程序代码编辑器，创建接口 ISchool 程序段，如图 7-24 所示。

```
5   using System.Threading.Tasks;
6
7   namespace CH0704B
8   {
9       interface ISchool
10      {
11      }
12  }
```

图 7-24　创建接口 ISchool 程序段

STEP 4 编写 interface ISchool 程序段内的程序代码。

```
11  interface ISchool
12  {
13      int Subject {get; set;}//统计学生人数
14      void showMessage();//显示信息
15  }
```

7.4.4　如何实现接口

接口当然要实现才能产生作用。接口实现（Implementation）的目的就是把接口内已定义的属性和方法通过实现的类来完成，先来看看它的语法。

```
class 类名称 : 接口名称 {
    private 数据类型 字段名;
    public 数据类型 属性名称 { //定义于接口的属性
        get { return 字段名; }
        set { 字段名 = value; }
    }
```

```
        数据类型 方法名称(参数列表);
        //其他程序代码
   }
```

- 类名称后同样要以 ":" (冒号字符) 指定实现的接口名称。
- 接口中定义的属性和方法须由指定的类来实现。

范例 CH0704B 实现接口

1 延续范例"CH0704B";执行菜单中的"项目"→"添加类"指令,类名称为"Student.cs",编写以下程序代码:

```
11  class Student : ISchool //实现接口
12  {
13    private int subject;//字段
14    public int Subject //实现接口的属性
15    {
16      get {return subject; }
17      set { subject = value;}
18    }
19    public Student(int subj) //构造函数,传入学分数
20    { Subject = subj ; }
21    public void showMessage()//实现接口的方法
22    {
23      int account = 1470;
24      int total = Subject * account;//计算学分费
25      Console.WriteLine("! 学分费共{0:C0}", total);
26    }
27  }
```

2 Main()主程序中的程序代码如下:

```
11  static void Main(string[] args)
12  {
13    Console.Write("请输入名字: ");
14    string name = Console.ReadLine();
15    Console.Write("请输入学分数: ");
16    int total = int.Parse(Console.ReadLine());
17    Student first = new Student(total);
18    Console.Write("Hi! {0}", name);
19    first.showMessage();//调用类的方法
20  }
```

运行:按"Ctrl + F5"键运行此程序,打开"命令提示符"窗口,显示图 7-25 所示的运行结果。

程序说明

Student.cs 程序（实现接口的类）

图 7-25　范例 CH0704B 的运行结果

* 实现接口 ISchool，包含定义的属性和方法，由构造函数传入参数值（学分）再计算学分费。
* 第 14~18 行：实现接口定义的属性，从构造函数传入的参数值，存取器 set 的 value 赋值给 subject 字段，再由存取器 get 的 return 语句返回。
* 第 19~20 行：含有参数的构造函数。获取学分数后，初始化 Subject 属性值。
* 第 21~26 行：实现接口定义的方法 showMesaage()，计算学分费并输出其信息。

Main( )主程序

* 获取输入的名称和学分数，指定变量存储后，再将 Student 类实例化，创建 first 对象并传入参数值，调用 showMessage()方法。

7.4.5　实现多个接口

一个类也可以实现多个接口，使用下述语法来实现。

```
interface Ione { . . . } //定义接口 Ione
interface Itwo { . . . } //定义接口 Itwo
//表示类 three 实现接口 Ione, Itwo
class three : Ione , Itwo { . . . }
```

* 类 three 实现接口 Ione 和 Itwo 时必须以 ","（逗号）来隔开。
* 类 three 必须实现这两个接口的所有成员。

范例 CH0704C　类实现多个接口

1 模板为"控制台应用程序"。项目下加入两个文件：接口（ISchool.cs）、实现类（Student.cs），Program.cs 是 Main()主程序所在的文件。

2 "ISchool.cs"中的程序代码如下：

```
11  interface ISchool //接口
12  {
13    int Subject {get; set; }//学分数
14    void showMessage();//显示信息
15  }
16  interface IGrade //接口
17  {
18    int Status { get; set; }//学生身份
19  }
```

3 "Student.cs" 中的程序代码如下：

```
11  class Student : ISchool, IGrade
12  { //实现 ISchool, IGrade 接口
13    private int subject;//字段 1 —— 存放选修分数
14    private int status; //字段 2 —— 学生身份
15    public int Subject //实现接口 ISchool 属性
16    {
17      get { return subject; }
18      set { subject = value; }
19    }
20    public int Status //实现接口 IGrade 属性
21    {
22      get {return status; }
23      set {status = value;}
24    }
25    //构造函数，传入参数 —— indetity 学生身份，course 学分数
26    public Student(int indetity, int course)
27    {
28      Subject = course;
29      Status = indetity;
30    }
31    public void showMessage()//实现接口 ISchool 的方法
32    {
33      int account = 1470, total = 0;
34      if (status == 1)//一般学生
35      {
36        account = 1470;
37        total = Subject * account;//计算学分费
38      }
39      else if(status == 2)  //硕博生加指导费
40        total = subject * account + 9500;
41      Console.WriteLine("! 学分费共 {0:C0} 元", total);
42    }
43  }
```

4 Main()主程序中的程序代码请参考范例 CH0704B。

运行：按"Ctrl + F5"组合键运行此程序，打开"命令提示符"窗口，显示图 7-26 所示的运行结果。

图 7-26　范例 CH0704C 的运行结果

程序说明

ISchool.cs 程序（定义接口）

* 第 11~15 行：第一个接口 ISchool，属性 Subject 用来存放学分数，方法 showMessage() 输出信息。
* 第 16~19 行：第二个接口 IGrade，属性 Status 辨明学生身份。

Student.cs 程序（实现接口 ISchool、IGrade 的类）

* 实现 ISchool 和 IGrade 接口，使用构造函数传入 identity、course 参数值，并初始化属性 Subject 和 Status，再以 showMessage() 方法输出信息。
* 第 15~19 行：实现 ISchool 接口所定义的属性，存取器 set 将 value 获取的值赋给字段 subject 存储，再以存取器 get 的 return 语句返回其值。
* 第 20~24 行：实现 IGrade 接口所定义的属性 Status，同样由构造函数传入识别学生身份的 status 值，再由 return 语句返回结果。
* 第 26~30 行：构造函数传入 2 个参数值，再赋值给属性 Subject 和 Status。
* 第 31~42 行：实现 ISchool 接口所定义的 showMesaage() 方法。
* 第 34~40 行：if 语句判断 status 的值。status 等于 1，表示是一般学生，只需计算学分费。status 等于 2，表示是硕博生，还要加入指导费。

7.4.6　接口实现多态

接口除了实现类，还可以使用接口所定义的架构来实现多态。下述范例中定义了一个 IShape 接口，并定义了 Area 属性，通过它来实现圆形、梯形和矩形，并算出其面积。

范例 CH0704D　以接口实现多态

1 模板为"控制台应用程序"。项目下加入 3 个文件：接口（IShpae.cs）、实现类 Circle.cs、Trapezoidal.cs 和 Rectangle.cs，Program.cs 是 Main() 主程序所在的文件。

2 "ISchool.cs"中的程序代码如下：

```
11  interface IShape
12  {
13     double Area {get;}//只读属性 —— 存储计算面积
14  }
```

3 "Circle.cs"中的程序代码如下：

```
11  class Circle : IShape//实现接口 IShape
12  {
13     private double radius;//圆半径
14     public Circle(double radius)//构造函数
15     {
16        this.radius = radius;//获取本身的半径值
```

```
17        }
18      public double Area   //实现接口 IShape 定义的属性
19      {
20        get// 返回圆形面积的值
21        {return Math.Pow(radius, 2) * Math.PI;}
22      }
23      public override string ToString()
24      {
25          return "圆形面积: " + string.Format("{0:F3}", Area);
26      }
27  }
```

其他形状请参考范例。

4　在 Main()主程序块中的程序代码如下:

```
11  static void Main(string[] args)
12  {
13      IShape[] molds = {  //数组初始化实现各类对象
14        new Circle(15.8),//圆
15        new Trapezoidal(15.0, 17.0, 11.0), //梯形
16        new Rectangle(14.0, 15.0)  //矩形
17      };
18      Console.WriteLine("求出各种面积");
19      //读取数组元素
20      foreach (IShape item in molds)
21      {
22          Console.WriteLine(item);
23      }
24  }
```

运行: 按"Ctrl + F5"组合键运行此程序, 打开"命令提示符"窗口, 显示图 7-27 所示的运行结果。

程序说明

图 7-27　范例 CH0704D 的运行结果

IShape.cs 程序(定义接口)

* 定义接口 ISape, 它有只读属性 Area (没有存取器 set), 用来存储面积的计算结果, 不同形状的面积会有不同的计算方法。

Circle.cs 程序(实现接口 IShpae)

* Circle (圆) 实现接口 ISape, 使用构造函数获取参数值来初始化只读属性 Area, 由存取器 get 中的 return 语句返回计算结果, 再由覆盖方法 ToString()输出结果。
* 第 14~17 行: 构造函数传入参数值 (半径)。

* 第 18~22 行：实现接口 IShape 只读属性 Area，由构造函数获取参数值，再以存取器 get 的 return 语句返回圆面积，这里使用 Math 类的 PI 属性和 Pow()方法进行计算。
* 第 23~26 行：override（覆盖）ToString()方法，显示计算后的结果。

Main( )主程序

* 第 14~17 行：将 IShape 接口为数组的类型，初始化各实现类并设置参数值。
* 第 20~23 行：foreach 循环 IShape 接口实现的各个类，ToString()方法输出信息。

7.5　重点整理

✧ 两个类建立了继承关系，表示子类会拥有基类的属性和方法。所以它会有 is_a（是什么）和 has_a（组合）关系。

✧ 以面向对象技术来处理继承有两个优点：扩充系统更为简单和减少系统开发的时间。

✧ 继承名词："基类"（Base Class）也称为超类（Super class，或称为父类），是一个被继承的类。"派生类"（Derived Class）也称为次类（Sub class，或者子类），是一个继承他人的类。

✧ 在继承关系中，只有一个基类，称为"单一继承"；有两个以上的父类就称为"多重继承"（multiple inheritance）；C#采用单一继承机制。

✧ 访问权限修饰词 protected（受保护的）的访问权限只限于继承的类。this 关键字可引用到对象本身所属类的成员。但属于静态类的字段、属性或方法是无法使用 this 关键字的。

✧ 基类或派生类都有自己的构造函数，用来初始化该类的对象。它主宰着对象的生与死，无法被继承。想要使用基类的构造函数，必须使用 base 关键字。

✧ 将基类原有方法扩充要注意的事项：基类方法必须定义为 virtual；派生类的方法要加上 new 关键字，此方法定义的内容与基类的方法无关；派生类方法加上 override 关键字，表示它会调用自己的方法，而不是基类的方法。

✧ 控制台应用程序中，使用"Console.WriteLine()"输出信息，也可以使用 String 类的 Format()方法，配合复合格式字符串来输出信息。

✧ C#编写多态程序从以下 3 点来探讨：子类的新成员使用 new 修饰词来隐藏父类成员；父、子类使用相同方法，但参数不同，由编译程序调用适当的方法；创建一个通用的父类，定义虚拟方法，再由子类适当覆盖。

✧ 定义抽象类是以基类为通用定义，提供给多个派生类共享。当基类声明为抽象类时，必须由继承的派生类来实现其对象。

✧ 密封类（Sealed Class）又称为"最终类"（Final Class），表示它不能被继承，简单地说就是无法产生派生类。

✧ 定义接口要使用关键字 interface，只定义属性、方法和事件，不实现和使用 new 运算符，更不能有字段。

7.6 课后习题

一、选择题

（1）对于 Visual C#的描述，哪一个不正确？（　　）

A. 单一继承制
B. 派生类继承了基类所有成员
C. 构造函数能被子类继承
D. 基类表示它是一个被继承的类

（2）只让继承的子类才能使用的成员，基类的成员要用哪一个访问权限修饰词？（　　）

A. public　　　　　B. protected　　　　　C. internal　　　　　D. private

（3）产生继承关系的子类如果要使用基类的成员，要使用哪一个关键字？（　　）

A. base　　　　　B. virtual　　　　　C. new　　　　　D. override

（4）当基类创建 virtual 方法时，子类的方法要加上哪一个关键字声明覆盖？（　　）

A. base　　　　　B. virtual　　　　　C. new　　　　　D. override

（5）当子类定义的成员和父类相同时，子类的方法要加上哪一个修饰词来隐藏父类的成员？（　　）

A. new　　　　　B. protected　　　　　C. new　　　　　D. override

（6）在继承机制下，要引用到对象本身所属的成员，可以使用哪一个关键字？（　　）

A. base　　　　　B. new　　　　　C. this　　　　　D. override

（7）请解释此行程序代码 "DateTime moment = DateTime.Now;" 中 moment 会得到什么结果？（　　）

A. 系统预约的日期
B. 系统的日期
C. 系统的时间
D. 系统的日期和时间

（8）对于抽象方法的描述哪一个不正确？（　　）

A. 定义抽象方法时必须加上大括号来形成程序段
B. 必须由子类实现其方法
C. 要使用 abstract 关键字
D. 覆盖抽象方法要使用 override 关键字

（9）程序代码 "sealed class Person : People" 表示 Person 是什么类？（　　）

A. 密封类
B. 不能声明为抽象类
C. 又称为最终类
D. 以上描述都正确

（10）定义接口时，哪一个描述有误？（　　　）

A. 使用 interface 关键字来声明　　　　B. 属性采用自动实现

C. 要对字段进行声明　　　　　　　　　D. 方法无程序段

二、填空题

（1）_____表示它是一个被继承的类；_____表示它是一个继承他人的类。

（2）从 OOP 观点来看，在类架构下，层次越低的派生类，_____的作用就会越强；同样地，基类的层次越高，表示_____的作用也越高。

（3）继承机制下，修饰词_____会扩充基类方法，修饰词_____则会隐藏基类的成员。

（4）请根据下列简短程序代码填写：Person 是_____类，Human 是_____类；程序代码中的①是_____、②是_____、③是_____。

```
class Human {
  public Human(string HumanName){
    //构造函数程序段;
  }
}
class Person : ①{
  public ②(string personName) : base(③) {
    //构造函数程序段
  }
}
```

（5）派生类想要使用自己所定义的方法，以_____关键字来隐藏父类的成员，以_____关键字来覆盖父类的成员。

（6）请根据下列简短程序代码填写：ISchool 是_____，Subject 是_____，采用_____，showMessage()是_____。

```
interface ISchool
{
  int Subject {get; set;}
  void showMessage();
}
```

三、实践题

（1）继承机制下，什么是 is_a？什么是 has_a？以 UML 做简易说明。

（2）参考范例 CH0702A，如果 Main()主程序所声明的对象是这样，那么子类 Education 的构造函数要如何编写？可以配合 this 修饰词。

```
11  static void Main(string[] args)
12  {
```

```
13      //基类的对象
14      School ScienceEngineer = new School();
15      //派生类的对象
16      Education choiceStu = new
17         Education("英语写作", 1208, "Jeffrey");
18      ...
19  }
```

（3）实现下列程序代码。加班在 2 小时以内，"加班费 = 薪资/30/2*1.25"，3 小时内，用"加班费 = 薪资/30/2*1.3"来覆盖 CalcOverWork()方法。

```
class Person
{
    protected int workhr {get; set;}
    protected string name {get; set;}
    //定义虚拟方法
    public virtual void CalcOverWork()
    {
        Console.WriteLine("没有加班费");
    }
}
```

习题答案

一、选择题

（1）C   （2）B   （3）A   （4）D   （5）A

（6）C   （7）D   （8）A   （9）D   （10）C

二、填空题

（1）基类 派生类   （2）特化 泛化   （3）override new

（4）子（派生） 父（基类） Human Person personName

（5）new override   （6）接口 属性 自动实现 方法原型

三、实践题

略

第 **8** 章

泛型和集合

章节重点

⌘　泛型（Generics）类具有重复使用性、类型安全和高效率的优点。

⌘　认识配对集合"索引键（key）/值（value）"。

⌘　能把方法当作变量进行传递的委托。

8.1 浅谈集合

一般而言，"集合"可视为对象容器，用于群组和管理相关的对象。例如，每个 Windows 窗体都是一个控件集合，用户可用窗体的 Controls 进行存取。我们已经学习过数组，乍看之下，集合的结构和数组非常相似（可将数组视为集合的一种），有下标，也能通过 For Each…Next 循环来读取集合中的各表项。

一般来说，数组的下标是静态的，经过声明后，数组中的元素不能被删除，若因实际需求要再插入一个数组元素，则只能将数组重新清空，或重设数组大小。为了让索引和表项的处理更具弹性，.NET Framework 通过"System.Collections"命名空间提供了集合类和接口，下面以表 8-1 来说明。

表 8-1 System.Collection

Collections（集合）	说　明
ICollection 接口	定义所有非泛型集合的大小、枚举值和同步方法
IDictionary 接口	非泛型集合的索引键/值组
IDictionaryEnumerator 接口	枚举非泛型字典的元素
IEnumerable 接口	公开逐一查看非泛型集合的枚举值
IList 接口	由下标存取对象的非泛型集合
DictionaryEntry 结构	定义可设置或提取的字典索引键/值组配对
ArrayList 类	按数组大小动态增加，实现 IList 接口
Hashtable 类	根据索引键的哈希程序代码组织而成的索引键/值组集合
Queue 类	对象的先进先出（FIFO）集合
SortedList 类	索引键/值组配对的集合，按索引键排序
Stack 类	简单非泛型集合，对象组成的后进先出（LIFO）集合

使用集合时，其表项会有变动，并且要存取这些集合时必须通过"下标"（index）来确定表项。一般而言，下标通常以"0"为起始值。将表项存入集合时，还可以使用对象类型的索引键（key）提取所对应的值（value）。当集合中没有下标或索引键时，必须按序提取表项，例如使用 Queue 类或 Stack 类。

8.1.1 认识索引键/值

"索引键（key）/值（value）"是配对的集合，值存入时可以指定对象类型的索引键，以便于使用索引键来提取对应的值。命名空间"System.Collections"中的 Hashtable、SortedList 等都是提供索引键/值配对的类。使用非泛型来枚举元素进行配对时，可以使用 IDictionary、IDictionaryEnumerator 接口。先以 IDictionary 来了解索引"键/值"存取对象的方法，请参考表 8-2。

表 8-2　IDictionary 接口成员

IDictionary 成员	说　明
Count	获取 ICollection 项数
Items	获取或设置索引键的指定表项
Keys	集合中所有表项的索引键
Values	集合中所有表项的值
Add()方法	将表项加入集合中，须使用 key/value 配对
Clear()方法	将集合中所有表项删除
Contains()方法	查询指定表项的 key，返回 Boolean 类型
CopyTo()方法	从特定的 Array 索引开始，复制 ICollection 表项至 Array
GetEnumerator()	返回 IDictionary 对象的 IDictionaryEnumerator 对象
Remove()方法	从集合中删除指定的表项

　　IDictionary 接口是索引键/值组非泛型集合的基类接口，泛型版本就是位于"System. Collections.Generic"命名空间的 IDictionary<TKey, TValue>。

　　IDictionaryEnumerator 接口能处理枚举非泛型字典的元素，相关成员如表 8-3 所示。

表 8-3　IDictionaryEnumerator 成员

IDictionaryEnumerator 成员	说　明
Current	获取集合中当前的表项
Entry	获取当前字典表项的索引键和值
Key	获取当前字典表项的索引键
Value	获取当前字典表项的值
MoveNext()	将枚举值往前推至集合中的下一个表项
Reset()方法	设置枚举值至初始位置，即集合第一个元素（表项）前

　　一般来说，实现 IDictionary 接口就是要实现表 8-2 定义的方法。下面以一个简单的查询概念来解说。

▶1　导入命名空间"System.Collections"。

```
using System.Collections;
```

▶2　创建一个实现 IDictionary 接口的类，例如 Lexicon 类。

```
Public Class Lexicon : IDictionary{
   //程序段
}
```

▶3　将索引键/值组配对，在构造函数中使用 DictionaryEntry 结构来指定索引键（key）/值（value）配对。延续上述例子，自行定义构造函数。

```
//以数组来处理索引键/值的配对
```

```
private DictionaryEntry[] article;
private Int32 ItemsInUse = 0;
// 构造函数 —— 以 DictionaryEntry 结构来指定配对
public Lexicon(Int32 manyItems) {
    article = new DictionaryEntry[manyItems];
}
```

4 实现 IDictionary 接口的属性和方法。以 items 属性来说，语法如下：

```
Object this[Object key] { get; set; }
```

- key：要获取或设置的表项的索引键。

该语句表示实现接口 items 属性时，存取器 get 和 set 都要实现。

```
public object this[object key]
{
  get
  {
    //判断下标值是否在字典中，若有，则返回其值
    Int32 index;
    if (IndexOfKeyDoWork(key, out index))
    {
      //找到索引键，返回其值
      return article[index].Value;
    }
    else
    {
      //没有找到索引键
      return null;
    }
  }
  set
  {
    //判断下标值是否在字典中，若有，则更换其值
    Int32 index;
    if (IndexOfKeyDoWork(key, out index))
    {
      article[index].Value = value;
    }
    else
    {
      //字典中没有发现，以新增方式将索引键/值配对
      Add(key, value);
    }
  }
}
```

5 同样，实现 Add()方法后才能创建 Lexicon 对象。这里以 Add 方法加入"索引键/值"，使用 Add()方法将带有索引键和值的表项加入 IDictionary 对象，语法如下：

```
void Add(Object key, Object value)
```

- key：要加入表项的索引键。
- value：要加入表项的值。

```
//先实现 Add()方法
public void Add(object key, object value)
{
    //如果索引键已经存在，就以新增方式将索引键/值配对
    if (useFreg == article.Length)
    {
        throw new
            InvalidOperationException("无法再新建项目");
    }
    article[useFreg++] = new DictionaryEntry(key, value);
}
//再以 Add()方法加入表项
IDictionary lex = new Lexicon(5);
lex.Add("Tomas", 25);
lex.Add("Michelle", 27);
```

使用"索引键/值"，再加上下标（index），其数据结构如图 8-1 所示。

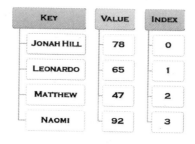

图 8-1　索引键/值的结构

由于使用的是 DictionaryEntry 结构，因此可使用 foreach 循环来读取表项。

```
foreach(DictionaryEntry de in lex)
    lblShow.Text += String.Format("{0}, 年龄 : {1}", _
            de.Key, de.Value);
```

DictionaryEntry 的对象会存储每个表项的索引键/值组，且每个配对必须具有唯一名称。IDictionary 接口允许列举所包含的索引键和值，但是不表示任何特定的排列顺序。通常 IDictionary 接口实现分为 3 类：只读、固定大小、可变大小。

- 只读：IDictionary 对象无法修改。

- 固定大小：IDictionary 对象不允许加入或删除表项，但允许修改现有表项。

- 可变大小：IDictionary 对象允许加入、删除和修改表项。

范例 CH0801A IDictionary 接口的 Key 和 Value

STEP 1 模板为"控制台应用程序"，项目名称为"CH0801A.csproj"。在该项目下加入两个类：
Lexion（实现 IDictionary 接口）和 enumLexicom（实现 IDictionaryEnumerator 接口）。
Program.cs 是 Main()主程序所在的文件。

STEP 2 在"Lexion.cs"中编写的程序代码如下：

```
14  class Lexion : IDictionary
15  {
16    //以数组来处理索引键/值的配对
17    public DictionaryEntry[] article;
18    protected Int32 useFreg = 0;
19    //构造函数 —— 以 DictionaryEntry 结构来指定配对值
20    public Lexion(Int32 manyItems)
21    {
22      article = new DictionaryEntry[manyItems];
23    }
24    //删除指定表项
25    public void Remove(object key)
26    {
27      if (key == null)
28      {
29        throw new ArgumentNullException("key");
30      }
31      //尝试从 DictionaryEntry 数组中寻找索引键(key)
32      Int32 index;
33      if (IndexOfKeyDoWork(key, out index))
34      {
35        //如果找到了，就让所有表项向上移动
36        Array.Copy(article, index + 1, article, index,
37          useFreg - index - 1);
38        useFreg--;
39      }
40      else //即使没有，也要返回结果
41        Console.WriteLine("找不到要删除的名称");
42    }
43 ...//省略程序代码
44  }
```

STEP 3 在"enumLexicom.cs"中编写的程序代码如下：

```
13  class enumLexicom : IDictionaryEnumerator
14  {
15    //IDictionaryEnumerator 枚举非泛型字典的元素
16    DictionaryEntry[] article;
17    Int32 index = -1;
18    //构造函数
19    public enumLexicom(Lexion lc)
20    {
21      article = new DictionaryEntry[lc.Count];
22      //以复制方式将 Lexicon 对象的索引键/值配对
23      Array.Copy(lc.article, 0, article, 0, lc.Count);
24    }
25    //返回当前的表项
26    public Object Current
27    {
28      get{VerityEnumIndex(); return article[index];}
29    }
30    //返回当前字典表项的索引键/值
31    public DictionaryEntry Entry
32    {
33      get{return (DictionaryEntry)Current;}
34    }
35    ...//省略程序代码
36  }
```

STEP 4 在 Main()主程序中编写的程序代码如下：

```
11  static void Main(string[] args)
12  {
13    int peop = 4;
14    //根据 IDictionary 接口实现类 Lexion 所创建的对象
15    IDictionary lex = new Lexion(peop);
16    //以 Add 新增 4 位成员
17    while(peop >= 1)
18    {
19      Console.Write("输入名字：");
20      string title = Console.ReadLine();
21      Console.Write("输入分数：");
22      int score = int.Parse(Console.ReadLine());
23      lex.Add(title, score);
24      peop--;
25    }
26    Console.WriteLine("学生人数 = {0}" , lex.Count);
27    Console.WriteLine("Matthew 是否为学生？{0}，分数：{1} " ,
```

```
28        lex.Contains("Matthew"), lex["Matthew"]);
29    //显示索引键/值配对
30    foreach (DictionaryEntry de in lex)
31    {
32        Console.WriteLine("{0}, 分数 : {1}",
33            de.Key, de.Value);
34    }
35    //删除某个表项
36    lex.Remove("Naomi");
37    //显示学生名称(索引键)
38    foreach(string title in lex.Keys)
39        Console.Write("{0} ", title);
40    //显示学生年龄
41    foreach(int score in lex.Values)
42        Console.Write("{0,3}", score);
43 }
```

运行：按"Ctrl + F5"组合键运行程序，打开"命令提示符"窗口，按提示输入名字和分数，显示图 8-2 所示的运行结果。

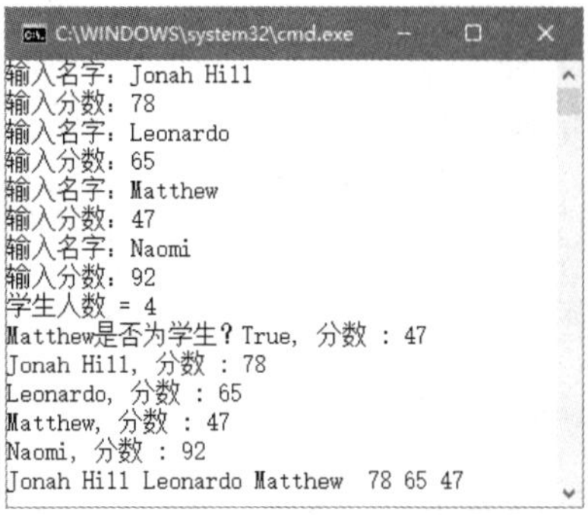

图 8-2 范例 CH0801A 的运行结果

程序说明

★ 创建一个简易的查询表，以 Lexion 类实现 IDictionary 接口创建查询表，以 enumLexicom 类实现 IDictionaryEnumerator 接口维护查询表的正确性。

Lexion.cs 程序（实现 IDictionary 接口）

★ 第 26~42 行：Lexion 类实现 Remove()方法，根据索引键（key）删除指定表项。
★ 第 27~30 行：如果找不到指定的表项会以 throw 语句抛出异常。
★ 第 33~41 行：如果找到表项并删除了，就以 Array 类的 Copy()方法把表项向上移动。

enumLexicom.cs 程序（实现 IDictionaryEnumerator 接口）

★ 第 19~24 行：构造函数。当查询表有变动时，配合 Array 类的 Copy()方法来重新创建一个查询表。
★ 第 26~29 行：属性 Current 按下标值来获取当前的表项。
★ 第 31~34 行：属性 Entry 按 Current 返回值读取当前表项的索引键/值。

Main()主程序

★ 第 15 行：根据 IDictionary 接口实现类 Lexion 所创建的 lex 对象。
★ 第 17~25 行：以 while 循环来创建名字分数的数据，再以 Add()方法加入查询表中。
★ 第 26~28 行：以属性 Count 来统计输入学生数，Contains 来对比指定表项"Matthew"，若查询到，则返回 True 结果以及 Matthew 的分数。

* 第 30~34 行：使用 DictionaryEntry 结构，并以 foreach 循环来读取输入的索引键/值。
* 第 36~42 行：以 Remove 方法来删除指定表项，再重新读取学生的名字和分数。

8.1.2　使用下标

使用集合表项避免不了新增和删除，这些集合表项的存取就得使用下标（index）。"下标"是介于 0 或 1 和集合表项数目之间的整数。通过命名空间"System.Collections"的 IList 接口可以了解以下标存取对象的属性和方法，可参考表 8-4。

表 8-4　IList 接口的成员

IList 接口成员	说　明
Count	获取集合表项数
Item	获取或设置集合表项
IsFixedSize	集合是否为固定大小
IsReadOnly	集合是否为只读
Add()方法	将表项加入集合中
Clear()方法	将所有表项删除
Contains()方法	查询的指定表项是否在集合中，返回 Boolean 类型
IndexOf()方法	查询指定表项的下标值，返回 Integer 类型，−1 表示不存在
Insert()方法	将表项插入到指定的下标位置
Remove 方法	从集合中删除指定的表项
RemoveAt()	从集合中删除指定下标值对应的表项

ArrayList 实现 System.Collection 的 IList 接口，会根据数组列表大小动态增加容量，提供新增、插入、删除元素的方法，比数组更具弹性。随着元素的逐渐加入，ArrayList 会视需要重新配置可以保存的表项数。以构造函数来指定其容量的语句如下：

```
ArrayLIst arrayList = new ArrayList[6];
arrayList.Capacity[5];
```

若要降低容量，则可调用 TrimToSize 或设置 Capacity 属性。
由于 ArrayList 比 Array 更具弹性，因此使用时有所区别，可参照表 8-5 的说明。

表 8-5　Array 和 ArrayList 的比较

异　同　点	Array	ArrayList
使用类型时	声明时要指定类型	可以是任何对象
能否扩充容量		自动扩充容量
数组元素	不能动态改变	由 Insert 新增，由 Remove 删除
性能	较好	比较差

使用 ArrayList 类的 Add()方法加入数据时会加到结尾处，而且允许加入不同类型的表项。

```
ArrayList arrayList = new ArrayLIst();
arrayList.Add("Tomas");
arrayList.Add(25);
arrayList.Add(false);
```

```
ArrayList arrayList2 = new ArrayLIst
    {"Tomas", 25, false};
```

范例 CH0801B 使用 ArrayList 类

▶1 设置模板为"控制台应用程序、项目名称为"CH0801B.csproj"。

▶2 "Main()"主程序编写的程序代码如下：

```
14  static void Main(string[] args)
15  {
16    ArrayList student = new ArrayList();
17    DateTime date1 = new DateTime(1992, 3, 5);
18    //以 Add()方法加入表项
19    student.Add("Michelle");
20    student.Add(date1.ToShortDateString());
21    student.Add("Doris");
22    student.Add(33);
23    itemPrint("列出结果：", student);
24     //若有某个表项，则删除
25    if (student.Contains(date1.ToShortDateString()))
26    {
27      student.Remove(date1.ToShortDateString());
28      student.RemoveAt(2);//指定下标位置删除
29      itemPrint("经过删除后：", student);
30      }
31    else
32      itemPrint("不存在！", student);
33    //新建表项
34    Int32 index = 0;
35    student.Insert(index, "Tomas");
36    student.Add("Stephen");
37    itemPrint("插入新表项：", student);
38    student.Sort();
39    itemPrint("经过排序：", student);
40  }
41  //for 循环读取表项
42  public static void itemPrint(string str,
43      ArrayList arrList)
44  {
45    Int32 index = 0;
```

```
46      Console.Write("{0}", str);
47      foreach (Object obj in arrList)
48      {
49        Console.Write("[{0}]-{1, -10}", index, obj);
50        index++;
51      }
52      Console.WriteLine();
53  }
```

运行：按"Ctrl + F5"组合键运行此程序，打开"命令提示符"窗口，运行结果如图 8-3 所示。

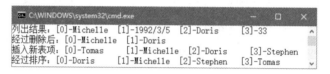

图 8-3　范例 CH0801B 的运行结果

程序说明

* 第 16~22 行：创建 ArrayList 类的对象 student，以 Add()方法加入类型不同的表项，调用 itemPrint()方法传入参数值，显示结果。

* 第 25~32 行：以 if 来判断要删除的表项是否存在。以 Remove()指定表项，以 RemoveAt()指定下标值位置进行删除。

* 第 35~38 行：以 Add()方法加入新表项，或者以 Insert()指定下标位置加入表项，最后以 Sort()方法进行排序。

* 第 42~53 行：itemPrint()方法接收参数值后，以 foreach 循环来读取表项内容并输出结果。

8.1.3　顺序访问集合

在集合表项中有两种处理数据的方式，即先进先出、后进先出。

先进先出的 Queue

下面对其中的类 Queue（队列）来做介绍。Queue 采用 FIFO（First In First Out，先进先出），也就是第一个加入的表项会第一个从集合中删除。Queue 的属性和方法可参照表 8-6 的说明。

表 8-6　Queue 类的成员

Queue 成员	说　明
Count	获取队列的表项个数
Clear()	从队列中删除所有对象
Contains()	判断表项是否在队列中
CopyTo()	指定数组下标，将表项复制到现有的一维 Array（数组）中
Dequeue()	返回队列前端的对象并删除

（续表）

Queue 成员	说　明
Enqueue()	将对象加入到队列末端
Equals()	判断指定的对象和当前的对象是否相等
Peek()	返回队列第一个对象
TrimToSize()	设置队列中的实际表项个数

　　队列处理数据的方式就如同排队买票一般，最前面的人可以第一个购得票，等待在最后的人必须等待前方的人购完票后才能购票。

范例　CH0801C　使用 Queue 类

ST➤1　设置模板为"控制台应用程序"、项目名称为"CH0801C.csproj"。

ST➤2　在 Main()主程序中编写的程序代码如下：

```
14   static void Main(string[] args)
15   {
16      Int32 one, index = 6;
17      //创建队列对象
18      Queue fruit = new Queue();
19      string[] name = {"Strawberry", "Watermelon", "Apple",
20        "Orange", "Banana", "Mango"};
21      for (int ct = 0; ct < name.Length; ct++)
22      {
23         fruit.Enqueue(name[ct]);//由末端加入元素
24      }
25      //Peek()方法显示第一种水果
26      if (fruit.Count > 0)
27      {
28        one = index - fruit.Count + 1;
29        Console.WriteLine("第{0}种水果 - {1}", one,
30           fruit.Peek());
31      }
32      itemPrint("水果", fruit);
33      //Dequeue()删除最前端的表项
34      if (fruit.Count > 0)
35      {
36        one = index - fruit.Count + 1;
37        Console.WriteLine("删除第{0}种水果 - {1}", one,
38           fruit.Dequeue());
39      }
40      itemPrint("少了一种水果之后", fruit);
```

运行：按"Ctrl＋F5"组合键运行此程序，打开"命令提示符"窗口，运行结果如图 8-4 所示。

程序说明

* 创建 Queue 类的对象 fruit，以 Peek 方法显示第一个表项，以 Enqueue()方法将表项从尾端加入，以 Dequeue()方法从最前端删除表项。

* 第 18~24 行：创建 Queue 对象 fruit，并以 for 循环配合 Enqueue()方法将数组 name 加到队列中。

* 第 26~31 行：先以 Count 属性进行判断，如果表项存在，就以 Peek()显示第一个表项。

图 8-4　范例 CH0801C 的运行结果

* 第 34~39 行：以 Dequeue()方法删除第一个表项。

后进先出的 Stack

可以将 Stack（堆栈）类数据的进出想象成叠盘子，从底部向上堆叠，想要获取底部的盘子，只有从上方把后加进来的盘子拿走才有可能，这就形成了 LIFO（Last In First Out，后进先出）的方式。先使用 Push()方法将表项加到上方，再使用 Pop()方法弹出（移除）最上方的表项。Stack 常用成员如表 8-7 所示。

表 8-7　Stack 成员

Stack 成员	说　　明
Count	获取堆栈的表项个数
Clear()	从堆栈中删除所有表项
Peek()	返回堆栈最上端的表项
Push()	将表项加到堆栈的最上方
Pop()	将堆栈最上方的表项删除

8.2　创建泛型

泛型类和方法将重复使用性、类型安全和高效率结合在一起，提供了非泛型的类和方法无法提供的功能。泛型最常搭配的是集合类及其方法的使用。.NET Framework 的类库提供了命名空间 System.Collections.Generic，其中包含多个以泛型为基础的集合类。

* 使用泛型以优化程序代码的重复使用性、类型安全性和高效率。
* 泛型最常见的用法是创建集合类。

8.2.1　为什么使用泛型

或许大家会很奇怪，为什么要使用泛型呢？下面以简单例子来说明。

```
11  static void Main(string[] args)
12  {
13      int[] one ={11,12,13,14,15};//第一个数组
14      string[] two = {"Eric", "Andy", "John"};//第二个数组
15      ShowMessage1(one);//读取数组(一)
16      ShowMessage2(two);//读取数组(二)
17  }
18  //读取数组(一)
19  private static void ShowMessage1(int[] arrData)
20  {
21      foreach(int item in arrData)
22          Console.Write("{0, 3}", item);
23      Console.WriteLine("\n");
24  }
25  //读取数组(二)
26  private static void ShowMessage2(string[] arrData)
27  {
28      foreach(string item in arrData)
29          Console.Write("{0, 6}", item);
30      Console.WriteLine("\n");
31  }
```

- 第 13、14 行：声明两个数组，类型不同，长度也不一样。
- 第 19~24 行：foreach 循环读取整数类型的数组。
- 第 26~31 行：另一个 foreach 循环读取字符串类型的数组。
- 问题：如果有更多不同类型的数组要处理，是不是要编写更多的程序代码呢？

如果将 ShowMessage()方法修改如下：

```
19  //读取数组 —— 使用泛型
20  private static void ShowMessage<T>(T[] arrData)
21  {
22      foreach(T item in arrData)
23          Console.Write("{0} ", item);
24      Console.WriteLine("\n");
25  }
```

- ★ 第 20 行：在 ShowMessage()方法后加入<T>（尖括号）内有类型参数 T，用来取代原有的 int 或 string 类型，进一步来说，<T>可以代表任何数据类型。
- ★ 第 22 行：以 foreach 循环读取时，原来的 "int/string" 类型就被 T 取代。当 arrData 接收的是 int 类型时，foreach 循环就读取整数类型；当 arrData 数组接收的是 string 时，就以字符串来处理。

如此一来，不管有多少数组，使用泛型的写法都会大大改进原有的问题，这也是泛型的魅力所在！

8.2.2　定义泛型

泛型能以未定类型的变量来声明类、接口或方法。使用 new 来实例化对象可以指定变量的类型。定义泛型后，不用为不同的变量类型编写相同的程序代码，可以提高类型安全，让不同的类型做相同的事，让对象彼此共享方法成员，达到重复使用性。双效合一后，能让程序的效率提高！定义泛型的语法如下：

```
class 泛型名称 <类型变量列表> {
    //程序段
}
```

- 定义泛型以 class 开头，接着是泛型名称。
- 尖括号内放入类型参数（Type parameter）列表，一般使用大写字母 T 来表示。
- 尖括号内的每个变量代表一个数据类型名称，参数间以逗号隔开。
- 定义泛型时，先使用类型参数进行声明，表示此类型数据是未定的。

下面是一个简单的泛型语句。

```
class GenericList<T> //只有一个变量
{
    Console.WriteLine("\nRunning!");
}
```

8.2.3　产生泛型方法

定义泛型后要进一步定义公有的方法成员。以泛型类的成员来说，类型参数是声明泛型类型的变量，会以特定类型的替代符号（Placeholder）来指定，其后相关的数据都适用，声明方法如下：

```
public void 方法名称(T 变量名称){
    //程序段
}
```

实际的方法成员语句如下：

```
public void ShowMessage(T output)
    Console.WriteLine("\n{0} is Running!", output);
}
```

有了泛型和成员方法，就可以使用 new 运算符创建不同数据类型的实体对象了，语法如下：

```
泛型类名称<数据类型> 对象名称 = new 泛型类名称<数据类型>();
```

延续前一个范例的概念，创建一个泛型类，可以输入 string、int 类型的数据来存放，再以 foreach 循环进行输出。

范例 CH0802C　使用泛型类

1 设置模板为"控制台应用程序"、项目名称为"CH0802C.csproj"，再加入一个类 Student.cs。

2 在"Student.cs"类中的程序代码如下：

```
11  class Student<T>
12  {
13    private int index;//数组下标值
14    private T[] items = new T[5];//存储 6 个数组元素
15    //将数据放入数组，string、int 类型
16    public void StoreArray(T arrData)
17    {
18      if (index < items.Length)
19      {
20        items[index] = arrData;
21        index++;
22      }
23    }
24    //读取数组元素
25    public void ShowMessage()
26    {
27      foreach (T element in items)
28      {
29        Console.Write("{0, 6} ", element);
30      }
31      Console.WriteLine("\n");
32    }
33  }
```

3 在 Main()主程序中编写的程序代码如下：

```
11  static void Main(string[] args)
12  {
13    //创建泛型类对象 —— 学生名称
14    Student<string> manyStudent = new Student<string>();
15    manyStudent.StoreArray("Tomas");
16    manyStudent.StoreArray("John");
17    manyStudent.StoreArray("Eric");
18    manyStudent.StoreArray("Steven");
19    manyStudent.StoreArray("Mark");
20    manyStudent.ShowMessage();
21    //创建泛型类对象 —— 成绩
22    Student<int> Score = new Student<int>();
23    Score.StoreArray(78);
```

```
24      Score.StoreArray(83);
25      Score.StoreArray(48);
26      Score.StoreArray(92);
27      Score.StoreArray(65);
28      Score.ShowMessage();
29  }
```

运行: 按 "Ctrl + F5" 键运行此程序,打开 "命令提示符" 窗口,运行结果如图 8-5 所示。

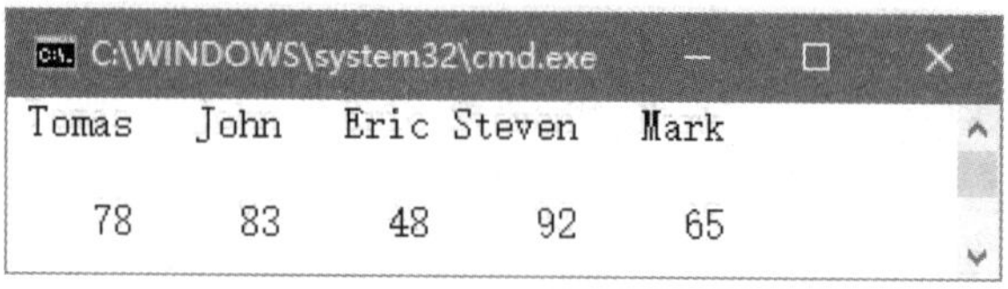

图 8-5 范例 CH0802C 的运行结果

程序说明

Student.cs 程序

* 创建泛型类 Student,含有 T 类型参数,以不同类型来创建数据。
* 第 14 行: 创建含有 T 类型参数的数组,可以存放 6 个元素。
* 第 16~23 行: StoreArray()使用 T 类型参数来接收输入的数组元素,使用 for 循环来读取输入的数组元素。
* 第 25~33 行: ShowMessage()方法以 foreach 循环来输出数组元素。

Main()主程序

* 第 14 行: 以泛型类来创建一个对象,<string>表示以字符串类型为主。
* 第 22 行: 以泛型类来创建一个对象,<int>表示以整数类型为主。
* 讨论: 泛型类 Student<T>代表它不是真的类型,比较像是类型的蓝图。使用时必须借助尖括号来指定类型变量,让编译程序可以辨认它的类型。

8.3 委　托

当程序中调用方法时会进行变量的传递,它通常有所限制,只能使用常数、变量、对象或数组,但是方法无法以变量来传递! 委托(Delegate)就是把 "方法" 视为变量来传递。委托是一种类型,代表具有特定参数列表和返回类型的方法引用。也就是在程序中调用方法时,可以将其实例通过委托实例执行(Invoke,或调用)方法。

Windows 窗体的控件触发的事件处理程序就是以委托方式来处理的,将方法当作变量传递给其他方法。

委托类型派生自 .NET Framework 中的 Delegate 类。委托类型是密封的,不能作为其他类型的派生来源,且不能从 Delegate 派生自定义类。因为实现的实例是委托对象,所以它可以作为参数传递或赋值给属性。如此一来,方法才能以参数方式接受委托,并进行委托的调用,这称为异步返回调用，是较长进程完成时通知调用端的常用方法。所以要定义委托时是以关键字 delegate 来声明一个方法，其语法如下：

```
delegate 数据类型 委托名称(变量列表);
```

- 委托名称：用来指定方法的委托名称。
- 数据类型：参考方法的返回值类型。

定义委托名称后，还要声明一个委托对象，用来传递方法。

```
public delegate bool Speculation(Int32 numerical);
Speculation evenPredicate;//声明委托变量
evenPredicate = new Speculation(IsEven);//IsEven()方法
```

最后还要定义一个委托方法，将委托对象以变量来传递。

```
private static List<int> ArrayPercolate(int[] intArray,
   Speculation special){ . . . }
```

范例 CH0803　使用委托

➡ 1　设置模板为"控制台应用程序"、项目名称为"CH0803.csproj"。
➡ 2　在 Main()主程序块中编写的程序代码如下：

```
13  //1.定义委托方法，含有一个变量(数值)
14  public delegate bool Speculation(Int32 numerical);
15  static void Main(string[] args)
16  {
17     //创建一个数组
18     Int32[] figures =
19        {11, 12, 13, 14, 15, 16, 17, 18, 19, 20};
20     Speculation evenPredicate;//声明委托变量
21     //2.委托变量要调用方法
22     evenPredicate = new Speculation(IsEven);
23
24     List<Int32> evenNumbers = ArrayPercolate(figures,
25        evenPredicate);
26     showMessage("筛选后的偶数：", evenNumbers);
27
28     List<Int32> oddNumbers = ArrayPercolate(figures,
29        IsOdd);
30     showMessage("筛选后的奇数：", oddNumbers);
31
32     List<Int32> numberDivide3 = ArrayPercolate(figures,
33        IsDivide3);
34     showMessage("能被 3 整除的数值：", numberDivide3);
35     Console.Read();
```

```
36    }
37    //找出偶数
38    private static bool IsEven(Int32 numerical)
39    {
40        return (numerical % 2 == 0);//余数为0
41    }
42    //找出奇数
43    private static bool IsOdd(int numerical)
44    {
45        return (numerical % 2 == 1);
46    }
47    //被 3 整除的数值
48    private static bool IsDivide3(int numerical)
49    {
50        return (numerical % 3 == 0);
51    }
52    //读取 List 元素
53    private static void showMessage(string str,
54        List<int>list){
55        Console.WriteLine(str);
56        //读取数组元素
57        foreach(int item in list)
58            Console.Write("{0,3}", item);
59        Console.WriteLine();
60    }
61    //3.委托方法筛选数组元素 —— 根据传入的数组元素重新创建数组
62    private static List<int> ArrayPercolate(int[] intArray,
63        Speculation special)
64    {
65        List<int> result = new List<int>();
66        //读取数组元素
67        foreach(int item in intArray)
68        {
69            if(special(item))//确认是委托方法
70                result.Add(item);
71        }
72        return result;
73    }
```

运行：按"Ctrl + F5"键来运行此程序，打开"命令提示符"窗口，运行结果如图 8-6 所示。

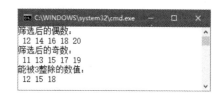

图 8-6 范例 CH0803 的运行结果

程序说明

* 第 14 行：声明委托名称 Speculation，含有一个整数类型的变量。
* 第 20~23 行：声明委托对象所要调用的方法，表示 IsEven()、IsOdd()、IsDivide3()三个方法都要传入 Int32 类型的整数，并返回布尔值。
* 第 24~26 行：将数组的数值调用委托方法 ArrayPercolate()传入委托对象 evenPredicate 进行筛选，所得结果再以泛型 List 类来创建含有偶数值的新数组。
* 第 28~30 行：将数组的数值调用委托方法 ArrayPercolate()，将 IsOdd()方法当作变量来传递并筛选出奇数，所得结果再以泛型 List 类来创建含有奇数值的新数组。
* 第 32~34 行：将数组的数值调用委托方法 ArrayPercolate()，将 IsDivide3 方法当作变量来筛选出能被 3 整除的数值，所得结果再以泛型 List 来创建数组。
* 第 38~41 行：IsEven()方法，将接收的数值除以 2，若余数为零，则表示是偶数。
* 第 53~60 行：showMessage()方法，按 List 所创建的数组大小以 for 循环来读取并输出数组元素。
* 第 62~73 行：委托所定义的方法 ArrayPercolate()，传入 figures 数组，根据委托对象所传递的方法来决定它是否是 List 数组所要的元素，经由 if 语句进行判断，如果是，就以 Add()方法把它加到 List 数组中。

8.4　重点整理

* "集合"可视为对象容器，用于群组和管理相关的对象。.NET Framework 通过"System.Collections"命名空间提供了集合类和接口。
* "索引键（key）/值（value）"是配对的集合，值存入时可以指定对象类型的索引键，便于使用时能以索引键提取对应的值。
* ArrayList 实现 System.Collection 的 IList 接口，会根据数组列表的大小动态增加容量，提供新增、插入、删除元素的方法，比数组更具弹性。
* 在 IDictionary 接口中，属性 Keys 获取集合中所有表项的索引键，Values 获取集合中所有表项的值。Add()方法将表项加入集合中，需使用 key/value 进行配对。
* 使用 Queue（队列）时，Enqueue()方法将对象加入到队列末端，Dequeue()方法会返回队列前端的对象并将其从队列中删除。
* 使用 Stack（堆栈）时，Peek()方法返回堆栈最上端的表项，Push()方法用于把表项加到堆栈的最上方，Pop()方法则是把堆栈最上方的表项弹出并删除。
* 委托就是把"方法"视为变量来传递。委托是一种类型，代表具有特定参数列表和返回类型的方法引用。也就是在程序中调用方法时，可以将其实例通过委托实例执行（Invoke，或调用）方法。它派生自 .NET Framework 中的 Delegate 类。委托类型是密封的，不能作为其他类型的派生来源，且不能从 Delegate 派生自定义类。

8.5　课后习题

一、选择题

（1）哪一个类可以实现 IList 接口？（　　）

A. Array 类　　　　　　B. ArrayList 类　　　　　C. Stack 类　　　　D. Queue 类

（2）哪一个类的表项采用先进先出（FIFO）的方式？（　　）

A. Array 类　　　　　　B. ArrayList 类　　　　　C. Stack 类　　　　D. Queue 类

（3）哪一个类的表项采用后进先出（LIFO）的方式？（　　）

A. Array 类　　　　　　B. ArrayList 类　　　　　C. Stack 类　　　　D. Queue 类

（4）在数组上使用 ArrayList 类，如果要重新设置数组的大小，要用哪一个属性？（　　）

A. Capacity　　　　　　B. Count　　　　　　C. Item　　　　　D. IsReadOnly

（5）对于委托的描述，哪一个有误？（　　）

A. 派生自.NET Framework 中的 Delegate 类
B. 能作为其他类型的派生来源
C. 把"方法"视为变量来传递
D. 具有特定参数列表和返回类型的方法引用

二、填空题

（1）在 IDictionary 接口中，属性_____获取集合中所有表项的索引键，属性_____获取集合中所有表项的值，方法_____将表项加入集合中。

（2）使用 Queue（队列）时，_____方法会返回队列前端的对象并将其从队列中删除，_____方法将对象加入到队列末端。

（3）使用 Stack（堆栈）时，_____方法返回堆栈最上端的表项，_____方法把表项加到堆栈的最上方，_____方法则是把堆栈最上方的表项弹出并删除。

三、实践题

（1）IDictionary 界面的实现分为 3 类，请简答之。

（2）使用委托的概念，设计一个能计算三角形和矩形面积的委托对象，运行结果可参照图8-7。

图 8-7　计算三角形和矩形面积的程序运行结果

习题答案

一、选择题

（1）B　　（2）D　　（3）C　　（4）A　　（5）B

二、填空题

（1）Keys　Values　Add()　　（2）Dequeue()　Enqueue()　　（3）Peek()　Push()　Pop()

三、实践题

（1）

- 只读：IDictionary 对象无法修改。
- 固定大小：IDictionary 对象不允许加入或删除表项，但允许修改现有表项。
- 可变大小：IDictionary 对象允许加入、删除和修改表项。

（2）略

第 **9** 章

错误和异常处理

章节重点

⌘　编写程序发生错误要如何处理？如何使用 Visual Studio 提供的调试环境？

⌘　什么是异常处理？System.Exception 能提供哪些信息？

⌘　如何避免编写程序产生错误？就算是一个简易的程序，也必须经过测试和调试。对于初学者而言，有哪些常见的错误？VS Express 2013 提供的异常处理机制如何预防错误的出现？

9.1　Visual Studio 调试环境

编写程序有可能会产生错误，称为"Bug"（臭虫）。对于一个程序设计的初学者而言，臭虫有时会如影随形地隐藏在程序里，与程序设计者纠缠不清。程序中一个小小的错误，有可能只会让程序中止运行，但是如果是严重的错误，就可能造成数据丢失，甚至让计算机宕机。

找出错误的过程称为"调试"（debugging，或称为排错）。任何应用程序都必须重复进行调试与测试，最好的方法就是在程序中加入调试程序代码进行自动检测，否则隐藏的错误越久，花费处理的时间就越长！程序中会隐藏多少错误？这并没有精确的统计数值，但是有一个平均值可作为参考：每千行程序代码可能会产生 10~15 个错误。

VS Express 2013 提供了完整的调试环境。通过创建项目的方式，编译过的程序可选择直接运行，或按"F5"键进入调试环境。大致上来说，VS Express 2013 的调试环境提供了两种调试模式，第一种是"逐语句"，在调试模式下将程序代码一个个进行解析；另一种方式则是设置"断点"，通过条件的设置和调用次数来决定程序的中断，当然也可以将上述两种方式结合使用。

9.1.1　错误列表窗口

错误列表窗口最主要的用途是提供错误信息。它通常位于程序代码编辑器的下方，从"查看"菜单也能找出来，如图 9-1 所示。

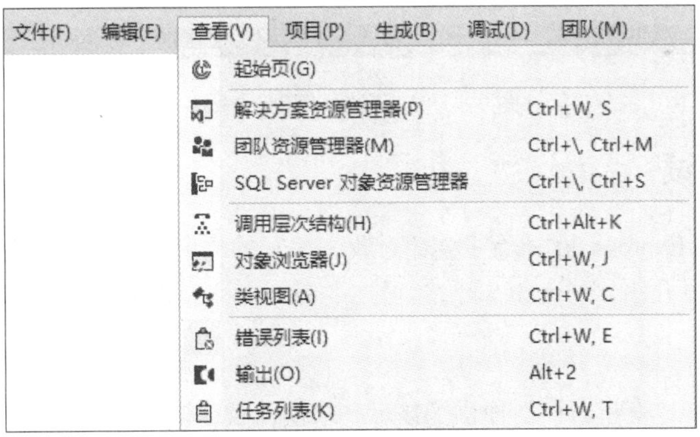

图 9-1　打开错误列表窗口

错误列表大概有 3 种：错误、警告和信息。

- 错误：表示程序无法进行编译，它会根据程序代码内容指出错误所在。例如使用了变量却没有先声明，编译时就会显示其错误信息。可以将鼠标移向错误列表窗口的某个错误信息，再双击鼠标就会回到发生错误的程序代码，如图 9-2 所示。
- 警告：这不会影响编译程序完成编译，但编译程序会发生警告，提醒我们要注意！可能是程序代码忘了加某个关键字，或者给变量赋值了，却没有在程序代码中使用它，如图 9-3 所示。

图 9-2　编译时发生错误的错误列表

图 9-3　编译时发出警告的列表

9.1.2　如何调试

一般来说，VS Express 2013 除了会针对我们编写的程序进行调试，还提供了一些工具让我们使用，下面进行介绍。

变量窗口

在调试模式下，"变量窗口"提供了显示、求值以及编辑变量和表达式的功能。无论是局部变量、自动窗口和监视窗口，都会提供 3 个字段：名称、值和类型。名称用来存放变量名称或表达式，值和类型用来显示变量或表达式的值和数据类型。变量窗口提供的要素有以下 3 种。

- 局部变量：显示当前调试范围的局部变量和存储数据的地址。
- 监视：根据调试需求加入想要监看的变量，从运行过程中观察变量的变化。
- 自动窗口：显示当前和之前程序代码行中所使用的变量和函数的返回值。

如何调出这 3 个窗口呢？只有在调试模式下才能把它们调出来使用。以图 9-4 来说，在程序代码编辑状态，即使执行菜单中的"调试"→"窗口"指令展开下一层菜单也看不到相关的变量窗口。

图 9-4　编辑状态无法使用变量窗口

图 9-5 表示进入调试模式，窗口的标题栏的文件名后会有"调试"两个字，再一次执行"调试"功能的"窗口"指令，展开下一层菜单时就会看到许多与调试有关的指令。

图 9-5　调试模式才能使用变量窗口

进入调试模式，使用"调试"菜单来调出这些变量窗口，它位于窗口底部，以选项卡（或称为标签）方式存在，可切换不同选项卡来查看变量的改变，如图 9-6 所示。

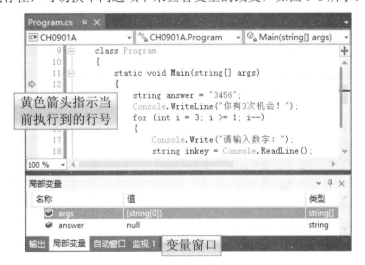

图 9-6　调试模式下变量窗口的使用

在调试模式下，也有调试工具栏可以使用，虽然它与按钮和调试菜单并无太大差异，但使用时更方便，可参考图 9-7 的说明。

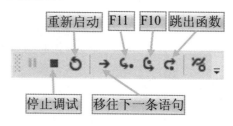

图 9-7　调试模式下的调试工具栏

调试中"逐语句"和"逐过程"

如果程序代码在编译过程中并未产生错误，执行时却发生严重错误，直接启动调试模式，会比较容易找出错误所在！如果程序代码编译没有问题，也能顺利执行，却发现结果并不符合设计意愿，就必须花费功夫使用"逐语句"一步步找出错误所在。范例 CH0901A.csproj 已默认猜中数字，执行时却发现输入正确数字也不会显示"数字正确"的信息。这种逻辑判断的错误，有时无法立即找出错误所在，必须通过调试模式，逐步找出错误。

进入调试模式的"逐语句"（F11 按键）和"逐过程"（F10 按键）有什么不同？解说如下：

- 逐语句运行：进入调试模式后，会从 main() 主程序开始，一次只执行一条语句。它会调用程序中的所有指令（有些指令可能是汇编语言产生的机器指令），因此调试过程会变得烦琐而缓慢。

- 逐过程：它只会简易执行 main() 主程序中的每条语句，不会调用其他语句。

"逐语句"和"逐过程"的不同之处在于方法的调用。如果下一行程序代码中有函数调用，"逐语句"会去调用相关函数内的每一条语句。另外，进入调试模式后，也会启动"调试"工具栏。未调试之前，先来看看下列程序发生了什么问题。

范例 CH0901A　发生了错误的程序

创建控制台应用程序，项目名称为"CH0901A.csproj"，在 Main() 主程序中编写以下程序代码：

```
11  static void Main(string[] args)
12  {
13    string answer = "3456";
14    Console.WriteLine("你有 3 次机会！");
15    for(int i = 3; i >= 1; i--) {
16      Console.Write("请输入数字：");
17      int inkey = Console.Read();
18      if(answer.Equals(inkey)){ //比较数字
19        Console.Write("恭喜你！数字正确！");
20        break;
21      }
22      Console.WriteLine("还有{0}次机会！", i-1);
```

```
23    }
24    Console.Read();
25  }
```

运行：按 "Ctrl + F5" 组合键运行此程序，打开 "命令提示符" 窗口。输入正确的数字，不但未按程序代码产生结果，还出现了奇怪的结果，如图 9-8 所示。

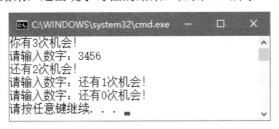

图 9-8　范例 CH0901A 运行的结果不正确

9.1.3　进入调试程序

范例 CH0901A 编译时未并发生错误！按 "F11" 键进入调试程序来查看。

范例 CH0901A　进入调试模式

1 启动调试程序后，会先调用 "命令提示符" 窗口。之后通常会在集成开发环境的窗口底部打开两个窗口：左侧是 "局部变量" 窗口，右侧是断点窗口。程序代码编辑区行号左侧会有一个黄色箭头指向 main() 主程序，表示调试程序由此开始。每按一次 "F11" 键，黄色箭头就会往下一行语句移动。

2 持续按 "F11" 键到程序代码第 14 行，可以看到 "局部变量" 窗口有所变化，answer 已由 null 存入字符串 "3456"，如图 9-9 所示。

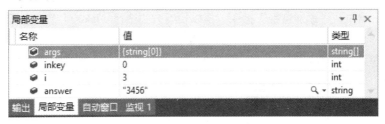

图 9-9　存入字符 "3456"

3 持续按 "F11" 键到程序代码第 17 行，在 "命令提示符" 窗口输入数字 "3456" 并按 Enter 键才能让程序往下一行语句移动。切换到 "自动窗口"，它会告诉我们第 17 行 "Console.Read()" 方法读取的值已返回，如图 9-10 所示。

4 再将变量窗口切换成 "局部变量"，查看 inkey 的值，或者将鼠标移向程序代码变量 "inkey"，可以看到它的值为 "51"，如图 9-11 所示。可是明明输入 "3456" 怎么变成了 "51"！

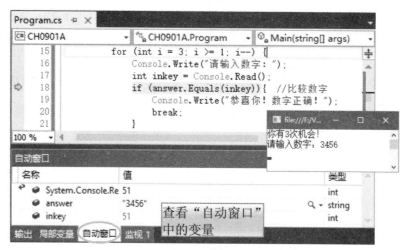

图 9-10 查看"自动窗口"中的变量

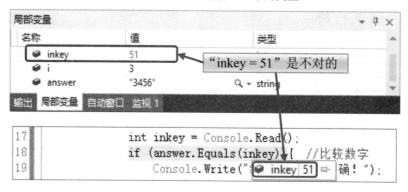

图 9-11 查看 inkey 的值

5 表示这一行语句是有问题的，通过监视窗口会更清楚。❶选择"answer"并右击来打开快捷菜单；❷执行"添加监视"指令，再以相同方式选择"inkey"加入监视；❸将变量窗口切换成"监视 1"，可以发现 answer 是字符串，而 inkey 是数值。使用 Equals()比较它们是否相等，当然不会相等。步骤如图 9-12 所示。

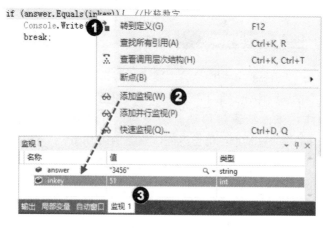

图 9-12 "添加监视"窗口来查看变量

⇨6 单击"调试"工具栏的 ■ "停止调试"按钮，将第 17 行程序修改如下：

```
17  string inkey = Console.ReadLine();
```

运行：按"Ctrl＋F5"键运行此程序，打开"命令提示符"窗口，会发现程序可以正确运行了，如图 9-13 所示。

图 9-13　范例 CH0901A 运行正确后的结果

9.1.4　加入断点

调试时，在应用程序中加入断点，会让某一行语句中断。在中断模式下，查看程序的错误，并设置条件值找到错误所在。相对于使用调试器进入调试模式来找出程序错误的耗时费工，设置断点能让我们不用逐步查看每一行程序语句的执行!要在程序代码某行语句加入断点有两个方法。

- 将插入点移向某行语句，按"F9"键就能加入断点，再按一次"F9"键就能取消断点。
- 将鼠标移向某行语句行号的最前端，单击设置断点。

加入的断点会在程序代码的行号左侧产生一个红色圆点。调试过程中，也可以根据需求来设置多个断点。如果要取消断点，只要把鼠标指针指向设置断点的那一行程序代码行号前面的"红色圆点"，再单击即可。

范例 CH0901B 使用 for 循环，设置的条件值已经超出短整数的范围，所以执行时会因为溢出而产生无限循环，通过断点的设置来进行程序代码的修正。

范例 CH0901B　程序中加入断点

⇨1 创建控制台应用程序，项目名称为"CH0901B.csproj"，在 Main()主程序中编写以下程序代码：

```
13  static void Main(string[] args)
14  {
15    sbyte count;
16    for (count = 0; count <= 127; count++)
17    {
18      Console.Write ("计数器 = {0}", count);
19    }
20  }
```

⇨2 加入断点。为了了解计数器的输出结果，鼠标移向第 18 行行号左侧，单击就会加入红色圆点的断点符号，如图 9-14 所示。

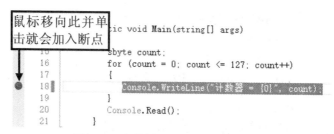

图 9-14　在范例 CH0901B 中加入断点

程序说明

* 由于 sbyte 的取值范围为 "–128～127"，因此选择让 count 小于或等于 127 作为循环终止的条件，就会形成无限循环。其实编译程序已经发出了警告，但程序依然可以执行，只是不会停下来！

设置中断条件

程序原本是一个无限循环，加入断点只是中断程序的执行。程序在断点之下根据条件值来产生中断，继续执行下列条件值，设置当 count 值小于 "10" 时产生的中断效果。

1 调出 "断点" 窗口。❶展开 "调试" 菜单；❷鼠标移向 "窗口"，进入下一层菜单选项；❸执行 "断点" 指令，如图 9-15 所示。

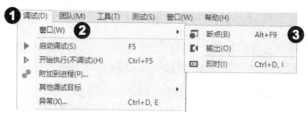

图 9-15　调出 "断点" 窗口

2 按 "Ctrl + F5" 键运行此程序，❶让程序在断点停下来，进入调试（中断）模式设置 "条件"。在编辑窗口下方的 "断点" 窗口可以看到加入的第 18 行。❷右击展开快捷菜单，❸执行 "条件" 指令，如图 9-16 所示。

3 设置条件值。❶勾选 "条件" 复选框；❷输入 "count < 0"；❸选择 "为 true"；❹单击 "确定" 按钮，如图 9-17 所示。

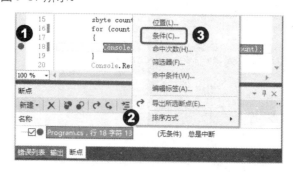

图 9-16　准备为断点设置 "条件"

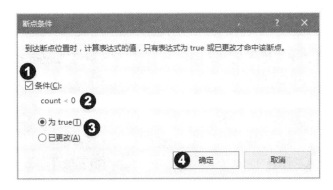

图 9-17　为断点设置"条件"

4 根据步骤 2 的方式，展开"断点"窗口的快捷菜单，选择"命中次数"选项进入其对话框。当调用断点时，❶选择"中断，条件是命中次数等于"；❷后面文本框输入"10"；❸单击"确定"按钮以完成设置，如图 9-18 所示。

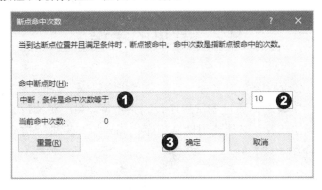

图 9-18　设置断点命中次数

5 按"Shift + F5"组合键结束调试模式。再次按"F5"键重新运行程序，这一次它会停下来。原因是条件"count < 0"，命中次数等于"10"。运行结果如图 9-19 所示。

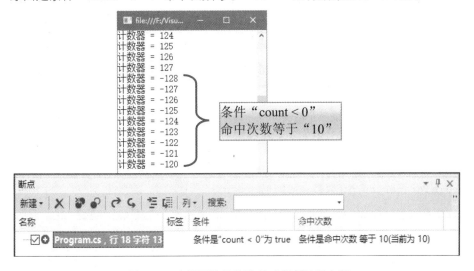

图 9-19　在设置的条件满足时程序运行中断

程序说明

* 还可以查看局部变量的情况"count = -119",当条件"count < 0"让循环执行 10 次再停下来,如图 9-20 所示。

图 9-20 查看中断时局部变量的情况

* 使用断点可以进一步了解 Visual C# 2013 调试环境的运行情况。当程序代码中发生错误时,设置断点来快速了解发生错误的地方。通过逐步分析,可以了解程序的运行情况,减少程序代码错误的发生次数。

9.2 常见的错误

程序中"Bug"的形成原因有很多种,可能是"指令错误",简单的语法错误能在编译过程中被找出来,复杂的错误就得通过调试程序代码来定位。另一种情况是"逻辑错误",编译时看似无误,不过却无法运行,必须使用调试程序代码一步一步进行检测。还有哪些常见的错误呢?下面进行简单介绍。

9.2.1 语法错误

对于初学者来说,比较容易疏忽的地方就是打错了字。例如在输入程序代码时将字母 L 的小写"l"打成数字"1",将"0"打成字母"o",或者在语句末端未加结束的分号。使用了变量却未声明,编译时会出现这样的错误信息:

```
当前上下文不存在名称 'count'
```

声明局部变量时,并未将变量进行初始化。通过下述例子来说明:

```
sbyte count;
short sum;  //sum = 0 就能改正错误
for (count = 0; count < 127; count++)
    {
    sum += count;
    Console.WriteLine("计数器 = {0}", count);
}
```

* 编译时会显示错误信息"使用了未赋值的局部变量'sum'"。

声明变量时,对于初始值的设置必须多加注意,才能避免错误的发生。此外,使用循环语句(例如 while 循环)时,条件值设置错误有可能造成无限循环。

9.2.2　逻辑错误

创建类时，没有把对象初始化。通过下述例子来说明：

```
class Program
{
  static void Main(string[] args)
  {
    Found fd;//没有使用 new 实例化对象
    Found fd2 = new Found; //忘了加括号，正确是 Found()
    fd.show();
  }
}
//声明了类
class Found{
  int value; //属性
  public void show(){
    Console.WriteLine("Vaule = {0}", value);
  }
}
```

- 编译程序的错误信息：使用了未赋值的局部变量'fd'。
- new 表达式在类型后需要有()、[]或{}。

使用数组时，读取元素时发生错误。以下述例子来说明：

```
static void Main(string[] args)
{
 sbyte[] arr = new sbyte[]{11, 12, 13};//声明数组并初始化
  for (int index = 0; index <=3 ; index++)
  { //读取数组元素
    Console.Write("{0},", arr[index]);
  }
}
```

- 未处理的异常情况：System.IndexOutOfRangeException（下标在数组的界限外），在 d:\Visual C#2013 Demo\CH09\0902A\Program.cs 的第 16 行。

抛出一个异常处理信息 "System.IndexOutOfRangeException"，表示读取数组时超出下标值范围。为了避免这种意外，就要根据数组的长度来设置 "index.Length"，或者加入异常情况的处理。

9.3 异常情况的处理

了解调试模式的处理程序后，进一步认识"运行时错误"（Run Time Error）。发生的原因并非应用程序发生问题，而是用户不当的操作，例如光驱忘记放光盘片、操作环境发生了问题（如通过网络下载文件，网络却中断了）等。由于都是不可预期的情况，因此称为"结构化异常情况"。

处理结构化异常情况称为"结构化异常处理"（Structured exception handling）。它包含异常情况的控件结构、隔离的程序代码块以及筛选条件创建的异常处理机制，可以区分不同的错误类型并且根据情况做出反应。

9.3.1 认识 Exception 类

.NET Framework 提供了 Exception 类，发生错误时，系统或当前正在执行的应用程序会通过抛出异常情况来发出通告，并通过异常处理程序（Exception Handler）处理异常情况。Exception 类是所有异常情况的基类，根据异常情况又可分成以下两类。

- SystemException 类：用来处理 Common Language Runtime 所产生的异常情况，其中的 ArithmeticException 类用来处理数学运算产生的异常情况，共有 3 个派生类，可参考表 9-1。

表 9-1　ArithmeticException 的派生类

类	说明
DivideByZeroException	整数或小数零除时
NotFiniteNumberException	浮点数无限大、负无限大或非数字（NaN）时
OverflowException	产生溢出情况

- ApplicationException 类：应用程序产生异常情况，用户可自行定义异常情况。

处理异常情况时，Exception 类具有的属性可参考表 9-2。

表 9-2　Exception 类提供的属性

属性	说明
HelpLink	获取异常情况相关说明文件的链接
Message	获取当前异常情况的错误描述及更正信息
Source	获取造成应用程序错误的对象名称
StackTrace	追踪当前所抛出的异常情况，调用堆栈程序
TargetSite	获取当前抛出异常情况的方法

9.3.2　简易的异常处理

程序有可能产生错误，当然要想办法来防患于未然。C#提供了异常处理（Exceptions Handling）机制来避免程序中产生的错误。产生错误时，使用异常处理机制来拦截错误。先来认识以下 3 个指令。

- throw：抛出异常情况并进行异常处理。
- try：发生异常情况时，用来判别是否要执行处理异常情况的程序块。
- catch：拦截异常情况，负责处理异常情况的程序块。

要进行异常情况的处理可使用"try/catch"语句。使用 try 语句来进行错误的处理，发生异常情况时，控制流程会跳至与程序代码关联的异常处理程序（Exception Handler）。

catch 语句定义异常情况处理程序。它会根据"异常情况筛选条件"（Exception Filter）来处理。由于异常情况都是从 Exception 类型派生而来，因此为了保持异常情况的最佳方式，通常不会把 Exception 指定为异常情况筛选条件，而是它底下的派生类。

我们可以根据不同的异常情况来使用多个 catch 区段进行条件的筛选。抛出异常情况时，catch 语句会由上至下进行筛选，只会抛出一条 catch 语句。try…catch 语法如下：

```
try{
  //进行错误处理
}
catch(数据类型参数){
  //显示错误信息
}
```

- 无论是 try 还是 catch 语句所使用的程序段（{}）都不能省略。
- 异常情况全都派生自 System.Exception 的类型。
- try 程序段处理可能抛出异常情况的语句。
- 如果指定的异常情况并没有异常处理程序，程序就会停止执行并出现错误信息。
- catch 语句定义异常情况变量，可以使用该变量来细分发生异常情况的类型。
- 程序可配合 throw 关键字明确地抛出异常情况。

为什么要使用异常处理？先来看看下述范例，一个很常见的例子。

范 例　CH0903A　除数为 0

创建控制台应用程序，项目名称为"CH0903A.csproj"，在 Main()主程序中编写以下程序代码：

```
11  static void Main(string[] args)
12  {
13    double numA =56.0, numB = 0.0;
14    double result = numA / numB;
15    Console.WriteLine(result);
16  }
```

运行：按"Ctrl＋F5"组合键运行此程序，打开"命令提示符"窗口，得到图 9-21 所示的运行结果（注：图中的"∞"表示无穷大 ）。

范例 CH0903B　防范除数为 0

图 9-21　范例 CH0903A 的运行结果

为了防范除数为 0 的情况，会以 if 语句做进一步的判断，程序代码修改如下：

```csharp
static void Main(string[] args)
{
  double numA = 56.0, numB = 0.0;
  double result = 0.0;
  if (numB == 0)
  {
    Console.WriteLine("除数为零，不能计算");
  }
  else
  {
    result = numA / numB;
    Console.WriteLine(result);
  }
}
```

- 由于对"numb"是否为 0 做了条件判断，因此修改后的程序运行结果如图 9-22 所示。

图 9-22　范例 CH0903B 的运行结果

如果程序代码很小，使用 if 语句就能进行程序代码的简易调试。如果采用 try/catch 语句，那么该如何修改上述程序代码进行错误的异常情况处理呢？就是在原来表达式纳入 try 语句的程序段内，碰到除数为 0 时以 catch 语句抛出错误信息。

范例 CH0903C　try/catch 语句捕捉错误

创建控制台应用程序，项目名称为"CH0903C.csproj"，在 Main() 主程序中编写以下程序代码：

```csharp
13  static void Main(string[] args)
14  {
15    int numA = 56, numB = 0;
16    //进行程序错误的捕捉
17    try //除数为零时进行错误处理
18    {
19      if(numB == 0)
20        Console.WriteLine("除数是零");
```

```
21          Console.WriteLine (numA / numB);
22      }
23      //发生异常情况的处理
24      catch (DivideByZeroException ex)
25      {
26          Console.WriteLine(ex.ToString());
27      }
28      Console.WriteLine("被除数{0}除以{1}", numA, numB);
29  }
```

运行：按"Ctrl + F5"组合键运行此程序，打开"命令提示符"窗口，得到图 9-23 所示的结果。

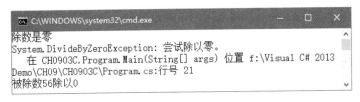

图 9-23　范例 CH0903C 的运行结果

程序说明

* 第 17~22 行：try 语句，同样以 if 语句来判断除数（numb）是否为 0。若是，则显示其信息，否则进行运算。
* 第 24~27 行：catch 语句，如果发现除数为 0，就使用 Console.WriteLine()方法输出错误信息，输出的结果如图 9-23 所示。

9.3.3　Finally 程序块

Finally 程序块是 try/catch/finally 语句最后执行的程序块，也是一个具有选择性的程序块。使用 finally 程序块时，无论 catch 程序块中的程序代码是否已执行，在错误处理程序块范围结束前，一定会调用 finally 程序块。什么情况下会使用 finally 程序块呢？例如读取文件发生异常情况时，借助 finally 程序块会让文件读取完毕，并释放使用的资源。其语法如下：

```
try{
  //进行错误处理
}
catch(数据类型参数){
  //显示错误信息
}
finally
{
  //有无错误发生，程序块一定会被执行
}
```

范例 **CH0903D　try/catch/finally 语句**

创建控制台应用程序，项目名称为"CH0903D.csproj"，在 Main()主程序中编写以下程序代码：

```
13  static void Main(string[] args)
14  {
15      int[] number = new int[]{11, 12, 13, 14, 15};
16      int count;
17      //数组元素只有 5 个，for 循环却要读取 6 个，会有异常情况
18      for (count = 0; count <= 5; count++)
19      {
20          //设置捕捉器
21          try{
22              Console.WriteLine("number[{0}] = {1} ",
23                  count, number[count]);
24          }
25          catch(IndexOutOfRangeException ex){
26              Console.WriteLine(ex.ToString());
27          }
28          finally
29          {
30              Console.WriteLine("，第{0}个 ", count);
31          }
32      }
33      Console.Read();
34  }
```

运行：按"Ctrl + F5"组合键运行此程序，打开"命令提示符"窗口，得到图 9-24 所示的结果。若没有使用 finally 语句，则会抛出 22 行错误；若加入 finally 语句，则会把第 6 个数组元素读出，只是其中没有数组元素。

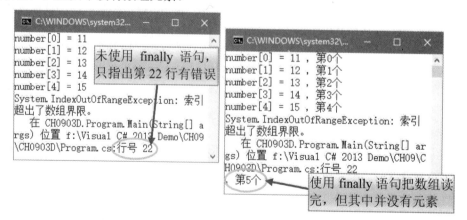

图 9-24　范例 CH0903D 的运行结果

程序说明

* 声明一个数组有 5 个元素，使用 for 循环读取，故意让它读取 6 个元素来抛出异常情况。看看加入 finally 语句和不加 finally 语句有什么不同。
* 第 18~28 行：使用 for 循环读取数组。
* 第 21~24 行：try 语句。当 for 循环读取数组时进行错误的捕捉。
* 第 25~27 行：catch 语句。当数组超出边界值时会以 IndexOutOfRangeException 类来抛出异常情况。
* 第 28~29 行：finally 语句会把数组读取完毕，无论有没有发生异常情况。

9.3.4 使用 throw 抛出错误

throw 语句能指定异常处理类或用户自行定义的异常处理类，配合结构化异常处理（try/catch/finally）来抛出异常情况。其语法如下：

```
throw exception
```

配合 exception 类的实例化对象来抛出异常处理。

范例 CH0903E **throw 语句**

创建控制台应用程序，项目名称为 "CH0903E.csproj"，在 Main()主程序中编写以下程序代码：

```
13  static void Main(string[] args)
14  {
15      int month = 0;
16      do{
17        try{
18          checkMonth(month);//调用静态方法
19          break;
20        }
21        catch(ArgumentOutOfRangeException){
22          Console.WriteLine("输入月份不对");
23        }
24      }while(true);
25  }
26  //检查输入的月份
27  public static int checkMonth(int mon){
28    Console.Write("请输入月份：");
29    mon = int.Parse(Console.ReadLine());
30    if (mon > 12)
31      throw new ArgumentOutOfRangeException();
32    else
33    {
34      switch (mon){
```

```
35          case 2:
36            Console.WriteLine("{0} 月只有 28 天", mon);
37            break;
38          case 4: case 6: case 9: case 11:
39            Console.WriteLine("{0} 月有 30 天", mon);
40            break;
41          default:
42            Console.WriteLine("{0} 月有 31 天", mon);
43            break;
44      }
45    }
46    return mon;
47  }
```

运行：按"Ctrl + F5"键运行此程序，打开"命令提示符"窗口，输入数值来获取结果，如图 9-25 所示。

图 9-25 范例 CH0903E 的运行结果

程序说明

* 第 16~24 行：do/while 循环，执行时会以 try/catch 语句捕捉错误。
* 第 17~20 行：try 语句捕捉静态方法 checkMonth()是否发生错误。获取月份正确天数后就以 break 语句来中断程序执行。
* 第 21~23 行：catch 语句以 ArgumentOutOfRangeException 类来捕捉超出范围的数值，它接受第 31 行 throw 语句抛出的错误，所以用信息显示。
* 第 27~47 行：定义静态方法 checkMonth()接受传入的数值来判断月份。
* 第 30~31 行：当数值大于 12 时会用 throw 语句抛出异常情况，由第 21 行的 catch 输出错误信息。
* 第 34~44 行：使用 switch/case 语句判断月份的天数。

9.4 重点整理

* Visual C#提供了两种调试模式，第一种是"逐语句"，调试环境会将程序代码一个个进行解析；另一种是设置"断点"，通过条件的设置和调用次数来决定何时产生中断。
* 在调试模式下，"变量窗口"提供显示、求值以及编辑变量和表达式的功能。无论是局部变量、自动窗口还是监视窗口，都会提供 3 个字段：名称、值和类型。
* "逐语句"和"逐过程"不同之处在于函数的调用。"逐语句"碰到函数时会进入函数内部；"逐过程"则会一行一行地执行语句，不会进入函数内部。
* 在调试过程中可设置断点，根据调试需求将条件值加入断点，并设置"命中次数"。

◆ .NET Framework 提供了 Exception 类，发生错误时，系统或当前正在执行的应用程序会通过抛出异常情况发出通告，并通过异常处理程序（Exception Handler）来处理异常情况。

◆ 要处理异常情况，SystemException 类处理 Common Language Runtime 所产生的异常情况；ApplicationException 类，用户可自行定义异常情况。

◆ C#提供异常处理（Exceptions）的机制来避免程序中产生的错误。用 throw 语句抛出异常情况，以 try 语句来捕捉错误，通过 catch 语句来显示错误情况。

◆ Finally 程序块是 try/catch/finally 语句最后执行的程序块，也是一个具有选择性的区块。使用 finally 程序块时，无论 catch 程序块中的程序代码是否已执行，在错误处理程序块范围结束前，最后一定会调用 finally 程序块。

9.5 课后习题

一、选择题

（1）进入调试模式，要设置断点可使用哪一个按键来快速设置？（   ）

A. F10   B. F11   C. F9   D. F4

（2）请问下列程序代码发生了什么错误？（   ）

A. for 循环发生计次错误   B. sum 变量没有设置初值
C. count 变量没有给予初值   D. 程序代码并无错误

```
sbyte count;
short sum;
for (count = 0; count < 127; count++)
  {
  sum += count;
  Console.WriteLine("计数器 = {0}", count);
}
```

（3）请问下列程序代码会产生什么异常处理状况？（   ）

A. IndexOutOfRangeException   B. ArgumentOutOfRangeException
C. DivideByZeroException   D. 程序代码并无错误

```
sbyte[] arr = new sbyte[]{11, 12, 13};//声明数组并初始化
  for (int index = 0; index <=3 ; index++)
  { //读取数组元素
    Console.Write("{0},", arr[index]);
```

（4）try/catch 语句用来捕捉程序，其中 try 语句的作用是（　　）。

A. 拦截异常情况　　　　　　　　　　B. 判别是否要执行处理异常情况的程序块
C. 查看发生错误的程序代码　　　　　D. 有无错误发生，此程序段一定会执行

（5）抛出异常情况要使用哪一条语句？（　　）

A. try　　　　　　B. finally　　　　　C. throw　　　　　D. catch

（6）在错误处理程序块范围结束前，一定会调用哪一条语句？（　　）

A. try　　　　　　B. finally　　　　　C. throw　　　　　D. catch

二、填空题

（1）Visual C#提供了两种调试模式，第一种是＿＿＿＿＿＿＿＿；第二种是＿＿＿＿＿＿＿＿。
（2）进入程序代码的调试模式时，变量窗口提供哪 3 种要素来进行查看：＿＿＿＿＿＿＿、＿＿＿＿＿＿＿、＿＿＿＿＿＿＿。
（3）进入 VS Express 2013 调试运行有两种方法：要"逐语句"按＿＿＿键；要"逐过程"按＿＿＿键。
（4）要处理异常情况，处理 Common Language Runtime 所产生的异常情况使用＿＿＿＿＿＿＿＿＿＿类；处理用户自行定义的异常情况使用＿＿＿＿＿＿＿＿＿＿类。

三、实践题

请列举 SystemException 类下 3 个派生类并简单说明它们用于哪一种异常处理。

习题答案

一、选择题

（1）C　　（2）B　　（3）A　　（4）B　　（5）C　　（6）B

二、填空题

（1）逐语句　设置断点
（2）局部变量　自动窗口　监视窗口
（3）F11　F10
（4）SystemException　ApplicationException

三、实践题

- DivideByZeroException：整数或小数除 0 时。
- NotFiniteNumberException：浮点数无限大、负无限大或非数字（NaN）时。
- OverflowException：产生溢出情况时。

第 **10** 章

窗口窗体的运行

章节重点

- ⌘　进入 Windows 窗体，认识窗体的运行机制。
- ⌘　显示信息的 MessageBox。
- ⌘　用 C#创建 Windows 窗体程序。
- ⌘　了解窗体的属性、方法和事件。

Windows 应用程序是环绕着 .NET Framework 来创建的，它不同于前面章节所使用的"控制台应用程序"（Console Application）。一般而言，控制台应用程序以文字为主，编译后是一个可执行文件（EXE），所有运行结果都会调用"命令提示符"窗口来显示。窗口应用程序会以窗体（Form）为主，使用工具箱放入控件，最大的优点就是没有编写任何程序代码也能调整输入输出界面。这和另一种程序设计语言 Visual Basic.NET 有许多相同之处。

10.1 Windows 窗体的基本操作

我们还是使用项目来开发 Windows 窗体（form）应用程序。要了解 Windows 窗体的运行模式，就得通过 Windows 窗体项目。如何创建呢？下面逐步来说明，如图 10-1 所示。

图 10-1 开发 Windows 窗体项目的步骤

10.1.1 创建 Windows 窗体项目

范例 CH1001A 创建 Windows 窗体

1 执行菜单中的"文件"→"新建项目"指令，进入"新建项目"对话框，❶单击模板"Visual C#"；❷选择"Windows 窗体应用程序"；❸项目名称设置为"CH1001A.csproj"；❹单击"浏览"按钮设置项目要存储的位置；❺取消勾选"为解决方案创建目录"复选框；❻单击"确定"按钮。具体步骤如图 10-2 所示。

图 10-2 创建 Windows 窗体项目

步骤2 进入 Windows 窗体的工作环境。❶窗口中间会创建一个默认名称为"Form1"的窗体,解决方案资源管理器会有一个"Form1.cs"的文件;❷窗口左侧有工具箱,所有窗体上使用的控件都在此处。❸属性窗口位于解决方案资源管理器的右下方,可以进行控件的相关设置。步骤如图 10-3 所示。

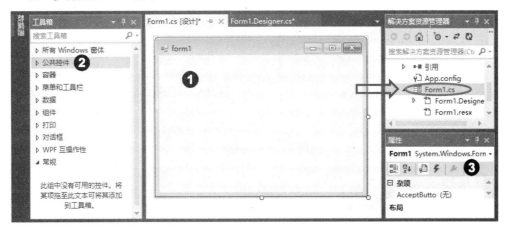

图 10-3　Windows 窗体的工作环境

10.1.2　Windows 窗体的工作环境

在 Windows 窗体的工作环境中,对于我们来说较为陌生的是工具箱、Windows 窗体和属性窗口。解决方案资源管理器也会因为它是 Windows 窗体而有所不同。

工具箱

位于 VS Express 2013 集成开发环境左侧的工具箱存放着种类众多的控件,它通常自动隐藏于开发环境的左侧,单击时才会滑出,如图 10-4 所示。若要固定工具箱,则可以单击工具箱标题栏的图钉,形成直立状,或者展开工具箱标题栏的▼按钮,展开菜单,选择某一个选项即可变更工具箱的状态,如图 10-5 所示。

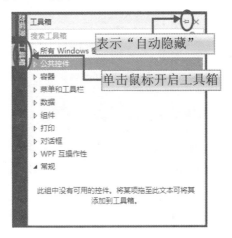

图 10-4　工具箱位于窗口左侧

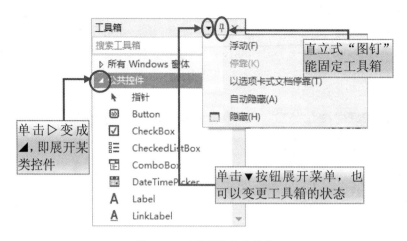

图 10-5　工具箱的基本操作

　　工具箱存放着多个控件，它按公共控件、组件、打印、对话框等来分类。通常会以公共控件为主。要取用某个分类的控件，使用鼠标将▷展成◢时就会展开某个分类，控件分类里的这些控件以字母顺序来排列，便于我们能快速取用。

解决方案资源管理器

　　那么解决方案资源管理器多了什么？由于是 Windows 窗体，因此会多出一些跟它有关的文件，如图 10-6 所示。解决方案名称会根据我们所创建的项目来产生。由于是 Windows 窗体应用程序，因此会产生跟 Form1 有关的程序，更多的认识请参考第 10.2.1 小节的内容。

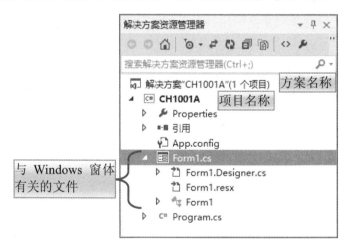

图 10-6　解决方案资源管理器

属性窗口

　　属性窗口提供窗体对象或控件的属性设置，以图 10-7 为例来说明。通常属性窗口提供了两种功能：属性和事件。配合工具栏的"分类"和"字母顺序"可以决定属性或事件要根据哪种方式来呈现。通常"分类"和"属性"会呈现"按下"状态，表示看到属性窗口时，会将属性按其性质以设计、焦点来进行分类。

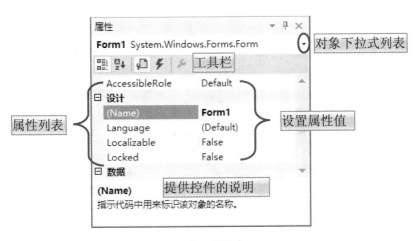

图 10-7　属性窗口

- 对象下拉式列表：右侧会有一个▼按钮，单击它会展开列表。除了窗体对象外，在窗体上加入的控件都可通过此下拉列表来选择要设置属性的控件。
- 工具栏：从左到右，包含按分类排序 ⊞、按字母顺序 ⊞、属性 🗔 和事件 ⚡。按字母顺序会将属性或事件按照英文字母 A~Z 的顺序来排列。
- 属性列表和设置属性值：属性列表由相关属性名称组成，会因控件的不同而有差异。当插入点移向右侧设置属性值的字段时，左侧的属性名会以（蓝底白字）显示，表示焦点在此属性名称上。
- 属性窗口最下方会提供焦点所在的属性说明，以图 10-7 来说明，焦点停留在属性名 Name 上，窗口下方会显示"指示代码中用来标识该对象的名称"的简易说明。

如何让属性窗口按事件分类来显示？参照图 10-8 来解释以下简易步骤。❶单击工具栏的"字母顺序"按钮；❷单击"事件"按钮，为某个事件编写程序代码；❸将插入点移向某一个事件，双击进入程序代码编辑区，创建此事件的程序段。

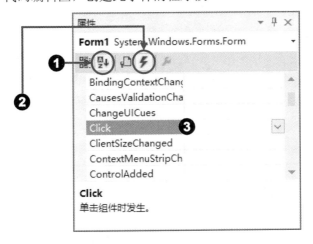

图 10-8　属性窗口更改为按事件排列

程序代码编辑区

编写控制台应用程序时，窗口中间是程序代码编辑区。以 Windows 窗体来编写应用程序时，必须针对某一个控件对象来编写。延续对属性窗口的解说，假设要让窗体单击时能执行一些操作，就得进入程序代码编辑区。下面解说一下简易步骤。❶选择窗体，找到属性窗口的"Click"事件，插入点移向右侧字段并双击；❷Click 右侧会显示"Form1_Click"事件（表示它是要在窗体上单击来触发的事件处理程序），如图 10-9 所示；❸在窗口中间打开程序代码编辑窗口，如图 10-10 所示。

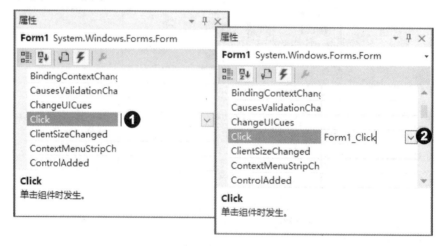

图 10-9　在属性窗口设置鼠标单击事件

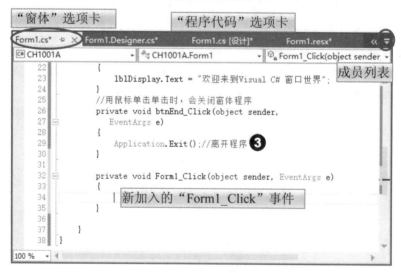

图 10-10　程序代码编辑窗口

Form1.cs 选项卡是原来的 Windows 窗体。

* Form1.cs 选项卡：编写程序的地方。
* 成员列表：位于程序代码编辑窗口右上角，是一个下拉式列表，它会列出当前程序代码中的类成员，包含它的事件处理程序、属性和方法。

10.1.3 创建用户界面

在 Windows 窗体加入控件前，先介绍一些常用控件。

- Label（标签）：用来显示文字内容（更多内容请参考第 11.1.1 小节）。
- TextBox（文本框）：让用户输入文字（更多内容请参考第 11.2.1 小节）。
- Button（按钮）：单击可以执行某个事件过程。

要在窗体上加入 3 个控件，即一个 Label 和两个 Button 控件。运行时，单击按钮会在 Label 上显示"Visual C# 2013 窗口程序"，单击"结束"按钮会关闭程序，无论是窗体还是控件，在 Windows 窗体应用程序中都是对象，因此都能进行属性设置，表 10-1 所示为范例 CH01001A 窗体所需控件和相关的属性设置。

表 10-1 范例 CH1001A 控件的属性

控件	属性	值	控件	属性	值
Form1	Text	显示文字	Button1	Name	btnShow
	Font	微软雅黑，12		Text	单击
Label	Name	lblDisplay	Button2	Name	btnEnd
	ForeColor	蓝色		Text	结束

上述这些控件都是存放于工具箱的"公共控件"，要一一加入窗体中，并进行属性设置。

加入控件

如何把控件加入窗体？有两种方法。❶直接在控件上双击，如图 10-11 所示；❷将控件拖曳到窗体上，如图 10-12 所示。

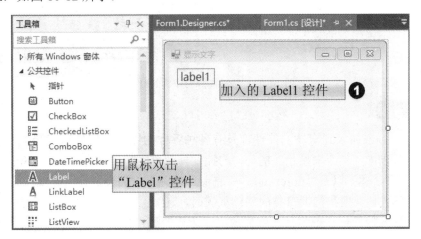

图 10-11 双击以便加入控件

❷

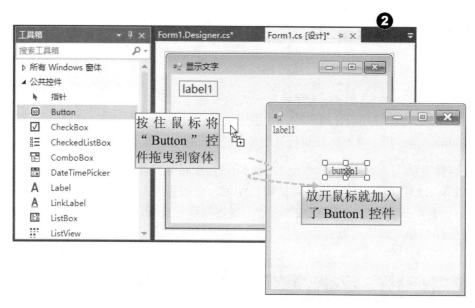

图 10-12　将控件拖曳到窗体

当窗体上要两个控件排列时，可以借助参考线将控件对齐，如图 10-13 所示。或者选择两个以上的控件，通过"布局"工具栏的各种对齐按钮来进行对齐。

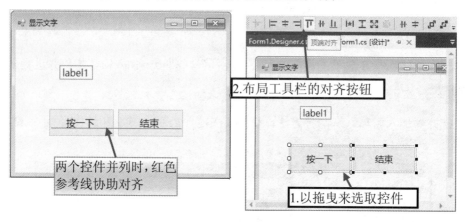

图 10-13　参考线协助控件的对齐

设置控件外观

一般来说，每个加入到窗体的控件都具有各种各样的属性，属性窗口会把性质相近的属性排列在一起，以"分类"来显示。例如，与控件外观有关的属性有"BorderStyle"（框线样式）、"Font"（字体）以及"ForeColor"（前景颜色），它们会放在"外观"属性中。此外，窗体具有容器的作用，当我们把窗体的字体放大时，窗体上所放入的控件也会跟着调整。延续前一个范例，加入控件后，把窗体的字体放大，为标签加入单线边框（默认是无框线的）。

范例 CH1001A　加入控件，设置外观属性

STEP 1　确认窗体上已加入表 10-1 的控件，如图 10-14 所示。

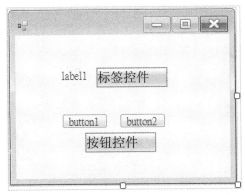

图 10-14 确认窗体上已加入表 10-1 的控件

2 ❶在窗体空白处单击来选择窗体；❷单击工具栏的"分类"和"属性"按钮；❸单击属性列表的"Font"（变成蓝底白字），单击右侧的 ... 按钮，进行字体的设置。步骤如图 10-15 所示。

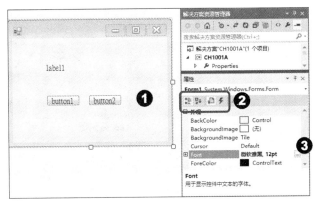

图 10-15 选择窗体设置控件的属性

3 进入"字体"对话框。❶设置字体，如"微软雅黑"；❷设置字形和字体大小，如字形为"常规"，字体大小为"12"；❸单击"确定"按钮以结束设置。步骤如图 10-16 所示。

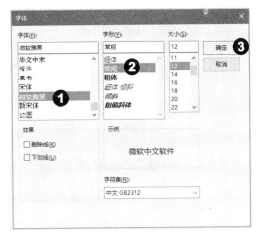

图 10-16 设置字体

STEP 4 窗体上 3 个控件的文字会跟着放大，窗体本身也加大了。❶用鼠标拖曳选择两个 Button 控件；❷向左下方拖曳来调整它们的大小。步骤如图 10-17 所示。

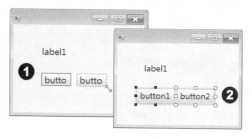

图 10-17　调整控件的大小

STEP 5 为 Label1 加外边框。❶选择 Label1 控件；❷选择属性窗口 "外观" 中的 BorderStyle 属性；❸单击▼按钮展开列表后，选择 "FixedSingle"。步骤如图 10-18 所示。

图 10-18　为 Label1 加外边框

STEP 6 为 Label1 变更字体颜色，使用属性 ForeColor。选择 Label1 后，❶单击 "Font" 的 ForeColor 属性；❷单击▼按钮展开列表；❸选择 "自定义" 调色板；❹单击蓝色色块后就会自动关闭调色板。步骤如图 10-19 所示。

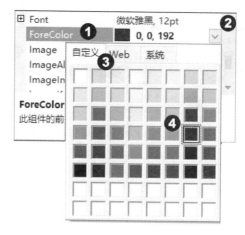

图 10-19　变更 Label1 字体的颜色

修改 Name 和 Text 属性

每个加入的控件都有 Name 属性，它是控件用来对外示意的实体名称，编写程序代码时以它为识别名称。所以窗体的 Name 是"Form1"加入两个 Name 是"Button1"和"Button2"的按钮。程序代码越复杂，这样的名称越会加大维护上的难度，所以将 Name 修改成符合实际需求是较好的方法。另一个易与 Name 属性混淆的是 Text 属性。以窗体来说，很凑巧的是它的默认名称也叫"Form1"。但是 Text 属性代表控件的文字或标题。延续前面的范例，修改窗体、控件的 Name 和 Text 属性，还是要通过属性窗口来进行，单击控件后，从"外观"部分找到 Text 属性。

范例 CH1001A 设置控件 Name 和 Text 属性

STEP 1 按照表 10-1 来修改 Text。❶在窗体空白处单击来选择窗体；❷找到属性 Text，输入"显示文字"；❸设置结果会立即反映于窗体的标题栏中。步骤如图 10-20 所示。

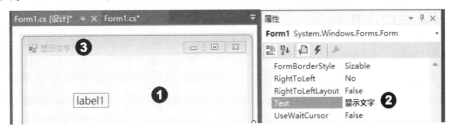

图 10-20 修改控件的标题栏文字

STEP 2 选择 Button1；❶找到属性 Text，输入"单击"并按 Enter 键；❷设置结果会立即反映到按钮表面。步骤如图 10-21 所示。以相同的方式将 Button2 的 Text 改为"结束"。

图 10-21 修改按钮控件上的文字

STEP 3 选择 Label1；❶将窗口滚动条向下，找到属性 Name，修改"lblDisplay"并按 Enter 键；❷选择左侧按钮，以相同的方式将 Name 改为"btnShow"；再选右侧按钮，将 Name 变更为"btnEnd"。步骤如图 10-22 所示。

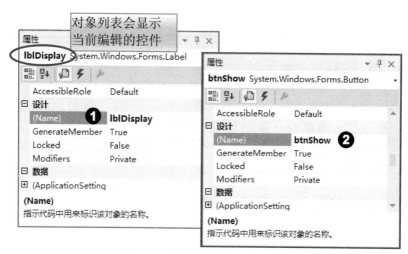

图 10-22　修改控件的 Name 属性

10.1.4　编写程序代码

　　窗体配合控件，已经完成了用户界面的基本设置。接着要加入程序代码，让"单击"和"结束"按钮能够产生作用。"单击"按钮代表用户单击鼠标，Label 控件显示字符串，也就是改变 Label 控件的 Text 属性。这种通过程序代码"响应"或"处理"的操作就是"事件处理程序"（Event Handlers），其语法如下：

```
private void 控件名称_事件(object sender, EventArgs e)
{
    //程序语句
}
```

　　如果事件是"btnShow"按钮，就通过鼠标"Click"（单击）触发，其语句如下：

```
private void btnShow_Click(object sender, EventArgs e)
{
   //程序段;
}
```

　　当事件触发时，通常是以事件处理程序内的程序代码来进行事件的处理。每个事件处理程序都提供两个参数，第一个参数 sender 提供触发事件的对象引用，第二个参数 e 用来传递要处理事件的对象。

范例　CH1001A　编写程序代码

➡1　进入程序代码编辑窗口。❶直接在"单击"按钮上双击；❷在属性窗口的工具栏中单击"事件"按钮，再双击"Click"事件。步骤如图 10-23 所示。

图 10-23　选择要为之编写程序代码的控件

2 输入程序代码。输入 lblDispaly 并按下❶ "."字符时，IntelliSense 提供了选择列表，❷直接双击 "Text" 即可，如图 10-24 所示。

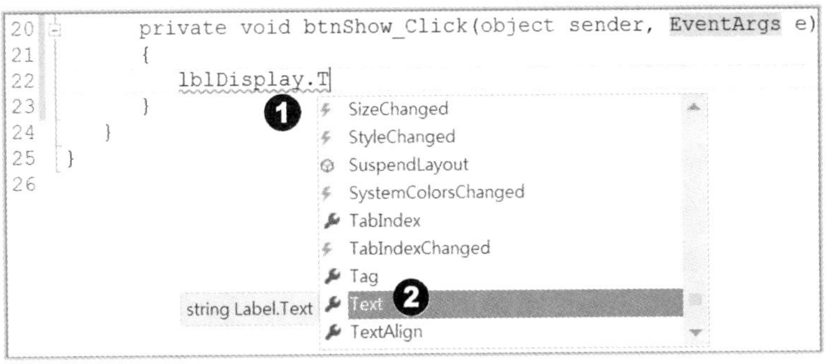

```
20          private void btnShow_Click(object sender, EventArgs e)
21          {
22              lblDisplay.T
23          }                        SizeChanged
24      }                            StyleChanged
25  }                                SuspendLayout
26                                   SystemColorsChanged
                                     TabIndex
                                     TabIndexChanged
                                     Tag
                      string Label.Text  Text
                                     TextAlign
```

图 10-24　用 IntelliSense 工具辅助输入程序代码

3 完成下列程序代码，如图 10-25 所示。

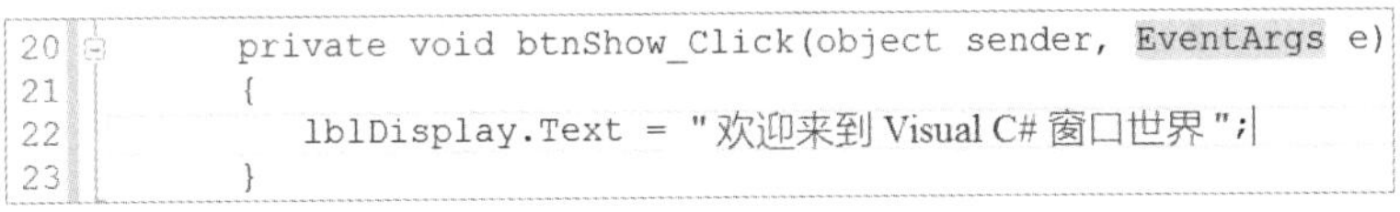

```
20          private void btnShow_Click(object sender, EventArgs e)
21          {
22              lblDisplay.Text = "欢迎来到 Visual C# 窗口世界";
23          }
```

图 10-25　完成 "单击" 按钮控件的程序代码

4 为 "结束" 按钮加入程序代码。❶单击 Form1.cs[设计]选项卡，❷双击 "结束" 按钮，如图 10-26 所示，再一次进入程序代码编辑区。

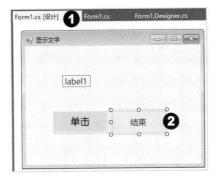

图 10-26　选择 "结束" 按钮控件准备为之编写程序代码

5 编写以下程序代码,如图 10-27 所示。

```
25      private void btnEnd_Click(object sender, EventArgs e)
26      {
27          Application.Exit();
28      }
```

图 10-27 为"结束"按钮控件编写程序代码

6 完整的程序代码如下:

```
01  using System;
02  using System.Collections.Generic;
03  using System.ComponentModel;
04  using System.Data;
05  using System.Drawing;
06  using System.Linq;
07  using System.Text;
08  using System.Threading.Tasks;
09  using System.Windows.Forms;

11  namespace CH1001A
12  {
13    public partial class Form1 : Form
14    {
15      public Form1()   //构造函数
16      {
17          InitializeComponent();  //将控件初始化
18      }
19      //在按钮上单击时,标签会显示第 22 行的信息
20      private void btnShow_Click(object sender,
21        EventArgs e)
22      {
23          lblDisplay.Text = "欢迎来到 Visual C# 窗口世界";
24      }
25      //在按钮上单击时,会关闭窗体程序
26      private void btnEnd_Click(object sender,
27        EventArgs e)
28      {
29          Application.Exit();//离开程序
30      }
31
32    }
33  }
```

运行:按"Ctrl+F5"组合键运行此程序,启动"显示文字"对话框,单击"单击"按钮,原本空白的窗体会显示图 10-28 所示的结果,其实是那个空白标签显示的。单击"结束"按钮是否会关闭窗体程序呢?

图 10-28 范例 CH1001A 的运行结果

程序说明（更多讨论请参考第 10.2.1 小节）

* 虽然是一个 Windows 窗体应用程序，但是结构上它是一个类程序，继承了 Form 类，并且构造函数调用了 InitializeComponent() 方法将控件初始化。

* 第 13~32 行：Form1 类是一个继承 Form 类的子类；其中第 1～18 行创建了 Windows 窗体自动添加的命名空间和程序代码。

* 第 15~18 行：构造函数。调用 InitializeComponent() 方法将控件初始化。

* 第 20~24 行：btnShow 按钮的 Click 事件。将"欢迎来到 Visual C# 2013 窗口世界"赋值给 lblshow（Label 控件）的 Text 属性。当用户单击时，Label 控件就会显示字符串内容。

* 第 26~30 行：用户单击"结束"按钮时会结束该应用程序。

10.1.5 程序存储的位置

完成编译的程序会存放在项目"CH1001A"的文件夹下，通过文件管理器可以看到解决方案"Ch1001A.sln"、项目"Ch1001A.csproj"、窗体"Form1.cs"等，如图 10-29 所示。编译后的程序会存放在"\bin\Debug\"文件夹下，当双击"CH1001A.exe"（见图 10-30）可执行文件时，就会打开图 10-28 所示的 Windows 窗体。

图 10-29 项目 CH1001A

图 10-30　项目 CH1001A 的可执行文件

10.2　Windows 窗体的运行

虽然前一个范例只在窗体上加了一个标签和两个按钮，严格来说也只写了两行语句，这也是 Windows 窗体的迷人之处。它的运行模式中，大家一定很好奇为什么会有部分类（Partial Class）？常用的主程序 Main() 跑哪里去了？通过后续章节来了解更多吧！

10.2.1　部分类是什么

先来看"范例 CH1001A"程序代码第 13 行的语句：

```
public partial class Form1 : Form {
   //程序段;
}
```

- 表示 Form1 是一个子类，而 partial 是一个部分类。
- partial 称为关键修饰词（Keyword Modifier），用来分割类。
- partial 关键字所定义的类、结构或接口要在同一个命名空间（Namespace）中。也就是同名的类需要加上 partial 关键修饰词，使用相同的存取范围或具有相同的作用域（访问权限修饰词要一样）。
- partial 关键修饰词只能放在 class、struct 或 interface 前面。

什么是部分类？在解释它之前先了解一下压缩文件。不知道大家有没有用过压缩文件的软件？当源文件过于庞大时，可能会把它进行部分压缩，将一个文件分割成好几个部分，只要设置好编码格式，解压缩时再将多个文件置于相同的文件夹中就不会产生问题。

部分类也就是将一个类存放于不同文件，只要位于相同的命名空间即可。一般来说，Visual Studio 会先创建 Windows 窗体的相关程序代码。当我们创建 Windows 窗体应用程序时，它就会把这些程序代码自动加入到程序中，用户只需通过继承就可以使用这些类的程序代码，而不需要修改 Visual Studio 所创建的文件。

既然 Form1 子类是部分类，那么其他与 Form1 有关的程序又在哪里？可以通过解决方案资源管理器获取更多信息。在第 10.1.2 小节介绍 Windows 窗体的工作环境时，在解决方案资源管理器中提及了"Form1.cs"所产生的文件（见图 10-6）有 3 个：Form1.Designer.cs、Form1.resx（定义资源文件）和 Form1（存放 Form1 类的成员）。可以把鼠标移向解决方案资源管理器再双击"Form1.Designer.cs"，它会以选项卡的方式打开位于窗口中间的程序代码编辑区。

参考图 10-31，第 1 行程序代码使用的是相同的命名空间，第 3 行的 Form1 类最前端加入了 partial 关键字。

图 10-31　Form1.Designer.cs 部分程序代码 1

参考图 10-32，找到程序代码第 29 行的 InitializeComponent()方法（Form1 类所定义的构造函数所调用的方法），可以看到加入的控件，为每一个控件进行的属性设置都会呈现在这里。

```
29      private void InitializeComponent()
30      {
31          this.lblDisplay = new System.Windows.Forms.Label();
32          this.btnShow = new System.Windows.Forms.Button();      加入的控件
33          this.btnEnd = new System.Windows.Forms.Button();
34          this.SuspendLayout();
35          //
47          // btnShow            "单击" 按钮
48          //
49          this.btnShow.Location = new System.Drawing.Point(57, 127);
50          this.btnShow.Name = "btnShow";
51          this.btnShow.Size = new System.Drawing.Size(111, 45);
52          this.btnShow.TabIndex = 1;
53          this.btnShow.Text = "按一下";
54          this.btnShow.UseVisualStyleBackColor = true;
55          this.btnShow.Click += new System.EventHandler(this.btnShow_Click);
56          //
```

图 10-32　Form1.Designer.cs 部分程序代码 2

例如，"单击"按钮设置了 Name 和 Text 属性，可以从图 10-32 的第 50、53 行程序代码看到这两个属性的设置。

10.2.2　Main()主程序在哪里

控制台应用程序都有 Main()主程序来作为程序的进入点。那么 Windows 窗体的程序进入点在哪里呢？或者 Main()又藏在哪一个文件里呢？还是得借助解决方案资源管理器查看。它会有一个"Program.cs"文件，打开后可以查看程序代码中是否有 Main()主程序，如图 10-33 所示。

```
15          static void Main()
16          {
17              Application.EnableVisualStyles();
18              Application.SetCompatibleTextRenderingDefault(false);
19              Application.Run(new Form1());
20          }
```

图 10-33　Program.cs 部分程序代码

从图 10-33 来看，Main()主程序下调用了 Application 静态类的方法来执行 Windows 窗体应用程序，更多探讨请参考第 10.2.3 小节。

程序说明

* 第 17 行：使用 Application 类提供的静态函数 EnableVisualStyles()提供可视化效果。
* 第 18 行：SetCompatibleTextRenderingDefault()若返回值为 false，则它能提供优于 GDI 的绘图能力。

事件委托的概念

Windows 应用程序是"图形用户接口"（Graphical User Interface，GUI），当用户与 GUI 界面产生互动时，通过事件驱动（Event Driven）会产生事件（Event）。这些事件包含移动鼠标、单击鼠标、双击鼠标、选择指令（或选项）和关闭窗口等。对于现阶段的 Windows 应用程序来说，要触发的事件大部分是鼠标的 Click 事件。要创建事件处理程序可分为两个步骤来施行。

1 在窗体中创建事件处理程序的控件，当前会以"按钮"控件为主。
2 在事件处理程序中加入适用的程序代码。

如果以范例 CH1001A 的操作程序来说，单击"显示"按钮时，会触发一个"Click"事件，此事件传递给"事件处理程序"，"事件处理程序"的程序代码就会改变 Label 控件的显示文字。

通常控件都有它默认的事件处理程序。以窗体来说，当我们在窗体空白处双击时，会进入窗体的加载事件（Form1_Load()）。如果双击按钮（Button），就会产生"button1_Click()"事件。不同的控件要编写其事件处理，可使用此方式来进入程序代码编辑区。

10.2.3 消息循环

窗口程序中还有消息循环（Message Loop）的处理。Windows 应用程序使用 Application 类提供的静态方法来启用、停止消息循环的处理。通过表 10-2 来说明 Application 类常用的属性和方法。

表 10-2 静态类 Application 的常用成员

Application 静态成员	说明
AllowQuit	是否要终止此应用程序
MessageLoop	用来判断消息循环是否存于线程中
OpenForms	获取应用程序已打开的窗体
VisualStyleState	指定可视化样式应用到窗口应用程序
AddMessageFilter()	消息中加入筛选器，监视传送至目的端的消息
DoEvents()	用来处理 Windows 中当前消息队列的消息
EnableVisualStyle()	启用应用程序的可视化外观
Exit()	消息处理完成后结束所有应用程序
ExitThread()	结束当前线程的消息循环，使用窗口全部关闭
OnThreadException()	截取产生错误的线程并抛出异常情况
Restart()	关闭应用程序并启动新的实例

（续表）

Application 静态成员	说明
Run()	开始执行标准应用程序消息循环并看见指定窗体
SetCompatibleTextRenderingDefault()	判断是否能提供优于 GDI 的表现能力
SetSuspendState()	让系统暂止或休眠

Run()方法的语法如下：

```
public static void Run(Form mainForm)
```

- mainForm：要显示的窗体。

run()方法通常是由 Main()主程序来调用的，并显示应用程序的主窗口。我们会看到程序"Progrma.cs"的 Main()主程序来进行调用。停止消息循环的处理会调用 Application 类的 Exit()方法。

10.2.4 在程序中设置属性

先来看这一行语句：

```
lblDisplay.Text = "欢迎来到 Visual C# 窗口世界";
```

使用 Text 属性获取新值。由于 Text 传递的是数据属性字符串，因此要在字符串前后加上双引号。如何设置控件的属性，其语法如下：

```
对象名称.属性 = 属性值;
```

属性值会根据属性的类型有不同的类型，可能是字符串，也有可能是数值。

范例 **CH1001B   认识更多控件属性**

1 创建 Windows 窗体，项目名称为"CH1001B.csproj"。按表 10-3 在窗体上加入标签、文本框（Textbox）和按钮。

表 10-3 范例 CH1001B 使用的控件

控件	属性	值	控件	属性	值
Form1	Text	CH1001B	Label1	Name	lblName
	Font	微软雅黑，12		Text	账号：
Textbox1	Name	txtAccount	Label2	Name	lblPassword
TextBox2	Name	txtPassword		Text	密码：
	PasswordChar	*	Button	Name	btnShow
				Text	显示

2 完成的窗体如图 10-34 所示。

3 双击"显示"按钮，进入程序代码编辑区（Form1.cs），编写以下程序代码：

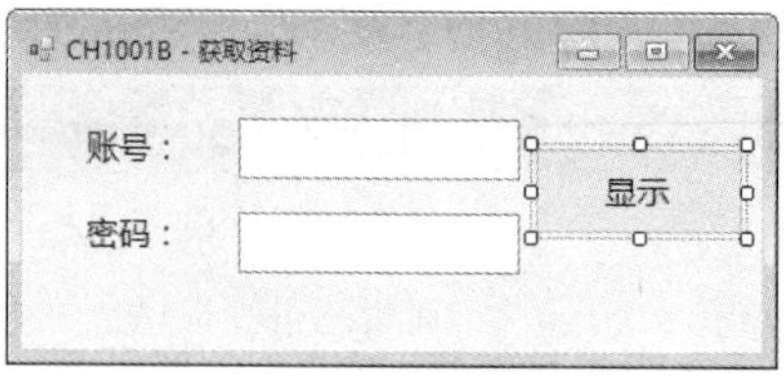

图 10-34　完成后的窗体

```
22  private void btnShow_Click(object sender, EventArgs e)
23  {
24    string userAccount = txtAccount.Text;
25    DateTime showTime = DateTime.Now;  //获取当前时间
26    //将获取的时间调用ToShortTimeString()方法转为字符串
27    string saveTime = showTime.ToShortTimeString();
28    //判断文本框是否有文字
29    if(txtAccount.Text == "")
30      MessageBox.Show("请输入名字");
31    else if(txtPassword.Text ==""){
32      MessageBox.Show("请输入密码");
33    }
34    else {
35      MessageBox.Show("Hi!" + userAccount +
36        "\n现在时间: " + saveTime);
37    }
38  }
```

运行：按"Ctrl + F5"组合键运行此程序，打开"窗体"窗口，根据图 10-35 输入❶账号和❷密码，❸单击"显示"按钮会显示消息对话框，再单击❹"确定"按钮就会关闭对话框，之后单击窗体右上角的❺ × 按钮就能关闭窗体。

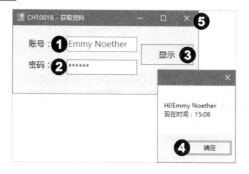

图 10-35　范例 CH1001B 的运行结果

程序说明

* 窗体加入 2 个标签和 2 个文本框，运行时第一个文本框输入名字，第二个文本框输入密码，通过 PasswordChar 属性将输入字符以"*"显示，单击"显示"按钮，会把这些获取的信息使用 MessageBox 类的 Show()方法显示在对话框中。

* 第 24 行：将第一个文本框输入的名字使用 userAccount 存储。
* 第 27 行：使用 DateTime 结构获取的系统时间以 ToShortTimeString()方法转换为字符串格式。
* 第 29~37 行：if/else if 语句判断两个文本框是否输入了字符串，以一对双引号 """" 表示空字符串。若为空字符串，则以 MessageBox 类的 Show()方法进行信息提示；若输入了文字，则以 MessageBox 类的 Show()方法将获取的信息输出。

使用枚举类型

此外，有些属性值要通过内建的枚举类型才能进行设置。例如标签的前景颜色（ForeColor）就是使用属性窗口的调色板，直接单击。调色板分成 3 种标签：自定义、Web 和系统。采用 Web 和系统时会直接显示颜色名称。采用自定义时，通常会有两种情况，一种是直接显示颜色名称，如"Blue"；另一种是将颜色以数值"192, 0, 192"呈现。

如果直接用颜色名称进行设置，就必须调用来自命名空间的"System.Drawing"下的 Color 结构。也可以使用枚举成员，其语法如下：

```
对象.属性名称 = 枚举类型.成员;
```

要设置这些颜色，例如前景颜色（ForeColor）或背景颜色（BackColor），可以调用 Color 的成员，编写以下程序代码：

```
对象.ForeColor = Color.成员;
```

常见的 Color 结构成员可参考表 10-4。

表 10-4　常见的颜色成员

成员	颜色	成员	颜色	成员	颜色
Red	红	Blue	蓝	Green	绿
Black	黑	White	白	Brown	棕
Orange	橙	Yellow	黄	Purple	紫
Gray	灰	Silver	银	Gold	金黄
Navy	海蓝	Olive	橄榄	Pink	粉红

也可以使用 R（红）、G（绿）、B（蓝）的色阶原理组成颜色数值，每一个色阶由 0~255 的数值产生。如果 R(0)、G(0)、B(0)（会以 RGB(0, 0, 0)表示）数值都为 0 就是黑色；RGB(255, 255,255)则是白色。Color 结构的 FromArgb()方法就是以这种概念来调色的，其语法如下：

```
对象.ForeColor = Color.FromArgb(R, G, B)
```

要把前景颜色设置为蓝色时，可以将程序代码表示如下：

```
Label1.ForeColor = Color.Blue;//调用成员
Label1.ForeColor = Color.FromArgb(0, 255, 0);//调用方法
```

窗体上加入标签控件，通常是没有外框线的。设置外框时，必须调用"System.Windows. Forms"命名空间的 BorderStyle 枚举类型，它共有以下 3 种。

- FixedSingle：单框线。
- Fixed3D：3D 框线。
- None：默认值，为无框线。

```
label1.BorderStyle = BorderStyle.FixedSingle
```

环境属性

前文提及窗体是一个容器，当窗体的字体有变化时，窗体上的控件字体也会一同变化。也就是它会接收父控件的属性，称为环境属性（ambient property）。它包含 4 个要素：ForeColor（前景颜色）、BackColor（背景颜色）、Cursor（光标）、Font（字体）。

比较特别的地方是 Font 是不可变动的。如果窗体上的控件要设置新的字体，就必须通过 new 修饰词覆盖 Font 的构造函数（new 修饰词会隐藏父类成员）。它的通用语法如下：

```
对象.属性名称 = new 类的构造函数(参数列表);
```

以 Font 来说，要使用构造函数来重新定义的不外乎是字体（FontFamily）、字体的大小（FontSize）和字形（FontStyle）。FontStyle 也是枚举类型，包含 Bold（粗体）、Italic（斜体）、Regular（常规）、Strikeout（字有删除线）和 Underline（字有下划线）。

```
Botton1.Font = new
    Font("微软雅黑", 12, FontStyle.Underline);
```

- 表示按钮的字体新建了一个"微软雅黑"，字的大小是"12"，字有下划线。

10.3 使用窗体

Windows 应用程序的 GUI 界面将窗体以"对话框"来处理，通过 Form 类来创建标准窗口、工具窗口、无边框窗口和浮动的窗口，产生 SDI（单文档界面）或 MDI（多文档界面）。在窗口环境工作时，虽然打开了 Word 软件，也可能打开了浏览器进行网页浏览，但是永远只有一个"活动的窗口"（Active window）会获取"焦点"（Focus），获取焦点的窗口才能接受鼠标或键盘输入的相关信息。

10.3.1 窗体的属性和方法

窗体的属性可参考表 10-5。

表 10-5 窗体的属性

Form 类属性	说明
BackColor	背景颜色
BackgroundImage	获取或设置控件中显示的背景图像
Cursor	获取或设置鼠标指针移至控件上时显示的光标
Font	设置字体、大小

（续表）

Form 类属性	说明
ForeColor	默认窗体上所有控件的前景颜色
FormBorderStyle	获取或设置窗体的框线样式
RightToLeft	支持从右到左字体，获取/设置控件组件是否对齐
Text	用来改变窗口的标题
Enabled	获取或设置控件是否响应用户的互动
AcceptButton	用户按下 ENTER 键，获取或设置所按下的按钮
CancelButton	用户按下 ESC 键时来获取按钮控件
DesktopLocation	使用获取或设置窗体在 Windows 桌面的位置
MaximizeBox	是否要在窗体显示"最大化"按钮
MinimizeBox	是否要在窗体显示"最小化"按钮
StartPosition	获取或设置窗体在运行时间的开始位置
Size/AutoSize	获取或设置窗体大小
Opacity	用来控制窗口的透明度（值为 0.0~1.0）

设置窗体的大小

在设计阶段，窗体的大小（Size）属性可以直接使用数字来表示它的宽（Width）和高度（Height），如图 10-36 所示。或者将鼠标移向窗体右下角，向右下方拖曳来改变其大小。在程序运行时，要让窗体根据填装的控件进行大小的改变，就要搭配 AutoSize 和 AutoSizeMode 属性。

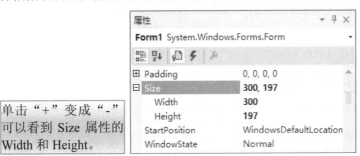

图 10-36　窗体的宽和高

将 AutoSize 设置为"true"才能进一步以 AutoSizeMode 属性来指定窗体的大小模式，运行时根据其属性值来指定它的大小。AutoSizeMode 有两个枚举成员。

* GrowAndShrink：窗体无法以手动方式调整，它会根据控件的排列自行决定放大或缩小。
* GrowOnly：窗体会根据控件排列，增大到足以包含其内容，但不会缩小到小于 Size 属性设置的值。

窗体运行的起始位置

属性 StartPosition 用来决定窗体运行时的位置从哪里开始，所以设置它时是在窗体显示之前，也就是调用 Show()方法或 ShowDialog()方法之前就需先设置好，或者直接使用窗体的构造函数进行设置。设置时会调用 FormStartPosition 枚举类型,它的成员如下。

- CenterParent:根据父窗体的界限将子窗体居中。
- CenterScreen:窗体根据屏幕大小显示于中央位置。
- Manual:窗体的位置由 Location 属性来决定。
- WindowsDefaultBounds:窗体会按 Windows 的默认范围显示。
- WindowsDefaultLocation:窗体会按 Windows 的默认范围以及指定大小显示。

窗体的常用方法

窗体一些常用的方法可参考表 10-6。

表 10-6　窗体的方法

Form 类方法	说明
Activate()	激活窗体并给予焦点
ActivateMdiChild()	激活窗体的 MDI 窗体
AddOwnedForm()	将指定的窗体加入附属窗体
CenterToParent()	将窗体的位置置于父窗体范围的中央
CenterToScreen()	将窗体置于当前屏幕的中央位置
Close()	关闭窗体
Focus()	设置控件的输入焦点
OnClose()	触发 Closed 事件
OnClosing()	触发 Closing 事件
ShowDialog()	将窗体显示为模式对话框

10.3.2　窗体的事件

除了窗体的属性、方法外,还有窗体事件,比较常见的有以下 3 种。

- Load():程序开始运行,第一次加载窗体时所触发的事件。能进行变量、对象等的初始值设置,因为它只会执行一次,而且在窗体事件过程中拥有最高的优先权。
- Activated():激活窗体时,更新窗体控件中所显示的数据,一般设置为"活动中的窗体",它的优先权仅次于 Load 事件。窗体第一次加载时,会先执行 Load 事件过程,接着打开窗体来执行 Activated 事件过程。
- Click()事件:用户在窗体上单击所触发的事件过程。

范例 CH1003A　使用窗体

➡1　创建 Windows 窗体,项目名称为"CH1003A.csproj"。按表 10-7 在窗体上加入标签、文本框(Textbox)和按钮。

表 10-7　范例 CH1003A 的控件

控件	属性	值	控件	属性	值
Form1	Text	CH1003A	Button	Name	btnClose
	Font	微软雅黑，11		Text	结束

2 完成的窗体如图 10-37 所示。

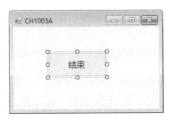

图 10-37　完成的窗体

3 在窗体空白处双击进入"Form1.cs"程序代码编辑窗口，自动加入的事件为"Form1_Load()"，编写的程序代码如下：

```
20  private void Form1_Load(object sender, EventArgs e)
21  {
22    Form frmDialog = new Form();
23    frmDialog.Text ="新建窗体 —— 对话框样式";
24    Button btnCancle = new Button();//产生新按钮
25    //设置按钮的属性
26    btnCancle.Font = new Font("微软雅黑",12);
27    btnCancle.AutoSize = true;//自行重设大小
28    btnCancle.Text = "取消";
29    btnCancle.Location = new Point(70, 80);//设置位置
30
31    //将窗体设为对话框，单线框
32    frmDialog.FormBorderStyle =
33      FormBorderStyle.FixedDialog;
34    frmDialog.Opacity = 0.85;          //将窗体变透明一些
35    frmDialog.AutoSize = true;
36    frmDialog.AutoSizeMode =
37      AutoSizeMode.GrowOnly;
38    frmDialog.MaximizeBox = false;  //不设置最大化
39    frmDialog.MinimizeBox = false;  //不设置最小化
40
41    //用户单击窗体右上角     按钮如同单击"取消"按钮
42    frmDialog.CancelButton = btnCancle;
43    //设置窗体运行的起始位置在屏幕中央
44    frmDialog.StartPosition =
45      FormStartPosition.CenterScreen;
```

```
46    //以 Controls 类在子窗体上加入"取消"按钮
47    frmDialog.Controls.Add(btnCancle);
48    frmDialog.ShowDialog();//显示窗体
49  }
```

4 单击 Form1.cs[设计]选项卡，然后双击"结束"按钮，再一次进入程序代码编辑区，在 "btnClose_Click"事件编写以下程序代码：

```
51  private void btnClose_Click(object sender, EventArgs e)
52  {
53    Close();//关闭窗体
54  }
```

运行、编译程序：按"Ctrl + F5"组合键运行此程序，则会启动"窗体"显示于屏幕中央，呈半透明状。在图 10-38 中单击❶"取消"按钮（或单击窗体右上角的×）关闭此子窗体，回到上一层窗体，❷单击"结束"按钮就能关闭窗体。

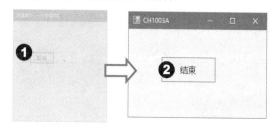

图 10-38　范例 CH1003A 的运行结果

程序说明

* 第一个窗体只有一个按钮控件来结束窗体。使用"Form_Load"事件，程序运行时会先加载此事件。使用程序产生第二个窗体和一个按钮，使用属性 Opacity（值越小，透明度越大）让窗体呈半透状。单击第二个窗体的"取消"按钮或者右上角的×按钮都能关闭第二个窗体回到第一个窗体。

* 第 22、24 行：以 new 运算符产生一个窗体和按钮实体。

* 第 26~27 行：以 new 修饰词调用 Font 类的构造函数，重设按钮的字体和文字的大小，并将 AutoSize 设为 true，它会按文字的大小来调整本身的宽和高度。

* 第 29 行：同样以 new 修饰词调用 Point 结构的构造函数，重设 X 和 Y 的坐标位置，通常以窗体的左上角为原点。

* 第 32~33 行：将第二个窗体的属性 FormBorderStyle 设为单框线。

* 第 34 行：将窗体设成半透明状，值为"0.0~1.0"，值越小，透明度越高。

* 第 36~37 行：将属性 AutoSize 设为 true 时，才能进一步以属性 AutoSizeMode 进行设置，属性值"GrowOnly"表示窗体会按控件的排列来放大。

* 第 42 行：将"取消"按钮指定给窗体右上角的×按钮，只要用户单击其中一个就能关闭窗体。

* 第 44~45 行：运行窗体时，使用属性 StartPosition 来调用 FormStartPosition 枚举类型的成员"CenterScreen"，将窗体显示于屏幕中央。

* 第 47 行：由于窗体的控件是一群控件的集合，因此以 Controls 属性来调用 ControlCollection 类的 Add()方法，将实例化的按钮加入才能在窗体上显示。
* 第 48 行：调用窗的 ShowDialog()方法，让第二个窗体以对话框样式来呈现。可以查看图 10-38 左侧第二个窗体（对话框）和右侧的第一个窗体（常规窗体）有什么不同？
* 第 51~54 行："btnClose_Click" 事件比较简单，调用 Close()方法来关闭窗体。

10.4　MessageBox 类

MessageBox 就是用来显示消息的，在先前的范例中，我们使用 Show()方法产生消息对话框来显示消息。本节来介绍它更多的用法。一个完整的消息对话框如图 10-39 所示，包括❶消息内容、❷标题栏、❸按钮和❹图标。

图 10-39　消息对话框

10.4.1　显示消息

MessageBox 的 Show()方法提供消息的显示，大概分成两种。第一种是只显示消息，就像我们先前用过的"我知道了"，消息对话框只有一个按钮，可能是"确定"或"是"按钮；第二种是"知道了后还有进一步操作"，按钮会有两种以上，单击不同的按钮会有不同的响应方式。MessageBox 的 Show()方法的语法如下：

```
MessageBox.Show(text, [, caption[, buttons[, icon]]]);
```

* text（文字）：在消息框显示的文字，为必要参数。
* caption（标题）：位于消息框标题栏的文字。
* 按钮（buttons）：它会调用 System.Windows.Forms 命名空间，使用 MessageBoxButtons 枚举类型，提供按钮，用于与用户进行不同的响应。
* icon（图标）：同样会调用 System.Windows.Forms 命名空间，使用 MessageBoxIcon 枚举类型，表明消息框的用途。

10.4.2　按钮的枚举成员

先以简单的语句来说明消息框的 Show()方法的基本用法，也可以参考图 10-40 来进一步了解。

图 10-40　简单的消息框

```
MessageBox.Show("使用消息对话框"); //只有消息
MessageBox.Show("使用消息对话框", "第 10 章"); //消息和标题
```

消息对话框的响应按钮

消息对话框的响应按钮能与用户进行不同的响应，通过 buttons 指定在消息框中要显示哪些按钮。表 10-8 说明了 MessageBoxButtons 枚举类型的成员。

表 10-8　MessageBoxButtons 成员

按钮成员	响应按钮		
AbortRetryIgnore	中止(A)	重试(R)	略过(I)
OK	确定		
OKCancel	确定	取消	
RetryCancel	重试(R)	取消	
YesNo	是(Y)	否(N)	
YesNoCancel	是(Y)	否(N)	取消

10.4.3　图标的枚举成员

Icon 表示要在消息框中加入图标，常见图标如表 10-9 所示，列出了 MessageBoxIcon 的常用成员。

表 10-9　MessageBoxIcon 成员

图标成员	图标含义
None	没有图标
Information	ⓘ 信息、消息
Error	⊗ 错误
Warning	⚠ 警告
Question	❓ 疑问

10.4.4　DialogResult 如何接收

用户单击消息对话框的按钮作为消息的响应时，由于每个按钮都有自己的返回值，因此可以在程序代码中使用 if/else 语句进行判断，根据单击的按钮来产生响应操作。其返回值可参考表 10-10，为 DialogResult 枚举类型的成员。

表 10-10　消息对话框的返回值

按钮	返回值
Abort	中止(A)
OK	确定

（续表）

按钮	返回值
Cancel	取消
Retry	重试(R)
Yes	是(Y)
YesNoCancel	否(N)
Ignore	略过(I)
None	表示模式对话框会继续执行

范例 CH1004A　使用消息框

1　创建 Windows 窗体，项目名称为"CH1004A.csproj"。按照表 10-11 在窗体上加入标签、文本框（Textbox）和按钮。

表 10-11　范例 CH1004A 的控件

控件	属性	值	控件	属性	值
From1	Text	CH1004A	Label1	Name	lblAccount
	Font, Size	11		Text	姓名：
TextBox1	Name	txtAccount	Label2	Name	lblPwd
	MaxLength	20		Text	账号：
TextBox2	Name	txtPwd	Label3	Name	lblSex
	MaxLength	10		Text	性别：
	PasswordChar	*	RadioButton1	Name	rabMale
	BorderStyle	None		Text	男
Button	Name	btnCheck	RadioButton2	Name	rabFemale
	Text	确定		Text	女

2　完成的窗体如图 10-41 所示。

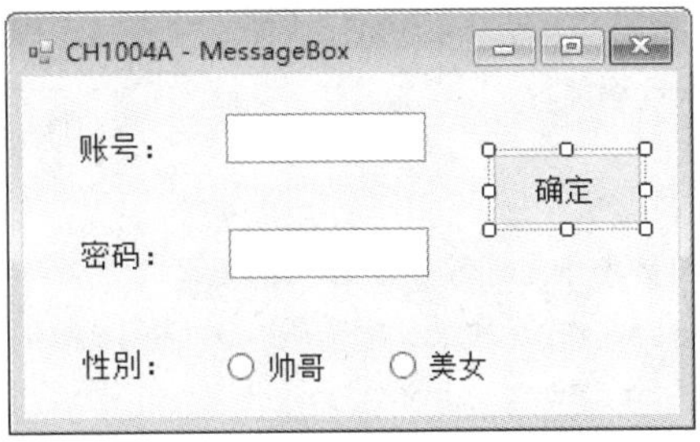

图 10-41　完成的窗体

3　双击"确定"按钮进入"btnCheck_Click()"事件，在其程序段中编写以下程序代码：

```
26  private void btnCheck_Click(object sender, EventArgs e)
27  {
```

```
28      //消息框的消息
29      String message = "输入的字符数少于 5 个，请重新输入";
30      //消息框的标题(账号)
31      String account = "输入账号";
32      //消息框的标题(密码)
33      String password = "输入密码";
34      //消息框的响应按钮
35      MessageBoxButtons btnName =
36         MessageBoxButtons.YesNo;
37      MessageBoxButtons btnPwd =
38         MessageBoxButtons.OKCancel;
39      //消息框的图标
40      MessageBoxIcon iconInfo =
41         MessageBoxIcon.Information;
42      MessageBoxIcon iconWarn =
43         MessageBoxIcon.Warning;
44      //消息框的返回值
45      DialogResult result, confirm;
46      //姓名和密码的字符数必须大于或等于 5 个字符
47      if(txtAccount.Text.Length >= 5){
48        if(txtPwd.Text.Length >= 5){
49          //性别被勾选后，才显示个人基本资料
50          if(rabMale.Checked){
51            confirm = MessageBox.Show(txtAccount.Text
52               + rabMale.Text + " 你好！" + "\n 密码："
53               + txtPwd.Text, "资料正确");
54            getMessage(confirm);//传入参数值进行后续处理
55          }
56          else{
57            confirm = MessageBox.Show(txtAccount.Text
58               + rabFemale.Text + " 你好！"
59               + "\n 密码：" + txtPwd.Text, "资料正确");
60            getMessage(confirm);
61          }
62        }
63        else{ //密码字符数小于 5 个字符时显示消息
64          result = MessageBox.Show("密码" + message,
65            password, btnPwd, iconWarn,
66            MessageBoxDefaultButton.Button2);
67          getMessage(result);
68        }
69      }
70      else{
71        //姓名字符数小于 5 个字符时显示消息
```

```
72        result = MessageBox.Show("名字" +
73          message, account, btnName, iconInfo);
74        getMessage(result);
75     }
76  }
77
78  //传入 DialogResult 变量，按其各个按钮的值进行处理
79  private void getMessage(DialogResult outcome){
80     if(outcome == DialogResult.OK){
81        Application.Exit();//资料正确，离开程序
82     }
83     else if (outcome == DialogResult.Cancel)
84     {
85        txtPwd.Clear();//清除文本框内容
86        txtPwd.Focus();//获取文本框输入焦点
87     }
88     else if (outcome == DialogResult.Yes)
89     {
90        txtAccount.Clear();//清除文本框内容
91        txtAccount.Focus();//获取文本框输入焦点
92     }
93  }
```

运行：按"Ctrl＋F5"组合键运行此程序，打开"窗体"窗口，根据图 10-42 来输入账号和密码，当密码的字符少于 5 个字符时，单击❶"确定"按钮会有消息框提示密码字符数不对，这时单击❷"取消"按钮清除密码。重新输入大于 5 个字符的密码，单击❸"确定"按钮后，会以消息框显示相关消息。单击❹"确定"按钮关闭应用程序。

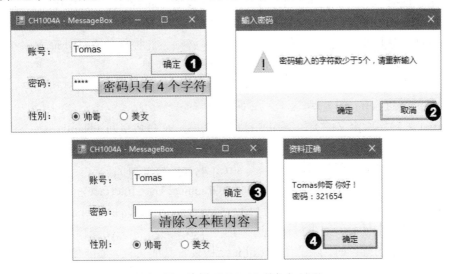

图 10-42 范例 CH1004A 的运行过程

程序说明

* 输入账号、密码和性别。以 if/else 语句配合文本框的属性 Length（长度）进行判断，账号和密码都不能少于 5 个字符；以属性 Checked 来检查性别是否有圈选。如果一切都无误，就会以 MessageBox 的 Show()方法显示结果。
* 第 28、30、32 行：设置消息框的标题。
* 第 35~38 行：根据 MessageBoxButton 来设置响应按钮。
* 第 40~43 行：根据 MessageBoxIcon 来设置图标的常数值。
* 第 47~75 行：使用 if/else 语句配合文本框的属性 Length（字符长度）来判断账号是否多于 5 个字符。如果是，就进入第二层的 if/else 条件判断；如果不符合，就调用 getMessage()方法清除文本框的文字并以 Focus()方法重新获取输入焦点。
* 第 48~68 行：判断输入的密码是否多于 5 个字符，如果不是，就调用 getMessage()方法清除输入密码的文本框。
* 第 50~61 行：以 RadioButton 来设置性别，它是一个单选按钮。以属性 Checked 来判断是否已选中。如果是，就以 MessageBox 类的 Show()方法来显示账号、密码和性别的相关信息。
* 第 79~93 行：自行定义 getMessage()方法，以 DialogResult 结构的对象为变量，传入后使用 if/else if 来判断所传入的是哪一个要处理的按钮值，随后执行要处理的程序。

10.5　重点整理

* 如何创建 Windows 窗体项目？共有 4 个步骤：创建 Windows 窗体项目、产生用户界面、编写事件过程和相关程序代码、运行和测试。
* 每个事件处理程序都提供两个参数，第一个参数 sender 提供触发事件的对象引用，第二个参数 e 用来传递要处理事件的对象。
* 当事件处理使用委托（Delegate）方式时，必须将此控件的事件处理程序予以注册，事件发生时，会调用经过注册的事件处理程序来处理。
* 在 Windows 应用程序中使用 Application 类提供的静态方法来启动、停止消息循环（Message Loop）的处理。
* partial 关键字所定义的类、结构或接口要在同一个命名空间（Namespace）中。也就是同名的类要加上 partial 关键修饰词，使用相同的存取范围或相同的作用域（访问权限修饰词要一样）。它只能放在 class、struct 或 interface 前面。
* Windows 应用程序是"图形用户界面"（Graphical User Interface，GUI），当用户与 GUI 界面产生互动时，通过事件驱动（Event Driven）产生事件（Event）。这些事件包含移动鼠标、单击鼠标、双击鼠标、选择指令（或选项）和关闭窗口等。
* 设置属性值的颜色时，除了使用 Color 结构设置其成员外，还能使用 R（红）、G（绿）、B（蓝）的色阶原理组成颜色数值。如果 R(0)、G(0)、B(0)（会以 RGB(0, 0, 0)表示）数值都为 0，就是黑色；RGB(255, 255,255)则是白色。

◈ 环境属性（ambient property）会接收父控件的属性。它包含 4 种：ForeColor（前景颜色）、BackColor（背景颜色）、Cursor（光标）和 Font（字体）。

◈ 窗体的 Load()事件在窗体事件过程中拥有最高的优先权，它只会执行一次，能进行变量、对象等的初始值设置。

◈ 一个完整的消息对话框包含：消息内容、标题栏、按钮和图标。由 MessageBoxButtons 枚举类型的成员来提供不同的按钮和图标。

10.6　课后习题

一、选择题

（1）要改变窗体字体的大小，须使用属性窗口的哪一个属性来更改？（　　）

A. Text 属性　　　　　B. Name 属性　　　　　C. Font 属性　　　　　D. ForeColor 属性

（2）请解释下列程序代码的作用。（　　）

A. 单击按钮改变标签内容　　　　　　B. 双击按钮改变标签内容
C. 单击文本框改变标签内容　　　　　D. 单击按钮改变文本框内容

```
private void button1_Click(object sender, EventArgs e)
{
    label1.Text = "天气很好";
}
```

（3）要将类分割成部分类时，须加上哪一个关键字？（　　）

A. new　　　　　　　B. private　　　　　　C. ref　　　　　　D. partial

（4）哪一个类在 Windows 窗体应用程序中提供了静态方法来启动、停止消息循环的处理？
（　　）

A. Application　　　B. Form　　　　　　C. Label　　　　　D. Button

（5）设置属性值的颜色时，使用 R、G、B 色阶组成颜色数值，RGB 的数值(0, 0, 0)表示
（　　）。

A. 白色　　　　　　B. 蓝色　　　　　　C. 绿色　　　　　D. 黑色

（6）控件会接收父控件的属性，称为（　　）。

A. 消息循环　　　　B. 环境属性　　　　C. 容器　　　　　D. 静态成员

（7）要改变窗体的大小，须使用哪一个属性？（　　）

A. AutoSize　　　　B. AutoSizeMode　　　C. Size　　　　　D. 以上皆可

（8）如果分别在窗体的下列事件编写程序，哪一个是最先执行的事件？（　　）

A. Activated()事件　　　　　　　B. Click()事件

C. DoubleClick()事件　　　　　　D. Load()事件

（9）在消息框中，ⓘ是什么图标？（　　）

A. Information　　　　　B. Error　　　　　C. Warning　　　　　D. Question

二、填空题

（1）请填写"属性"窗口各部分的名称（见图 10-43）：❶是＿＿＿＿＿＿；❷是
＿＿＿＿＿＿；❸是＿＿＿＿＿＿；❹是＿＿＿＿＿＿＿＿。

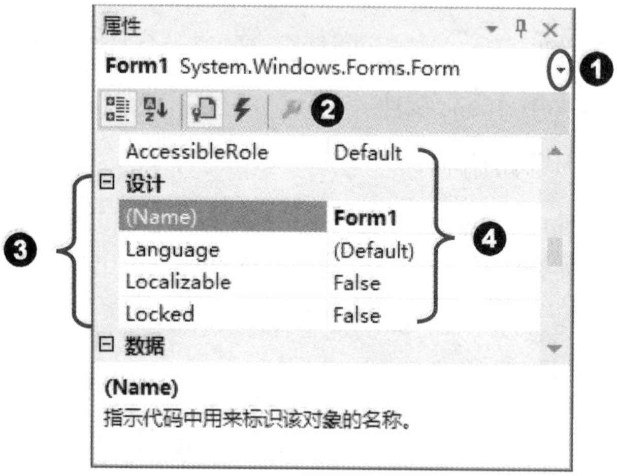

图 10-43　"属性"窗口

（2）每个事件处理程序都有两个参数：第一个参数＿＿＿＿＿＿用于提供触发事件的对
象引用；第二个参数＿＿＿用来传递要处理事件的对象。

（3）控件属性中用来编写程序代码的识别名称是＿＿＿＿属性；显示于窗体标题栏的文
字是＿＿＿＿属性。

（4）编写 Windows 窗体应用程序时，"Form1.cs"产生的 3 个文件是：＿＿＿＿＿＿＿、
＿＿＿＿＿＿＿＿＿＿和＿＿＿＿＿＿＿＿＿＿＿＿。

（5）在 Application 类提供的静态方法中，＿＿＿＿方法会结束所有应用程序，＿＿＿＿
方法开始运行标准应用程序并显示出指定窗体。

（6）设置控件的外框时，会使用 BorderStyle 枚举类型，设单线外框时为＿＿＿＿＿，
3D 外框要用＿＿＿＿＿。

（7）窗体的＿＿＿＿＿＿＿＿属性会决定窗体运行开始所处的位置，调用＿＿＿＿方法
可以关闭窗体。

（8）请填写下图消息框各部分的名称（见图 10-44）。❶是＿＿＿＿＿＿；❷是
＿＿＿＿＿；❸是＿＿＿＿；❹是＿＿＿＿。

图 10-44　消息框

三、实践题

（1）参考范例 CH1001A，单击按钮让标签显示今天的日期，改变标签的前景为白色、背景为蓝色，并将框线改变为 3D 框线。

（2）使用两个标签、两个文本框和两个按钮，输入两个数字来比较大小，使用消息框显示"较大的数字"，如图 10-45 所示。

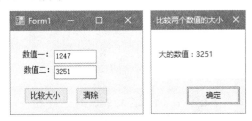

图 10-45　比较大小

习题答案

一、选择题

（1）C　　（2）A　　（3）D　　（4）A　　（5）D

（6）B　　（7）C　　（8）D　　（9）A

二、填空题

（1）对象下拉式列表　工具栏　属性列表　属性值

（2）sender　e

（3）Name　Text

（4）Form1.Designer.cs　Form1.resx（定义资源文件）　Form1（存放 Form1 类的成员）

（5）Exit()　Run()

（6）FixedSingle　Fixed3D

（7）StartPosition　Close()方法

（8）消息内容　标题栏　按钮　图标

三、实践题

略

第 **11** 章

公共控件

学习重点

⌘　Windows 窗体提供众多控件，按照其功能，对这些控件做一个通盘的认识。

⌘　控件 Label、LinkLabel、Progress 和 StatusStrip 用来显示内容。

⌘　控件 TextBox、RichTextBox 和 MaskedTextBox 可以与用户互动。

⌘　具有列表功能的 RadioButton、ComboBox、ListBox、CheckedListBox 控件。

编写一个好的 Windows 应用程序，对工具箱的控件了解一番。针对公共控件，根据其内涵，介绍能显示信息、能编辑文字、具有选择功能的相关控件。

11.1　显示信息

工具箱窗口中的"公共控件"是较为常见的控件，根据控件功能介绍它们的功能与常见的属性。显示数据的控件包含 Label（标签）、LinkLabel（超链接标签）、ProgressBar（进度条）和全新的 StatusStrip（状态栏）4 种，如表 11-1 所示。

表 11-1　显示信息的公共控件

控件	用途
Label	显示信息，用户无法输入
LinkLabel	提供 Web 链接，打开应用软件
ProgressBar	显示当前操作的进度
StatusStrip（属于菜单与工具栏）	显示 Windows 状态栏

11.1.1　标签控件

第 10 章使用过标签（Label）控件，对于属性 BorderStyle（框线样式）、Font（字体）和 ForeColor（前景颜色）也做过一番探讨。Text 和 Name 属性几乎是每个控件都会拥有的属性。除此之外，还有哪些常用属性呢？下面来一起了解吧！

AutoSize（默认为 true）

AutoSize（自动调整大小）的默认属性值可以让标签根据字符串的多少来调整标签的宽度。如果将属性设为 False，就不会自动调整标签的宽度了。程序代码编写如下：

```
label1.AutoSize = true;     //标签宽度会随字符串长度进行调整
label1.AutoSize = false;    //标签宽度不随字符串长度进行调整
```

与 AutoSize 有关的是 Size 属性。当 AutoSize 为"true"时，Size 无法改变其 Width 和 Height 的值。在设计阶段，可以使用属性窗口 Size 的 Width 和 Height 属性进行调整。如果要以程序代码来编写，该如何做呢？

```
label1.AutoSize = false;  //不进行自动调整，Size 才能调整
label1.Size = new Size(10, 10);//重设大小
label1.Text="Visual C# World!";
label1.BorderStyle = BorderStyle.FixedSingle;
```

- 要设置 Size 属性，必须调用 Size 结构的构造函数来重设宽、高值。

TextAlign（默认为 TopLeft）

在标签里，要让文字对齐就要通过 TextAlign 属性，它共有 9 种方式，使用属性窗口就能一目了然，如图 11-1 所示。

图 11-1　TextAlign 的默认位置

如何使用属性窗口改变为其他对齐方式？使单击 TextAlign 属性右侧的☑按钮，展开类似九宫格的对齐按钮，单击某个按钮即可完成设置。

操作如下：❶单击☑按钮展开内容，❷选择 "MiddleCenter" 后会显示其值，标签控件的文字会以 "垂直居中，水平居中" 对齐，如图 11-2 所示。若要以程序代码编写，其语句如下。

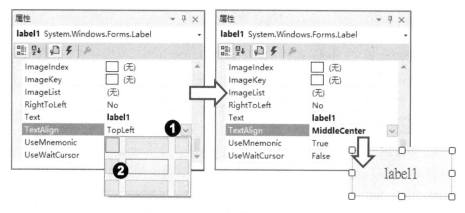

图 11-2　TextAlign 设置为居中对齐

```
Label1.TextAlign = ContentAlignment.TopLeft;
```

从上述程序代码得知它会调用 ContentAlignment 枚举类型，它的常数值枚举如下。

- TopLeft：表示文字对齐方式 "垂直向上，水平靠左"。
- TopMiddle：表示文字对齐方式 "垂直向上，水平居中"。
- TopRight：表示文字对齐方式 "垂直向上，水平靠右"。
- MiddleLeft 表示文字对齐方式 "垂直居中，水平靠左"。
- MiddleCenter：表示文字对齐方式 "垂直居中，水平居中"。
- MiddleRight：表示文字对齐方式 "垂直居中，水平靠右"。
- BottomLeft：表示文字对齐方式 "垂直向下，水平靠左"。
- BottomMiddle：表示文字对齐方式 "垂直向下，水平居中"。
- BottomRight：表示文字对齐方式 "垂直向下，水平靠右"。

Visible 显现属性（默认为 true）

设置控件在运行时是否显现，若为"true"则运行时会显现于窗体上；若为"False"则被隐藏，程序代码编写如下。

```
Label1.Visible = false;  //运行时标签控件会被隐藏
```

范例 CH1101A 标签控件

STEP 1 创建 Windows 窗体，项目名称为"CH1101A.csproj"。按表 11-2 在窗体上加入标签、文本框（Textbox）、按钮（Button）和微调按钮（NumericUpDown）。

表 11-2 范例 CH1101A 使用的控件

控件	属性	值	控件	属性	值
Form1	Text	CH1101A	Label1	Name	lblSubjects
	Font	微软雅黑，11		Text	学分数：
NumericUpDown1	value	23	Label3	Name	lblFee
	Maximum	25		Text	每学分：
	Minimum	12	Button	Name	btnCalc
Label3	Name	lblResult		Text	计算
	Visible	false			

STEP 2 完成的窗体如图 11-3 所示。

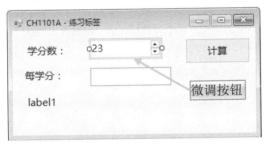

图 11-3 完成的窗体

STEP 3 单击"项目"菜单，执行"添加类"指令，创建"Students.cs"文件编写程序代码。

```
11  class Student
12  {
13    public int Total;//总学分费
14    private int oneCourse;//字段 —— 每一学分费用
15    private int subjects; //字段 —— 修习学分数
16    public int Subject { //属性1 自动实现属性
17      get {return subjects;}
18      set {
19        subjects = value;
20        //每学分费用×学分数
21        Total = OneCourse * subjects;
```

```
22        }
23      }
24    //属性2要以构造函数获取参数值，不能使用自动实现
25    public int OneCourse
26    { get {return oneCourse;}
27      set { oneCourse = value; } }
28    //定义构造函数
29    public Student(int course, int feeCourse)
30    {
31      //先传入学分数再让set进行赋值
32      this.oneCourse = feeCourse;
33      Subject = course;
34    }
35 }
```

➡4 切换到 Form1.cs[设计]选项卡，用鼠标双击"计算"按钮，再一次进入程序代码编辑区，在"btnCalc_Click()"事件的程序段编写程序代码。

```
15    Student Peter;//在Form1()类声明Student类的对象
21 private void btnCalc_Click(object sender, EventArgs e)
22 {
23    int courseMoney = 0;//存放文本框输入的值
24    if (txtCourseMoney.Text == "")
25    {
26      MessageBox.Show("请输入每学分费用，，"没有费用"");
27      txtCourseMoney.Focus();
28    }
29    else   //转型为int再以courseMoney存储
30      courseMoney = int.Parse(txtCourseMoney.Text);
31
32    //获取微调按钮设置Value属性值，转型为int存放subject变量
33    int subject = (int)numCourse.Value;
34
35    //创建Student对象，传入参数值
36    Peter = new Student(subject, courseMoney);
37
38    lblResult.Visible = true;//显示控件
39    lblResult.AutoSize = false;//不自动调整控件
40    lblResult.BackColor = Color.Pink;//背景色是粉红
41    lblResult.Size = new Size(350,50);//重设大小
42    //文字垂直和水平都居中
43    lblResult.TextAlign =
44      ContentAlignment.MiddleCenter;
45
```

```
46      //获取信息后调用 string.Foramt()方法输出
47      lblResult.Text = string.Format
48       ("Peter 修<{0}>学分，费用 {1:C0}",
49        Peter.Subject, Peter.Total);
50  }
```

运行程序：按"Ctrl+F5"组合键运行此程序，打开"窗体"窗口，根据图 11-4 输入❶账号和❷密码，单击"计算"按钮会显示消息对话框，再单击窗体右上角的 ⊠ 按钮就能关闭窗体。

图 11-4　范例 CH1101A 的运行结果

程序说明

* 项目中以窗口窗体为主，加入应有的控件，不同的是有一个 NumericUpDown（微调按钮）以属性 Value 指定其值，可用 Maximum 和 Minimum 设置其值的范围。加入一个类文件"Student.cs"定义了相关属性。窗体传入属性值，由构造函数接收，单击"计算"按钮后算出应缴纳的学分费用。

Student.cs 程序

* 第 13~15 行：声明 3 个字段，即 Total（总学分费）、oneCourse（每学分费用）、subjects（选修学分数）。
* 第 16~27 行：分别实现两个属性 Subject（选修学分数）和 OneCourse（每学分费用）。从构造函数获取参数值，存取器 set 赋值后，将学分费以 Total 字段存储，存取器 get 再以 return 语句分别返回其值。
* 第 29~34 行：定义构造函数，传入参数值 course、feeCourse，再赋值给属性 Subject 和 OneCourse。

Form1.cs 程序

* 第 24~30 行：if/else 语句会先判断文本框是否有数据。如果是空字符串""""，MessageBox 的 Show()方法会提示信息；如果有数据，Parse()方法就会将数据转型为 int，再由变量 courseMoney 存储。
* 第 33 行：获取微调按钮设置的 Value 属性值，转型为 int 再存放在 subject 变量中。
* 第 36 行：将第 15 行声明的 Student 类的 Peter 对象实例化并传入参数值。
* 第 38~44 行：都是标签控件以程序代码方式来改变它的相关属性。
* 第 47~49：以"string.Format()"方法输出含有格式的选修学分数和总学分费用，使用标签控件的 Text 属性显示于窗体上。

* 范例程序代码的运行模式使用图 11-5 来解说。

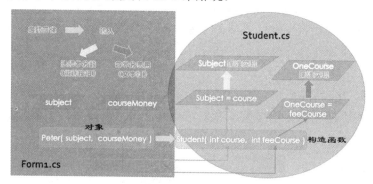

图 11-5　范例 CH1101A 的运行模式

11.1.2　超链接控件

在网络上冲浪时，有了超链接，"书本"是立体的，图片也可以形成图与图之间相连相续。不过这里的超链接是以超链接标签（LinkLabel）控件，将 Web 网页、电子邮件和应用程序加入 Windows 窗体中。除了拥有标签控件的属性，超链接控件常见的属性都与超链接有关。在链接的文字上单击鼠标，是否要改变文字颜色？已使用过的链接该如何呈现？下面进行介绍。

与超链接有关的属性

"ActiveLinkColor"是指用户单击超链接标签控件未放开鼠标前，其超链接文字所显示的颜色，系统默认是"红色"。"LinkColor"用来设置一般超链接的颜色，系统默认是"蓝色"，如图 11-6 所示。

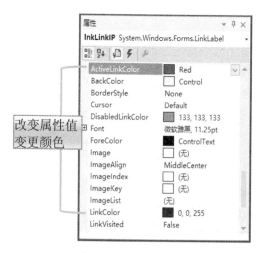

图 11-6　与超链接有关的属性设置

要以程序代码来重新设置颜色，就意味着要调用"System.Drawing"命名空间下的 Color 结构进行颜色设置，给予颜色的名称。

```
linkLabel1.ActiveLinkColor = Color.Yellow;    //设为黄色
```

```
linkLabel1->LinkColor = Color.Limegreen;        //设为绿色
```

要判断是否被浏览过。"LinkVisited"属性能够进行这种判别，它是一个布尔值。默认的属性值设为"false"，表示即使已经被浏览也看不出来；若设为"true"则超链接标签被单击时已经被浏览！

LinkVisited 属性设成 true，才能进一步指定已浏览过超链接标签控件的颜色，配合属性 VisitedLinkColor 发生变化，它的默认值是"紫色"。要编写的语句如下：

```
linkLabel1.LinkVisited = true;//单击时表示已被浏览
//已被浏览的颜色
linkLabel1.VisitedLinkColor = Color.Maroon;
```

属性 LinkBehavior 用来设置超链接标签控件中的文字是否要加下划线，属性值说明如下。

- SystemDefault：系统默认值。
- AlwaysUnderline：表示永远要加下划线。
- HoverUnderline：表示停留时加下划线。
- NeverUnderline：永远不加下划线。

要以程序代码让控件在鼠标停留时加下划线，语句如下：

```
linkLabel1.LinkBehavior = LinkBehavior.HaverUnderLine;
```

将超链接标签控件的 Enable（启用）属性设置为"false"时，可使用属性 DisabledLinkColor（默认为灰色）表示链接未起作用时所显示的颜色，程序代码如下：

```
linkLabel1.DisableLinkColor = Color.White;
```

要让超链接标签控件中的部分文字具有超链接功能，LinkArea 属性可以"帮忙"，先来看看属性窗口如何设置。❶单击 ... 按钮打开"LinkArea 编辑器"，可以看到默认属性值是"0, 10"，表示从第一个字符开始，共 10 个字符具有超链接功能；❷输入文字，选择要作为超链接的文字。例如在窗口选择"程序天地"后单击❸"确定"按钮，关闭编辑器。回至属性窗口，❹展开 LinkArea 属性会看到"Start"和"Length"，表示从"0"个字符开始，以"10"个字符来作为超链接。步骤如图 11-7～图 11-9 所示。

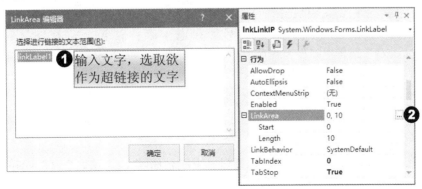

图 11-7　设置超链接

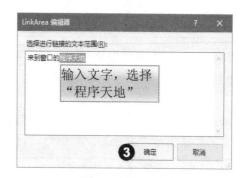

图 11-8　选择作为超链接的文字

图 11-9　超链接文字设置完成后的效果图和属性值

先认识 LinkArea 语法。

```
LinkArea(Start, Length);
```

- Start：起始字符值由"0"开始（注意：一个汉字算一个字符）。
- Length：要设置为超链接时选择的字符长度。

若要以程序代码来设置属性，则先用 Text 属性设置文字内容，再使用 LinkArea 属性设置要链接的文字。其语句如下：

```
linkLabel1.Text = "来到窗口的程序天地";
linkLabel1.LinkArea =new LinkArea(5, 4);
```

- 要以 new 运算符调用 LinkArea 结构的构造函数，重新设置它要链接的文字。

用户在超链接标签控件上单击鼠标时，会触发 LinkClicked()事件处理程序。使用超链接标签控件可链接的对象包含执行文件、网址和电子邮件信箱。进行链接时必须引用"System.Diagnostics"命名空间作为程序监控，通过此命名空间 Process 类的 Start()方法启动要执行的处理程序。其语法如下：

```
System.Diagnostics.Process.Start("String");
```

- String 表示要链接的对象：应用软件、网址和电子邮件。

此处引用的命名空间并未导入，所以要以"空间名称.类名.方法名"（System.Diagnostics.Process）来调用。直接调用 Start 方法时会有图 11-10 所示的错误信息。

或者在 Form1.cs 程序代码的开头处，使用 "using" 关键字加入 System.Diagnostics 命名空间，如图 11-11 所示。

图 11-10　未引用命名空间而触发的错误信息

图 11-11　用 using 加入命名空间

范例　CH1101B　使用超链接标签控件

▶1　创建 Windows 窗体，项目名称为 "CH1101B.csproj"。按表 11-3 在窗体上加入标签、文本框（Textbox）和按钮。

表 11-3　范例 CH1101B 使用的控件

控件	属性	值
linkLabel1	Name	lnkLiknIP
linkLabel2	Name	lnkOpenApp
	LinkVisited	true
	LinkBehavior	HoverUnderline
Fomr1	Font	微软雅黑，11

▶2　完成的窗体如图 11-12 所示。

图 11-12　完成的窗体

▶3　在窗体空白处双击鼠标进入 "Form1.cs" 的程序代码编辑区，自动加入的事件为 "Form1_Load()"，在其程序段编写的程序代码如下：

```
20  private void Form1_Load(object sender, EventArgs e)
21  {
22      //链接网页，设置超链接颜色
23      lnkLinkIP.LinkColor = Color.DarkOrchid;
24      //设置链接，未放开鼠标前所显示的颜色
25      lnkLinkIP.ActiveLinkColor = Color.Yellow;
26      lnkLinkIP.LinkVisited = true;    //如果已被浏览过
```

```
27      //已被浏览过的超链接会改变颜色
28      lnkLinkIP.VisitedLinkColor = Color.Maroon;
29      //鼠标指针停留时才显示下划线
30      lnkLinkIP.LinkBehavior =
31        LinkBehavior.HoverUnderline;
32      //表示从第 6 个字符开始，链接长度为 4 个字符
33      lnkLinkIP.Text = "来到窗口的程序天地";
34      lnkLinkIP.LinkArea = new LinkArea(5, 4);
35   }
```

4 切换到 Form1.cs[设计]选项卡，回到窗体，鼠标双击第一个超链接标签控件，再一次进入程序代码编辑区，在"lnkLinkIP_LinkClicked()"事件过程段中编写以下程序代码：

```
37   private void lnkLinkIP_LinkClicked(object sender,
38        LinkLabelLinkClickedEventArgs e)
39   {
40      Process.Start("https://www.visualstudio.com/zh-cn");
41   }
```

5 切换到 Form1.cs[设计]选项卡，回到窗体，鼠标双击第二个超链接标签控件，再一次进入程序代码编辑区，在"lnkLinkIP_LinkClicked()"事件过程段中编写以下程序代码：

```
44   private void lnkOpenApp_LinkClicked(object sender,
45        LinkLabelLinkClickedEventArgs e)
46   {
47      System.Diagnostics.Process.Start(
48        "F:\\Visual C# 2013 Demo\\CH11\\CH1101"
49        "\\CH1101A\\bin\\Debug\\CH1101A.exe");
50    }
```

　　运行：按"Ctrl + F5"组合键运行此程序，打开"窗体"窗口，根据图 11-13 先❶单击第一个超链接标签控件，它会打开 Visual Studio 网站。❷单击第二个超链接标签控件时，它会打开上一个范例，如图 11-14 所示。

图 11-13　范例 CH1101B 的运行结果 1

程序说明

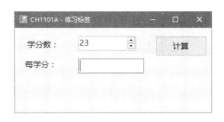

* 窗体加入 2 个超链接标签控件。单击第一个控件会进入 "Visual Studio" 网站；单击第 2 个控件会启动本章的范例 CH1101A 程序。

* 第 20~35 行：使用窗体的 Form1_Load()事件。加载窗体时先将第一个超链接标签控件的相关属性进行变更。

图 11-14 范例 CH1101B 的运行结果 2

* 第 37~41 行：第一个超链接标签的 "lnkLinkIP_LinkClicked()" 事件以命名空间 "System::Diagnostics" 中 Process 类来监控集成网络的处理程序，再通过 Process 的静态方法 Start()输入要调用的网址。

* 第 47~50 行：第二个超链接标签的 "lnkOpenApp_LinkClicked()" 事件中，Start()方法要启动的是应用程序，所以要指明路径，每个路径之间必须以 "\\" 隔开。

11.1.3 进度条控件

有机会安装程序或下载一个文件，在等待的过程中有时会出现一个信息画面，告诉我们当前的状况，安装了 50%，或者还有几分钟才能完成下载。对于这样的信息画面，C#提供了 "进度条"（ProgressBar）控件，通过图形化界面来提供某些操作的进度。表 11-4 介绍了一些常见的属性和方法。

表 11-4 进度条常用成员

进度条成员	默认值	说明
Minimum	0	设置 ProgressBar 控件的最大值
Maximum	100	设置 ProgressBar 控件的最小值
Value	0	设置 ProgressBar 控件的实际进度
Step	10	设置进度条每次递增的步长
Style	Block	显示进度条的样式
Increment()方法	value	指定进度条前移的位置
PerformStep()方法		以 Step 属性值来显示进度条的刻度

Style 属性共分 3 种：Block、Continuous 和 Margree。Block 会以数值刻度来表示；Continuous 只会显示进度，并不会有刻度；Margree 会以跑马灯方式来显示，并且无法使用量化的进度。

11.1.4 状态栏和面板

使用窗口环境时，无论是文件资源管理器还是应用软件，底部都会有状态栏，用来显示某些信息。.NET Framework 提供了控件 StatusStrip 来取代原有的 StatusBar 控件。通过 StatusStrip 控件可获取窗体上控件或组件的相关信息。

StatusStrip 控件本身并没有面板的功能，想要在面板上显示一些信息，必须加入面板，而 ToolStripStatusLabel 对象提供了面板功能，再根据应用程序的需求来显示文字或图标。StatusStrip

也包含 ToolStripDropDownButton、ToolStripSplitButton 和 ToolStripProgressBar 等控件。

|使用编辑项|

通过 StatusStrip 提供的"编辑项",将上述这些对象和控件进行新增、删除和重新排列。如何使用"编辑项"呢?参照下列步骤来进行。

1 启动"编辑项"。❶打开工具箱的"菜单与工具栏",用鼠标双击加入"StatusStrip"控件。❷窗体下方会加入"StatusStrip"控件(除了显示在窗体上,也会在设计界面底部的"匣"中出现),如图 11-15 所示。

2 在控件(或下方的控件)上右击,执行"编辑项"指令,进入其画面,如图 11-16 所示。

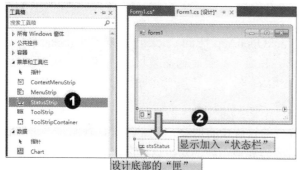

图 11-15　设置状态栏

图 11-16　打开状态栏的编辑项

3 进行项集合编辑器的设置。❶展开项集合编辑器,选择"StatusLabel"选项;❷单击"添加"按钮会加入"ToolStripStatusLabel"对象;❸加入的成员会在"成员"中列出;❹单击 ✕ 按钮可以删除成员;❺用来设置成员的属性值。步骤如图 11-17 所示。

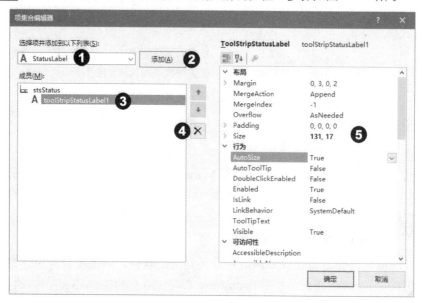

图 11-17　进行项集合编辑器的设置

直接加入面板

除了使用"编辑项"外，还可以加入窗体的状态栏，使用以下步骤来实现。

1 单击 StatusStrip 控件右侧的❶☑按钮展开菜单，选择❷"StatusLabel"添加该控件，如图 11-18 所示。

图 11-18 在状态栏的加入编辑项的方法

2 加入 toolStripStatusLabel1 控件后，要设置属性值就可以在右侧的属性窗口进行。加入新的面板，再单击 StatusStrip 控件右侧的 ▼按钮即可，如图 11-19 所示。

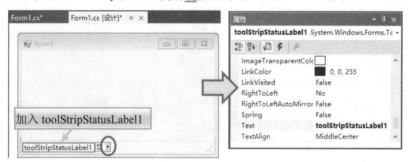

图 11-19 为状态栏的控件设置属性并加入新的控件

11.1.5 计时的 Timer 控件

Timer 控件是一个非常特殊的控件，它是 Windows 窗体专有的，可用来处理计时的操作。例如，每隔一段时间改变画面上的图片位置，让它具有动画效果。使用 Timer 来控制时间，表 11-5 列出了它的相关成员。

表 11-5 Timer 控件

Timer 成员	默认属性值	说明
Enabled	false（不启动）	是否启动定时器（true 启动定时器并计时）
Interval	0（不计时）	设置定时器的间隔时间，以千分之一秒（毫秒）为单位，"Interval = 1000"表示 1 秒
Tick()事件		间隔时间内所触发的事件

由于 Timer 控件是一个组件，程序在运行时是看不到它的（后台运行），因此设计阶段它不会和控件一起出现在窗体上，而是显示在设计工具底部的"匣"中。

Tick()事件会以 Interval 的属性值为时间周期，根据其时间周期来更新画面。

范例 CH1101C 使用进度条显示计时状态

1 创建 Windows 窗体，项目名称为"CH1001B.csproj"。按照表 11-6、表 11-7 在窗体上加入标签、文本框（Textbox）和按钮。

表 11-6 范例 CH1101C 使用的控件 1

控件	属性	值	控件	属性	值
Program	Name	psbTimeBar	Button1	Name	btnStart
Timer	Name	tmrReckon		Text	开始计时
	Interval	250	Button2	Name	btnExit
StatusStrip	Name	stsStauts		Text	离开

表 11-7 范例 CH1101C 使用的控件 2

控件	Name	Autosize	Width	Text	TextAlign
ToolStripStatusLabel1	tsbTime	False	170	显示日期和时间	MiddleLeft
ToolStripStatusLabel2	tsbProg	False	160	显示进度	MiddleRight

2 在窗体上加入 2 个 Button 和一个 Program 控件，并完成相关的属性设置。

3 加入 StatusStrip 控件后，右击展开菜单，选择"编辑项"进入其画面。选择"StatusLabel"控件，❶单击"添加"按钮（ToolStripStatusLabel 显示在左侧窗格）；❷单击"字母顺序"将右侧窗格的属性以字母顺序排序。设置宽度时必须将❸"Size"展开才能看到"宽度"（AutoSize 属性要改为 False，改变宽度才有效），按照表 11-7 所列属性再添加第二个 ToolStripStatusLabel 并完成属性值的设置。步骤如图 11-20 所示。

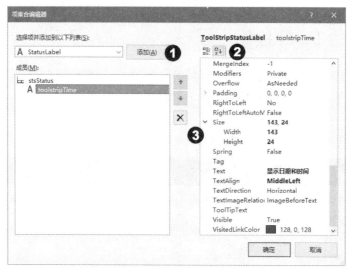

图 11-20 为状态栏添加第二个 ToolStripStatusLabel 并完成属性值的设置

4 添加 Timer 控件并设置相关属性。加入的 Timer 控件并不会出现在窗体上,它是一个后台运行的组件,所以无论使用拖曳还是双击鼠标都只会在窗体下方显示,如图 11-21 所示。

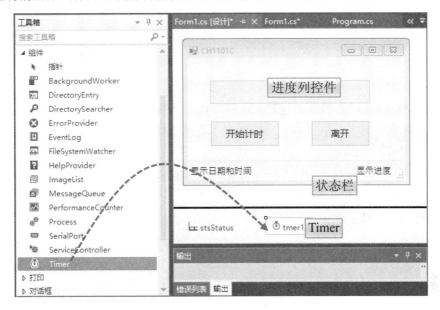

图 11-21 添加 Timer 控件并设置相关属性

5 用鼠标双击"开始计时"按钮,进入程序代码编辑区(Form1.cs),在"开始计时"按钮的"btnStart_Click()"事件过程段中编写以下程序代码:

```
20  private void btnStart_Click(object sender, EventArgs e)
21  {
22    //单击按钮启动定时器
23    tmrReckon.Start();
24    //让"开始计时"和"离开"按钮暂时不起作用
25    btnStart.Enabled = false;
26    btnExit.Enabled = false;
27  }
```

6 切换到 Form1.cs[设计]选项卡,回到窗体,用鼠标双击"Timer"组件,再一次进入程序代码编辑区,在"tmrReckon_Tick()"事件过程段中编写以下程序代码:

```
35  private void tmrReckon_Tick(object sender, EventArgs e)
36  {
37    psbTimeBar.Increment(10);    //显示进度条的当前位置
38
39    //在状态栏显示进度 —— 串连进度条以文字显示
40    tsbProg.Text = String.Concat
41      (psbTimeBar.Value, "% 已经完成");
42    //显示今天的日期
43    tsbTime.Text = DateTime.Now.ToShortDateString();
44    //判断最大值和实际进度相等时表示完成
```

```
45      if(psbTimeBar.Value == psbTimeBar.Maximum){
46        btnStart.Enabled = true;//恢复按钮的作用
47        btnExit.Enabled = true;
48        //停止定时器
49        tmrReckon.Stop();
50      }
51  }
```

运行：按"Ctrl + F5"组合键运行此程序，打开"窗体"窗口，单击 "开始计时"按钮就开始计时，进度条随之开始填充，最后单击"离开"按钮或者窗体右上角的 ✕ 按钮就能关闭窗体，如图 11-22 所示。

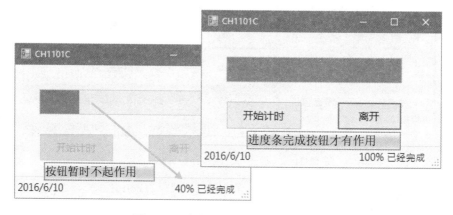

图 11-22　范例 CH1101A 的运行结果

程序说明

* 窗体加入 1 个进度条和 2 个按钮,窗体底部加入一个状态栏并加入 2 个面板,配合 Timer 控件。当 Timer 被启动时，按钮不会起作用；状态栏第二个面板会显示状态栏的进度。完成后，按钮才会起作用；单击"离开"按钮来关闭窗体。

* 第 20~27 行：单击"开始计时"按钮时，Timer 控件的 Start()方法会启动 Timer 定时器。

* 第 35~51 行：根据 Interval 属性值来触发 Timer 控件的 Tick()事件，表示每间隔 0.25 秒就会让进度条的刻度值前移，配合进度条的 Increment()方法来显示进度条的位置。

* 第 40 行：使用 String 类的 Concat()方法来提取进度条的 Value 属性值，显示进度条的变化。

* 第 45~50 行：以 if 语句进度条的 Value 属性值作为条件，当它和进度的最大值相等时，就让两个按钮恢复作用，调用 Stop()方法来停止定时器的计时功能。

11.1.6　窗体上控件的顺序

一般来说，当窗体陆续加入控件后，会产生"Tab 键顺序"，也就是按下"Tab"键，从哪个控件开始，再按序前往哪一个。根据控件加入的顺序来决定焦点的停驻顺序，换句话说，控件的"TabIndex"属性值会不同。如何查看窗体上控件"TabIndex"的属性值，参考以下步骤。

1 执行❶“查看”菜单的❷“Tab 键顺序”指令，就可以在窗体上看到以矩形呈现的蓝底白字数值，从零开始。窗体上第一个添加的控件是“开始计时”按钮，第二个是“离开”按钮，其他依此类推，如图 11-23 所示。

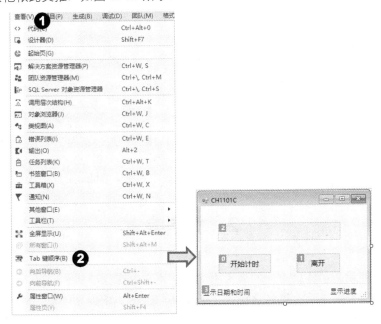

图 11-23　查看控件的“Tab 键顺序”

那么 TabIndex 属性值能起什么作用呢？通过图 11-24 来说明。启动窗体后，希望插入点停留在学分右侧的文本框，按“Tab”键就能跳到“计算”按钮，这时就可以重新设置 TabIndex 的值。

2 启动“Tab 键顺序”后，单击第一个要开始的控件，按照自己想要的顺序往下单击鼠标。被单击过 TabIndex 值会变成白底蓝字。完成后再按键盘上的“Esc”键就可以关闭 Tab 键顺序的设置，如图 11-24 所示。

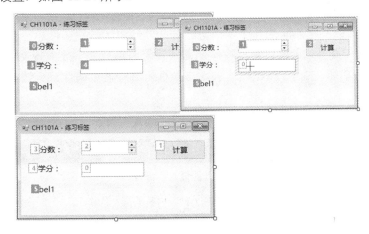

图 11-24　Tab 键顺序的改变对应 TabIndex 属性值的更改

不过，要注意的是设置“Tab 键顺序”时，“TabStop”（Tab 按钮是否起作用）的属性值为"True"才能让 TabIndex 发挥作用。可以看到，文本框经过"Tab 键顺序"的设置也会实时反应于属性窗口上，如图 11-25 所示。

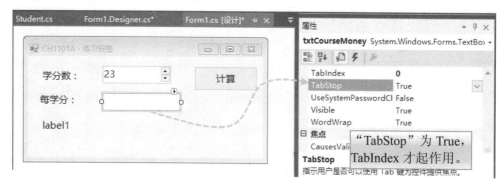

图 11-25　"TabStop"的属性值为"True"才能让 TabIndex 发挥作用

11.2　文字编辑

文字编辑控件和显示信息控件的最大不同在于用户能在程序执行时输入文字。除此之外，它也能根据程序需求来显示信息。它包含 TextBox、RichTextBox 和 MaskedTextBox 三种。表 11-8 简述了这些控件的作用。

表 11-8　用于文字编辑的控件

控件	用途
TextBox	提供用户输入文字
RichTextBox	能运用文件的概念直接打开，创建 RTF 格式文件
MaskedTextBox	限制用户输入文字的格式

11.2.1　TextBox 控件

TextBox（文本框）在前面的几个章节已经陆陆续续用了一些属性。它除了提供文字的输入外还能显示信息。此外，还可以根据程序的需求设置为单行文字或多行文字的编辑，还提供了密码字符的屏蔽功能。除了 Text 属性外，文本框有哪些常见属性、方法和事件呢？先来看看表 11-9 的内容。

表 11-9　文本框的属性

文本框属性	默认值	说明
①MaxLength	32767	设置文本框输入的最大字符数
②PasswordChar	空字符	不想显示输入的字符，以其他符号代替
③MultiLine	false	文本框是否要多行显示（默认为单行）
④ScrollBars	None	是否要有滚动条

（续表）

文本框属性	默认值	说明
⑤WordWrap	true	超过栏宽时能自动换行（true 会自动换行）
⑥ReadOnly	false	是否为只读状态（false 才能输入文字）
CharacterCasing	Normal	英文字母一律大写或小写
CanUndo		能否撤销文本框先前的操作
SelectionLength		获取或设置文本框中所选择的字符数

一般来说可以应用①MaxLength 的特性，在文本框上限定输入字符的长度。若不想在文本框中显示所输入的内容，②PasswordChar 属性就派上用场了，以密码字符屏蔽来代替实际输入的密码。最常碰见的情况是在文本框中输入密码，通常会以"*"（星号）来取代输入的密码字符。此外，结合 MaxLength、PasswordChar 属性，例如限定密码长度为 6 个字符，程序代码编写如下。

```
textBox1.MaxLength = 6;      //表示最多只能输入 6 个字符
textBox1.PasswordChar = '$';        //以$取代输入字符
```

文本框具有多行显示属性时

文本框一般是单行的。属性③MultiLine 能决定文本框是否要以多行显示，默认值 False 表示是单行文本框；设为 True 时，文本框的文字如果超过方框本身宽度的设置，就会自动移到下一行继续显示。添加文本框后，可单击控件右上角的❶▶按钮，打开任务栏，用鼠标❷勾选"MultiLine"复选框就会让文本框从单行变多行，它同时也会更新属性窗口的 MultiLine 属性值，如图 11-26 所示。

当文本框的内容为多行时，④ScrollBars 属性还能提供滚动条来滚动内容。所以 Multiline 属性在为 True 的情况下，滚动条才有作用，它共有 4 种属性值。

图 11-26　设置文本框的 MultiLine 属性

- None：没有水平和垂直滚动条。
- Horizontal：具有水平滚动条。
- Vertical：具有垂直滚动条。
- Both：表示水平和垂直滚动条都具有。

文本框的文字超过宽度时，是否要产生换行操作呢？⑤WordWrap 属性的"true"或"false"会影响其表现。false 不会进行换行操作，属性值为 true 才能产生换行作用。配合 ScrollBars 属性，可编写以下程序代码。

```
textBox1.MultiLine = true;//文本框为多行
textBox1.ScrollBars = ScrollBars.Vertical;//垂直滚动条
```

当文本框为多行时，可使用 Text 属性配合换行字符（Newline Character）。

```
textBox1.Text ="书封以鸟的意象表征女主角的从容气质，" +
    Environment.NewLine + //换行符号
```

```
"在如雾似幻的人生迷林中寻找心的方向，唯有通过实现愿望，" +
Environment.NewLine +
"穿越重重枝叶挑战后，才能找到属于自己的广阔天空。";
```

- 字符串要断行，必须以双引号括住，再用"+"字符加入 Environment.NewLine，进行换行操作。

在属性窗口输入多行文字的（MultiLine 为 True）顺序为：❶单击 按钮展开文字框的内容，输入文字；❷要换新行时，可在前一行的末端按"Enter"键，移到下一行继续输入文字。步骤如图 11-27 所示。

第二种方法是使用 Lines 属性以字符串数组初始化方式加入字符串。

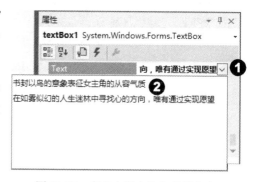

图 11-27 在文本框中输入多行文字

```
textBox1.Lines = new string[] {
    "此书封以鸟的意象表征女主角的从容气质，",
    "在如雾似幻的人生迷林中寻找心方向，唯有通过实现愿望，"
};
```

使用属性窗口设置时，找到 Lines 属性，❶单击右侧的 按钮，打开"字符串集合编辑器"对话框。❷输入文字，按"Enter"键换新行；单击❸"确定"按钮关闭窗口，如图 11-28 所示；回到属性窗口，展开属性❹Lines 做进一步的查看。可以看到有[0]和[1]的 2 个数组，如图 11-29 所示。

图 11-28 使用 Lines 属性以字符串数组初始化方式加入字符串

图 11-29 Lines 属性以字符串数组方式加入字符串

当文本框有内容时，还可以使用属性⑥ReadOnly 设置文本框的内容是否为只读状态，设为 True 表示是只读状态，无法修改；False 表示非只读状态，这个设置才能输入或修改文字。

文本框的常用方法

表 11-10 列出了文本框控件一些常用的方法。

表 11-10　文本框的方法

文本框方法	说明
Clear()	清除文本框中所有文字
Focus()	将焦点（插入点）切换到指定的控件
ClearUndo()	将最近执行的操作从文本框的撤销缓冲区清除
Copy()	将文本框选择的文字范围复制到"剪贴板"
Cut()	将文本框选择的文字范围搬移到"剪贴板"
Paste()	用剪贴板的内容取代文本框的选择范围
Undo()	撤销文本框中上次的编辑操作

TextChange()事件

TextChange()事件是指文本框的 Text 属性被改变时所触发的事件。当文本框的 Text 属性被修改了或变更时，如果希望相关的控件也进行改变，就可以通过此事件处理程序来处理。

认识系统剪贴板

在 Windows 操作系统中，对于剪贴板的功能一定不陌生，通常剪贴板是数据暂存的地方，通过 Clipboard 类所提供的方法与 Windows 操作系统的剪贴板互动。数据放入剪贴板时，会存放与数据有关的格式，以便于使用该格式的应用程序能够识别。当然，也可以将不同格式的数据放入剪贴板中，方便其他应用程序的处理。

使用文本编辑器时，复制、剪切和移动是避免不了的操作，此时 IDataObject 接口能提供不受数据格式影响的传送接口。所有 Windows 应用程序都共享"系统剪贴板"，配合 Clipboard 类，提供了两个方法：SetDataObject()方法将数据存放于剪贴板中；通过 GetDataObject()方法来提取剪贴板的数据。

在操作过程中，如果要保存原有的数据格式，Clipboard 类可搭配 DataFormats 类，借助 IDataObject 接口的数据格式。如果是标准的 ANSI 格式就以"DataFormats.Text"表示；若为 Unicode 字符，则使用"DataFormats.UnicodeText"语句。相关类和常用方法列于表 11-11 中，供大家参考。

表 11-11　与系统剪贴板有关的类

系统剪贴板使用类	说明
IDataObject 界面	提取数据并保留，不受接口格式的影响
GetData()	提取指定格式的数据
GetDataPresent()	检查提取的数据，是否为原有格式

（续表）

系统剪贴板使用类	说明
Clipboard 类	提供数据的存放，从系统剪贴板提取数据
GetDataObject()	提取当前存放于系统剪贴板的数据
DataFormats 类	用来识别存放 IDataObject 的数据格式

所以将数据复制或剪切下来时，会存放在系统剪贴板中，使用 Clipboard 类的 GetDataObject()方法存放于 IDataObject 接口。如果要取出数据并保持格式就得使用 IdagaObject 接口的 GetData()方法，并指定 DataFormats 类来保持数据格式。

```
IDataObject buff = Clipboard.GetDataObject();
buff.GetData(DataFormats.Text);
```

- 剪贴板（Clipboard）以 GetDataOjbect()方法从系统剪贴板获取数据。

范例 CH1102A　简易剪贴板

➡1　创建 Windows 窗体，项目名称为"CH1001B.csproj"。按表 11-12 在窗体上加入标签、文本框（Textbox）和按钮。

表 11-12　范例 CH1102A 使用的控件

控件	属性	值	控件	属性	值
Button1⓪	Name	btnUndo	Button2①	Name	btnCopy
	Text	侧向		Text	复制
Button3②	Name	btnCut	Button4③	Name	btnPaste
	Text	剪切		Text	粘贴
Button5⑧	Name	btnExit	Button6⑨	Name	btnClear
	Text	离开		Text	清除
	ForeColor		TextBox2⑦	Name	lblBuff
Label1④	Name	lblEditor		Text	缓冲区
	Text	文字编辑区	Label2⑥	Name	txtBuffer
TextBox1⑤	Name	txtNote		BorderStyle	FixedSingle
	MultiLine	True		BackColor	PaleGreen
	ScrollBars	Vertical		ReadOnly	True

➡2　加入窗体的控件，通过 TabIndex 属性的索引值编号来说明完成的窗体，如图 11-30 所示。

图 11-30　完成的窗体及其 Tab 键顺序

3 用鼠标双击"撤销"按钮，进入程序代码编辑区（Form1.cs），在"btnUndo_Click"事件过程段中编写以下程序代码：

```
20  private void btnUndo_Click(object sender, EventArgs e)
21  {
22      //能执行文本框的撤销操作时
23      if (txtNote.CanUndo == true)
24      {
25          txtNote.Undo();          //将文本框的编辑操作撤销
26          txtNote.ClearUndo();    //清除撤销缓冲区
27          txtNote.Focus();         //获取文本框的输入焦点
28      }
29  }
```

4 切换到 Form1.cs[设计]选项卡，回到窗体，用鼠标双击"复制"按钮，再一次进入程序代码编辑区，在"btnCopy_Click"事件过程段中编写以下程序代码：

```
32  private void btnCopy_Click(object sender, EventArgs e)
33  {
34      //从文本框选择的字符数大于零时
35      if(txtNote.SelectionLength > 0){
36          txtNote.Copy();    //将文字复制到缓冲区
37          //IDataObject 提取文字并保留，不受接口格式的影响
38          IDataObject buff = Clipboard.GetDataObject();
39
40          //检查从系统剪贴板提取的文字，是否为原有格式
41          if(buff.GetDataPresent(DataFormats.Text)){
42              //提取后显示在另一个文本框(缓冲区)
43              txtBuffer.Text = (String)
44                  (buff.GetData(DataFormats.Text));
45          }
46      }
47      else{
48          MessageBox.Show("没有选择文字范围!", "进行复制",
49              MessageBoxButtons.OK, MessageBoxIcon.Warning);
50      }
51  }
```

5 切换到 Form1.cs[设计]选项卡，回到窗体，用鼠标双击"粘贴"按钮，再一次进入程序代码编辑区，在"btnPaste_Click"事件过程段中编写以下程序代码：

```
75  private void btnPaste_Click(object sender, EventArgs e)
76  {
77      txtBuffer.Clear();
78      btnClear.Enabled = true;
79
```

```
80      //判断是否真的从剪贴板中提取了文字
81      if(Clipboard.GetDataObject().GetDataPresent(
82          DataFormats.Text) == true){
83
84          //如果文本框内有字符
85          if(txtNote.SelectionLength > 0){
86
87              //使用消息对话框来显示相关信息
88              if(MessageBox.Show(
89                  "你确定要在当前的位置粘贴文字吗？",
90                  "粘贴信息", MessageBoxButtons.YesNo)
91                  == DialogResult.Yes){
92                  //设置字符的起点来粘贴文字
93                  txtNote.SelectionStart =
94                      txtNote.SelectionStart +
95                      txtNote.SelectionLength;
96              }
97              else
98                  //在单击消息对话框的"否"按钮时，清除剪贴板内容
99                  Clipboard.Clear();
100         }
101     txtNote.Paste();//执行粘贴方法
102     }
103 }
```

运行：按"Ctrl＋F5"组合键运行此程序，打开"窗体"窗口，按照图 11-31 所示在文本框上输入文字后，❶选择文字；❷单击"复制"按钮，要复制的内容就会显示在❸下方的文本框中；❹单击"粘贴"按钮后会清除缓冲区的内容，再以消息框询问是否在当前的位置上粘贴；❺单击"是"按钮会粘贴上文字；❻单击"撤销"按钮会恢复到原来选择文字的状态，如图 11-32 所示。

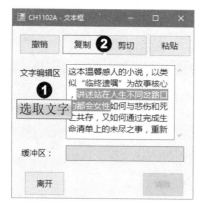
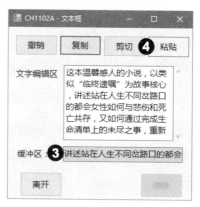

图 11-31　范例 CH1102A 的运行结果 1

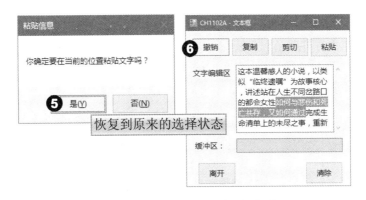

图 11-32　范例 CH1102A 的运行结果 2

程序说明

* 以文本框的相关属性来创建一个简易的文本编辑器。使用系统的剪贴板进行基本操作，例如复制、剪切、粘贴和撤销操作。
* 第 20~29 行："撤销"按钮的 Click()事件。
* 第 23~28 行：if 条件判断，当文本框控件的 CanUndo 为 true 时才能执行撤销操作。它包含 Undo()方法将文本框的内容恢复到原状。ClearUndo()方法清除撤销缓冲区内容，并以 Focus()方法获取输入焦点。
* 第 32~51 行："复制"按钮的 Click()事件。要将文本框选择的文字复制到系统剪贴板，被复制的文字能显示在另一个文本框缓冲区（txtBuffer）。共有 2 个 if 条件判断，第一个 if/else 语句确认选择了文字，如果没有就以 MessageBox 类的 Show()方法发出警告信息。第二个 if 语句检查系统剪贴板的数据格式。
* 第 35~50 行：第一层的 if/else 语句。SelectionLength 属性判断是否选择了字符，大于零时（选择了字符），Copy()方法会将选择的文字复制到"系统剪贴板"中，即存于 IDataObject 的 buff 对象中。
* 第 41~45 行：单击"复制"按钮后，提取系统剪贴板的文字内容并显示在另一个文本框"txtBuffer"中。if 语句中，使用 GetDataPresent()方法判断要传送的 buff 对象是否存在。如果存在，以 DataFormats 指定 ANSI 标准格式，通过字符串方式显示在"txtBuffer"文本框上。
* 第 75~103 行：单击"粘贴"按钮，以系统剪贴板的内容来取代原有选择范围的文字。
* 第 81~102 行：第一层 if 语句，先以 GetDataPresent()方法来判断是否从系统剪贴板提取文字。如果提取到了，就执行 Paste()方法执行粘贴操作。
* 第 85~100 行：第二层 if 语句进一步判断文本框是否有字符。
* 第 88~99 行：第三层 if 语句，以消息框来询问用户是否要执行粘贴操作。用户单击消息对话框的"是"按钮时，使用 SelectionStart 属性来获取光标所在的位置，进而执行粘贴操作。用户单击消息对话框"否"按钮，清除系统剪贴板的内容。

11.2.2　RichTextBox 控件

RichTextBox 控件也能提供文字的输入和编辑。"Rich"为开头，表示它比 TextBox 控件提供了更多格式化的功能。在窗体上加入 RichTextBox 控件,由于它支持多行文字功能,因此使用右上角的▣按钮来打开菜单以便设置属性。"编辑文本行"会打开"字符串集合编辑器"进行内容的输入,如图 11-33 所示。当我们输入文字后,它会反应在属性窗口的 Text 和 Lines 属性上,如图 11-34 所示。

图 11-33　打开 RichTextBox 控件的下拉菜单设置属性

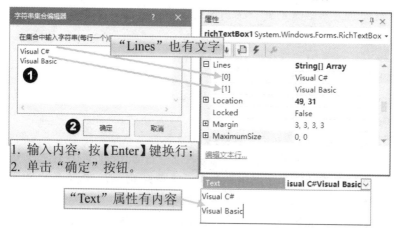

图 11-34　输入的文字会反应在属性窗口的 Text 和 Lines 属性上

单击"在父容器中停靠"会让控件填满整个窗体,再单击"取消在父容器中停靠"会恢复到原来的大小。此处的"父容器"是指窗体,它使用了 Dock 属性,如图 11-35 所示。

从属性窗口展开❶Dock 属性,表示设置了❷Fill 属性值。默认值为 None,就是原来控件的大小,当 Dock 属性被改变时,也会影响它的 Size 属性,如图 11-36 所示。

11-35　Dock 属性值会按父容器进行调整

图 11-36　设置 Dock 属性

Dock 属性值还有哪些？这些属性值都属于 DockStyle 枚举类型，请参照表 11-13 的说明。

表 11-13　DockStyle 枚举值

DockStyle	说明	控件在父容器中的位置
Top	控件顶端紧靠着父容器顶端	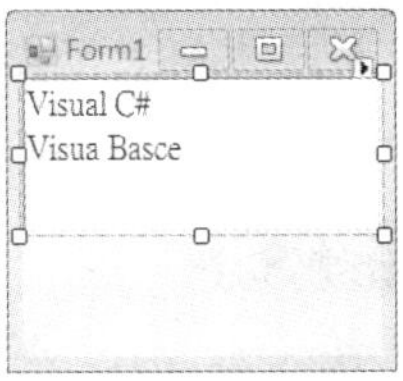
Left	控件的左缘紧靠着父容器的左边界	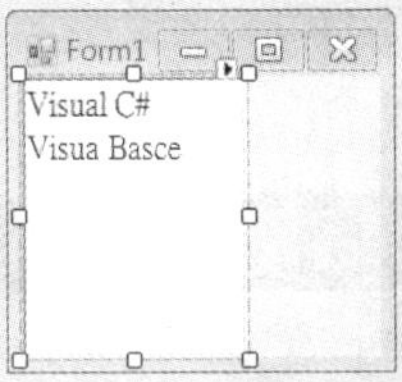
Fill	填满父容器边缘，适当地重设大小	参考图 11-35
Right	控件的右侧紧临父容器的右边缘	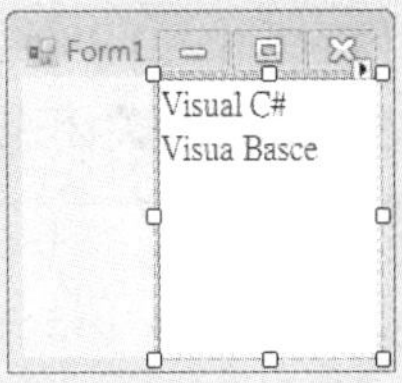
None	控件维持原貌	
Bottom	控件的底部边缘停靠在父容器底部	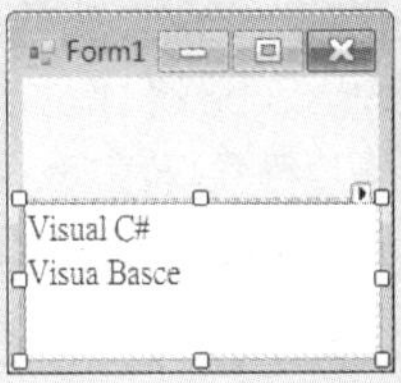

字体和颜色

TextBox 方框内一般会以纯文本为主，选择文字后并不能把文字格式予以变化，但使用 RichTextBox 就不同了，选择文字后，将文字设成粗体或改变字体的颜色。下面介绍 RichTextBox 与字体、颜色有关的属性，如表 11-14 所示。

表 11-14　RichTextBox 的属性

RichTextBox 属性	说明
SelectionFont	将文字设为粗体或斜体
SelectionColor	改变文字颜色

使用 RichTextBox 控件输入文字后，要改变文字的格式前必须先选择。SelectionFont 属性可以将文字改变为粗体或斜体，而 Selection 属性能改变文字颜色。程序代码编写如下：

```
richTextBox1.SelectionFont = new Font("微软雅黑", 12);
richTextBox1.SelectionFont = new Font(this.Font,
    FontStyle.Bold);//将选择的文字变成粗体
richTextBox1.SelectionColor = Color.Blue;//设置文字的颜色
```

由于系统本身已经指定了原有的字体和颜色，因此引用了"System.Drawing"命名空间下的"Font"类，实例化对象后才能变更属性。

格式化文本

要让 RichTextBox 的文字更有条理性，属性 SelectionBullet、SelectionIndent 有加成效果，现在用表 11-15 来说明。

表 11-15　RichTextBox 的属性

RichTextBox 属性	说明
SelectionBullet	在文字中加入表项符号列表
SelectionIndent	文字有缩排效果

使用 SelectionBullet 属性创建表项列表符号时，必须将属性设为 true 时才会启用，然后再将属性设回 false，关闭表项列表符号的功能。

```
//启用表项符号列表
richTextBox1.SelectionBullet = true;
//加入表项列表符号
    richTextBox1.SelectedText = "Visual C++ 2013\n";
    richTextBox1.SelectedText = "Visual Basic 2013\n"
    richTextBox1.SelectedText = "Visual C# 2013\n";
//结束表项符号列表
richTextBox1.SelectionBullet = false;
richTextBox.SelectionIndent = 20;//文字缩排
```

- 使用表项符号时，指定的文字后要加上"\n"进行换行操作，否则会没有效果。
- 用来设置文字左边缘和控件之间的距离，以像素为单位。

RichTextBox 常用方法

LoadFile()方法具有打开文件的功能，并支持 RTF 格式或标准的 ASCII 文本文件，其语法如下。

```
void LoadFile(String path);
```

- path 字符串用于指定加载文件的路径。
- LoadFile()方法载入文件时，载入的文件内容会取代 RichTextBox 控件的原有内容，所以它的 Text 和 Rtf 属性的值会改变。

如果要存储文件，RichTextBox 控件提供了 SaveFile()方法。它可以指定文件存储的位置和文件存储的类型，可用来存储现有的 RTF 格式或标准 ASCII 文本文件。其语法如下：

```
void SaveFile(String path,
  RichTextBoxStreamType fileType);
```

- path：代表文件的路径。若文件名已经存在于指定目录，则原文件会被直接覆盖而不进行任何通知。
- fileType：指定输入/输出的文件类型，它会使用 RichTextBoxStreamType 枚举类所提供的成员，请参照表 11-16 的说明。

表 11-16 RichTextBoxStreamType 枚举类成员

成员	说明
PlainText	代表 OLE 对象的纯文本数据流，文字中允许有空格
RichNoOleObjs	OLE 对象的 Rich Text 格式（RTF）数据流，文字中能包含空格
RichText	RTF 格式的数据流
TextTextOleObjs	OLE 对象的纯文本数据流
UnicodePlainText	文字以 Unicode 编码为主，包含有空字符串的 OLE 对象文字数据流

要在 RichTextBox 文字内容中查找特定的字符串，可指定 Find()方法来帮忙，它支持 RichTextBox。其语法如下：

```
int Find(String str, RichTextBoxFinds options);
```

- str 代表要查找的字符串，返回控件中第一个字符的位置。若返回负值，则表示控件中找不到要查找的文字字符串。
- Options 表示查找字符串须指定的值，由 RichTextBoxFinds 枚举类提供 5 个参数值，可参照表 11-17 说明。

表 11-17 RichTextBoxFinds 枚举类的成员

RichTextBoxTinds	说明
None	查找出相近的文字
MatchCase	找出大小写相同的目标文字
NoHighlight	找到的字符串不会反白显示
Reverse	查找方向从文件结尾开始，并搜索至文件的开头
WholeWord	只找出整句拼写完全相符的文字

范例 CH1102B 控件 RichTextBox

STEP 1 创建 Windows 窗体，项目名称为"CH1102B.csproj"。按照表 11-18 在窗体上添加 RichTextbox 和按钮。

表 11-18　范例 CH1102B 使用的控件

控件	属性	值
RichTextBox	Name	dispalyRTF
Button	Name	btnOpen
	Text	打开文件

➋ 完成的窗体如图 11-37 所示。

图 11-37　完成的窗体

➌ 用鼠标双击"打开文件"按钮，进入程序代码编辑区（Form1.cs），在"btnOpen_Click()"
事件过程段中编写以下程序代码：

```
25  private void btnOpen_Click(object sender, EventArgs e)
26  {
27    btnOpen.Visible = false;      //隐藏按钮控件
28    //文本框大小根据窗体来扩充
29    displayRTF.Dock = DockStyle.Fill;
30    string target = "独行天才";//查找字符串
31    int begin = 1;//设置要查找字符串的起始位置
32    int count = 1;
33    //载入文件
34    displayRTF.LoadFile("F:\\Visual C#2013 Demo" +
35      "\\CH11\\DemoA.rtf");
36    //获取加载文件的总字符串长度
37    int result = displayRTF.TextLength;
38
39    //字符串总长是否大于字符位置
40    while(result > begin){
41     //获取找到第一个字符串的索引位置
42      int outcome = SearchText(target, begin);
43      MessageBox.Show("第 " + count.ToString() +
44        "字符，索引编号: " + outcome.ToString());
45      begin += outcome;//变更要查找字符串的索引位置
46      count++;
47    }
48    //存储文件
49    displayRTF.SaveFile("F:\\Visual C# 2013 Demo" +
```

```
50        "\\CH11\\DemoB.rtf",
51        RichTextBoxStreamType.RichText);
52  }
53
54  //查找字符串的方法 —— 传入字符串和起始位置
55  public int SearchText(string word, int start)
56  {
57      //没有找到符合的字符串时返回-1
58      int result = -1;
59      //有字符串和起始位置才进一步查找
60      if (word.Length > 0 && start >= 0)
61      {
62          //Find()方法进行字符串查找，None 只要找到相似的即可
63          int MatchText = displayRTF.Find(word, start,
64            RichTextBoxFinds.None);
65          //找到符合的字符串，将字号设为 14，字体为粗体
66          displayRTF.SelectionFont = new Font(
67            "楷体", 14, FontStyle.Bold);
68          //符合的字符串重设字体颜色
69          displayRTF.SelectionColor = Color.OrangeRed;
70          if (MatchText >= 0)
71              result = MatchText;
72      }
73      return result;
74  }
```

运行：按"Ctrl + F5"组合键运行此程序，打开"窗体"窗口。如图 11-38 所示，单击❶"打开文件"按钮后，第一个找到的字符串会以消息框显示其字符串的索引编号。❷单击"确定"按钮后，会继续往下查找直到全部搜索完毕，并且以消息框来逐一显示，如图 11-39 所示。最后单击"确定"按钮，或单击窗体右上角的×按钮就能关闭窗体。

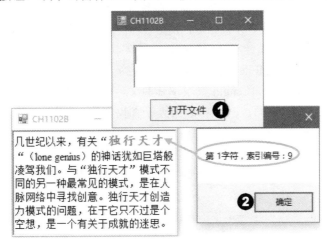

图 11-38　范例 CH1102B 的运行结果 1

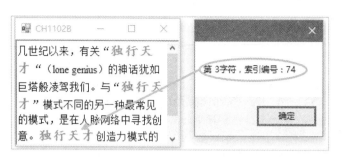

图 11-39　范例 CH1102B 的运行结果 2

也可以打开 "DemoB.rtf" 文件，看一下文件内容是否将找到的字符串放大了字体，改变了颜色，如图 11-40 所示。

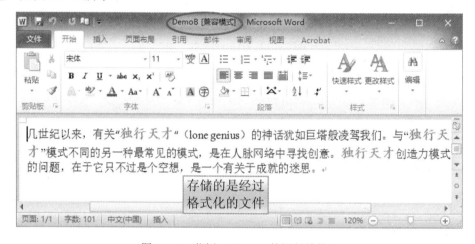

图 11-40　范例 CH1102B 的运行结果 3

程序说明

* 使用 LoadFile()方法来加载文件，在加载过程中使用 Find()方法查找特定的字符串，并把此字符串予以格式设置后，显示在 RichTextBox 文本框内，再以 SaveFile()方法存盘。
* 第 25~52 行：按钮的 Click 事件，单击按钮后，按指定路径加载 "DemoA.rtf" 文件。
* 第 27 行：单击 "打开文件" 按钮后，使用按钮的属性 "Visible = false" 来隐藏按钮本身。
* 第 29 行：通过 Dock 属性将 RichTextBox 控件根据窗体来调整自身与窗体的大小。
* 第 34~35 行：使用 LoadFile()方法加载指定路径的文件，此处只能加载 RTF 格式的文件。
* 第 37 行：使用属性 TextLength 来获取加载文件的总字符数。
* 第 40~47 行：while 语句。当字符总长大于查找字符的起始位置时，调用 SearchText()方法并传入要查找字符串和字符的位置。由于 Find()方法只会将找到的第一个符合的字符串给予反白，因此找到字符串返回索引位置后，使用 begin 变量更改索引位置，直到字符串的索引值大于总字符长度时停止。获取信息后用 Message 类的 Show()方法输出。
* 49~51 行：将更改过的字符串以 SaveFile()方法存盘，同样要指定路径，并以 RichText 格式来存储。

* 第 55~74 行: SearchText()方法,传入 2 个参数: 要查找的字符串和字符串的起始位置。找到符合的字符串就使用 return 语句返回索引编号值。

* 第 58 行: 将 "result" 的值设为 "－1",表示没有找到字符串时就返回这个值。

* 第 60~72 行: 第一层 if 语句,判断是否传入了参数值。如果传入了,就进一步进行查找。

* 第 63~64 行: 使用 Find()方法查找字符串,"None"表示只要找到相似即可,然后获取字符串的索引编号值,以 MatchText 来存储。

* 第 66~69 行: Find()方法找到字符串时会给予反白,这里取消反白,使用 SelectionFont 属性改变此字符串的字体、字形和大小;SelectionColor 属性变更为 "OrangeRed" 颜色。

* 第 70~71 行: 第二层的 if 语句,确认找到字符串的索引编号要大于零,再存放到 result 变量中,然后以 return 语句返回找到字符串的索引编号值。

11.2.3 MaskedTextBox 控件

RichTextBox 控件提供了比原有文本框更丰富的文字格式设置,而 MaskedTextBox 控件强化了文本框的功能,其中的 Mask 属性,输入字符时能根据需求设置格式。例如,通过 MaskedTextBox 控件来输入电话号码,Mask 属性要进行以下设置。

❶单击 Mask 右侧的 ... 按钮,如图 11-41 所示,进入 "输入掩码" 对话框;❷选择 "长日期时间" 掩码,如图 11-42 所示;❸ "预览" 可输入日期进行测试;单击❹ "确定" 按钮结束设置。完成的 MaskedTextBox 控件如图 11-43 所示。

图 11-41　设置 MaskedTextBox 控件的属性　　　　图 11-42　选择 "长日期时间" 掩码

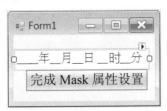

图 11-43　完成的 MaskedTextBox 控件的样子

有哪些掩码字符呢？通过表 11-19 来说明常用的掩码字符。

表 11-19　常用的掩码字符

掩码字符	说明
0	只会接受 0 和 9 之间的数字，不允许有空格
9	输入数字 0~9，允许有空格
#	输入数字 0~9，允许有空格，并使用 "+"（加号）和 "-"（减号）
L	只能输入字母，不能有空格
?	限制输入字母，仅允许有空格
&	能输入任何字符，但不能有空格
C	能输入任何字符，但允许有空格
a	可输入字符和数字，接受空格
.	小数点占位符，由控件的 FormatProvider 属性决定
,	千位占位符，由控件的 FormatProvider 属性决定
:	时间分隔符
/	日期分隔符
$	货币符号
<	设置下面所有字符转换成小写
>	设置上面所有字符转换成大写

11.3　与日期有关的控件

获取日期数据，前面的章节范例都是使用 DataTime 结构。在窗体上最简便的方式是以"文本框"输入数据，这种逐字输入很可能产生错误。比较好的方式是使用 MaskedTextBox 控件，使用 Mask 属性设置日期格式，方便用户输入。虽然制造错误的概率减少了，但是仍然不是很方便。所以.NET Framework 提供了两个图形化的控件：可以选择日期的 DateTimePicker 控件和设置月份的 MonthCalendar 控件。

11.3.1　MonthCalendar 控件

MonthCalendar 控件提供了一个可视化界面来选择日期。

选择日期区间

使用 MaxSelectionCount 属性再配合 SelectionRange 属性的 Start 和 End 来选择某个日期区间。MaxSelectionCount 默认属性值为 "7"，表示 SelectionRange 属性的（默认以当前日期为主）Start 和 End 之间不能大于 7。

设置使用的日期区间

MinDate 和 MaxDate 属性可用来限制日期的开始和结束。MinDate 的默认属性值为

"1753/1/1"，最大日期属性值为"9998/12/31"。如何调整这两个属性值呢？程序代码编写
如下：

```
// 设置最大日期是 2015 年 12 月 31 日
monthCalendar1.MaxDate = new
    DateTime(2015, 12, 31, 0, 0, 0, 0);
// 设置最小日期是 2000 年 1/1 日
monthCalendar1. MinDate = new
    DateTime(2000, 1, 1, 0, 0, 0, 0);
```

- 引用 DataTime 结构的构造函数，以 new 运算符重新设置新值。

更改控件的外观

使用 TitleBackColor、TitleForeColor、TrailingForeColor 属性更改日历控件的部分外观。

- TitleBackColor 属性用来显示日历标题区的背景颜色。
- TitelForeColor 属性用来设置日历标题区的前景颜色。
- TrailingForeColor 属性用来设置控件未在主月份范围内的日期颜色。

此外，CalendarDimensions 属性用来设置 MonthCalendar 控件要显示月份的宽高值，属性
默认值为"1, 1"，表示只显示单月份，如果将属性值设为"2, 1"，就会以水平方向展现双月
日期，如图 11-44 所示。

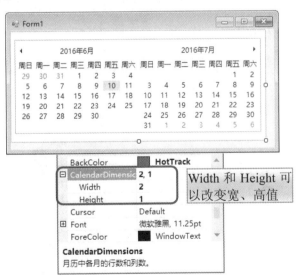

图 11-44　设置 MonthCalendar 的宽、高值

设置特别的日期

在日历中，会将某个特定日期加入备忘录中，或者将它标示出来，在 MonthCalendar 控件
中可以使用 BoldedDates、MonthlyDoldedDates 和 AnnuallyBoldedDates 属性来设置特定日期、
每月循环的日期或每年固定的日期。如何设置呢？下面以 BoldedDates 属性使用属性窗口做简
易说明。

STEP 1 ❶单击 BoldedDates 右侧的 **...** 按钮，如图 11-45 所示，进入"DateTime 集合编辑器"窗口。

图 11-45　单击 BoldedDates 右侧的 **...** 按钮

STEP 2 使用 Value 属性输入日期。❶单击"添加"按钮会在窗口左侧加入 DataTime 结构；❷单击 ⌄ 按钮来展开日期菜单；❸单击 ◀或 ▶ 按钮来调整月份；❹再以鼠标选择所需的日期，更便捷的方式就是直接输入日期；❺单击"确定"按钮关闭 DateTime 集合编辑器。步骤如图 11-46 和图 11-47 所示。

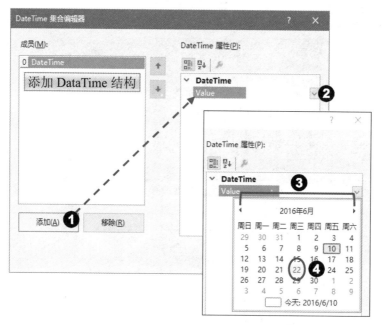

图 11-46　使用 Value 属性输入日期

选择日期触发的事件

使用 MonthCalendar 控件以鼠标选择多个日期后会触发 DateSelecte()事件。无论是键盘还是鼠标进行日期的选择时则会触发 DateChanged()事件。

图 11-47　直接输入日期

范 例　CH1103A　使用控件 MonthCalendara 制作简易日历

STEP 1　创建 Windows 窗体，项目名称为"CH1103A.csproj"。按表 11-20 在窗体上加入文本框
（Textbox）和 MonthCalendar。

表 11-20　范例 CH1103A 使用的控件

控件	属性	值
TextBox	Name	txtShow
	MultiLine	true
MonthCalendar	ScrollChange	3
	ShowToday	false
	ShowTodayCircle	false

STEP 2　完成的窗体如图 11-48 所示。

图 11-48　完成的窗体

STEP 3　用鼠标双击窗体空白处，进入程序代码编辑区（Form1.cs），在"Form1_Load()"事件过
程段中编写以下程序代码：

```
20   private void Form1_Load(object sender, EventArgs e)
21   {
22     txtShow.BorderStyle = BorderStyle.FixedSingle;
23     txtShow.BackColor = Color.GreenYellow;
24     txtShow.ReadOnly = true;//只读
25     txtShow.Dock = DockStyle.Bottom;  //填满底部
26
27     moncalSchedule.Dock = DockStyle.Top;  //填满上方
28
29     // 改变日历的背景色、前景颜色
30     moncalSchedule.ForeColor =
31       Color.FromArgb(192, 0, 0);
32     //每年举行会考的日期 —— 以 DateTime 结构来初始化数组
33     moncalSchedule.AnnuallyBoldedDates = new
34       DateTime[] {
35       new DateTime(2014, 1, 20, 0, 0, 0, 0),
36       new DateTime(2014, 7, 2, 0, 0, 0, 0),
37       new DateTime(2015, 1, 17, 0, 0, 0, 0),
38       new DateTime(2015, 7, 2, 0, 0, 0, 0),
39       new DateTime(2016, 1, 31, 0, 0, 0, 0)};
40
41     //以 2 行 3 列显示
42     moncalSchedule.CalendarDimensions = new Size(3, 2);
43     //周一为星期的第一天
44     moncalSchedule.FirstDayOfWeek = Day.Monday;
45     //日历显示的期间 2014/1/1 ~2016/12/31
46     moncalSchedule.MaxDate = new
47       DateTime(2016, 12, 31, 0, 0, 0, 0);
48     moncalSchedule.MinDate = new
49       DateTime(2014, 1, 1, 0, 0, 0, 0);
50     //同时间只能选择 10 天
51     moncalSchedule.MaxSelectionCount = 10;
52     //显示周数
53     moncalSchedule.ShowWeekNumbers = true;
54     //重设窗体大小
55     ClientSize = new Size(740, 370);
56     Controls.AddRange(new Control[] {
57       txtShow, moncalSchedule });
58     this.Text = "CH1103A - 简单日历";
59   }
```

▶️4 切换到 Form1.cs[设计]选项卡，回到窗体，用鼠标双击 MonthCalendar 控件，再一次进入
程序代码编辑区，在"moncalSchedule_DateChanged"事件过程段中编写以下程序代码：

```
62  private void moncalSchedule_DateChanged(object sender,
63      DateRangeEventArgs e)
64  {
65    txtShow.Text = "开始日期: " +
66        e.Start.ToShortDateString() + ", 结束日期: " +
67        e.End.ToShortDateString();
68  }
```

运行: 按 "Ctrl + F5" 组合键运行此程序, 打开 "窗体" 窗口, 参考图 11-49 和图 11-50。
❶用鼠标选择日期(MaxSelectionCount 属性只能选择 10 个日期), 单击日历左边的 ◂ 按钮、
右边的 ▸ 按钮可以滚动日历(属性 ScrollChange); ❷单击某个月份, 会全部以月份显示, 由
属性 MaxDate 和 MinDate 来决定日历的使用期间; ❸再单击某个月份就会根据那个月份来把
被选择的日期显示在下方; 最后单击窗体右上角的 ✕ 按钮就能关闭窗体。

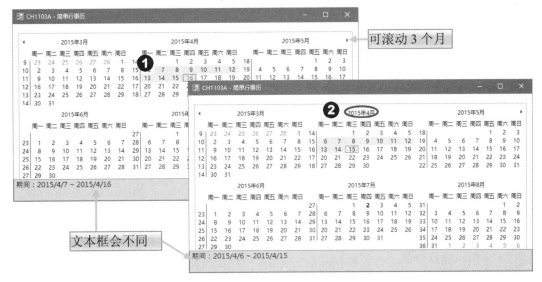

图 11-49　范例 CH1103A 的运行结果 1

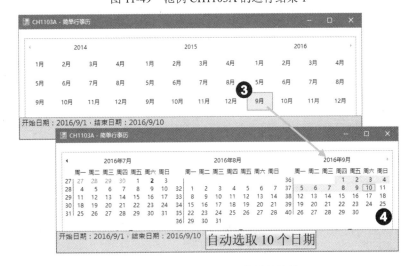

图 11-50　范例 CH1103A 的运行结果 2

313

程序说明

* 窗体加入 1 个文本框让它向下填满，上方加入 1 个 MonthCalendar 控件，使用它本身提供的功能来查看它的变化。

* 第 20~59 行：窗体加载事件里，先设置文本框和 MonthCalendar 属性。

* 第 22~24 行：设置文本框属性，其中属性 ReadOnly 设为 "true" 表示只能显示，无法输入文字。

* 第 25、27 行：使用 Dock 属性让 MonthCalendar 控件填满上方，文本框填满底部。

* 第 33~39：使用 AnnuallyBoldedDates 属性来设置特定的日期（以粗体显示），使用 DataTime 结构的构造函数来初始化这些日期，以 "年、月、时、分、秒、毫秒" 为基本元素。

* 第 42 行：属性 CalendarDimensions 让日历以 2 行 3 列来显示。

* 第 44 行：属性 FirstDayOfWeek 让日历以星期一为每周的第一天。

* 第 46~49 行：以属性 MaxDate 和 MinDate 来决定日历的开始和停止日期。

* 第 51 行：属性 MaxSelectionCount，表示每次选择日期只能有 10 天。

* 第 53 行：属性 ShowWeekNumbers 设为 "true" 会在日期的开头显示周数，根据 MaxDate 和 MinDate 的属性值来安排周数。

* 第 55~58 行：在运行时重设窗体大小，调用 Size 结构重设宽和高度。

* 第 62~68 行：当使用鼠标选择日期时会触发 moncalSchedule_DateChanged()事件。通过变量 "e" 来获取开始和结束日期，再调用 ToShortDateString()方法转换为简短日期字符串来显示。

11.3.2 DateTimePicker 控件

若要显示特定的日期和时间，DateTimePicker 控件是一个不错的选择。它提供了一个下拉式列表来让用户选择日期，功能和 MonthCalendar 控件极为相似。在属性方面，外观、设置日期的最小值（MinDate）和最大值（MaxDate）都有，不过有关日期区间的属性设置却没有，例如 SelectionRange 属性、MaxSelectionCount 属性等。常用属性介绍如下。

日期的格式

DateTimePicker 的 Format 属性提供日期格式，分别有 long（默认值，长日期）、short（短日期）、time（时间）和 custom（自定义）4 种。如果想要以 "年 月 日, 星期" 来表示，就得以自定义格式来编写以下程序代码：

```
//自定义格式
dateTimePicker1.Format = DateTimePickerFormat::Custom;
dateTimePicker1.CustomFormat = "MMM dd, yyy - ddd";
```

表示要使用 DateTimePickerFormat 枚举类的成员来提供这 4 个常数值。然后再以自定义的格式来显示日期，如图 11-51 所示。

图 11-51　采用自定义格式的 DateTimePicker

Format 属性自定义的格式字符串所代表的意义如表 11-21 所示。

表 11-21　自定义时间的格式字符

格式字符	说明
y	年份只显示 1 位数，例如 2014 以 "4" 表示
yy	年份显示 2 位数，例如 2014 以 "14" 表示
yyy	年份显示 4 位数，例如 2014 以 "2014" 表示
M	月份只显示 1 位数，例如三月以 "3" 表示
MM	月份显示 2 位数，例如三月以 "03" 表示
MMM	月份缩写，7 月以 "JUL" 表示，中文是 "七月"
MMMM	完整月份，7 月以 "July" 表示，中文是 "七月"
d	日期只显示 1 位数，例如 2015/5/2 以 "2" 表示
dd	日期显示 2 位数，例如 2015/5/2 以 "02" 表示
ddd	"星期" 缩写，例如 2015/3/6 为星期五，会以 "FRI" 表示
dddd	星期完整名称，例如 2015/3/6 以 "Friday" 表示，中文是 "星期五"
H	以 24 小时制来表示，例如 16 点以一或二位数表示为 "16"
HH	以 24 小时制来表示，例如 2 点以二位数表示为 "02"
h	以 12 小时制来表示，例如 11 点以一或二位数表示为 "11"
hh	以 12 小时制来表示，例如 2 点以二位数表示为 "02"
m	表示 "分"，以一或二位数表示
mm	表示 "分"，以二位数表示
s	表示 "秒"，以一或二位数表示
ss	表示 "秒"，以二位数表示
t	显示 AM 或 PM 的缩写，如 "A" 或 "P"
tt	显示 AM 或 PM 的缩写

控件的样式

加入 DateTimePicker 控件，在运行状态下，单击右侧的▼按钮会有下拉式日历，再以鼠

标选择。若将 ShowUpDown 属性值设为"True"（默认
为 False），则原来的▼按钮被上下的微调按钮所取代，
如图 11-52 所示。

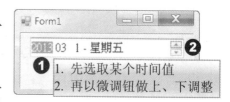

还可以把 ShowCheckBox 属性值设为"True"（默认
为 False），来搭配 ShowUpDown 属性。它会在选定的日
期前方加上复选框，如图 11-53 所示。勾选时可以将日期

图 11-52　设置为微调按钮

进行微调，不勾选时则无法微调。如果加上 MinDate、MaxDate 属性，还能设置微调的期间值。

```
//设置日期期间值：2001/1/1 ~ 2015/12/31
dateTimePicker1.MinDate = new DateTime(2001, 1, 1);
dateTimePicker1.MaxDate = new DateTime(2015, 12,31);
dateTimePicker1.ShowCheckBox = true;//有勾取复选框
dateTimePicker1.ShowUpDown = true;//有微调钮
```

图 11-53　ShowCheckBox 属性搭配 ShowUpDown 属性

11.4　具有选择功能的控件

具有选择功能是指用户在使用这些控件时，能给予设置值从而产生表项供用户选择。表
11-22 列出了具有选择功能的控件。

表 11-22　具有选择功能的控件

控件	功能
RadioButton	具有选项功能，用户一定要做选择——单选
CheckBox	具有选项功能，用户能自由选择——复选
CheckedListBox	显示可滚动的表项列表，每个表项旁都有复选框
ComboBox	显示下拉式列表让用户选择
ListBox	用来显示文字和图形表项

11.4.1　单选按钮

RadioButton（单选按钮）控件可建立多个选项，由于具有互斥性（Mutually Exclusive），
因此只能从中选择一个。RadioButton 可以用来显示文字、图片。一般来说，窗体容器中的
RadioButton 控件会组成一个群组。若要在窗体上建立多个群组，必须添加具有群组功能的容
器，例如 GroupBox 控件。RadioButton 的常见属性和方法如表 11-23 所示。

表 11-23　单选按钮的常见属性

单选按钮属性	默认值	说明
Text	32767	设置文本框输入的最大字符数
① Appearance	Normal	设置单选按钮的外观
② Checked	False	检查单选按钮是否被选择
③ TextAlign	MiddleLeft	设置单选按钮文字要显示的位置
④ AutoCheck	True	判断单选按钮是否能变更 Checked 状态

① Appearance 分为以下两种：

图 11-54　采用自定义格式的RadioButton
单选按钮控件

- Normal：为常规单选按钮，可参考图 11-53 中的"女"单选按钮。
- Button：原来的单选按钮会变成按钮的样子，不过它和其他 Button 控件并无关联，可参考图 11-54 中的"男"按钮。

单击左边的单选按钮时，会显示凹陷形状。属性 Appearance 的程序代码语句如下：

```
radioButton1.Appearance = Appearance.Button;
```

② Checked 属性可以用来检查单选按钮是否被选择。如果未选中单选按钮，属性值就为"False"；如果选中单选按钮，属性值就会变成"True"。在程序代码中将单选按钮更改为选中状态的语句如下：

```
radioButton1.Checked = true;  //表示被选中
```

③ TextAlign 用来设置单选按钮上文字显示的位置，有 9 种方式可供选择。
RightToLeft属性用来展示控件和文字的对齐方式,共有9种对齐方式可以选择,如图11-55所示。

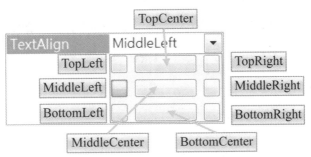

图 11-55　TextAlign 的 9 种对齐方式

不过设置此项属性值之前，要把 AutoSize 属性变更为"False"才能起作用，图 11-56 是将两个单选按钮的 TextAlign 设成不同的对齐方式。

④ AutoCheck 用来判断单选按钮的状态，并同时维持只有一个单选按钮被选择。若把属

性改为 false，则单选按钮的选择功能就会失效。属性值为"True"表示单击单选按钮后 Checked 属性值能自动变更。

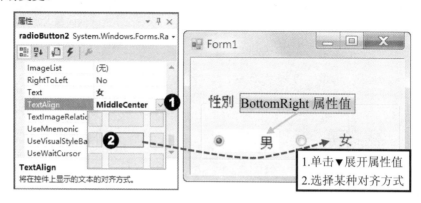

图 11-56　采用自定义格式的 RadioButton

单选按钮的常用事件

Checked 属性被改变时会触发 CheckedChanged()事件处理程序。另一个是 Click()事件，只要单选按钮被鼠标单击，就会触发此事件处理程序。

配合容器来添加控件

单选按钮具有互斥性，要将数个单选按钮搭配在一起使用，必须通过 "容器"控件，将控件设成群组来代表某个特定值（Container）才能发挥群组的作用。例如下述范例使用的 GroupBox 控件，使用时必须先建立 GroupBox 控件，再加入 RadioButton 或 CheckBox 控件，然后通过 GroupBox 控件的 Text 属性来作为群组标题。

范例 CH1104A　控件 RadioButton

1　创建 Windows 窗体，项目名称为"CH1104A.csproj"。按照表 11-24 在窗体上加入标签、文本框（Textbox）和按钮。

表 11-24　范例 CH1104A 使用的控件

控件	属性	值	控件	属性	值
GroupBox1	Text	性别	RadioButton1	Name	rabMale
GroupBox2	Text	教育程度		Text	男
Lablel1	Text	姓名：	RadioButton2	Name	rabFemale
Label2	Text	生日：		Text	女
TextBox1	Name	txtName	RadioButton3	Name	rabSenior
DateTimePicker	Name	dtpBirth		Text	高中/职
	MinDate	1985/1/1	RadioButton4	Name	rabCollege
	ShowUpDown	True		Text	大专/学
Name	rtxtData	RadioButton5	RichTextBox	RichTextBox	rabMaster
			Name	Text	硕/博士

STEP 2 添加 GroupBox。找出工具箱的"容器"，将 GroupBox 拖曳到窗体，更改其 Text 属性，如图 11-57 和图 11-58 所示。

STEP 3 完成的窗体如图 11-59 所示。

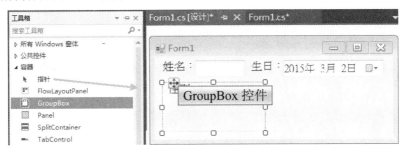

图 11-57 添加 GroupBox 作为容器

图 11-58 添加 RadioButton 到 GroupBox 容器中

图 11-59 完成的窗体

STEP 4 用鼠标双击"确认"按钮，进入程序代码编辑区（Form1.cs），在"btnConfirm_Click"事件过程段中编写以下程序代码：

```
20  private void btnConfirm_Click(object sender,
21      EventArgs e)
22  {
23      //创建一个处理文本框字符串的数组
24      String[] temps = new String[4];
25
26      String distin, educ;
27      rtxtData.SelectionFont = new Font("微软雅黑", 12);
28      //变更字体颜色
29      rtxtData.SelectionColor = Color.Indigo;
30      rtxtData.SelectedText = txtName.Text;
31      //将输入的姓名存入数组中
32      temps[0] = "姓名：" + txtName.Text;
33      //将输入的生日存入数组
34      temps[1] = "生日：" + dtpBirth.Text;
35
36      if(rabMale.Checked)        //判断用户选择的性别
37          distin = "帅哥";
38      else
```

```
39        distin = "美女";
40    temps[2] = "性别: " + distin;
41
42    if(rabSenior.Checked)//判断用户选择的学历
43        educ = rabSenior.Text;
44    else if(rabMaster.Checked)
45        educ = rabMaster.Text;
46    else
47        educ = rabCollege.Text;
48
49    temps[3] = "学历: " + educ;
50    rtxtData.Lines = temps; //获取数组结果放入文本框
51 }
```

5　切换到 Form1.cs[设计]选项卡，回到窗体，用鼠标双击，再一次进入程序代码编辑区，在 "rabSenior_CheckedChanged" 事件过程段中编写以下程序代码：

```
53 //选择"高中/职"单选按钮所触发的事件，其背景色改变
54 private void rabSenior_CheckedChanged(object sender,
55        EventArgs e)
56 {
57    rabSenior.BackColor = Color.AliceBlue;//改变背景色
58 }
```

　　运行：按 "Ctrl + F5" 组合键运行此程序，打开 "窗体" 窗口，如图 11-60 所示。输入相关资料，单击 " 确 认 " 按钮后这些信息会显示在 RichTextBox 中，再单击窗体右上角的 × 钮就能关闭窗体。

程序说明

* 说明 RadioButton 的用法。用户输入姓名、出生日期，并选择性别和学历，单击 "确

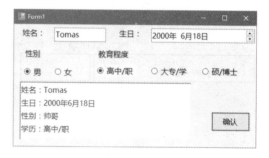

图 11-60　范例 CH1104A 的运行结果

认" 按钮后，以数组的方式一行行读取，再存放在 RichTextBox 属性 Lines 中，这些数据会显示在 RichTextBox 文本框上。
* 第 24 行：为了将这些一行行获取的数据显示于 RichTextBox 文本框上，声明一个可以暂存数据的数组 temps。
* 第 27~30 行：使用 SelectionFont、SelectionColor 属性来设置文本框的字体和颜色，加入 SelectedText 才会起作用。
* 第 32~34 行：将输入的名字和生日放入数组元素中。使用 DateTimePicker 控件设置出生日期。
* 第 36~40 行：选择性别，使用 if 语句判断用户单击哪一个单选按钮，将获取的结果存放到数组元素中。

* 第 42~49 行：以单选按钮来处理选择的学历，配合 if /else if 语句来判断用户选了哪一个单选按钮，将获取的结果存放到数组中。
* 第 50 行：使用 Lines 属性来获取数组内容。
* 第 53~58 行：了解在什么情况下会触发 CheckedChanged()事件，当用户选择"高中/职"学历时，其单选按钮的背景色会改变。
* 结论：用户输入姓名、生日，选择性别和学历后单击"确认"按钮，这些相关的数据使用数组存储，并在文本框中显示出来。

11.4.2　复选框

CheckBox（复选框）控件也提供选择功能，和 RadioButton 控件的功能类似，不同的地方在于复选框彼此不互斥，用户能同时选择多个复选框。常见的属性如表 11-25 所示。

表 11-25　复选框常见的属性

复选框属性	默认值	说明
Text	32767	设置文本框输入的最大字符数
① Checked	False	检查复选框是否被选择
② ThreeState	False	设置复选框是两种或 3 种状态
③ ChecState	Unchecked	配合 ThreeState 设置复选框的状态

② ThreeState 属性默认为 False，复选框有不勾选、勾选两种变化。如果属性值为 True，就会有 3 种变化，分别为勾选、未勾选、不确定。不过该属性必须与 CheckState 属性配合才能起作用。

当 ThreeState 属性值为"False"时，复选框的③CheckState 属性值有两种状态："Unchecked"表示未勾选，"Checked"表示已勾选。

当 ThreeState 属性值为"True"时，复选框的 CheckState 属性值除了上述两种以外，还多了第 3 种："Indeterminate"表示不确定勾选。如图 11-61 所示，"北京"未勾选，"上海"已勾选，"广州"表示不确定勾选。

图 11-61　复选框的 3 种 CheckState 属性

11.4.3　下拉列表框

下拉列表框（ComboBox）控件提供了下拉式表项列表，当列表中无表项可供选择时，用户还能自行输入。根据默认样式，ComboBox 控件有两个部分：上层是一个能让用户输入列表表项的"文字字段"；下层是显示表项列表的"列表框"，可供用户从中选择一个表项。

制作列表表项

ComboBox 控件的作用就是提供列表。如何使用属性窗口的 Items 属性？就是在设计模式下添加列表表项，操作如下。

❶单击"Items"属性右侧的 ... 按钮，打开"字符串集合编辑器"窗口；❷输入表项并按"Enter"键换行；❸单击"确定"按钮结束编辑。步骤如图 11-62 所示。

 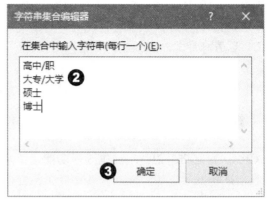

图 11-62　制作列表表项

如果通过程序代码来编写，可使用 Add()方法将表项加在列表末端。其语法如下：

```
int Add(NewItem);
```
```
comboBox1.Item.Add( "外国学历");
```

要加入的表项假如要指定位置，就必须使用 Insert()方法。其语法如下：

```
Virtual void Insert(index, NewItem);
```
```
omboBox1.Items.Insert(1, "自修");
```

- 因为 Items 是一个数组，可通过 ArrayList 类所提供的 Insert()方法在指定的位置加入表项，所以在列表表项中第二个位置加入"自修"表项。

在设计阶段倘若不是使用"字符串集合编辑器"来输入列表表项，而是以程序代码方式来处理，就必须通过 AddRange()方法，编写如下：

```
string[] tea = new string[]{"红茶", "绿茶", "Cafe"};
comboBox1.Items .AddRange(tea);
```

此处也可以使用 ArrayList 类提供的 AddRange()方法来产生列表表项，会先创建一个字符串数组，然后调用 AddRange()方法，如果列表中已有表项存在，数组就会将新表项加入到列表的最末端。

删除列表表项

如何删除列表表项？可使用方法 Remove()、RemoveAt()和 Clear()来删除，说明如下：

- Remove()方法：指定要删除的表项。
- RemoveAt：指定要删除的表项在列表表项中的下标值（即位置）。
- Clear()方法：用来删除列表中所有表项

```
comboBox1.Item.Remove("外国学历");//指定要删除的表项
```
```
comboBox1.Item.RemoveAt(2);//指定要删除表项的位置（下标值）
```
```
comboBox1.Item.Clear();//全部清除
```

获取菜单的列表表项

选择 ComboBox 列表表项中的某一个表项时，可使用 SelectedIndex 和 SelectedItem 属性来获取下标值或表项内容，SelectedIndex 属性被改变时会触发 SelectedIndexChanged()事件。程序代码编写如下：

```
int result = comboBox1.SelectedIndex;
```
```
int coucome = comboBox1.SelectedItem;
```

DropDownStyle 属性

DropDownStyle 属性提供 ComboBox 控件下拉式方框的外观和功能，默认属性为 "DropDown"，除了能将下拉式列表隐藏外，还提供字段编辑的功能。DropDownStyle 属性值共有 3 种：Simple、DropDown 和 DropDownList，如图 11-63 所示。

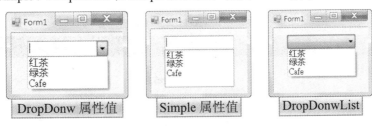

图 11-63　DropDonwStyle 属性

- Simple：只提供文字字段部分，可进行文字编辑，选择列表时必须使用"箭头"键来选择列表。
- DropDown：默认的下拉列表框，用户还可以根据需求进行文字字段的编辑。
- DropDownList：下拉列表框，用户只能以列表内容来选择，无法编辑文本框。

ComboxBox 下拉列表框中其他常见属性如表 11-26 所示。

表 11-26　ComboBox 的其他属性

ComboBox 属性	默认值	说明
Text		设置要选择的表项内容
DropDownWidth		用来设置下拉式列表的宽度
MaxLength	0	设置文字字段能输入的字符数
MaxDropDownItems	8	设置下拉列表框能显示的表项

了解更多字体

范例 CH1104B.csproj 以控件 CheckBox 和 ComboBox 具有的功能配合复选框来设置字体样式和字体效果。使用 ComboBox 来选择字体和大小，借助 "System.Drawing" 命名空间的 Font 结构提供字体、大小和字体样式，调用 Font 的构造函数来初始化对象。其语法如下：

```
Font(FontFamily, Single, FontSytle);
```

- FontFamily 用来设置字体。
- Single 用来设置字号，以 float 来表示。
- FontStyle 用来设置字体样式，可参考表 11-27 的说明。

表 11-27　FontStyle 常数值

FontStyle 成员	说明	FontStyle 成员	说明
Regular	常规文字	Strikeout	文字中间有删除线划过
Italic	斜体文字	Underline	加上下划线的文字
Bold	粗体文字		

范例 CH1104B　控件属性

1 创建 Windows 窗体，项目名称为 "CH1104B.csproj"。按照表 11-28 在窗体上加入标签、文本框（Textbox）和按钮。

表 11-28　范例 CH1104B 使用的控件

控件	属性	值	控件	属性	值
Label1	Text	字号：	CheckBox1	Name	chkStd
Label2	Text	选择字体：		Text	标准
ComboBox1	Name	cobFontSize	CheckBox2	Name	chkBold
	Text	12		Text	粗体
ComboBox2	Name	cobFontChoice	CheckBox3	Name	chkItalic
	Text	微软雅黑		Text	斜体
Label3	Name	lblDisplay	CheckBox4	Name	chkNormal
	Text	窗口程序		Text	常规
	AutoSize	False	CheckBox5	Name	chkUnderline
	BackColor	255, 224, 192		Text	下划线
GroupBox2	Text	字体效果	CheckBox6	Name	chkStrikeout
GroupBox1	Text	字体样式		Text	删除线

2 完成的窗体如图 11-64 所示。

图 11-64　完成的窗体

▶3 用鼠标双击窗体空白处，进入程序代码编辑区（Form1.cs），在窗体的"Form1_Load"事件过程段中编写的程序代码如下：

```
20  private void Form1_Load(object sender, EventArgs e)
21  {
22    string[] fontSize = new string[]{//设置字体大小的数组
23      "10", "12", "14", "16", "20", "24"};
24    string[] fontDemo = new string[] {//字体数组
25      "宋体", "楷体",
26      "微软雅黑", "华文行楷"};
27    cobFontSize.Items.AddRange(fontSize);
28    cobFontChoice.Items.AddRange(fontDemo);
29  }
```

▶4 切换到 Form1.cs[设计]选项卡，回到窗体，用鼠标双击"标准"复选框，再一次进入程序代码编辑区，在"chkStd_CheckedChanged"事件过程段中编写以下程序代码：

```
32  private void chkStd_CheckedChanged(object sender,
33      EventArgs e)
34  {
35    if(chkStd.Checked){  //判断是否勾选
36      lblDisplay.Font = new Font(
37        cobFontChoice.Text, lblDisplay.Font.Size,
38        FontStyle.Regular);
39      chkBold.Checked = false;
40      chkItalic.Checked = false;
41    }
42  }
43  //其他粗体、斜体、下划线等都大同小异，请参考范例，程序代码省略
```

▶5 切换到 Form1.cs[设计]选项卡，回到窗体，用鼠标双击"字体大小"ComboBox 控件，再一次进入程序代码编辑区，在"cobFontSize_SelectedIndexChanged"事件过程段中编写以下程序代码：

```
102 //下拉列表框，选择字体大小时所触发的事件
103 private void cobFontSize_SelectedIndexChanged(object
104     sender, EventArgs e)
105 {
106   //获取列表表项下标值
107   int index = cobFontSize.SelectedIndex;
108   //根据获取的 index 来判断要显示的字体大小
109   switch(index){
110   case 0:
111       lblDisplay.Font = new Font(
112         lblDisplay.Font.Name, 10.0F);
```

```
113        break;
114     case 1:
115        lblDisplay.Font = new Font(
116            lblDisplay.Font.Name, 12.0F);
117        break;
118     case 2:
119        lblDisplay.Font = new Font(
120            lblDisplay.Font.Name, 14.0F);
121        break;
122     case 3:
123        lblDisplay.Font = new Font(
124            lblDisplay.Font.Name, 16.0F);
125        break;
126     case 4:
127        lblDisplay.Font = new Font(
128            lblDisplay.Font.Name, 20.0F);
129        break;
130     case 5:
131        lblDisplay.Font = new Font(
132            lblDisplay.Font.Name, 24.0F);
133        break;
134 }
135 }
```

6 切换到 Form1.cs[设计]选项卡，回到窗体，用鼠标双击"选择字体"ComboBox 控件，再
一次进入程序代码编辑区，在"cobFontChoice_SelectedIndexChanged"事件过程段中编写
以下程序代码：

```
139 private void cobFontChoice_SelectedIndexChanged(
140     object sender, EventArgs e)
141 {
142 int index = cobFontChoice.SelectedIndex;
143 lblDisplay.Font = new Font(
144 cobFontChoice.Text, lblDisplay.Font.Size);
145 }
```

运行：按"Ctrl + F5"组合键运行此程序，打开"窗体"
窗口，根据图 11-65 选择字体样式、字体效果、字体大小以
及字体，最后单击窗体右上角的 ×️ 按钮就能关闭窗体。

程序说明

★ 采用两个 ComboBox 控件，勾选 GroupBox 组合的
复选框，再勾选字体大小或字体，在下方标签控件
内显示的文字就会有所改变。

图 11-65 范例 CH1104B 的运行结果

* 第 20~29 行：程序执行时先以窗体加载事件，将两个 ComboBox 控件的列表表项以字符串数组生成，再使用 AddRange()方法来获取列表表项的内容。
* 第 32~42 行：勾选"标准"复选框时所触发的事件处理程序。如果已勾选，使用 Font 结构的构造函数进行重设。字体根据右侧 ComboBox 当前选定的字体，字体大小根据下方标签的控件所获取，字体样式则是以获取 FontStyle 的"Regular"表示常规字体。
* 第 103~135 行：用户单击"字体大小"下拉列表框来选择字号时就会触发此事件处理程序。
* 第 107 行：获取 ComboBox 控件的 SelectedIndex 属性，以 index 变量来存储。
* 第 109~134 行：根据 index 的值，使用 switch 语句判断用户选择哪一种字体。调用 Font 结构的构造函数，根据标签控件的字体来重建字体大小，以 float 数据类型为主。
* 第 139~145 行：同样以 index 变量来获取 SelectedIndex 属性值，根据用户选择的字体、标签控件的字体大小来调用 Font 结构的构造函数执行字体重设的操作。

11.4.4 列表框

列表框（ListBox）控件会显示列表表项，供用户从中选择一个或多个表项。其功能和 ComboBox 控件很相似，只不过 ComboBox 提供下拉式列表，还能让用户输入表项内容；而 ListBox 只提供表项选择，无法让用户进行编辑操作。

ListBox 控件的列表表项无论进行新增、删除，还是获取表项值，这些属性和方法都和 ComboBox 一样。表 11-29 列出了其他属性。

表 11-29 ListBox 的成员

LixtBox 成员	默认值	说明
①SelectionMode	one	设置列表表项的选择方式
②MultiColumn	False	列表框是否显示多列
③Sorted	False	列表表项是否按字母排序
Items.Count		获取列表表项的总数
Text		运行时存放选择的表项
SetSelected()方法		指定列表表项的对应状态
GetSelected( )方法		用来判断是否为选择的表项
ClearSelected()方法		取消被选择表项的状态

列表框通过①SelectionMode 来设置列表表项的选择方式。SelectionMode 枚举类型提供了 4 位成员。

* None：表示无法选择。
* One：表示一次只能选择一个表项。
* MultiSimple：可以选择多个表项，使用鼠标或以键盘的"箭头"键配合"空格"键来选择。
* MultiExtended：可以选择多个表项，但是必须以鼠标配合"Shift"键或"Ctrl"键来进行连续或不连续的选择。

ListBox 控件一般只会显示单列，将②MultiColumn 属性设为"True"时，会以多列方式显示。同样地，若将③Sorted 设为"True"，则列表表项会按照字母顺序排序。

11.4.5　CheckedListBox 控件

CheckedListBox 控件扩充了 ListBox 控件的功能。它涵盖了列表框大部分属性，在列表表项的左侧显示复选标记。它也具有 Items 属性，在设计阶段可以增加、删除表项。Add()和 Remove()函数也适用，可视为 ListBox 和 CheckBox 的组合。

列表表项的选择

创建 ListBox 控件的列表表项时，只需单击，如果要选择 CheckedListBox 的列表表项，就必须确认复选框已经被勾选，这样表项才被选择，如图 11-66 所示。

由图中可知，单击"程序设计语言"表项时只有选择效果，必须再单击一次鼠标，让左侧的复选框被勾选，如"多媒体导论"才是已经被选择的表项。

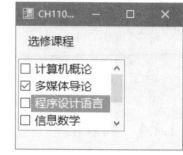

图 11-66　勾选 CheckedListBox

CheckOnClick 属性

由于复选框本身被具有多选功能，因此 CheckedListBox 控件虽然拥有 SelectionMode 属性却不支持。只有将 CheckOnClick 属性设为"True"（默认为 False），才能让鼠标单击产生勾选。

常用的方法和事件

使用 CheckedListBox 控件时，想要知道哪些表项被勾选，可使用 GetItemChecked()方法来逐一检查，语法如下：

```
bool GetItemChecked(Index);
```

* index 代表列表表项的下标值，该方法返回值为 bool 值。

如果要设置下标值的勾选状态，可使用 SetItemChecked()方法来指定要勾选的表项和勾选状态，以 True 表示勾选，False 表示未勾选。

CheckedListBox 控件常用的事件处理有两种。

* SelectedIndexChanged()事件：用户单击列表中任何一个表项时所触发的事件处理程序。
* ItemCheck()事件：列表中某个表项被勾选时所触发的事件处理程序。

范例　CH1104C　控件 ListBox 和 CheckedListBox

➡1　创建 Windows 窗体，项目名称为"CH1004C.csproj"。按照表 11-30 在窗体上加入这些控件。

表 11-30　范例 CH1104C 使用的控件

控件	属性	值	控件	属性	值
Label1	Text	选修课程	CheckedListBox	Name	checkedSubject
Label2	Text	选择结果	Button	Name	btnClear
ListBox	Name	lstResult		Text	清除选择

2 完成的窗体如图 11-67 所示。

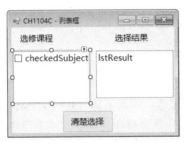

图 11-67　完成的窗体

3 用鼠标双击窗体空白处，进入程序代码编辑区（Form1.cs），在"Form1_Load"事件过程段中编写以下程序代码：

```
23  //加载窗体时，将字符串数组作为 CheckedListBox 的列表表项
24  private void Form1_Load(object sender, EventArgs e)
25  {
26      //创建字符串数组来作为 CheckedListBox 的列表表项
27      string[] course = new string[] {
28          "计算机概论", "多媒体导论", "程序设计语言",
29          "信息数学", "企业概论", "数据库原理"};
30      //将字符串数组放入 CheckedListBox 控件的 Items 属性中
31      checkedSubject.Items.AddRange(course);
32      //单击就能勾选
33      checkedSubject.CheckOnClick = true;
34      btnClear.Enabled = false;//按钮不起作用
35  }
```

4 切换到 Form1.cs[设计]选项卡，回到窗体，在"属性"窗口切换到"事件"，用鼠标双击"ItemCheck"事件，进入程序代码编辑区，在"checkedSubject_ItemCheck"事件过程段中编写以下程序代码：

```
37  //鼠标单击表项时所触发的事件
38  private void checkedSubject_ItemCheck(object sender,
39      ItemCheckEventArgs e)
40  {
41      btnClear.Enabled = true;//恢复按钮的作用
42      //GetItemChecked()以下标编号判断获取表项的哪一个
43      if(checkedSubject.GetItemChecked(
```

```
44        checkedSubject.SelectedIndex) == false){
45      //以 MessageBox 的 Show()方法来确认是否要添加
46      if(MessageBox.Show("是否要添加", "选修科目",
47          MessageBoxButtons.OKCancel,
48          MessageBoxIcon.Information)
49          == DialogResult.OK){
50      //用 Add()方法加到 ListBox 的列表表项中
51      lstResult.Items.Add(
52          checkedSubject.SelectedItem.ToString());
53      }
54    }
55  }
```

▣▶5　切换到 Form1.cs[设计]选项卡，回到窗体，用鼠标双击"清除选择"按钮进入程序代码编辑区，在"btnClear_Click"事件过程段中编写以下程序代码：

```
57  //使用 for 循环检查，将勾选还原成未勾选状态
58  private void btnClear_Click(object sender, EventArgs e)
59  {
60    //逐一检查列表表项
61    for (int j = 0; j < checkedSubject.Items.Count; j++)
62      //将勾选的表项还原成未勾选状态
63    checkedSubject.SetItemChecked(j, false);
64    MessageBox.Show("是否要全部取消", "清除选择",
65        MessageBoxButtons.YesNo,
66        MessageBoxIcon.Warning);
67    lstResult.Items.Clear();     //清除列表框的所有表项
68  }
```

　　运行：按"Ctrl＋F5"组合键运行此程序，打开"窗体"窗口，根据图 11-68 用鼠标❶选择某课程，这时会显示出消息框，单击❷"是"按钮会把选择的课程加入到列表框中。

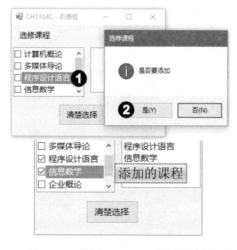

图 11-68　范例 CH1104C 的运行结果

程序说明

★ 用 CheckedListBox 提供选修课程，用户用鼠标选择后，会显示消息对话框来确认选择操作，再将选择表项加入到 ListBox 中，单击"清除选择"会将列表框中所有表项清除。

★ 第 24~35 行：Form_Load()事件处理，创建字符串数组 subject，使用 AddRange()方法存放到 CheckListBox 控件的 Items 属性中。

★ 第 33 行：将 CheckOnClick 属性值设为"True"，在鼠标单击时就能直接勾选某个表项并放入列表框内。

★ 第 38~55 行：用 CheckedListBox 的 ItemCheck()事件来处理鼠标勾选表项的操作。

★ 第 43~54 行：第一层 if 语句中会先用 GetItemChecked()方法逐步检查哪些表项没有被勾选，未被勾选（false）的表项才能用 SelectedIndex 属性来获取表项的下标值。

★ 第 46~53 行：第二层 if 语句会再一次确认是否要将选择的表项加入。鼠标进行某个表项的勾选时，消息对话框会询问是否要添加，确定要加入时会调用 Add()方法将获取的表项加入到 ListBox 列表表项中。

★ 第 58~68 行：执行"清除选择"的 Click()事件总共要处理两件事：第一件事是将 CheckedListBox 控件已勾选的表项取消，即设为不勾选。使用 for 循环来逐一检查，再配合 SetItemChecked()方法将已勾选的表项还原成未勾选状态。

★ 第 67 行：第二件事是使用 Clear()方法来清除列表框内所有被选择的列表表项。

11.5　重点整理

◇ Label（标签）控件的常用属性：AutoSize 设为"true"能随字符长度来调整标签的宽度；BorderStyle 用来设置框线样式；ForeColor 用于设置前景颜色；TextAlign 提供了多种变化的对齐方式；而 Visible 能让标签控件在运行时决定是否显示在窗体上。

◇ LinkLabel（超链接标签）使用 ActiveLinkColor、LinkColor 和 VisitedColor 属性设置超链接的颜色以及超链接要不要加下划线效果，配合 LinkBehavior 属性值使用。而 LinkArea 能够决定部分文字显示超链接是否起作用。超链接标签控件除了能打开 IE 浏览器外，也能打开电子邮件和执行指定的应用软件。

◇ ProgressBar（进度条）控件提供了进度显示，因此必须设置 Maximum（最大）、Minimum（最小）和 Value 属性，配合 Increment()方法来显示进度效果。

◇ StatusStrip 控件提供了状态栏的功能，必须加入 ToolStripStatusLabel 对象才能通过面板显示信息。除此之外，还能加入 ToolStripDropDownButton、ToolStripSplitButton 和 ToolStripProgressBar 等控件。

◇ Timer 控件是一个具有计时功能的控件，执行时并不会在窗体上显现，使用 Interval 属性来决定计时的间隔，通过 Tick()事件来处理间隔时间以及要处理的事件过程。

◇ TextBox 控件除了常用的 Text 属性外，Copy()方法能将选择的文字复制到系统剪贴板中，而 Cut()方法能将选择的文字搬移到系统剪贴板中，然后通过 Paste()方法从剪贴板中取回文字。此外，也能使用 Undo()方法来撤销文本框中原有的编辑操作。文本框的 Text 属性被改变时会触发 TextChange()事件。

◈ 所有 Windows 应用程序都共享"系统剪贴板"，配合 Clipboard 类提供了两个方法：SetDataObject()方法将数据存放于剪贴板中；通过 GetDataObject()方法来提取剪贴板中的数据。

◈ RichTextBox 控件比 TextBox 控件提供了更多格式化功能。SelectionFont 属性用来变更字体和字体大小，SelectionColor 用于设置字体颜色，LoadFile()方法则能加载文件，SaveFile()方法可用于存储文件，Find()函数能在 RichTextBox 文本框中指定字符串并进行查找。

◈ DateTimePicker 控件可选择特定日期；Monthcalendar 控件使用 MaxSelectionCount 属性配合 SelectionRange 属性的 Start 和 End 选择某个日期区间。通过 MinDate 和 MaxDate 属性限制日期和时间的最小和最大日期。

◈ RadioButton（单选按钮）控件具有选项功能，本身具有互斥性（Mutually Exclusive），多个单选按钮只能从中选择一个。配合 GroupBox 可以组成群组。Appearance 属性用于设置外观，Checked 属性用来查看单选按钮是否被选择，AutoCheck 属性用来判断单选按钮的状态，并同时维持只有一个单选按钮被选择，Checked 属性被改变时会触发 CheckedChanged()事件。

◈ CheckBox（复选框）控件也提供选择功能，但彼此间不互斥，用户能同时选择多个复选框。Checked 属性用来表示复选框是否被勾选，ThreeState 属性值为 true 时有勾选、不勾选和不确定勾选 3 种变化，须与 CheckState 属性配合才会起作用。

◈ ComboBox 控件可供用户从中选择一个表项。DropDownStyle 属性给 ComboBox 控件提供了下拉式方框的外观和功能。Item 属性用于编辑列表表项，程序代码中以 Add()、Remove()来新增或删除列表中的表项，当选择 ComboBox 列表表项中的某一个表项时，可使用 SelectedIndex 和 SelectedItem 属性来获取下标值或表项内容。

◈ ListBox（列表框）控件提供列表表项，供用户从中选择一个或多个表项。它的功能和 ComboBox 控件很相近，但是 ListBox 只提供表项选择，不能进行编辑操作。SelectionMode 设置列表表项的选择方式。

◈ CheckedListBox 控件扩充了 ListBox 功能，在列表表项的左侧显示复选标记。选择表项时复选框被勾选才表示此表项被选择。常用的事件处理有 SelectedIndexChanged()事件和 ItemCheck()事件。

11.6　课后习题

一、选择题

（1）标签控件中，哪个属性可用来隐藏控件本身？（　　）

A. Text 属性　　　　B. Enable 属性　　　　C. Visible 属性　　　　D. ForeColor 属性

（2）LinkLabel 用来设置链接颜色的是哪一个属性？（　　）

A. LinkColor　　　　B. ActiveLinkColor　　　　C. LinkVisited　　　　D. LinkBehavior

（3）要让超链接标签控件中的部分文字具有超链接功能，哪个属性可以用于此设置？
（　）

    A. LinkArea   B. LinkColor   C. LinkBehavior   D. LinkVisited

（4）进度条控件，用哪一个属性来控制它的实际进度？（　）

    A. Step   B. Style   C. Maximum   D. Value

（5）窗体控件的 Tab 键顺序由哪一个属性来决定？（　）

    A. Value   B. Visible   C. TabIndex   D. Enable

（6）文本框上哪一个属性可以用来限定输入字符的长度？（　）

    A. MaxLength   B. MultiLine   C. SelectionLength   D. PasswordChar

（7）文本框上哪一个属性可以让输入的字符以其他符号来取代？（　）

    A. MaxLength   B. MultiLine   C. SelectionLength   D. PasswordChar

（8）要在 RichTextBox 的文字中使用表项符号，要用哪一个属性进行设置？（　）

    A. SelectionBullet   B. SelectionIndent
    C. SelectionFont   D. SelectionColor

（9）对于单选按钮控件的描述哪一个有误？（　）

    A. Appearance 属性能改变外观   B. 具有多选性
    C. 用 Checked 判断是否被选择   D. 多个控件可以形成群组

（10）使用 ComboBox 控件时，什么方法可以在指定位置加入表项？（　）

    A. Add()方法   B. AddRange()方法
    C. Insert()方法   D. Remove()方法

（11）选择 ComboBox 列表表项中某一个表项，什么属性被改变时会触发 SelectedIndexChanged()事件？（　）

    A. SelectedIndex   B. DropDownStyle   C. Items   D. Text

（12）运行时要让 ComboBox 显示列表中某一个表项时，要以什么属性来设置？（　）

    A. SelectedIndex   B. DropDownStyle   C. Items   D. Text

（13）列表框通过 SelectionMode 来设置列表表项的选择方式，若要同时选择多个表项，要设什么属性值？（　）

    A. None   B. one
    C. MultiSimple   D. MultiExtended

二、填空题

（1）在标签控件中，对齐文字的属性是＿＿＿＿＿＿＿＿。它会调用＿＿＿＿＿＿＿＿＿＿
枚举类的常数值，具有＿＿＿种对齐方式。

（2）超链接标签控件的属性 LinkBehavior 用来设置超链接标签控件中的文字是否要加下
划线，共有 4 种属性值：系统默认值是＿＿＿＿＿＿＿＿；表示永远要加下划线＿＿＿＿＿＿；
表示停留时加下划线＿＿＿＿＿＿＿＿＿；表示永远不加下划线＿＿＿＿＿＿＿＿。

（3）文本框要显示多行时，属性＿＿＿＿＿＿＿设为＿＿＿＿＿。

（4）清除文本框的内容时，要使用＿＿＿＿＿方法，获取输入焦点要使用＿＿＿＿方法，
改变文本框内容时会触发＿＿＿＿＿＿＿＿事件。

（5）所有 Windows 应用程序都共享"系统剪贴板"，Clipboard 类提供了两个方法：
＿＿＿＿＿＿＿＿＿＿方法将数据存放到剪贴板中；＿＿＿＿＿＿＿＿＿方法用来提取剪贴板
中的数据。

（6）控件的 Dock 属性有 5 种设置值：＿＿＿＿、＿＿＿＿、＿＿＿＿、＿＿＿＿和
＿＿＿＿。

（7）RichTextBox 控件使用＿＿＿＿＿＿＿方法来打开文件，使用＿＿＿＿＿＿方法
来存储文件，使用＿＿＿＿＿方法查找特定的字符串。

（8）在 MonthCalendar 控件中，要限制日期的开始和结束，属性＿＿＿＿＿和＿＿＿＿＿
可用于这种设置。

（9）复选框的 ThreeState 属性值为 True 时，必须进一步配合＿＿＿＿＿＿属性才会产生
＿＿＿＿、＿＿＿＿、＿＿＿＿＿3 种变化。

（10）ComboBox 设置列表表项时，要使用属性＿＿＿＿＿进行编辑；清除列表所有表项要
使用＿＿＿＿方法。

（11）ComboBox 控件以 DropDonwStyle 属性来提供下拉式列表的外观，有哪 3 种属性值
可供选择？＿＿＿＿＿＿＿、＿＿＿＿＿＿＿和＿＿＿＿＿＿＿。

（12）在字体中，FontStyle 用来设置字体样式，其中常规文字为＿＿＿＿＿，斜体文字
为＿＿＿＿＿，文字有下划线为＿＿＿＿＿＿。

（13）使用 CheckedListBox 控件时，想要知道哪些表项被勾选，使用＿＿＿＿＿＿＿
方法来逐一检查，当列表的某个表项被勾选时会触发＿＿＿＿＿＿＿事件。

三、实践题

（1）窗体上加入一个超链接控件，单击此控件之后进行以下操作：

- 打开 MSN 网站，被浏览过的颜色为绿色。
- 鼠标停留时不加下划线，未放开鼠标前所显示的颜色是红色。

（2）窗体上加入 3 个标签来显示随机数值，其中有一个数值为"7"，显示"Luck seven day"，
参考图 11-69。

- 窗体下方有状态栏，一个 StatusLabel 显示当前进度，另一个是 ProgressBar。
- 加入 Timer 控件让 ProgressBar 能前移，而标签显示随机数值。

- 加入"Thread.Sleep（毫秒）"产生时间差，3 个随机数值才会不一样。

图 11-69　实践题 2 的参考运行结果

（3）请查看下列语句来说明这些程序代码的作用。

```
monthCalendara1.AnnuallyBoldedDates = new
   DateTime[] {
   new DateTime(2014, 1, 20, 0, 0, 0, 0),
   new DateTime(2014, 7, 2, 0, 0, 0, 0),
   new DateTime(2015, 1, 17, 0, 0, 0, 0),
   new DateTime(2015, 7, 2, 0, 0, 0, 0),
   new DateTime(2016, 1, 31, 0, 0, 0, 0)};
```

（4）创建 Windows 窗体（见图 11-70），单击"计算"按钮以消息框显示结果，单击"清除"按钮清除所有选择。

图 11-70　实践题 4 的参考运行结果

（5）请简单说明下列语法的意义。

```
Font(FontFamily, Single, FontSytle);
```

习题答案

一、选择题

（1）C　　（2）A　　（3）A　　（4）D　　（5）C　　（6）A　　（7）D

335

（8）A　　（9）B　　（10）C　　（11）A　　（12）D　　（13）C、D

二、填空题

（1）TextAlign　ContentAlignment　9

（2）SystemDefault　AlwaysUnderline　HoverUnderline　NeverUnderline。

（3）MultiLine　True　　　　　　　（4）Clear()　Focus()　TextChange()

（5）SetDataObject()　GetDataObject()　　（6）Top　Left　Fill　Right　None

（7）LoadFile()　SaveFile()　Find()　　（8）MinDate　MaxDate

（9）CheckState　勾选　未勾选　不确定　　（10）Items　Clear()

（11）Simple　DropDown 和 DropDownList　　（12）Regular　Italic　Underline

（13）GetItemChecked()　ItemCheck()

三、实践题

（3）使用 AnnuallyBoldedDates 属性来设置特定的日期（以粗体显示），声明数组并以大括号初始化数组元素。由于是日期，因此使用 DataTime 结构的构造函数来建立这些日期的"年、月、时、分、秒、毫秒"。

（5）

- FontFamily 用来设置其字体。
- Single 用来设置字号（即字体大小），以 float 来表示。
- FontStyle 用来设置字体样式。

（1）（2）（4）略

第12章

提供互动的控件

章节重点

⌘ 对话框就是为了让用户与窗口进行交互。无论是打开、存储文件，还是设置字体或打印文件都可以使用对话框进行交互。

⌘ 打开文件与存储文件可使用 OpenFileDialog 和 SaveFileDialog 对话框。

⌘ FontDialog 可以设置字体，MenuStrip 控件用于创建菜单，创建快捷菜单则使用 ContextMenuStrip 组件。

⌘ PrintDocument 控件、PrintDialog、PrintPreviewDialog 和 PageSetupDialog 组件都与打印有关。

对话框的作用就是提供一个友好的界面来与用户互动、沟通。有哪些常用的对话框呢？先来看表 12-1 的介绍。

表 12-1　常用的对话框

对话框	功能
文件对话框	OpenDialog 用来打开文件，SaveDialog 用来存储文件
FontDialog	提供 Windows 操作系统已安装字体的相关设置
ColorDialog	提供调色板来选择颜色
打印对话框	包含 PrintDialog、PrintPreviewDialog 和 PageSetupDialog 等对话框，打印时提供预览、设置页面的效果

这些对话框放在工具箱的"对话框"类中，在窗体中加入这些对话框时并不会出现在窗体上，只会放在窗体底部的"匣子"中，如图 12-1 所示。同样要选择控件后才能进行属性的设置。

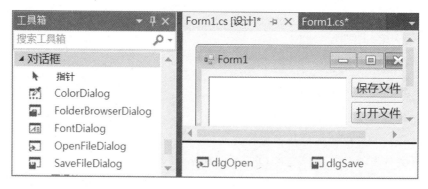

图 12-1　对话框会放入窗体底部的"匣子"中

12.1　文件对话框

Windows 操作系统中，无论使用哪种应用程序，"打开文件"和"存储文件"都是必要的步骤，Windows 窗体提供了两个处理文件的对话框：OpenFileDialog 和 SaveFileDialog。

12.1.1　OpenFileDialog 控件

OpenFileDialog 用来打开文件。想想看，以记事本执行"打开文件"指令时，会进入"打开"（Title）对话框。从"查询"处会看到默认的文件位置（InitialDirectory），要打开的文件名（FileName）。文件类型可以看到"*.txt""*.*"等，这些是经过筛选（Filter）的文件类型，默认的文件类型是"*.文本文件"（FileIndex），参照图 12-2 来说明一下。一个打开文件的对话框有❶标题、❷文件位置、❸文本文件和❹筛选类型。

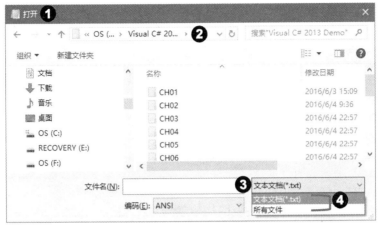

图 12-2　打开文件的对话框

这些都是 OpenFileDialog 类的成员，可参考表 12-2 的说明。

表 12-2　OpenFileDialog 的常用属性

OpenFileDialog 成员	说明
④ Filter	设置文件类型
DefaultExt	获取或设置文件的扩展名
FileName	获取或设置文件的名称、显示的"文件类型"
③ FileIndex	获取或设置 Filter 属性的搜索值
① Title	获取或设置文件对话框的标题名称
② InitialDirectory	获取或设置文件的初始目录
RestoreDirectory	关闭文件对话框之前是否要获取原有目录
MultiSelect	是否允许选择多个文件
ShowReadOnly	决定对话框中是否要显示只读复选框
AddExtension	文件名之后是否要附加扩展名（默认 True 会附加）
CheckExtensions	返回文件时会先检查文件是否存在（True 会检查）
ReadOnlyCheck	是否选择只读复选框，true 表示文件为只读
OpenFile()方法	打开属性设为只读的文件

不同的应用程序，会通过④Filter 属性来进行文件的筛选，让某些文件类型能通过"打开文件"对话框中的"文件类型"下拉式列表进行选择。

```
openFileDialog1.Filter =
  "说明文字(*.扩展名) | *.扩展名";
```

Filter 属性值属于字符串类型，可以根据实际需求来设置不同条件的筛选，并使用"|"（pipe）字符来分隔不同的筛选条件。例如，文件类型是文本文件和 RTF，如何设置 Filter 属性？程序代码编写如下：

```
openFileDialog1.Filter =
"文本文件(*.txt)|*.txt | RTF 格式 | *.rtf | 所有文件(*.*)|*.*";
```

打开文件的步骤

如何应用"打开文件"对话框打开文件？下面进行具体介绍。

➡ **1** 创建数据流读取器。使用 StreamReader 类所创建的对象来打开文件。它的构造函数可以指定文件名，配合"打开文件"（OpenFileDialog）对话框的属性"FileName"也可以。

➡ **2** 使用 OpenFile()方法来指定具有只读性质的特殊文件。

```
System.IO.StreamReader  sr = new //使用 StreamReader 类
   StreamReader(openFileDialog1.FileName);
this.Cursor = new Cursor(
   openFileDialog1.OpenFile());//打开的文件类型(*.cur)文件
```

➡ **3** 加载文件后，可使用 TextBox 或 RichTextBox 文本框来读取文件，而 RichTextBox 本身的 LoadFile()方法可以进行文件读取的操作，它的语法如下。

```
public void LoadFile(Stream data,
  RichTextBoxStreamType fileType );
```

- data：要加载 RichTextBox 控件中的数据流。
- fileType：RichTextBoxStreamType 枚举类型的常数值，可参考第 11 章表 11-16 的说明。

使用 RichTextBox 控件编写以下程序代码。

```
richTextBox1.LoadFile(dlgOpenFile.FileName,
   RichTextBoxStreamType.PlainText);
```

➡ **4** 最后，使用对话框调用 ShowDialog()方法，确认用户是否要打开文件（ShowDialog()请参考下一小节的介绍）。

```
openFileDialog1.ShowDialog();
```

12.1.2　SaveFileDialog 控件

存储文件使用 SaveFileDialog 来处理，其大部分属性都和 OpenFileDialog 相同，其他属性有以下几种。

- AddExtension 属性：存储文件时是否要在文件名自动加入扩展名，默认属性值为"True"会自动附加文件的扩展名，"False"表示不会自动附加文件的扩展名。
- OverwritePrompt 属性：在另存新文件的过程中，如果存储的文件名已经存在，OverwritePrompt 用来显示是否要进行覆盖操作。默认属性值"True"表示覆盖前会提醒用户，设为"False"表示不会提醒用户而直接覆盖。

存储文件的操作

▶1 创建数据流写入器，配合 SaveFileDialog 对话框准备存盘。

要把文件存盘，相对串流的 StreamReader 作为读取器，我们会用 StreamWriter 来创建写入器，创建串流对象的语法如下。

```
StreamWriter(String path, Boolean append, Encoding);
```

- path：文件路径。
- append：表示文件是否要以附加方式来处理。文件若已存在，则 "false" 会覆盖原来的文件，"true" 不会进行覆盖的操作；若文件不存在，则通过 StreamWriter 的构造函数来产生一个新的文件对象。
- Encoding：编码方式，如果没有特别指定，就采用 UTF-8 编码。

```
System.IO.StreamWriter sw; //创建串流对象写入器
sw = new System.IO.StreamWriter(
   dlgSaveFile.FileName, false, Encoding.Default);
```

▶2 存储文件对话框（SaveFileDialog）调用 ShowDialog()方法，可进一步判断用户是否要存储文件。

```
saveFileDialog1.ShowDialog();
```

▶3 写入文件后再关闭串流对象。写入器会调用 Write()方法执行写入操作，然后关闭写入器。

```
sw.Write(richTextBox1.Text);//从文本框获取内容并执行写入操作
sw.Close(); //关闭写入器
```

ShowDialog()方法

使用对话框都会调用 ShowDialog()来执行所对应的对话框，用来打开通用型对话框，再获取按钮的返回值来执行相关的操作。以 OpenFileDialog 对话框而言，它实现了 CommonDialog 类（指定用于屏幕上显示对话框的基类），执行时要使用 if 语句判断用户已单击 "确定" 按钮还是 "取消" 按钮。程序代码编写如下。

```
if(dlgOpenFile.ShowDialog() == DialogResult.OK)
{
   richTextBox.LoadFile(dlgOpenFile.FileName,
       RichTextBoxStreamType.PlainText);
}
```

单击 "OK" 按钮（来自 DialogResult 枚举类）会借助 RichTextBox 的 LoadFile()方法来加载文件。

范例 CH1201A 使用文件对话框

▶1 创建 Windows 窗体，项目名称为 "CH1201A.csproj"。按照表 12-3 在窗体上加入这些控件。

表 12-3 范例 CH1201A 使用的控件

控件	属性	值	控件	属性	值
OpenFileDialog	Name	dlgOpenFile	Button1	Name	btnOpen
SaveFileDialog	Name	dlgSaveFile		Text	打开文件
RichTextBox	Name	rtxtShow	Button2	Name	btnSave
	Dock	Bottom		Text	存储文件

2　完成的窗体如图 12-3 所示。

图 12-3　完成的窗体

3　用鼠标双击"打开文件"按钮进入程序代码编辑区（Form1.cs），在"btnOpen_Click"事件过程段中编写以下程序代码：

```
10  using System.IO;
26  //打开文件
27  private void btnOpen_Click(object sender,
28      EventArgs e)
29  {
30    //文件打开的默认路径，以纯文本文件为打开对象
31    dlgOpenFile.InitialDirectory =
32      "F:\\Visual C# 2013 Demo\\Ch12";
33    dlgOpenFile.Filter =
34      "文本文件(*.txt)|*.txt|所有文件(*.*)|*.*";
35    //获取 Filter 第 2 个筛选条件
36    dlgOpenFile.FilterIndex = 2;
37    dlgOpenFile.DefaultExt = "*.txt"; //默认为文本文件
38    dlgOpenFile.FileName = ""; //清除文件名的字符串
39    //指定上一次打开的路径
40    dlgOpenFile.RestoreDirectory = true;
41    //当用户单击 OK 按钮时，载入文件
42    if(dlgOpenFile.ShowDialog() == DialogResult.OK){
43      rtxtShow.LoadFile(dlgOpenFile.FileName,
44      RichTextBoxStreamType.PlainText);
45    }
46  }
```

4 切换到 Form1.cs[设计]选项卡，回到窗体，用鼠标双击"存储文件"按钮，再一次进入程序代码编辑区，在"btnSave_Click"事件过程段中编写以下程序代码：

```
49  //存储文件
50  private void btnSave_Click(object sender,
51      EventArgs e)
52  {
53    dlgSaveFile.Filter =
54      "文本文件(*.txt)|*.txt|所有文件(*.*)|*.*";
55    dlgSaveFile.FilterIndex = 1;
56    dlgSaveFile.RestoreDirectory = true;
57    dlgSaveFile.DefaultExt = "*.txt";
58    //当用户单击OK按钮时，存储文件
59    if(dlgSaveFile.ShowDialog()
60        == DialogResult.OK){
61      //创建存储文件StreamWriter对象
62      StreamWriter sw = new
63        StreamWriter(dlgSaveFile.FileName,
64        false, Encoding.Default);
65      sw.Write(rtxtShow.Text); //写入文件
66      sw.Close();   //关闭文件
67    }
68  }
```

运行：按"Ctrl＋F5"组合键运行此程序，打开"窗体"窗口。

1. 参照图 12-4，❶单击"打开文件"按钮，显示其对话框；❷选择"DemoB"（其实是 DemoB.txt）；单击❸"打开"按钮，将内容加载到文本框上。

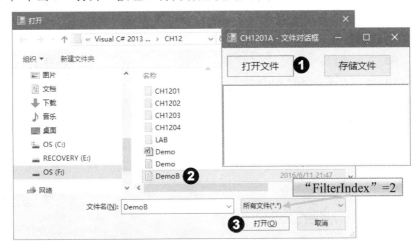

图 12-4　范例 CH1201A 的运行结果 1

2. 参照图 12-5，❶在文本框加入一些内容；❷单击"存储文件"按钮进入其对话框；❸输入新的文件名（避免覆盖原有文件，本例中输入"DemoC"）；❹单击"保存"按钮。

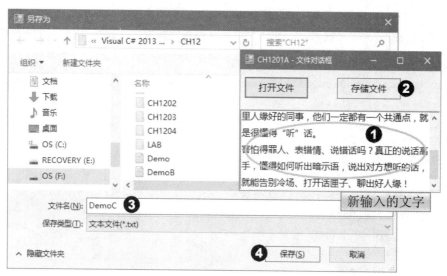

图 12-5　范例 CH1201A 的运行结果 2

程序说明

* 使用文本框为中介，OpenFileDialog 对话框将文本文件加载（读取）到文本框中，改变内容后，写入到一个新的文件中，通过 SaveFileDialog 对话框执行"保存"（文件）操作。
* 第 10 行：由于使用数据流的输入输出，因此需要导入"System.IO"命名空间。
* 第 27~45 行：打开纯文本文件时，针对 OpenFileDialog 对话框本身进行属性的设置。
* 第 31~32 行：　InitialDirectory 属性用于设置要打开文件的的初始路径。文件路径的文件夹之间采用"\\"是为了避免被误认为是"\"转义字符。
* 第 33~34 行：Filter 属性筛选文件类型为文本文件和所有文件（与文本文件有关）。
* 第 36、37 行：FilterIndex 属性指定"文件类型"为"所有文件"，用 DefaultExt 属性将文件默认设置为"文本文件"。
* 第 42~45 行：如果用户单击"确定"按钮，就会调用 ShowDialog()方法，且通过 RichTextBox 控件提供的 LoadFile()方法来加载文件，其文件数据流为纯文本。
* 第 50~68 行：保存文件时，使用 SaveFileDialog 对话框来设置相关属性。
* 第 59~67 行：调用 ShowDialog()方法来准备存盘操作，如果用户单击"确定"按钮，就会使用 StreamWriter 对象来写入文件，并以原有格式存盘。
* 第 65~66 行：调用串流对象的 Write()方法执行字符的写入操作，再以 Close()方法关闭 StreamWriter 对象。

12.1.3　FolderBrowserDialog 控件

FolderBrowserDialog 是"浏览文件夹"对话框，指定选择的文件夹进行浏览，获取某个文件夹的路径或获取更多内容。以图 12-6 为例，左下角还有一个"新建文件夹"按钮，其属性 ShowNewFolderButton 为"True"时，可以创建新的文件夹；"False"就不能创建新的文件夹。

FolderBrowserDialog 对话框的常用属性可参照表 12-4 的说明。

图 12-6　典型的浏览文件夹

表 12-4　FolderBrowserDialog 成员

成员	说明
Description	树状视图控件在对话框上方的描述文字
RootFolder	设置或获取开始浏览的根文件夹位置
SelectedPath	获取或设置用户所选择的路径
ShowNewFolderButton	是否要显示"新建文件夹"按钮
Reset()方法	将属性重置回默认值
ShowDialog()方法	打开"浏览文件夹"对话框

属性 RootFolder 可用来设置浏览文件夹的默认位置，它可以通过 Environment.SpecialFolder 枚举类型来浏览计算机里一些特定的文件夹。

```
folderBrowserDialog1 =
    Environment.SpecialFolder.Personal;
```

Environment.SpecialFolder 枚举类型包含以下内容。

- Personal 泛指"MyDocuments"，可参考图 12-7 左图（注：在 Windows 10 中显示为"文档"文件夹，而在 Windows 以前的版本中显示为"我的文档"文件夹）。

图 12-7　Environment.SpecialFolder 的常数值

- Desktop 泛指"桌面"快捷方式，并不是实际的文件系统位置。
- DesktopDirectory 表示用来实际存储桌面上文件对象的目录。

范例 CH1201B 浏览文件夹对话框

1 创建 Windows 窗体，项目名称为"CH1201B.csproj"。按照表 12-5 在窗体上加入
FolderBrowserDialog、RichTextbox 和按钮。

表 12-5 范例 CH1201B 使用的控件

控件	属性	值
OpenFileDialog	Name	dlgOpenFile
FolderBrowserDialog	Name	dlgBrowserFolder
RichTextBox	Name	rtxtShow
	Dock	Top
Button	Name	btnOpen
	Text	打开文件夹

2 用鼠标双击窗体空白处进入程序代码编辑区，在"Form1_Load"事件过程段中编写以下程
序代码：

```
20  private void Form1_Load(object sender, EventArgs e)
21  {
22    //设置开始的文件夹位置为虚拟桌面
23    dlgBrowserFolder.RootFolder =
24      Environment.SpecialFolder.Desktop;
25    //指定要浏览的文件夹为 F 盘
26    dlgBrowserFolder.SelectedPath = @"F:\";
27    //浏览文件夹的提示文字
28    dlgBrowserFolder.Description =
29      "选择要浏览的文件夹";
30    //要打开的文件格式为 RTF
31    dlgOpenFile.DefaultExt = "rtf";
32    dlgOpenFile.Filter =
33      "RTF(*.rtf)|*.rtf|所有文件(*.*)|*.*";
34  }
```

3 切换到 Form1.cs[设计]选项卡，回到窗体，用鼠标双击"浏览文件夹"按钮，在程序代码
编辑区的"btnFolder_Click"事件过程段中编写以下程序代码：

```
36  private void btnFolder_Click(object sender,
37      EventArgs e)
38  {
39    bool fileOpened = false;//判断文件是否打开
40    string openFileName;
```

```
41      //要打开的文件路径
42      dlgOpenFile.InitialDirectory =
43        "F:\\Visual C#2013 Demo\\CH12";
44      dlgOpenFile.FilterIndex = 2;
45      dlgOpenFile.DefaultExt = "rtf"; //默认为 RTF 格式
46      //指定上一次打开的路径
47      dlgBrowserFolder.ShowDialog(); //打开浏览文件夹
48      if (!fileOpened)
49      {
50        //将打开文件的默认路径设为浏览路径
51        dlgBrowserFolder.SelectedPath =
52          dlgOpenFile.InitialDirectory;
53        dlgOpenFile.FileName = null;
54      }
55      DialogResult result = dlgOpenFile.ShowDialog();
56      //单击打开文件的"确定"按钮时载入 RTF 文件
57      if (result == DialogResult.OK)
58      {
59        openFileName = dlgOpenFile.FileName;
60        rtxtShow.LoadFile(dlgOpenFile.FileName,
61        RichTextBoxStreamType.RichText);
62        fileOpened = true;
63      }
64  }
```

运行：按 "Ctrl＋F5" 组合键运行此程序，打开 "窗体" 窗口。

1. 参照图 12-8❶单击 "浏览文件夹" 按钮，打开 "浏览文件夹" 对话框；❷选择 F 盘；单击❸ "确定" 按钮进入 "打开" 对话框。

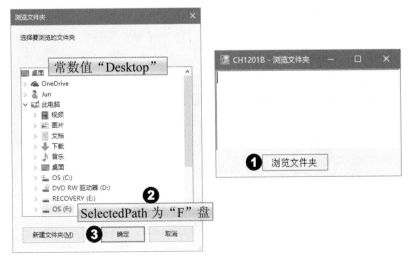

图 12-8　范例 CH1201B 的运行结果 1

2. 参照图 12-9，❶选择"Demo.rtf"文件，❷单击"打开文件"按钮，将文件内容载入文本框（RichTextBox）中。

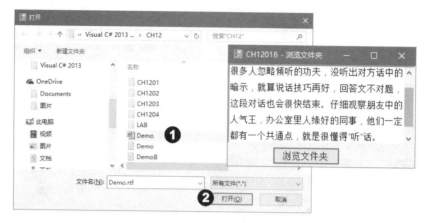

图 12-9　范例 CH1201B 的运行结果 2

程序说明

* 窗体启动时，单击"打开文件夹"按钮进入"浏览文件夹"对话框。单击指定的文件夹后，进入"打开"对话框，再选择 RTF 格式文件载入文本框。

* 第 20~34 行：窗体加载时，设置浏览文件夹的起始目录为"桌面"，并把用户选择的文件夹位置设为"F 盘"来载入 RTF 格式文件。

* 第 23~24 行：用 RootFolder 属性配合 Environment.SpecialFolder 的常数值，设置浏览文件夹的起始目录为"桌面"。

* 第 26 行：SelectedPath 属性设置用户要浏览的文件夹为 F 盘。

* 第 31~33 行：设置加载的文件格式 RTF。

* 第 36~64 行：单击"浏览文件夹"按钮选择要处理的事件。先进入"浏览文件夹"对话框，选定要浏览的文件夹后，进入第二个"打开"对话框，选择要打开的 RTF 格式文件并载入文本框内。

* 第 39 行：fileOpened 为标志，判断文件的打开状态。文件打开时设为"True"，文件未打开时设为"False"。

* 第 47 行：用 ShowDialog()方法来打开"浏览文件夹"对话框。

* 第 48~54 行：使用 if 语句判断，若文件已打开，则将"打开"对话框设好的路径值赋给"浏览文件夹"对话框，作为选择的文件夹路径。

* 第 57~63 行：使用 if 语句来确定用户单击"打开"对话框的"确定"按钮时，加载指定的 RTF 格式到文本框中。

12.2　设置字体与颜色

　　一份完成的文件，加入字体的变化和颜色的辅佐能够丰富文件的内容。.NET Framework 提供了两个组件：FontDialog 设置字体；ColorDialog 设置颜色。

12.2.1 FontDialog 控件

FontDialog 对话框用来显示 Windows 系统中已经安装的字体，提供给设计者使用。这样的好处是让设计者不必再自行定义对话框，它提供了与字体有关的样式，例如粗体或下划线。窗体中加入 FontDialog 组件时，会放置在窗体下方的"匣子"中，常用成员如表 12-6 所示。

表 12-6　FontDialog 的常用属性

FontDialog	默认值	说明
Font		获取或设置对话框中所指定的字体
Color		获取或设置对话框中所指定的颜色
ShowColor	False	对话框是否显示颜色选择，True 才会显示
ShowEffecs	True	对话框是否包含允许用户指定删除线、下划线和文字颜色选项的控件
ShowApply	False	对话框是否包含"应用"按钮
ShowHelp	False	对话框是否显示"帮助"按钮
Reset()方法		将所有对话框选项重置回默认值

12.2.2 ColorDialog 控件

ColorDialog 组件用调色板来提供颜色选择，也能将自定义的颜色加入调色板中。ColorDialog 常见的属性可参考表 12-7 的说明。

表 12-7　ColorDialog 常用的属性

ColorDialog	默认值	说明
Color		获取或设置颜色对话框中所指定的颜色
AllowFullOpen	True	用户是否可以通过对话框来自定义颜色
FullOpen	False	打开对话框，是否可以用自定义颜色的控件
AnyColor	False	对话框是否显示所有可用的基本颜色
SolidColorOnly		对话框是否限制用户只能选择纯色

这些属性的相关值究竟是什么呢？使用图 12-10 进行说明。AllowFullOpen 设为"True"可以看到自选颜色的调色板，单击某个颜色值会添加到窗口左下方的自定义颜色处。FullOpen 属性是 AllowFullOpen 设为 True 时才能显示；它的属性值为 False 时，进入颜色对话框，单击窗口左下角的"规定自定义颜色"按钮才会打开窗口右侧的自定义颜色。

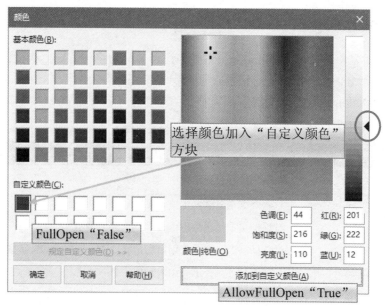

图 12-10　颜色对话框的自定义颜色

范例 CH1202A　字体、颜色对话框

1 创建 Windows 窗体，项目名称为"CH1202A.csproj"。按照表 12-8 在窗体上加入 FontDialog、ColorDialog、RichTextbox 和 2 个按钮。

表 12-8　范例 CH1202A 使用的控件

控件	属性	值	控件	属性	值
RichTextBox	Name	rtxtShow	Button1	Name	btnFont
	Dock	Bottom		Text	字体
FontDialog	Name	dlgFont	Button2	Name	btnColor
ColorDialog	Name	dlgColor		Text	颜色

2 完成的窗体如图 12-11 所示。

图 12-11　完成的窗体

➡ **3** 用鼠标双击"字体"按钮进入程序代码编辑区，在"btnFont_Click"事件过程段中编写以
下程序代码：

```
21  private void btnFont_Click(object sender,
22      EventArgs e)
23  {
24    dlgFont.ShowColor = true; //显示颜色选择
25    dlgFont.Font = rtxtShow.Font; //获取系统中的字体
26    dlgFont.Color = rtxtShow.ForeColor;//获取前景颜色
27
28    if(dlgFont.ShowDialog()!= DialogResult.Cancel){
29      //改变文本框的字体
30      rtxtShow.Font = dlgFont.Font;
31      //改变文本框的前景颜色
32      rtxtShow.ForeColor = dlgFont.Color;
33    }
34  }
```

➡ **4** 切换到 Form1.cs[设计]选项卡，回到窗体，用鼠标双击"颜色"按钮，在程序代码编辑区
的"btnColor_Click"事件过程段中编写以下程序代码：

```
37  private void btnColor_Click(object sender,
38      EventArgs e)
39  {
40    dlgColor.AllowFullOpen = false;
41    dlgColor.ShowHelp = true;//显示帮助按钮
42    dlgColor.AnyColor = true;//显示所有可用的基本颜色
43    dlgColor.Color = rtxtShow.ForeColor;
44
45    //用户如果单击"确定"按钮，就可以更改背景颜色
46    if(dlgColor.ShowDialog() == DialogResult.OK){
47      rtxtShow.BackColor = dlgColor.Color;
48    }
49  }
```

运行：按"Ctrl + F5"组合键运行此程序，打开"窗体"窗口。参照图 12-12，单击"颜
色"按钮进入其对话框进行颜色设置；参照图 12-13，单击"字体"按钮进入其对话框进行字
体的选择，单击窗体右上角的 ✕ 按钮就能关闭窗体。

程序说明

* 说明 FontDialog 和 ColorDialog 对话框的使用方式，配合两个按钮加上一个
  RichTextBox 控件来设置字体和颜色。
* 第 24~26 行：设置 FontDialog 对话框的属性，包含显示颜色选择的 ShowColor、获取
  Windows 系统字体的 Font 和设置字体颜色的 ForeColor。

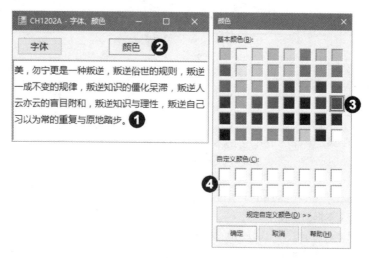

图 12-12 范例 CH1202A 的运行结果 1

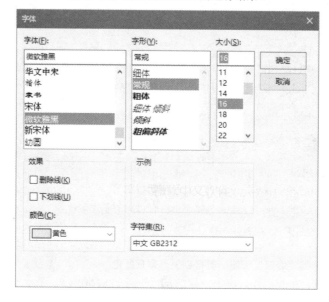

图 12-13 范例 CH1202A 的运行结果 2

* 第 28~33 行：调用 ShowDialog() 来判断用户是否已单击"取消"按钮，若没有，则把已设置的字体、字体样式等赋值给文本框。

* 第 37~49 行：设置 ColorDialog 对话框的属性，属性值设为"false"时，用户就无法自定义颜色的 AllowFullOpen 属性；属性值设为"true"时能提供帮助的 ShowHelp 和显示所有基本颜色的 AnyColor 属性。

* 第 46~48 行：调用 ShowDialog() 来判断用户是否单击"确定"按钮，如果是，就用已设置的背景颜色来改变文本框背景色。

* 结论：单击"字体"按钮时会打开"字体"对话框，可设置字体、字体样式、字体大小、字体效果（下划线和删除线）以及字体颜色。单击"颜色"按钮时会打开"颜色"对话框，可以设置文本框的背景颜色。

12.3 支持打印的组件

先想想看，如果用 Word 软件打完一份报告，打印时要考虑什么呢？这还用想吗？当然要有打印机。打印之前要按照纸张大小调整版面，可能包含边界的设置，这份报告打印时要有多少页（考虑多页的问题），或者使用打印预览查看打印的效果。

.NET Framework 提供的控件或组件中也支持文件打印，包含进入打印的"PrintDialog"对话框、支持页面设置的"PageSetupDialog"对话框以及提供打印预览效果的"PrintPreviewDialog"对话框，最重要的是要有打印文件 PrintDocument，所以先从 PrintDocument 谈起。

12.3.1 PrintDocument 控件

PrintDocument 控件主要是在 Windows 应用程序打印时，为打印文件提供参数设置。换句话说，要编写打印的应用程序，首先要通过 PrintDocument 控件来创建可传送到打印机的打印文件。打印对象声明如下。

```
PrintDocument document = new PrintDocument;
```

使用 new 运算符实例化一个打印文件对象，然后用 PrintPage()事件来编写打印的处理程序。有了打印文件才能执行打印操作、进行页面设置、执行预览效果。PrintDocument 的常见成员可参考表 12-9 的说明。

表 12-9 PrintDocument 控件的常见属性

PrintDocument 成员	说明
DefaultPageSettings	获取或设置页面的默认值
DocumentName	获取或设置打印文件时要显示的文件名称
PrinterSettings	获取或设置要打印文件的打印机
Print()方法	启动文件的打印处理
BeginPrint()事件	在打印第一页文件之前，调用 Print()函数时发生
EndPrint()事件	在打印最后一页文件时发生
PrintPage()事件	打印当前页面时发生

文件打印时必项使用 DrawString()方法，它来自于 System.Drawing 命名空间的 Graphics 类，以绘制方法来打印文字。DrawString()方法的语法如下。

```
public void DrawString(string s, Font font, Brush brush,
    Point point, StringFormat format);
```

- s：要绘制的字符串，可用来指定加载文件名或文本框的文字。
- font：定义字符串的文字格式，打印时可调用 Font 结构创建新的字体。
- brush：决定所绘制文字的颜色和纹理。

- point：指定绘制文字的左上角。
- format：指定应用到所绘制文字的格式化属性，例如行距和对齐。

打印的步骤

打印时大概分成两个步骤：①准备打印，声明 PrintDocuemnt 的对象，执行 Print()方法；②打印输出时，使用 PrintPage()事件将文件打印出来，包含打印时绘制文字需调用的 DrawString()方法。打印文件是用 StriwerReader 来读取文件，或者使用 RichTextBox 来加载内容。相关步骤进一步说明。

1 创建打印文件，调用 Print()方法。

打印文件时需对文字或图片进行描绘才能印在纸张上，因为 PrintDoucment 来自于 System.Drawing.Printing 命名空间。声明 PrintDocument 对象时，要使用"using"关键字导入此命名空间。

```
using System.Drawing.Printing;
//窗体加入 PrintDocument 控件
printDoucment1.Print(); //进行打印
```

2 以 PrintPage()进行打印输出。①指定绘图对象，设置打印文件的字体和颜色。

在 PrintPage()事件处理程序中，打印文件是否超过一页？每页文件要打印多少行？这些要处理的事项必须配合 PrintPage()事件变量中的 PrintPageEventArgs 类来处理，它的属性有以下几种。

- Cancel：是否应该取消打印作业。
- Graphics：用来绘制页面的 Graphics。
- HasMorePages：是否应该打印其他页面。
- MarginBounds：获取边界内页面部分的矩形区域。
- PageBounds：获取整个页面的矩形区域。
- PageSettings：获取当前页面的页面设置。

```
private void document_PrintPage(object sender,
        PrintPageEventArgs pageArgs)
{
    //①指定绘图对象
    Graphics g = pageArgs.Graphics;//声明绘图对象 g
    Font fontPrint = new Font("楷体", 12);//打印字体
}
```

- 事件处理程序的变量是 PrintPageEventArgs 类，它有一个 Graphics 属性，用来绘制页面，所以通过它的对象 pageArgs 赋值给绘图类的对象 g。

3 用 PrintPage()执行打印输出。②MeasureString()方法测量要输出的文字。

PrintPageEventArgs 类的 Graphics 属性要算出文件内容行的长度与每页的行数，以便进行每页内容的描绘，必须使用 MeasureString()方法，它的语法如下：

```
public SizeF MeasureString(string text, Font font,
   SizeF layoutArea, StringFormat stringFormat,
   out int charactersFitted, out int linesFilled);
```

- text：要测量的字符串。
- font：定义字符串的文字格式。
- layoutArea：指定文字的最大布局区域。
- stringFormat：表示字符串的格式化信息，例如行距。
- charactersFitted：字符串中的字符数。
- linesFilled：字符串中的文字行数。

```
private void document_PrintPage(object sender,
      PrintPageEventArgs pageArgs)
{
   //①指定绘图对象
   //②调用 MeasureString()方法
   g.MeasureString();
}
```

STEP 4 用 PrintPage()执行打印输出。③打印文件是否超出一页，如果没有，就调用 DrawString() 将文字内容绘出。

PrintPageEventArgs 类的 HasMorePages 属性（默认为 false）能用来判别当前所打印的文件是否为最后一页，属性值为"true"会继续选择下一页，属性值为"false"则不会继续打印。

```
private void document_PrintPage(object sender,
      PrintPageEventArgs pageArgs)
{
   //①指定绘图对象
   //②调用 MeasureString()方法
   //③调用 DrawString()方法
   g.DrawString(richTextBox1.Text, fontPrint,
      Brushes.Black, pageArgs.MarginBounds,
      new StringFormat());
}
```

- 使用 DrawString()方法时，它以 RichTextBox 为打印内容，定义好的 fontPrint 提供字体，画笔设成黑色（Brushes.Black），通过 PrintPageEventArgs 类的 MarginBounds 属性获取文本框内的矩形区域，最后调用 StringFormat 类的构造函数来产生新的字符串。

范例 CH1203A 打印文件时

STEP 1 创建 Windows 窗体，项目名称为"CH1203A.csproj"。按照表 12-10 在窗体上加入 PrintDocument 组件、RichTextbox 文本框和按钮。

表 12-10　范例 CH1203A 使用的控件

控件	属性	值	控件	属性	值
PrintDocument	Name	document	Button	Name	bthPrint
RichTextBox	Name	rtxtShow		Text	打印
	Dock	Bottom			

2 用鼠标双击窗体空白处，进入程序代码编辑区（Form1.cs），在"Form1_Load"事件过程段中编写以下程序代码：

```
11   using System.Drawing.Printing;
26   private void Form1_Load(object sender, EventArgs e)
27   {
28     rtxtShow.LoadFile("F:\\Visual C# 2013 Demo" +
29         "\\CH12\\Demo.rtf");
30   }
```

3 切换到 Form1.cs[设计]选项卡，回到窗体，用鼠标双击"打印"按钮，在程序代码编辑区的"btnPrint_Click()"事件过程段中编写以下程序代码：

```
34   private void btnPrint_Click(object sender,
35       EventArgs e)
36   {
37     try
38     {
39       document.Print();//①进行打印
40       document.DocumentName = "打印文件";
41     }
42     catch (Exception ex)
43     {
44       MessageBox.Show(ex.Message);
45     }
46   }
```

4 切换到 Form1.cs[设计]选项卡，回到窗体，用鼠标双击"PrintDocuemnt"控件进入程序代码编辑区，在"document_PrintPage()"事件过程段中编写以下程序代码：

```
49   private void document_PrintPage(object sender,
50       PrintPageEventArgs pageArgs)
51   {
52     Graphics g = pageArgs.Graphics;//②-1 声明绘图对象 g
53     //设置新的字体
54     fontPrint = new Font("楷体", 12);
55     int morePages = 0; //计算每份文件页数
56     int OnPageChars = 0;//计算每页字符数
```

```
57     //②-2 测量要绘制的字符串
58     g.MeasureString(rtxtShow.Text,
59        fontPrint, pageArgs.MarginBounds.Size,
60        StringFormat.GenericTypographic,
61        out OnPageChars, out morePages);
62     //②-3 绘制边界内的字体
63     g.DrawString(rtxtShow.Text, fontPrint,
64        Brushes.Black, pageArgs.MarginBounds,
65        new StringFormat());
66  }
```

运行：按 "Ctrl + F5" 组合键运行此程序，打开 "窗体" 窗口。参照图 12-14，单击 "打印" 按钮后，会闪过一个打印消息对话框；为了了解打印文件，现在以 PDF 格式来取代打印机，结果可对照图 12-15，最后单击窗体右上角的 ✕ 按钮就能关闭窗体。

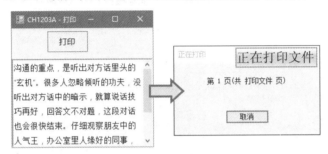

图 12-14　范例 CH1203A 的运行结果 1

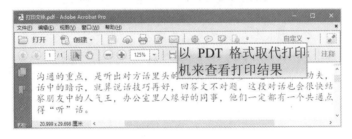

图 12-15　范例 CH1203A 的运行结果 2

程序说明

* 窗体加入 2 个标签和 2 个文本框，运行时第一个文本框显示文件的内容，第二个文本框输入要把文件打印输出成为 PDF 文件的文件名。
* 第 11 行：使用 using 关键字导入 System.Drawing.Printing 命名空间。
* 第 26~30 行：窗体加载时，使用 LoadFile()方法将文件加载到文本框中。
* 第 34~46 行：单击 "打印" 按钮所触发的事件处理程序。使用 try/catch 语句来防止打印文件调用 Print()方法发生错误。
* 第 49~65 行：执行 Print()方法所触发的 PrintPage()事件。通过 PrintPageEventArgs 类的 pageArgs 作为传递的变量。使用绘图对象 g 的 MeasureString()方法来测量每页的字符数，再以 DrawString()方法将打印文件进行绘制。

* 第 52 行：将对象 pageArgs 获取的内容赋值给绘图对象 g。
* 第 58~61 行：MeasureString()方法根据加载的文件内容进行字符的测量，属性 MarginBounds 能根据打印的矩形区域大小来获取每页的字符和页数。
* 第 63~65 行：DrawString()方法，根据文件内容重设字体，以黑色画笔绘制打印区域的字符。

12.3.2　PrintDialog 控件

要打印一份文件，只要执行"打印"指令，PrintDialog 对话框会引导用户进入"打印"对话框，选择要打印的打印机，并指定打印区域和打印份数。但是 PrintDialog 不能单独使用，必须先通过 PrintDocument 创建打印对象，再配合 PrintDialog 选择打印机、打印页面、打印页数以及打印区域。一般打开的"打印"对话框如图 12-16 所示。

图 12-16　PrintDialog 显示"打印"对话框

PrintDialog 的相关属性和方法如表 12-11 所示。

表 12-11　PrintDialog 控件的常见属性和方法

PrintDialog 成员	说明
AllowPrintToFile	在对话框中是否启用"打印到文件"复选框
AllowCurrentPage	在对话框中是否显示"当前的页面"单选按钮
AllowSelection	在对话框中是否启用"选定范围"单选按钮
AllowSomePages	在对话框中是否启用"页码"单选按钮
Document	获取或设置 PrinterSettings 属性中的 PrintDocument
PrinterSettings	获取或设置对话框中修改打印机的设置

（续表）

PrintDialog 成员	说明
ShowHelp	在对话框中是否显示"帮助"按钮
ShowNetwork	在对话框中是否显示"网络"按钮
PrintToFile	获取或设置"打印到文件"的复选框
ShowDialog()方法	显示通用对话框

如何通过 PrintDialog 来编写打印程序，程序代码如下：

```
//必须先创建打印对象
PrintDocument document = new PrintDocument;
//启用"页码"单选按钮
dlgPrint.AllowSomePages = true;
//启用"选定范围"单选按钮
dlgPrint.AllowSelection = true;
dlgPrint.Document = document; //设置 PrintDocument
. . . .
document.Print();//调用打印方法进行打印
```

先通过 PrintDocument 产生打印文件，再用 PrintDialog 来设置打印的相关属性，再将打印文件赋值给 PrintDialog 对话框，调用 Print()方法执行打印程序。

12.3.3　PrintPreviewDialog 控件

操作应用软件将页面设置好之后，通常会通过"打印预览"的效果来了解文件打印的实际情况。进入打印预览窗口可以将文件放大或缩小，如果是多页数的文件还可以调整成整页或多页显示。而 PrintPreviewDialog 对话框提供了相关功能，例如打印、放大、显示一或多页以及关闭对话框等，它与前面所介绍的 FontDialog、ColorDialog 以及"文件"对话框相同，都是通过 ShowDialog()方法来显示通用型对话框。PrintPreviewDialog 的常用属性可参照表 12-12 的说明。

表 12-12　PrintPreviewDialog 的常用属性

PrintPreviewDialog 属性	说明
Document	获取或设置要预览的文件
PrintPreviewControl	获取窗体中含有的 PrintPreviewControl 对象
UseAntiAlias	打印时是否要启用反锯齿功能（显示平滑文字）

另一个与打印预览有关的是 PrintPreviewControl 控件。使用 PrintDocument 控件来处理打印文件时，可通过 PrintPreviewControl 显示打印预览的外观。

范例 CH1203B　使用多个打印组件

➡1　创建 Windows 窗体，项目名称为"CH1203B.csproj"。按照表 12-13 在窗体上加入 PrintDocument、PrintDialog、PrintPreviewControl、PrintPreviewDialog、RichTextbox 和 2 个按钮。

表 12-13 范例 CH1203B 使用的控件

控件	属性	值	控件	属性	值
PrintDocuemnt	Name	impressedOn	Form1	Font	11
PrintDialog	Name	dlgPrint	Button1	Name	btnPrint
PrintPreviewDialog	Name	dlgPrintPreview		Text	打印
PrintPreviewControl	Name	ctrlPrintPreview	Button2	Name	btnPreview
	Visible	false		Text	打印预览

2 完成的窗体如图 12-17 所示。

图 12-17 完成的窗体

3 用鼠标双击"打印"按钮进入程序代码编辑区，在"btnPrint_Click"事件过程段中编写以下程序代码：

```
10   using System.IO;
30   //存储由文件载入的要打印的内容
31   private string readToPrint, allContents;
32   private Font printFont;//打印字体
39   private void btnPrint_Click(object sender,
40       EventArgs e)
41   {
42     ReadPrintFile();//调用载入文件方法
43     //启用"版面"单选按钮，"选定范围"单选按钮
44     dlgPrint.AllowSomePages = true;
45     dlgPrint.AllowSelection = true;
46     //打印文件赋值给"打印"对话框
47     dlgPrint.Document = impressedOn;
48     DialogResult result = dlgPrint.ShowDialog();
49     //打开"打印"对话框
50     if(result == DialogResult.OK){
51       impressedOn.Print();  //执行打印
52     }
53   }
```

4 切换到 Form1.cs[设计]选项卡，回到窗体，用鼠标双击进入程序代码编辑区，在
"btnPreview_Click"事件过程段中编写以下程序代码：

```
56  private void btnPreview_Click(object sender,
57      EventArgs e)
58  {
59    ReadPrintFile();
60    ctrlPrintPreview.Zoom = 0.25;//打印预览的输出比例
61    ctrlPrintPreview.UseAntiAlias = true;//启用平滑文字效果
62    ctrlPrintPreview.Document = impressedOn;
63    ctrlPrintPreview.Document.DocumentName =
64      "CH1203A";
65    dlgPrintPreview.Document = impressedOn;
66    dlgPrintPreview.ShowDialog();//显示打印预览对话框
67  }
```

5 切换到 Form1.cs[设计]选项卡，回到窗体，先单击"PrintDocument"控件，在"属性"窗
口切换到按"事件"排列，找到 EndPrint()事件，再双击鼠标进入程序代码编辑窗口，在
"impressedOn_PrintPage ()"事件过程段中编写以下程序代码：

```
    PrintPage()事件请参考前一个范例（CH1203A）的解说
94  private void impressedOn_EndPrint(object sender,
95      System.Drawing.Printing.PrintEventArgs e)
96  {
97      MessageBox.Show(impressedOn.DocumentName +
98        " -- 完成打印", "打印文件");
99  }

101 //使用 FileStream 来打开文件并读取文件
102 private void ReadPrintFile()
103 {
104   //设置要读取的文件名和路径
105   string printFile = "Sample.txt";
106   string filePath =
107     @"F:\\Visual C# 2013 Demo\\CH12\\";
108   //读取的文件名"Sample.txt"为打印文件的文件名
109   impressedOn.DocumentName = printFile;
110   //创建文件并以 Open 打开，用 using 指定范围为只读
111   using (FileStream stream = new FileStream(
112     filePath + printFile, FileMode.Open))
113   using (StreamReader reader = new
114   StreamReader(stream)) //指定区段为只读
115   {
116       //allContents 存放文件内容
117       allContents = reader.ReadToEnd();
118   }
```

```
119    readToPrint = allContents;
120    printFont = new Font("楷体", 20);
121 }
```

　　运行：按"Ctrl + F5"组合键运行此程序，打开"窗体"窗口。参照图 12-18，单击"打印"按钮，打开"打印"对话框。参照图 12-19，单击"打印预览"按钮，显示"正在打印预览"的文档有 5 页，打印到最后一页时会打开消息框，单击"确定"按钮后会打开"打印预览"对话框，最后单击窗体右上角的 ×　按钮就能关闭窗体。

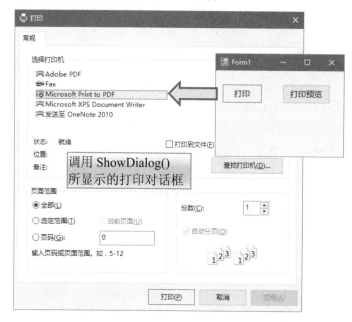

图 12-18　范例 CH1203B 的运行结果 1

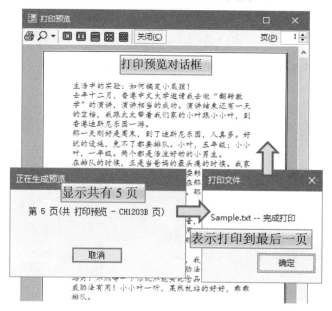

图 12-19　范例 CH1203B 的运行结果 2

程序说明

- ★ 使用 PrintDocument 控件创建打印文件，配合 PrintDialog、PrintPreviewDialog 两个对话框打开 "打印" "打印预览" 对话框。

- ★ 第 40~54 行：单击 "打印" 按钮时打开 "打印" 对话框，启用 "版面" "选定范围" 设置。

- ★ 第 45、46 行：将属性 AllowSomePages、AllowSelection 设为 "true"，"打印" 对话框会显示 "页码" 和 "选定范围"。

- ★ 第 51~52 行：使用 if 语句来确认单击 "打印" 按钮时执行打印操作。

- ★ 第 56~66 行：单击 "打印预览" 按钮时所触发的事件。用打印预览对话框的 Document 获取打印文件 impressOn。

- ★ 第 94~99 行：打印到最后一页时触发 EndPrint()事件，打印到最后一页时用消息框来显示 "完成打印"。

- ★ 第 102~121 行：ReadPrintFile()方法。读取 RTF 格式文件，指定路径和文件名后由 FileStream 来打开文件，配合 using 语句来指定范围，由 StreamReader 读取内容。

- ★ 第 111~118 行：以 FileStream 的 Open 模式来打开读取的文件，using 语句限定产生的 StreamReader 类的 reader 只能读取文件；ReadToEnd()方法会读取到文件尾，然后用 allContents 变量来存储。

- ★ 第 119 行：使用 readToPrint 变量来获取所读取的文件内容。

12.3.4　PageSetupDialog 控件

打印时进行页面设置是免不了的。要打印的文件的上、下、左、右边界，是否要加入页首或页尾，文件要纵向打印还是横向打印，这些都是在页面设置下进行。PageSetupDialog 组件能提供这样的服务，在设计时以 Windows 对话框作为基础，为用户提供设置框线和边界的调整，以及提供加入页首和页尾、纵向打印或横向打印的选择。使用 PageSetupDialog 对话框打开的 "页面设置" 对话框如图 12-20 所示。

图 12-20　使用 PageSetupDialog 打开的对话框

PageSetupDialog 对话框的常用属性可参考表 12-14 的说明。

表 12-14　PageSetupDialog 的常见属性

PageSetupDialog 成员	说明
AllowMargins	对话框中是否启用页边距
AllowOrientation	对话框中是否启用方向（横向和纵向）
AllowPaper	对话框中是否启用纸张（纸张大小、来源）
AllowPrinter	在对话框中是否启用"打印机"按钮
Document	PrintDocument 对象从何处获取页面设置
EnableMetric	以毫米显示页边距设置时，是否要将毫米与 1/100 英寸自动转换
MinMargins	允许用户选择的最小页边距，以百分之一英寸为单位
PageSettings	要修改的页面设置
PrinterSettings	用户单击"打印机"按钮时能修改打印机的设置

12.4　菜单

　　使用 Windows 应用程序，只要把鼠标移向菜单栏，就会展开相关菜单项，非常方便用户的操作。菜单属于分层式结构，先产生主菜单栏，根据设计需求加入其菜单项，主菜单栏包含子菜单，产生子选项，按序延伸出子子菜单。下面以 Visual Studio 2013 的操作界面来说明菜单结构，如图 12-21 所示。

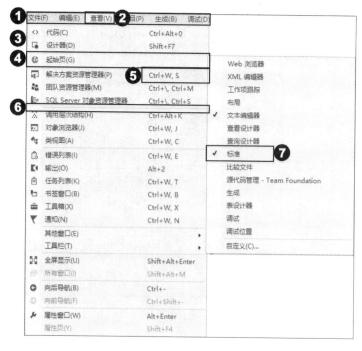

图 12-21　菜单结构

❶ 主菜单栏（MenuStrip）。

❷ 主菜单项（ToolStripMenuItem），例如文件、编辑、查看等。

❸ 展开的"查看"主菜单（ToolStripDropDownMenu），可以看到子菜单项（ToolStripMenuItem）。

❹ 子菜单项，例如"起始页"。

❺ 快捷键设置"Ctrl + W, S"，先按"Ctrl + W"组合键，再按"S"键可以调出被关闭的解决方案资源管理器。

❻ 分隔线（Separator）能分隔开不同作用的子菜单项，例如"起始页"是一个独立的菜单项，所以上、下都有分隔线。

❼ 子菜单项"工具栏"右侧有▶符号，用于展开下一层菜单，"标准"选项显示复选标记（Checked），表示正在使用中。

从图中可知，必须先创建主菜单才能加入主菜单项，例如文件、查看都是属于"主菜单"的选项。通常"文件"除了能单击外，还能以键盘的"Alt + F"来展开，称为"响应键"。主菜单下可以展开它的子菜单，然后再加入子菜单项，如图 12-21 中"查看"主菜单中的"解决方案资源管理器""类视图"都属于子菜单项。此外，性质相同的子菜单项可以群聚一起，将不同性质的子菜单项通过"分隔线"隔开。子菜单项可以视需求加入快捷键（Shortcut key），或者加上复选标记。Visual C# 2013 中创建菜单的控件有哪些呢？请参考表 12-15 的介绍。

表 12-15　菜单和成员

菜单	说明
MenuStrip	创建主菜单
ToolStrip	产生 Windows 窗体的用户界面工具栏
ToolStripMenuItem	用来创建菜单或快捷菜单的菜单项
ToolStripDropDown	允许用户单击鼠标时，从列表选择单一表项
ToolStripDropDownItem	单击时会显示下拉式列表
ContextMenuStrip	用来设置快捷菜单（用户右击）

12.4.1　MenuStrip 控件

MenuStrip 控件提供的功能如下：

- 创建标准菜单，通过鼠标的拖曳方式就能创建经常使用的菜单，并进一步支持高级用户界面和设置功能，例如 MDI（多文档界面）、存取菜单命令时的替代模式。
- 提供容器和被收纳功能，以自定义方式创建菜单，获取操作系统的外观和行为。

一般创建菜单的步骤如下：

▶1　以 MenuStrip 创建主菜单。

▶2　通过 Items 属性加入 ToolStripMenuItem 控件，作为第一层主菜单的菜单项。

▶3　如果想要继续创建第二层（子）菜单，获取 ToolStripMenuItem 控件的"DropDownItems"属性，再按序加入 ToolStripMenuItem 控件来成为第二层菜单项。

STEP 4 如果还要创建第三层，就要获取 ToolStripMenuItem 控件的"DropDownItems"属性，再加入 ToolStripMenuItem 控件来成为第三层菜单的表项。

创建主菜单

"文件"和"编辑"两个主菜单项如何加入菜单呢？可以通过以下步骤来完成。

STEP 1 找到菜单与工具栏的❶"MenuStrip"控件并双击鼠标；它会加入窗体上方和窗体底部的匣子中；❷单击属性"Items"右侧的 ... 按钮，如图 12-22 所示，进入"项集合编辑器"对话框。

图 12-22　创建主菜单项

STEP 2 ❶从列表中选择"MenuItem"表项；❷单击"添加"按钮；❸加入"toolStripMenuItem1"表项，成为子菜单项；❹在属性窗口更改 Text 属性为"文件(&F)"，作为子菜单项的名称。步骤如图 12-23 所示。

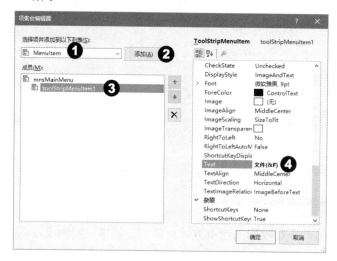

图 12-23　创建子菜单项

添加子菜单

要在"文件"菜单下加入子菜单及其菜单项，可通过"DropDownItems"属性进入第二层的"项集合编辑器"窗口，通过列表中的 MenuItem 项来添加 ToolStripDropDownMenu 控件，以此作为子菜单的菜单项。在"文件"下加入的有打开、保存和关闭 3 个子菜单项，并使用分隔线将"关闭"变成独立菜单项。

STEP 1 延续前述步骤，还是在"项集合编辑器"对话框，❶选择"toolStripMenuItem1"，从右侧属性窗口里找到"DropDownItems"右侧的❷ ⋯ 按钮，进入子菜单（toolStripMenuItemDropDownItems）集合编辑器，如图 11-24 所示。

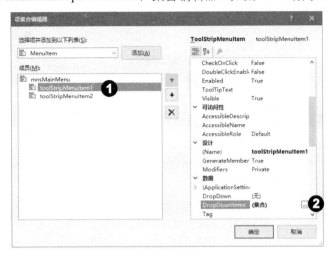

图 12-24　进入子菜单的项集合编辑器

STEP 2 添加子菜单项。❶选择 MenuItem；❷单击"添加"按钮，添加 toolStripMenuItem3；❸将 Text 更改为"打开"；❹按相同方式加入 toolStripMenuItem4，将 Text 更改为"保存"。步骤如图 11-25 所示。

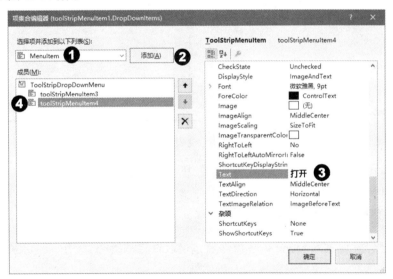

图 12-25　设置第二级子菜单的菜单项

STEP 3 加入分隔线并关闭子菜单项。❶从列表中选择"Separator"项；❷单击"添加"按钮产生分隔线；❸添加"toolStripSeparator1"项；参照 Step2 加入第三个"toolStripMenuItem5"菜单项；❹更改 Text 为"结束"；❺单击"确定"按钮回到上一层编辑器。步骤如图 12-26 所示。

图 12-26　设置分隔线和第三个子菜单项

STEP 4 根据前述步骤加入"编辑"子菜单项；使用复制、剪切和粘贴来完成菜单设置。同样进入子菜单（toolStripMenuItemDropDownItems）"项集合编辑器"，加入 MenuItem 项来制作菜单，如图 12-27 所示。

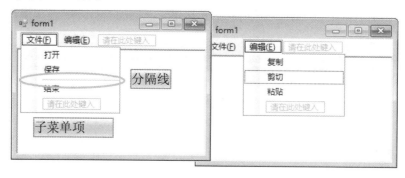

图 12-27　加入"编辑"子菜单项

其实大家可以发现，一个菜单就是用 MenuStrip 控件配合 DropDownItems、ToolStripMenuItem 组合而成的。

直接编辑菜单

大家应该已经发现加入 MenuStrip 控件后是可以直接编辑的。使用下述步骤来说明在菜单中添加、删除菜单项，以及单击鼠标进入对话框。

STEP 1 输入主菜单项。❶"请在此处键入"表示可以输入主菜单项，如"文件(&F)"（&F 表示加入响应键）；❷完成"文件"的输入后，在水平和垂直方向都可以输入菜单项。垂直方向是输入"文件"的子菜单项，水平方向可加入第二个主菜单项。❸垂直方向加入"文件"的"打开"和"保存"子菜单项。步骤如图 11-28 所示。

STEP 2 如果还要产生子子菜单，在"保存"水平方向再添加"另存为"和"其他格式"，如图 12-29 所示。

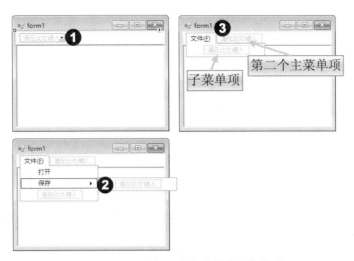

图 12-28 以编辑方式创建菜单和菜单项

图 12-29 添加子子菜单项

STEP 3 添加分隔线有两种方式。❶在"保存"下方输入一个分隔线,直接在下方的"请在此处键入"处输入"－"(减号),按"Enter"键就会形成分隔线。❷单击"请在此处键入"以展开菜单,单击"Separator"来添加,如图 12-30 和图 12-31 所示。

图 12-30 添加分隔线的方法 1

图 12-31 添加分隔线的方法 2

STEP 4   要删除某个菜单项，选择该菜单项，按"Delete"键即可；或者在要删除的菜单项上右击，再执行"删除"指令，如图 12-32 所示。

图 12-32　删除菜单项

添加复选标记

复选标记的作用可以让指定的菜单项处于"启用"或"关闭"状态，最常看到就是 MS Office 软件"查看"菜单下的工具栏。如果使用某一个菜单，就会在左侧出现"✓"复选标记表示它正被使用。例如，让字体的"红、绿、蓝"为一组菜单项，只能选择其中的一个颜色。如何产生复选标记的作用？以下列操作来说明。

在子菜单的菜单项上❶右击，从列表中执行❷"Checked"指令，有复选标记的菜单项左侧会有"✓"。或者使用属性窗口，把"Checked"属性值更改为"True"。步骤如图 12-33 所示。

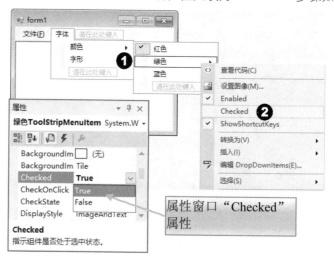

图 12-33　添加复选标记

设置快捷键

用户也常以快捷键来执行某个菜单的指令（或选项），例如执行复制时，可使用"Ctrl + C"组合键，即所谓的快捷键。如何设置呢？可参照下列设置步骤。

使用属性窗口，找到 ShortcutKeys 属性，❶单击右侧的☑按钮展开设置选项，❷勾选任意一个修饰符；❸打开列表，选一个"键"。图 12-34 所示表示红色的快捷键是"Ctrl + R"。

一般来说，只有子菜单的菜单项才能设置快捷键，在主菜单项加入快捷键不会有任何效果。设置 ShortcutKeys 属性时必须结合另一个属性 ShowShortcutKeys（默认为 True），才能把快捷键显示于菜单项的右侧，如果属性值设为"False"，即使设置了快捷键也不会显示。

图 12-34　设置快捷键

快速生成菜单

如果要创建的菜单不是很复杂，可以使用 MenuStrip 的"插入标准项"来生成一个标准菜单。

加入 MenuStrip 控件后，单击右上角的❶◀按钮展开"MenuStrip 任务"列表框，再单击❷"插入标准项"，就可以加入一个简易的菜单，如图 12-35 所示。

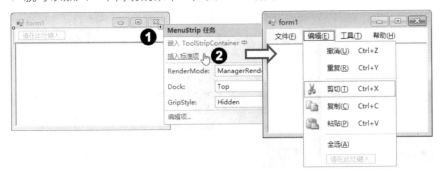

图 12-35　插入标准菜单项

仔细观察，每一个主菜单项都有响应键可以对应，例如"工具"菜单用键盘打开时，要按"Alt + H"组合键，可以通过属性窗口来观察"工具"的 Name 和 Text 属性有什么不同，如图 12-36 所示。

图 12-36　菜单项的 Name 和 Text 属性的不同

范例 CH1204A　使用菜单

➥1　创建 Windows 窗体，项目名称为"CH1204A.csproj"。菜单结构如表 12-16 所示。

表 12-16　菜单结构

主菜单	子菜单	主菜单	子菜单	子子菜单
文件(&F)	新建	字体(&T)	选择字体	
	打开		颜色	前景颜色
	另存为			背景颜色
	保存		标准设置	恢复设置
	退出			

2-1 主菜单及其菜单项如表 12-17 所示。

表 12-17　主菜单及其菜单项

控件	Name	Text
MenuStrip	mnsMainMenu	
ToolStripMenuItem1	mnsFile	文件(&F)
ToolStripMenuItem2	mmsFont	字体(&T)

2-2 "文件"主菜单中子菜单及其菜单项的属性设置如表 12-18 所示。

表 12-18　子菜单及其菜单项

控件	Name	Text	ShortcutKeys
ToolStripMenuItem3	tsmNewFile	新建	Ctrl + N
ToolStripMenuItem4	tsmOpenFile	打开	Ctrl + O
ToolStripMenuItem5	tsmSaveAs	另存为	F2
ToolStripMenuItem6	tsmSaveFile	保存	F4
ToolStripSeparator			
ToolStripMenuItem7	tsmEnd	退出	Ctrl+E

2-3 "字体"主菜单中，子菜单及其菜单项的属性设置如表 12-19 所示。

表 12-19　字体菜单及其子菜单项

控件	Name	Text	ShortcutKeys
ToolStripMenuItem8	tsmFontSelect	选择字体	F6
ToolStripMenuItem9	tsmFontColor	颜色	
ToolStripMenuItem10	tsmFontForeColor	前景颜色	Shift + F3
ToolStripMenuItem11	tsmFontBackColor	背景颜色	Shift + F4
ToolStripMenuItem12	tsmFontStd	标准设置	
ToolStripMenuItem13	tsmRegular	恢复设置	Ctrl + Shift + R

3 其他控件的属性设置如表 12-20 所示。

表 12-20　范例 CH1201A 使用的控件

控件	Name	Dock
RichTextBox	rtxtShow	Fill
OpenFileDialog	dlgOpenFile	
SaveFileDialog	dlgSaveFile	
FontDialog	dlgFont	
ColorDialog	dlgColor	

4 用鼠标双击窗体空白处，进入程序代码编辑区，在"Form1_Load"事件过程段中编写以下程序代码：

```
38  private void Form1_Load(object sender, EventArgs e)
39  {
40      rtxtShow.Clear();//清除文本框
41      this.Text = "文件 1 —— 简易记事本";
42      //启动菜单项的复选标记功能
43      tsmRegular.CheckOnClick = true;
44  }
```

5 切换到 Form1.cs[设计]选项卡，回到窗体，用鼠标双击"文件"菜单的"新建"，进入程序代码编辑区，在"tsmNetFile_Click"事件过程段中编写以下程序代码：

```
47  //"文件"菜单的"新建"菜单项
48  private void tsmNetFile_Click(object sender,
49      EventArgs e)
50  {
51      Form1_Load(sender, e);  //调用窗体加载事件
52  }
```

6 回到窗体，用鼠标双击"文件"菜单的"打开"选项，进入程序代码编辑区，在"tsmOpenFile_Click"事件过程段中编写以下程序代码：

```
53  //"文件"菜单的"打开"菜单项
54  private void tsmOpenFile_Click(object sender,
55      EventArgs e)
56  {
57      //文件的格式为纯文本文件
58      dlgOpenFile.Filter =
59          "文本文件(*.txt) | *.txt | 所有文件(*.*) | *.*";
60          dlgOpenFile.FilterIndex = 2;
61      //获取原来的目录，默认的文件类型为"纯文本"
62      dlgOpenFile.RestoreDirectory = true;
63      dlgOpenFile.DefaultExt = "*.txt";
64      dlgOpenFile.Title = "进入"打开"对话框";
```

```
65
66      //单击"确定"按钮进入"打开"对话框
67      DialogResult result = dlgOpenFile.ShowDialog();
68      if(result == DialogResult.OK){
69        ptrfile = dlgOpenFile.FileName;
70        //LoadFile()方法加载纯文本文件
71        rtxtShow.LoadFile(ptrfile,
72        RichTextBoxStreamType.PlainText);
73        this.Text = String.Concat("文件路径-- ",
74          ptrfile);
75      }
76   }
```

➡ **7**　按照前述步骤进行操作，在另存为的"**tsmSaveAs_Click**"事件过程段中编写以下程序代码：

```
保存文件（tsmSaveFile）菜单项的程序代码省略
79  private void tsmSaveAs_Click(object sender,
80      EventArgs e)
81  {
82    dlgSaveFile.Filter =
83      "文本文件(*.txt) | *.txt | 所有文件(*.*) | *.*";
84    dlgSaveFile.FilterIndex = 1;
85    dlgSaveFile.RestoreDirectory = true;
86    dlgSaveFile.DefaultExt = "*.txt";
87    dlgSaveFile.Title = "进入"另存为"对话框";
88
89    //当用户单击"确认"按钮时执行存盘操作
90    DialogResult result = dlgSaveFile.ShowDialog();
91    if(result == DialogResult.OK){
92      ptrfile = dlgSaveFile.FileName;
93      /*如果文件不存在，以 UTF-8(UTF8Encoding)
94      编码方式来创建文件 */
95      StreamWriter swfile = new StreamWriter(
96        ptrfile, false, Encoding.Default);
97      swfile.Write(rtxtShow.Text);//写入文件
98      swfile.Close();//关闭数据流
99      this.Text = String.Concat("简易记事本：",
100        ptrfile);
101    }
102 }
```

➡ **8**　按照前述步骤，在选择字体的"**tsmFontSelect_Click**"事件过程段中编写以下程序代码：

```
122 private void tsmFontSelect_Click(object sender,
123     EventArgs e)
124 {
```

```
125    dlgFont.ShowColor = false;    //取消字体颜色设置
126    DialogResult result = dlgFont.ShowDialog();
127    if(result == DialogResult.OK){
128       rtxtShow.SelectionFont = dlgFont.Font;
129    }
130 }
```

STEP 9 在恢复设置的 "tsmRegular_CheckedChanged" 事件过程段中编写以下程序代码:

```
字体/颜色/前景颜色/背景颜色程序代码省略
162 // "字体" 菜单的 "回复设置" 菜单项
163 private void tsmRegular_CheckedChanged(object sender,
164    EventArgs e)
165 {
166    if(tsmRegular.Checked == true){
167       //重新设置字体
168       rtxtShow.SelectionFont = new Font(
169       "微软雅黑", 11, FontStyle.Regular);
170       //设置背景颜色为白色,前景颜色为黑色
171       rtxtShow.BackColor = Color.FromArgb(
172          255, 255, 255);
173       rtxtShow.SelectionColor = Color.FromArgb(
174          0, 0, 0);
175    }
176 }
```

　　运行:按 "Ctrl + F5" 组合键运行此程序,打开 "窗体" 窗口。参照图 12-37,单击 "文件" 菜单的 "打开" 菜单项,进入 "打开" 来选择文本文件,它会加载内容到文本框中。参照图 12-38,先选择部分文字,单击 "字体" 菜单中 "颜色" 的 "前景颜色",对颜色进行设置。

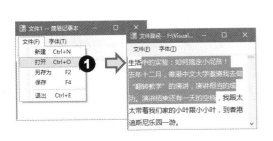
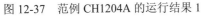
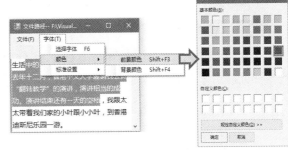

图 12-37　范例 CH1204A 的运行结果 1　　　　图 12-38　范例 CH1204A 的运行结果 2

程序说明

★　创建一个简单的记事本,第一个 "文件" 菜单可用来新建、打开、另存为和保存文件;第二个 "字体" 菜单可用来设置字体、字体样式以及字体颜色。

* 第 38~44 行：窗体加载事件中，先清除文本框内容，再改变窗体的 Text 属性值；启用子菜单的菜单项 tsmRegular（恢复设置），即让复选标记起作用。
* 第 47~52 行：单击"文件"主菜单的"新建"（tsmNewFile）菜单项，直接调用窗体加载事件。
* 第 53~76 行：单击"文件"菜单的"打开"（tsmOpenFile）菜单项，通过 OpenFileDialog 组件来开启"打开"对话框，选择要载入的文件。
* 第 68~75 行：当用户单击"确认"按钮时，使用 LoadFile() 方法将选择的文件载入。
* 第 73~74 行：使用窗体本身的 Text 属性，将获取的文件路径显示于标题栏。
* 第 79~102 行：单击"文件"菜单的"另存为"（tsmSaveAs）菜单项，通过 SaveFileDialog 对话框打开"另存为"对话框来存盘。
* 第 82~87 行：设置 SaveFileDialog 对话框的相关属性。
* 第 91~101 行：处理存盘操作。单击"保存"按钮时，先判断文件是否存在。如果不存在，就会以 StreamWriter 类的构造函数创建新文件，以 UTF-8 编码方式来保存文件内容。
* 第 122~130 行：选定文字范围后，单击"字体"菜单的"设置字体"菜单项后，通过 FontDialog 对话框来打开对话框，选择字体、样式、大小和效果。为了只让前景颜色有设置效果，用属性 ShowColor "false" 来取消字体颜色的设置。
* 第 127~129 行：当用户单击"确定"按钮时，会更新文本框选定的文字。
* 第 163~176 行：当菜单项（tsmRegular）的 Checked 属性被改变时所调用的事件。
* 第 166~175 行：Checked 属性为 true 时，对文本框中选定的文字，使用新的字体对象来重新设置字体、大小和样式。

12.4.2 ContextMenu 控件

右击时会显示快捷菜单，菜单上会显示一些设置好的指令（或选项）供用户执行。ContextMenuStrip 组件（或称为内容菜单）提供了快捷菜单的设计，让用户在窗体控件或其他区域右击后会显示出此类快捷菜单。通常快捷菜单会结合窗体中已设置好的菜单项。

创建快捷菜单

先使用 ContextMenuStrip 组件来创建菜单的菜单项，然后在其他控件上启动快捷菜单的功能，如此右击才会起作用。延续范例 CH1204A 创建快捷菜单。

1 ❶用鼠标双击"ContextMenu"组件；❷在窗体加入"ContextMenuStrip"组件；❸输入所需的快捷菜单项。步骤如图 12-39 所示。

建立快捷菜单与其他控件的关联

若希望在窗体和 RichTextBox 文本框上右击就能显示这些快捷菜单项，则要将这些快捷菜单项与窗体和文本框建立关联。以窗体为对象，建立关联的步骤如下：

2 ❶选择窗体；❷找到"ContextMenuStrip"属性；❸从表项中选择 ctmQuickMenu（ContextMenu 的 Name 属性已更改）。步骤如图 12-40 所示。

图 12-39 创建快捷菜单

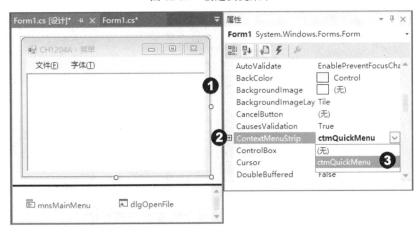

图 12-40 创建快捷菜单

范例 CH1204A 加入快捷菜单

1 延续前一个范例，要加入的快捷菜单项属性值设置如表 12-21 所示。

表 12-21 范例 CH1204A 的快捷菜单项

控件	Name	Text
ContextMenuStrip	ctmQuickMenu	
ToolStripMenuItem1	ctmQuickFile	打开
ToolStripMenuItem2	ctmQuickSave	保存
ToolStripMenuItem3	ctmQuickFont	选择字体

2 用鼠标双击快捷菜单的"打开"菜单项，进入程序代码编辑区，编写以下程序代码：

```
183 private void ctmQuickFile_Click(object sender,
184     EventArgs e)
185 {
186   //调用"打开"（文件）处理程序
187   tsmOpenFile_Click(sender, e);
```

```
188    return;
189 }
```

运行：按"Ctrl + F5"组合键运行此程序，打开"窗体"窗口。参照图 12-41，在文本框上右击来展开快捷菜单，执行"选择字体"菜单选项，进入"字体"对话框。

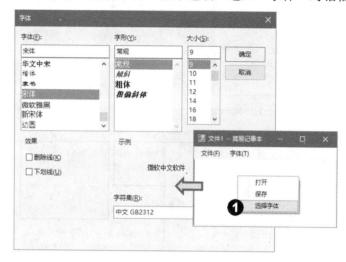

图 12-41　范例 CH1204A 的运行结果

程序说明

★ 快捷菜单的每个菜单项都可以调用原有菜单的事件处理程序。

12.4.3　ToolStrip 控件

ToolStrip 控件提供了工具栏，通用架构，可组合工具栏、状态栏和菜单到操作界面。例如 Visual Studio 2013 操作界面提供的工具栏，内含图标按钮，鼠标移向某一个按钮会显示提示说明，如图 12-42 所示。

图 12-42　工具按钮和文字说明

ToolStrip 控件本身就是一个容器，常见的 ToolStrip 控件包含以下内容。

- ToolStripButton：工具栏按钮。
- ToolStripLabel：工具栏标签。
- ToolStripComboBox：提供工具栏的下拉选项。
- ToolStripTextBox：工具栏文本框，让用户输入文字。
- ToolStripSeparator：工具栏的分隔线。

ToolStrip 控件的常用属性和方法可参考表 12-22 中的说明。

表 12-22　ToolStrip 控件的常用属性和方法

ToolStrip 成员	说明
Dock	设置控件紧靠容器（通常是窗体）某一边
Items	编辑控件的表项
ImageList	设置 ToolStrip 的图像
ImageScalingSize	默认值为"SizeToFit"，根据 ToolStrip 大小调整，"None"为原图大小
IsDropDown	设置哪一个是 ToolStripDropDown 控件
ToolTipText	控件的提示文字
GetNextItem()方法	获取下一个 ToolStripItem 表项
Items.ADD()方法	新建表项到 ToolStrip

如何制作工具按钮？在窗体上加入工具按钮后，按照下述步骤进行。

图 12-43　工具按钮和文字说明

1　新增一个按钮对象（ToolStripButton）：从下拉选项中选择 Button，更改 Name 属性为"tlbnBold"，属性 ToolTipText 更改为"粗体"，如图 12-43 所示。

2　新增第二个按钮对象：从下拉选项中选择 Button，Name 属性更改为"tlbnItalic"，属性 ToolTipText 更改为"斜体"。

3　单击第一个对象 ToolStripButton，找到属性窗口的"Images"属性，导入图标。以相同步骤为第二个 ToolStripButton 导入图标，如图 12-44 所示。

图 12-44　为工具按钮导入图标

同样地，选择 ToolStrip 控件，通过属性窗口的"Items"属性进入"项集合编辑器"，也可以编辑或查看添加的表项。首先❶选择成员，然后❷单击"添加"按钮，最后❸设置属性，如图 12-45 所示。

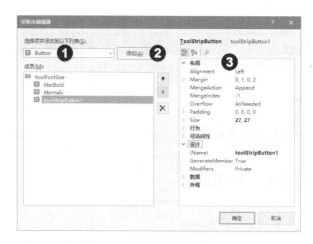

图 12-45   通过"项集合编辑器"编辑或查看添加的表项

12.5   重点整理

- Windows 窗体提供了两个处理文件的对话框：OpenFileDialog 和 SaveFileDialog。

- OpenFileDialog 打开文件，Filter 属性设置文件类型；配合 FileIndex 属性，以 Filter 属性的索引值来指定默认的文件类型。

- SaveFileDialog 存储文件（或保存文件）。AddExtension 属性可用来决定是否要在存储文件时自动加入文件扩展名。OverwriteAPrompt 属性则在另存新文件的过程中，用来决定遇到已经存在的文件名，进行文件覆盖操作前是否要显示提示信息。

- FolderBrowserDialog 是文件夹浏览对话框，指定选择的文件夹进行浏览；属性 RootFolder 可用来设置浏览文件夹的默认位置，通过 Environment.SpecialFolder 枚举类型来浏览计算机里一些特定的文件夹。

- FontDialog 对话框显示 Windows 系统已经安装的字体，提供给设计者使用。Font 属性获取或设置对话框中指定的字体。Color 属性获取或设置对话框中指定的颜色。

- ColorDialog 提供调色板来选择颜色，也能将自定义颜色加入调色板。AllowFullOpen 属性设为 True，用户可以通过对话框来自定义颜色；FullOpen 设为 False，在打开对话框时，就不能使用自定义颜色的控件了。

- .NET Framework 支持文件打印的控件或组件，提供了打印的 PrintDialog 对话框、支持页面设置的PageSetupDialog对话框和提供打印预览效果的PrintPreviewDialog对话框。不过，这些相关组件都必须使用 PrintDocument 控件创建打印对象才能产生作用。

- 创建菜单时，以 ToolStripMenuItem 控件来生成菜单项，通过 ShortcutKeys 属性来设置快捷键，用 Checked 属性在菜单项上加入复选标记。

- ContextMenuStrip 提供快捷菜单，同样必须加入 ToolStripMenuItem 控件来产生快捷菜单项。如何让鼠标单击右键后能执行相关菜单项？在窗体上加入 ContextMenuStrip 组件后，必须建立控件的 ContextMenuStrip 属性与快捷菜单之间的关联，再加上处理程序。

12.6 课后习题

一、选择题

（1）使用 SaveFileDialog 对话框存储文件时，哪个属性设为"True"时会覆盖原来的文件？（   ）

A. AddExtension 属性　　　　　　　B. OverwritePrompt 属性

C. ShowReadOnly 属性　　　　　　　D. CheckExtensionsr 属性

（2.使用文件夹浏览对话框，哪一个属性用来设置要浏览文件夹的位置？（   ）

A. ShowNewFolderButton；　　　　B. SelectedPath

C. RootFolder　　　　　　　　　　D. Description

（3）在 ColorDialog 对话框中，哪一个属性设为 True 时，用户可以自定义颜色？（   ）

A. FullOpen　　　　　　　　　　　B. AnyColor

C. SolidColorOnly　　　　　　　　D. AllowFullOpen

（4）打印时要对文件进行打印参数的设置，要使用哪一个打印组件来作为其他打印组件的来源？（   ）

A. PrintDoucment　　　　　　　　B. PrintDialog

C. PrintPreviewDialog　　　　　　D. PageSetupDialog

（5）打印文件时，要调用 PrintPageEventArgs 类进行数据处理，哪一个属性用来绘制页面？（   ）

A. HasMorePages　　　　　　　　B. Graphics

C. MarginBounds　　　　　　　　D. PageBounds

（6）打印文件时，能提供打印预览的是哪一个对话框？（   ）

A. PrintDoucment　　　　　　　　B. PrintDialog

C. PrintPreviewDialog　　　　　　D. PageSetupDialog

（7）打印文件时，能提供页面设置的是哪一个对话框？（   ）

A. PrintDoucment　　　　　　　　B. PrintDialog

C. PrintPreviewDialog　　　　　　D. PageSetupDialog

（8）在菜单项中加入分隔线，要使用哪一个属性进行设置？（   ）

A. toolStripSeparator　　　　　　B. toolStripMenuItem

C. DropDownItems　　　　　　　　D. toolStripDropDownMenu

（9）在菜单项中添加快捷键，要用哪一个属性进行设置？（　　　）

A. Checked　　　　　　B. ShortcutKeys　　　　　C. CheckOnClick　　　　　D. Items

（10）把设置好的快捷菜单加入某个控件，要用哪一个属性进行设置？（　　　）

A. CheckOnCli9ck　　　　B. ShortcutKeys　　　　C. ContextMenuStrip　　　　D. Items

二、填空题

（1）请填写"打开"（文件）对话框所对应的属性（见图 12-46）：❶为＿＿＿＿＿＿＿＿＿＿；
❷为＿＿＿＿＿＿；❸为＿＿＿＿＿＿＿＿；❹为＿＿＿＿＿＿＿＿＿＿＿。

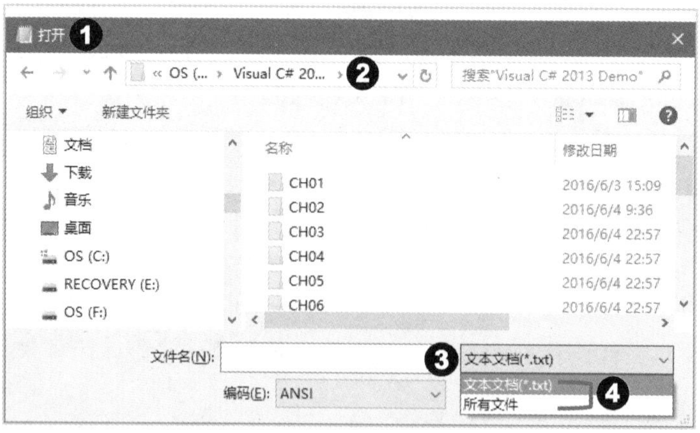

图 12-46　"打开"对话框

（2）无论哪一种对话框都会调用＿＿＿＿＿＿＿＿＿＿方法来执行所对应的对话框，确认用户单击＿＿＿＿＿＿＿＿枚举类型的"确定"常数值后才会执行相关程序。

（3）打开文件时，可以使用＿＿＿＿＿＿＿＿对话框，浏览文件夹使用＿＿＿＿＿＿对话框，存储文件使用＿＿＿＿＿＿＿＿＿对话框。

（4）设置字体时，可以调用＿＿＿＿＿＿＿＿＿＿对话框，设置颜色要使用＿＿＿＿＿＿＿＿＿对话框。

（5）设置打印文件时，要调用＿＿＿＿＿＿＿＿＿＿方法设置打印机，设置＿＿＿＿＿＿方法执行打印操作，最后交给＿＿＿＿＿＿事件来处理。

（6）打印文件时，调用＿＿＿＿＿＿＿＿方法测量要打印的文字，＿＿＿＿＿＿＿方法绘制输出的文字。

（7）MenuStrip 创建主菜单时，通过＿＿＿＿＿＿属性加入第一层主菜单的菜单项。若还要继续创建第二层（子）菜单，则使用＿＿＿＿＿＿＿＿＿属性。

三、实践题

（1）参考范例 CH1201A，在文本框上输入文字内容，使用 SaveFileDialog 对话框将文件存储成 RTF 格式，再用 OpenFileDialog 打开文件并显示于文本框中。

（2）请简单说明打印的步骤。

（3）请说明下列程序代码的作用。

```
PrintDocument printDoc = new PrintDoucment();
printDialog1.AllowSomePages = true;
printDialog1.AllowSelection = true;
printDialog1.Document = printDoc;
printDialog1.Print();
```

（4）修改范例 CH1203B 窗体，加入 PageSetupDialog 对话框，单击"打印"按钮进入"页面设置"对话框，之后单击"确定"按钮进入"打印"对话框，如图 12-47 所示。

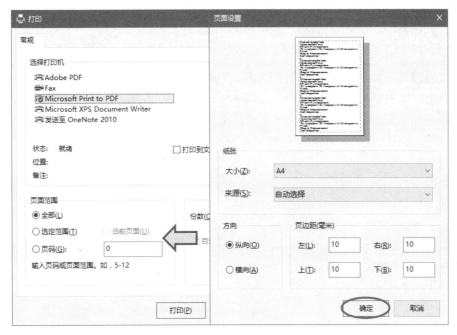

图 12-47　打印设置

习题答案

一、选择题

（1）B　　　（2）C　　　（3）D　　　（4）A　　　（5）B

（6）C　　　（7）D　　　（8）A　　　（9）B　　　（10）C

二、填空题

（1）Title　InitialDirectory　FileIndex　Filter

（2）ShowDialog()　DialogResult

（3）OpenFileDialog　FolderBrowserDialog　SaveFileDialog

（4）FontDialog　ColorDialog

（5）PrinterSettings()　Print()　PrintPage()

（6）MeasureString()　DrawString()

（7）Items　DropDownItems

三、实践题

（1）略

（2）打印时，大概分成以下两个步骤：

1）准备打印。声明 PrintDocuemnt 的对象，执行 Print()方法。

2）打印输出时，使用 PrintPage()事件将文件打印出来。

① 指定绘图对象，设置打印文件的字体和颜色。

② 使用 MeasureString()方法测量要输出的文字。

③ 判断打印文件是否超出了一页，如果没有，就调用 DrwaString()将文字内容绘制出来。

（3）先通过 PrintDocument 产生打印文件，再以 PrintDialog 来设置其属性。AllowSomePages 为"True"允许启用"页码"单选按钮；AllowSelection 为"True"允许启用"选定范围"单选按钮。再将打印文件赋值给 PrintDialog 对话框，调用 Print()方法执行打印操作。

（4）略

第 **13** 章

多文档界面和版面布局

章节重点

⌘　制作 MDI 窗体。

⌘　鼠标事件，除了 Click 和 DoubleClick 事件外，认识相关事件。键盘事件有 KeyDown、KeyUp 和 KeyPress 事件。

⌘　版面布局居中，具有流向的 FlowLayoutPanel、以网格线产生行列分布的 TableLayoutPanel 以及用来设计复杂版面的 SplitContainer 控件。

介绍具有查看功能的控件。ImageList 查看存放的多个图片、ListView 提供 4 种查看内容的模式、TreeView 使用节点创建分层结构。

13.1　多文档界面

先来解释两个名词"单文档界面"（Single Document Interface，SDI）和"多文档界面"（Multiple Document Interface，MDI）。SDI 一次只能打开一份文件，例如使用"记事本"；MDI 则能同时编辑多份文件，例如 MS Word。使用 Word 打开多份文件时，还能使用"视图"菜单下的"新建窗口""全部重排"以及"拆分"选项对打开的文件进行管理。

13.1.1　认识多文档界面

一般来说，SDI 文件可以出现于屏幕任何地方。MDI 文件就不同了，所有 MDI 文件只能在 MDI 父窗口的工作区域内显示，接受 MDI 父窗口的管辖。举个简单的例子，使用 Word 软件时，能关闭某份文件，执行环境（父窗口）并不会关闭。由 MDI 父窗口所打开的窗口称为"子窗口"（Child Window），父窗口只会有一个，子窗口也无法转变成父窗口。由于子窗口接受父窗口的管辖，因此没有"最大化""最小化"和"窗口大小"的调整。

创建 MDI 父窗体

在前面章节中，程序项目都是以 SDI 窗体来运行的，这意味着一个项目只会打开一个窗体。如何创建 MDI 父窗体呢？产生常规窗体后，属性"IsMDIContainer"用来决定它是否成为 MDI 窗体，属性值默认为"False"表示它是常规的窗体，属性值为"True"时会成为 MDI 父窗体，可以作为 MDI 子窗口的容器。

范例 CH1301A　创建 MDI 父窗体

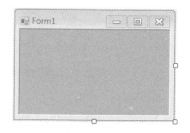

图 13-1　MDI 父窗体

1 创建 Windows 窗体，项目名称为"CH1301A.csproj"。指定父窗体，将窗体的"IsMDIContainer"属性设置为 True。完成的窗体外观如图 13-1 所示。

2 在 MDI 父窗体用 MenuStrip 控件创建一个简单的菜单，控件属性设置如表 13-1 所示。

表 13-1　范例 CH1301A 使用的控件

控件	Name	Text	备注
MenuStrip	menuMain		主菜单
ToolStripMenuItem1	tsmFile	文件(&F)	主菜单项
ToolStripMenuItem2	tsmWindow	窗口(&W)	主菜单项
ToolStripMenuItem3	tsmNewFile	新建	"文件"第二层
ToolStripMenuItem4	tsmClose	退出	"文件"第二层

（续表）

控件	Name	Text	备注
ToolStripMenuItem5	tsmArrange	窗口排列	"窗口"第二层
ToolStripMenuItem6	tsmHorizon	水平	"窗口"第三层
ToolStripMenuItem7	tsmVertical	垂直	"窗口"第三层
ToolStripMenuItem7	tsmCascade	重叠	"窗口"第三层

3 将 MenuStrip 控件的 MdiWindowListItem 属性赋值给"窗口"菜单（tsmWindow），其作用是让所有子窗体都会在 MDI 父窗口下显示。

创建 MDI 子窗体

完成父窗口的创建后，接着就是加入 MDI 子窗口。必须加入第二个窗体来成为 MDI 子窗口的样板。步骤如下：

1 展开❶"项目"菜单；执行❷"添加 Windows 窗体"指令，如图 13-2 所示。

2 添加 MID 子窗体。❶选择 Windows 窗体；❷名称设置为"MDIChild"；❸单击"添加"按钮。步骤如图 13-3 所示。

图 13-2　添加 Windows 窗体

图 13-3　添加 MID 子窗体

3 把 MDIChild 窗体的 MdiParent 属性通过程序代码赋值给 Form1。

```
20  //文件菜单的"新建"项目
21  private void tsmNewFile_Click(object sender,
22      EventArgs e)
23  {
24    MDIChild newChild = new MDIChild(); //创建子窗体
25    //将创建的子窗体加入 MDI 父窗体
```

```
26    newChild.MdiParent = this;
27    //记录子窗体的数量
28    int count = this.MdiChildren.Length;
29    //设置子窗体的标题
30    newChild.Text = "子窗体" + count.ToString();
31    newChild.Show();//显示 MDI 子窗体
32  }
```

运行：按"Ctrl + F5"组合键运行此程序，打开"窗体"后，执行"文件"菜单的"新建"菜单项，如图 13-4 所示。

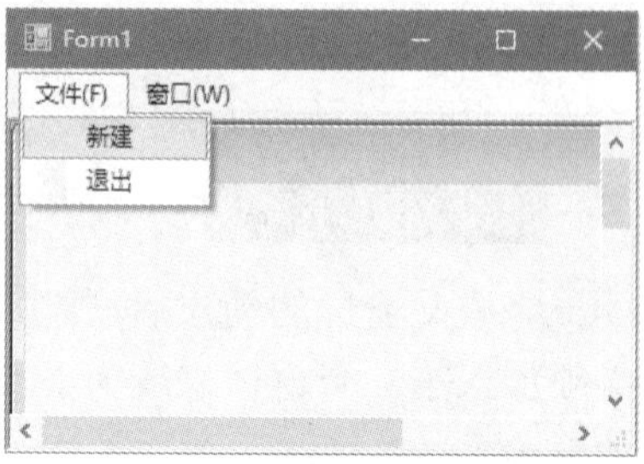

程序说明

* 第 24、26 行：根据加入的 MDIChild 来实例化子窗体对象。将创建的子窗体使用 MdiParent 属性加入到父窗体中。

* 第 28、30 行：计算子窗体的数量，使用 Text 属性将新加入的子窗体以"子窗体 1"显示在 MDI 子窗体的标题栏。

图 13-4　MDI 窗体和菜单

* 第 31 行：调用 Show()方法显示子窗体。

13.1.2　MDI 窗体的成员

MDI 子窗体包含相当多属性，表 13-2 介绍其中两个相关的属性。

表 13-2　MDI 子窗体属性

MDI 子窗体属性	说明
IsMdiChild	是否创建 MDI 窗体，True 会创建一个 MDI 子窗体
MdiParent	指定子窗体的 MDI 父窗体

MDI 父窗体常用的属性参考表 13-3 的说明。

表 13-3　MDI 父窗体属性

MDI 父窗体属性	说明
ActiveMdiChild	获取当前活动中的 MDI 子窗体
IsMdiContainer	是否要将窗体创建为 MDI 子窗体的容器
MdiChildren	返回以此窗体为父窗体的 MDI 子窗体数组

MDI 窗体常用的方法可参考表 13-4 的介绍。

表 13-4　MDI 窗体常用的方法、事件

MDI 窗体方法、事件	说明
LayoutMdi()方法	在 MDI 父窗体内排列 MDI 子窗体
MdiChildActivate()事件	MDI 子窗体打开或关闭时所触发的事件

13.1.3 窗体的排列

MDI 窗体在运行时可以拥有多个 MDI 子窗体，LayoutMdi()方法能指定其排列的方式，常数值可参考表 13-5 的说明。

表 13-5 LayoutMdi 常数值

LayoutMdi 常数值	说明
ArrangeIcons	将最小化的 MDI 子窗体以图标排列
Cascade	所有 MDI 子窗口重叠（Cascade）于 MDI 父窗体工作区
TileHorizontal	所有 MDI 子窗口水平并排在 MDI 父窗体工作区
TileVertical	所有 MDI 子窗口垂直并排在 MDI 父窗体工作区

通过程序代码来排列 MDI 子窗体，语句如下：

```
this.LayoutMdi( MdiLayout.TileHorizontal);//水平排列
this.LayoutMdi(MdiLayout.TileVertical);   //垂直排列
this.LayoutMdi( MdiLayout.Cascade);       //重叠排序
```

窗口排列如图 13-5 和图 13-6 所示。

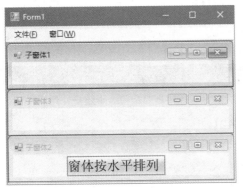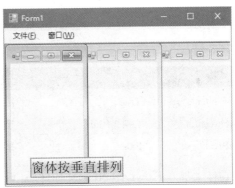

图 13-5　窗体的水平和垂直排列方式

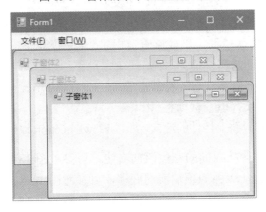

图 13-6　窗体以重叠方式来排列

13.2　版面布局

编写某些应用程序需要窗体布局时，版面布局使得窗体大小调整或内容大小变更时能适当地排列。Windows 应用程序提供 3 种版面布局，可参考表 13-6 的说明。

表 13-6　LayoutMdi 常数值

版面布局控件	说明
FlowLayoutPanel	以水平或垂直流向来排列控件
TableLayoutPanel	会以网格线方式来排列，版面大小由行、列来决定
SplitContainer	通过类似框架分割的方式创建较为复杂的版面

这 3 个控件都属于容器，所以它们位于工具箱的"容器"中，使用拖曳就能加入窗体内，然后再放入所需要的控件。

13.2.1　FlowLayoutPanel 控件

FlowLayoutPanel 控件本身是一种容器，提供版面自动布局的能力，让子控件在运行时能动态布局。当父窗体有所变化时，会自动调整子控件的大小及位置。它的常用属性可参考表 13-7 的介绍。

表 13-7　FlowLayoutPanel 控件

属性	默认值	说明
①WrapContents	True	决定版面上的控件是要裁剪大小还是控件换行
②FlowDirection	LeftToRight	设置控件的流向
③FlowBreak	False	是否中断原有版面的行或列

在窗体上加入 FlowLayoutPanel 控件后，❶单击右上角的 按钮会打开"FlowLayoutPanel 任务"窗口，❷只有"在父容器中停靠"一个选项。它使用"Dock"属性来决定是否要填满整个版面，如图 13-7 所示。

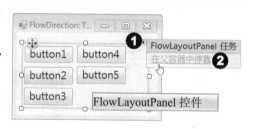

图 13-7　设置 FlowLayoutPanelK 控件

FlowLayoutPanel 控件会根据水平或垂直流向进行排列。当①WrapContents 的属性值为"True"时，控件能从此数据行或数据列更换到下一行或下一列，属性值为"False"时不会换行但会裁剪控件。

设置 FlowLayoutPanel 版面上控件的流向，要以 FlowDirection 属性来决定，共有 4 种属性值。

- LeftToRight：控件会从版面的左边流向右边，可参考图 13-8 的左图。
- TopDown：控件会从版面的顶端流向底端，可参考图 13-8 的右图。
- RightToLeft：控件会从版面的右边流向左边，可参考图 13-9 的左图。
- BottomUp：控件会从版面的底部流向顶端，可参考图 13-9 的右图。

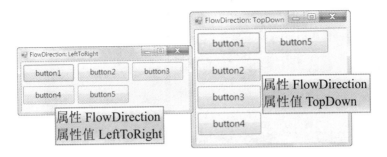

图 13-8 FlowDirection 属性 LeftToRight 和 TopDown

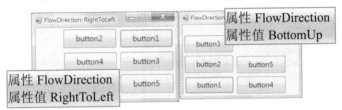

图 13-9 FlowDirection 属性 RightToLeft 和 BottomUp

属性"FlowBreak"是控件放入 FlowLayoutPanel 版面时继承所得，它能用来中断原有版面的行或列，将属性值设置为"True"时会导致 FlowLayoutPanel 版面上的控件停止当前的排列配置，并从断点开始换行到下一个数据行或数据列。通过图 13-10 来说明一下，原来版面的 FlowDirection 属性设为"LeftToRight"，将 Button2 的属性 FlowBreak 设为"True"时，后续的 Button3 会被打断而流向第二行的版面。

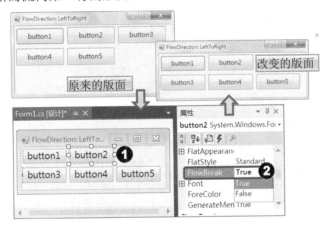

图 13-10 FlowBreak 属性的作用

停靠（Dock）、锚定（Anchor）属性

Dock 属性能让控件在设计阶段选择停靠的边缘。Anchor 属性用来设置容器（窗体）和控件之间的距离，通过下列操作来说明它们的用法。

➡1 加入 3 个控件，将 button1 控件的高度拉长。

➡2 ❶单击 button2 控件后，使用属性窗展开属性"Anchor"的属性值。❷先单击来取消 Left、保留 Top，❸再单击 Bottom 添加。步骤如图 13-11 所示。

图 13-11　Dock 搭配 Anchor 属性的妙用 1

STEP 3　单击 button3 控件，将属性 "Dock" 的属性值更改为 "Fill"，会发现 3 个按钮的高度一样，这就是 Dock 搭配 Anchor 属性的妙用，如图 13-12 所示。

图 13-12　Dock 搭配 Anchor 属性的妙用 2

13.2.2　TableLayoutPanel 控件

TableLayoutPanel 控件也能加入其他控件来控制版面。它会以单元格来排列控件，也可以使用右上角的 "TableLayoutPanet 任务" 来编辑数据行或列，如图 13-13 所示。

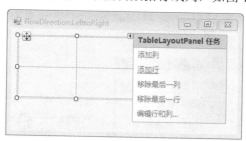

图 13-8　TableLayoutPanel 提供的版面

控件会根据单元格的默认位置向左、向下对齐，改变 TableLayoutPanel 面板的大小，纳入版面的控件也会跟着调整位置，如图 13-14 所示。

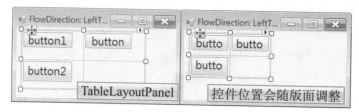

图 13-14　TableLayoutPanel 能调整版面

改变版面的网格线配置

TableLayoutPanel 的版面大小可使用 RowCount、ColumnCount 和 GrowStyle 属性值来进行更改。RowCount 属性用来增加或减少行，ColumnCount 属性值改变时会让列增加或减少。GrowStyle 属性值（默认为 AddRows）用来决定是否增加单元格，共有以下 3 种。

- FixedSize：不会增加单元格。
- AddRows：会增加行单元格。
- AddColumns：会增加列单元格。

用 TableLayoutPanet 进行版面布局

如何使用 TableLayoutPanel 来调配版面呢？图 13-15 是一个通过此控件完成的版面。

由于 TableLayoutPanel 控件是以行、列（栏）的组成来调整控件，因此先来了解它的"编辑行和列"。进入"编辑行和列"对话框后，可以添加或删除行或列，也能针对行或列来进行列宽和行高的调整。必须先选择行或列来编辑，以"列"来说，必须先选择"Column1"，再设置大小类型。

图 13-15　TableLayoutPanel 能调整版面

- 绝对（默认值）：以像素为单位，为固定值，表示在添加控件后不会自动调整大小。
- 百分比：如果有 4 个字段是 100%，可根据百分比值来调配。
- 自动调整大小：会随控件的大小来自动调整。

如何进入"编辑行和列"进行设置？操作步骤如下：

▶1　在窗体上加入 TableLayoutPanel 控件。单击控件右上角的 ▶ 按钮可展开/关闭 "TableLayoutPanel 任务"对话框。

▶2　单击"编辑行和列"可进入"属性"对话框。通过属性"ColumnCount"或"RowCount" 更改属性值，如图 13-16 所示。

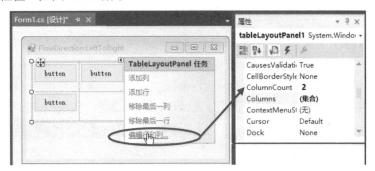

图 13-16　准备行和列属性值

▶3　添加两列，将第 1、3 列设为"自动调整"，第 2、4 列设为"百分比：50%"。单击❶"添加"按钮加入 Column 成员；❷选择某个 Column 成员进行❸"大小类型"的调整；完成所有 Column 的设置后，单击❹"确定"按钮结束。步骤如图 13-17 所示。

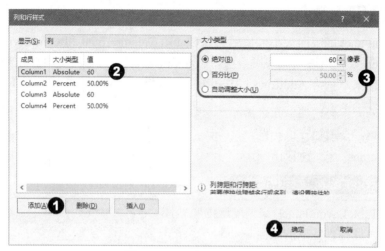

图 13-17　更改列的属性值

4 调整行。更改❶数据"行"；❷选择某个 Row 成员进行❸"大小类型"的调整；如图 13-18 所示，完成所有 Column、Row 的设置后，❹单击"确定"按钮结束。

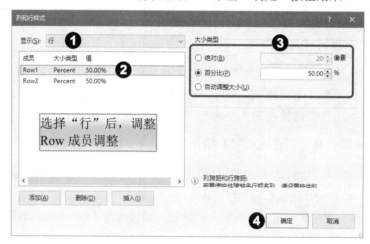

图 13-18　更改行的属性值

5 添加其他控件，并将第一个 TableLayoutPanel 控件的 Dock 属性设为"Top"，如图 13-19 所示。

6 窗体下半部分加入第二个 TableLayoutPanel 控件，其 Dock 属性设为"Bottom"；以 2 行 ×2 列为主，将第 1 列的"大小类型"设为"自动调整"。完成的窗体如图 13-20 所示。

图 13-19　设置 Dock 属性设为"Top"

图 13-20　用 TableLayoutPanel 完成的版面

13.2.3　SplitContainer 控件

如果要设计的是一个较为复杂的版面，使用 SplitContainer 控件是一个比较好的选择。它提供了类似网页框架的做法，根据需求加入 SplitContainer 来创建嵌套样式的版面。在区域内，两个面板的信息可以汇总，通过"拆分器"（Splitter）来调整面板的大小。常见属性如下：

- Orientation 属性（默认为 Vertical）：用来决定 SplitContainer 控件中要拆分的方向。属性值为 "Vertical"表示拆分方向为垂直方向；属性值为 "Horizontal"表示水平拆分。经过拆分的每个 Panel 都会有自己的属性，可参考图 13-21。
- FixedPanel 属性（默认为 None）：用来决定哪一个面板进行大小调整后依然维持相同大小。

图 13-21　SplitContainer 控件

- IsSplitterFixed 属性：用来决定拆分器是否可由键盘或鼠标来移动。

13.3　具有查看功能的控件

相信大家都用过文件资源管理器吧！文件资源管理器的查看方式共有 5 种：缩略图、平铺、小图标、列表和详细信息。提供查看功能的控件可参考表 13-8 的描述。

表 13-8　具有查看功能的控件

具有查看功能的控件	说明
ListView	提供 4 种查看选项，包含列表、图标、缩略图和详细信息
TreeView	通过节点显示分层式数据，节点由选择性复选框或图标组成
ImageList	提供多种图片格式来存放多张图像文件

13.3.1　ImageList 控件

ImageList（图像列表）控件可以用来存放多张图像，还提供其他选项配合 ImageList 属性来选择图像的显示。既然是图像，表示它可以支持 BMP、ICO、GIF、JPG 和 PNG 等多种格式，它的常用属性、方法可参考表 13-9 的说明。

表 13-9　ImageList 控件的常用属性

ImageList 成员	说明
Images	通过 ImageCollection 存放图像列表
ColorDepth	设置图像列表的颜色位数
ImageSize	在图像列表内获取或设置图像大小
ImageStream	获取 ImageListStreamer 与此图像列表的关联
TransparentColor	获取或设置是否将颜色调整为透明

（续表）

ImageList 成员	说明
Add()方法	添加一个图像文件到 images 集合编辑器
Clear()方法	删除图像集合编辑器中的所有图像
RemoveAt()方法	指定索引编号来删除图像
Draw()方法	在指定位置绘制指定索引编号的 Graphics 图像

Draw()方法用来绘制图像，语法如下：

```
public void Draw(Graphics g, Point pt, int index)
```

- g：为 Graphics 绘制对象。
- pt：指定位置进行图像绘制。
- index：根据 ImageList 的索引编号进行绘制。

编辑图像

ImageList 控件存放在工具箱的组件里，添加到窗体后只会放在窗体底部的"匣子"中，由图 13-22 可知，展开"ImageList 任务"的"选择图像"或者通过属性窗口的"images"都可以进入它的图像集合编辑器。

单击❶"添加"按钮会进入"打开"对话框，选择所需的图像文件来添加，再单击❷"确定"按钮离开，如图 13-23 所示。

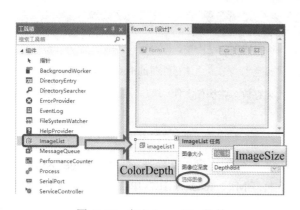

图 13-22　加入 ImageList 控件

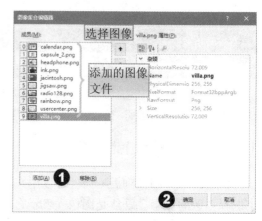

图 13-23　添加图像文件

范例　CH1303A　图像列表载入图像

STEP 1　创建 Windows 窗体，项目名称为"CH1303B.csproj"。按照表 13-10 在窗体上加入这些控件。

表 13-10 范例 CH1303A 使用的控件

控件	属性	值	控件	属性	值
ListBox	Name	lstShow	Button1	Name	btnOpen
ImageList	Name	imstPicture		Text	载入图像
	ImageSize	128, 128	Button2	Name	btnShow
OpenFileDialog	Name	dlgOpenFile		Text	显示图像
Label1	Name	lblFilePath	Button3	Name	btnRemove
Label2	Name	lblIndexNo		Text	删除图像
PictureBox	Name	picLoad	Button4	Name	btnClear
				Text	清除图像

📑 2　完成的窗体如图 13-24 所示。

图 13-24 完成的窗体

📑 3　编写 LoadPicture()程序代码。

```
27  private void LoadPicture(string loadImage)
28  {
29    if (loadImage != "")
30    {
31      //从指定文件创建 Image 对象，再加入 ImageList 列表内
32      imstPicture.Images.Add(
33        Image.FromFile(loadImage));
34      lstShow.BeginUpdate();//防止更新
35      lstShow.Items.Add(loadImage);
36      lstShow.EndUpdate();//进行更新
37    }
38  }
```

📑 4　切换到 Form1.cs[设计]选项卡，回到窗体，鼠标双击"载入图像"按钮，再一次进入程序
代码编辑区，在"btnOpen_Click"事件过程段中编写以下程序代码：

```
41   private void btnOpen_Click(object sender, EventArgs e)
42   {
43     dlgOpenFile.Multiselect = true;//选择多个文件
44     DialogResult result = DialogResult.OK;
45     //单击"确定"按钮
46     if (dlgOpenFile.ShowDialog() == result)
47     {
48       //获取文件名
49       if (dlgOpenFile.FileNames != null)
50       {
51         //读取选择的文件
52         for (int count = 0; count <
53           dlgOpenFile.FileNames.Length; count++)
54         {
55           //调用 addImage()方法将文件名载入到列表框
56           LoadPicture(dlgOpenFile.FileNames[count]);
57         }
58       }
59       else
60         LoadPicture(dlgOpenFile.FileName);
61     }
62   }
```

5 切换到 Form1.cs[设计]选项卡，回到窗体，用鼠标双击"显示图像"按钮，再一次进入程序代码编辑区，在"btnShow_Click"事件过程段中编写以下程序代码：

```
65   private void btnShow_Click(object sender, EventArgs e)
66   {
67     //当图像列表内有载入图像时
68     if (imstPicture.Images.Empty != true)
69     {
70       //当图像数大于当前指定的图像索引值时
71       if (imstPicture.Images.Count - 1 > currentImage)
72         currentImage++;
73       else
74         currentImage = 0;
75       //使用 PictureBox 控件来显示指定位置的图像
76       picLoad.Image = imstPicture.Images[currentImage];
77       lblIndexNo.Text = "图像索引编码: " + currentImage;
78       lstShow.SelectedIndex = currentImage;
79       lblFilePath.Text = "图像位置: \n" + lstShow.Text;
80     }
81   }
```

其他程序代码请参考范例

运行：按"Ctrl + F5"组合键运行此程序，打开"窗体"窗口。参照图 13-25❶单击"载入图像"按钮，打开"打开"对话框；❷选择多个图像文件后，单击❸"打开"按钮载入这些图像文件。

图 13-25　范例 CH1303A 的运行结果 1

如图 13-26 所示，在列表框上❹选择某个图像，单击❺"显示图像"按钮就会在 PictureBox 显示这个图像和它的相关信息，单击窗体右上角的 × 按钮就能关闭窗体。

图 13-26　范例 CH1303A 的运行结果 2

程序说明

* 窗体加入 1 个列表框来显示载入图像的信息；使用按钮配合"打开"（文件）对话框来载入多个图像文件；选择某个图像时会使用 PictureBox 来显示已固定大小的图像。
* 第 27~38 行：使用 LoadPicture()方法处理载入图像；使用 ListBox 来存储载入图像的相关信息。
* 第 29~37 行：先判断是否载入图像文件。载入图像时以 Image 类的 FromFile()方法获取载入文件的信息，再以 Add 方法将这些图像配合 Images 属性放入图像列表内。
* 第 34~36 行：将图像加入列表框控件。把大量图像添加到 ListBox 时会出现闪绘情况，所以 Add()方法一次加入一个表项，使用 BeginUpdate()方法在每次加入表项时，防止更新 ListBox；将表项加入列表后，再调用 EndUpdate()方法更新 ListBox。

- ★ 第 41~62 行: 单击"载入图像"按钮所触发的事件。判断用户是否单击"打开"（文件）对话框的"打开"按钮，如果单击了，就进入第二层 if 语句。判断是否选取了多个文件，如果选取了多个文件，就以 for 循环来读取这些图像文件。
- ★ 第 43 行: 将 Multiselect 属性设为"True"，进入"打开"（文件）对话框选择多个图像文件。
- ★ 第 46~61 行: 进入"打开"（文件）对话框时，第一个 if 语句确认用户已单击"打开"按钮，载入所选择的多个图像。
- ★ 第 49~60 行: 第二层以 if 语句确认获取载入多个图像文件的文件名的情况下，再以 for 循环调用 LoadPicture()方法读取这些图像文件，并放到列表框内。
- ★ 第 65~81 行: 单击"显示图像"按钮所触发的事件处理程序。第一层 if 语句确认图像列表确实有图像时，根据指定的图像索引编号，使用 PictureBox 显示这个图像。
- ★ 第 68~80 行: 第一层 if 语句，确认有图像的情况下，选择列表框的图像。图像列表会根据索引编号值来指定 PictureBox 显示的图像，并赋值给列表框的属性 SelectedIndex，表示某个图像被选中了，再以标签显示此图像的索引编号和存储路径、文件名（即图像位置）。
- ★ 第 71~74 行: 获取图像索引值后，再一次判断图像列表内的图像数。

13.3.2　ListView 控件

ListView（列表视图或列表查看）控件的外观与 ListBox 非常相近，因此它也具有和 ListBox 列表框相关的属性。列表视图主要提供查看的功能，就像 Windows 操作系统中文件资源管理器窗口右侧提供的查看一样。

View 属性

View 属性用来决定"列表视图"控件的查看模式，共有 4 种属性：LargeIcon、SmallIcon、List 和 Details；其默认属性值是"LargeIcon"。先来看看加入列表视图后如何查看 View 属性？从图 13-27 可知，展开"ListView 任务"时，视图的默认值为"LargeIcon"。

图 13-27　ListView 的 View 属性

指定图标

要在列表视图中显示大图标和小图标时，必须借助 ImageList 控件来分别加入这些要使用的图标。例如，在列表框中设置小图标要如何进行呢？

➡ 1　先加入"列表视图"控件，再加入 ImageList 控件（置于窗体下侧的"匣子"中）。

2 使用 ImageList 控件载入图像。通过 ImageList 属性"Images"（参考图 13-28）进入"图像集合编辑器"对话框；❶单击"添加"按钮会进入"打开"对话框，选择所需的图像；❷单击"移除"按钮会删除图像。

图 13-28　添加或删除图像

3 将 ImageList 控件载入的图像与"列表视图"控件建立关联。使用 ListView 的属性 ❶"SmallImageList"通过下拉式列表选择❷ImageList 控件（将 Name 更改为 imstIcon），如图 13-29 所示。

图 13-29　将 ImageList 控件载入的图像与"列表视图"控件建立关联

4 将 ListView 控件的属性❶"View"设为❷"Details"，如图 13-30 所示。

5 设置图像的索引值（添加的图像必须和属性 Items 的表项产生对应）。展开"ListView 任务"，❶单击"编辑项"或者属性窗口的"Items"属性，都可进入"ListViewItem 集合编辑器"对话框，如图 13-31 所示。

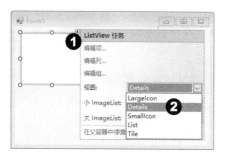
图 13-30 将 ListView 控件的属性"View"设为"Details"

图 13-31 准备设置图像的索引值

➡6 单击"添加"按钮会加入"ListViewItem"成员，属性 Text 设为"计算机概论"，ImageIndex 设置为"0"；单击❶"添加"按钮再加入第二个成员，❷属性 Text 设为"语文"，❸ImageIndex 设置为"1"；❹单击"确定"按钮结束设置。步骤如图 13-32 所示。

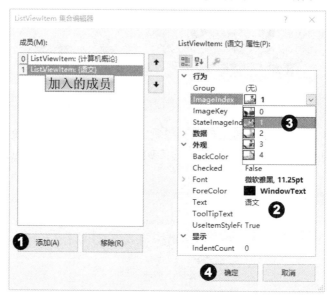
图 13-32 单击"添加"按钮添加"ListViewItem"成员

程序代码是这样编写的，语句如下：

```
imgSmall.Images.Add(Bitmap.FromFile(
  "D:\\范例\\CH13\\Icon\\103.bmp"));
imgSmall.Images.Add(Bitmap.FromFile(
  "D:\\范例\\CH13\\Icon\\109.bmp"));
listView1.SmallImageList = imgSmall;
```

使用 Add()方法获取图像时要有完整的路径，然后再把这些图像赋值给列表视图的 SmallImageList 属性。

编辑列（Columns）

列表视图较为复杂的地方在于 Columns、Items 属性除了提供显示表项外，属性本身又拥有各自的集合对象。还可以进一步用 Columns 属性编辑"列表视图"控件的标题栏（列），而 Columns 本身代表 ListView.ColumnHeaderCollection 的集合对象。先来看图 13-33 使用集合编辑器完成的 ListView 控件的情况。

图 13-33　完成的列表视图

❶ 字段名（ColumnHeader）：课程名称、成绩和教授。使用属性窗口的"Columns"属性，进入"ColumnHeader 集合编辑器"对话框来编辑。

❷ 编辑表项（ListViewItem）：计算机概论和语文。使用属性窗口的"Items"属性，进入"ListViewItem 集合编辑器"对话框编辑这些表项。

❸ 编辑子表项（ListViewSubItem）："86、Tom Hiddleston"属于计算机概论的子表项，而"65、赵小弘"是语文的子表项。先用属性窗口的"Items"属性进入"ListViewItem 集合编辑器"，再用 SubItems 属性进入"ListViewSubItem 集合编辑器"进行编辑。

如何设置列？使用下述操作步骤来说明。

▶ 1　如图 13-34 所示，选择"查看列表"控件，展开"ListView 任务"，选择"编辑列"；或者使用属性窗口的属性"Columns"进入"ColumnHeader 集合编辑器"对话框。

▶ 2　如图 13-35 所示，❶单击"添加"按钮会加入"ColumnHeader"成员，❷Text 设为"课程名称"；Name 设为"colName"。按序加入第二个成员，Name 设为"colScore"，Text 设为"成绩"。加入第 3 个 ColumnHeader 成员，Name 设为"colTeacher"，Text 设为"教授"。

图 13-34　选择"编辑列"

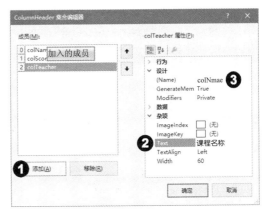

图 13-35　加入"ColumnHeader"成员

完成编辑后会在"列表视图"控件的第一行显示结果，如图 13-36 所示。

那么程序代码要如何编写呢？通过 ColumnHeaderCollection 的 Add()方法来加入列的表项，它的语法如下。

图 13-36　完成编辑后的显示结果

```
virtual ColumnHeader Add(String text, int width,HorizontalAlignment textAlign)
```

- text：显示于列表视图控件的标题栏。
- width：设置列宽，以像素为单位。
- textAlign：对齐方式，共分为 3 种：Center 表示对象或文字居中；Left 表示对象或文字靠左对齐；Right 表示对象或文字靠右对齐。

实际编写程序代码时，语句如下：

```
listView1.Columns.Add("课程名称", 120,
    HorizontalAlignment.Left);
listView1.Columns.Add("成绩", 120,
    HorizontalAlignment.Left);
listView1.Columns.Add("教授", 120,
    HorizontalAlignment.Left);
```

编辑项

完成标题栏的编辑，才能进一步编辑 Items 属性。由于 Items 本身是 ListViewItemCollection 的集合对象，因此在编辑过程中可以加入子表项，操作过程如下：

STEP 1 通过属性窗口的 "Items" 属性，进入 "ListViewItem 集合编辑器" 对话框。

STEP 2 单击已加入的❶ListViewItem "计算机概论"，❷找到右侧属性窗口 "SubItems" 的 ⋯ 按钮，进入 "ListViewSubItem" 对话框，如图 13-37 所示。

STEP 3 加入 2 个 ListViewSubItem 成员。单击❶ "添加" 按钮加入第一个成员，❷属性 Text 设置为 "86"；单击 "添加" 按钮加入第二个成员，Text 设置为 "Tom Hiddleston"。❸单击 "确定" 按钮回到上一层的 ListViewItem 集合编辑器。步骤如图 13-38 所示。

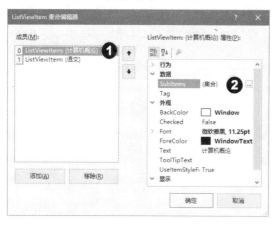

图 13-37　准备编辑子项 SubItems

图 13-38　加入 2 个 ListViewSubItem 成员

STEP 4 选择 ListViewItem 成员 "语文" 后，再选择 "SubItems" 进入 "ListViewSutItem 集合编辑器" 对话框。加入 2 个成员，Text 属性分别设为 "65" "赵小弘"。依次单击 "确定" 按钮两次结束编辑，得到图 13-39 所示的结果。

图 13-39　编辑完成后的结果图

若用程序代码来编写，则无论是表项还是子表项都用 Add()方法来加入，语句如下：

```
//加入表项
ListViewItem item1 = new ListViewItem("计算机概论",0);
ListViewItem item2 = new ListViewItem("语文",1);

item1.SubItems.Add("86");//加入 item1 的子表项
item1.SubItems.Add("Tom Hiddleston");

item2.SubItems.Add("65");//加入 item2 子表项
item2.SubItems.Add("赵小弘");
//使用 AddRange()方法将数组内容整个加入
listView1.Items.AddRange(new
    ListViewItem[]{item1,item2});
```

必须先使用 new 运算符来创建所需的表项，然后根据表项再分别创建子表项，再将这些表项存入一个 temp1 数组中，最后调用 AddRange()方法来存入 Items 属性。

使用排序

要让列出的表项产生排序效果，可以使用 Sorting 属性来排序，属性值为 SortOrder 枚举类型的常数值共有 3 种：None（默认值）表示不排序；Ascending 会以递增方式来排序；Descending 代表递减排序。以程序代码来编写，语句如下：

```
listView1.Sorting = SortOrder.Ascending;//以递增方式排序
```

ListView 控件还有哪些常用属性呢？可参考表 13-11 的说明。

表 13-11　ListView 其他属性

ListView 成员	默认值	说明
SelectedItems		显示当前选择的表项集合
MultiSelect	True	是否选择多个表项
CheckBoxes	True	ListView 控件左侧是否显示复选标记
GridLine	False	列表视图控件是否要有网格线
Bound		获取或设置控件的相对位置
LabelEdit	False	是否允许用户就地使用标签编辑
AllowColumnReorder	False	是否允许用户运行时拖曳字段
FullRowSelect	False	是否允许用户运行时选择整行
TileSize	0, 0	获取或设置平铺显示时方块的大小

列表视图进入执行状态时，若属性 FullRowSelect 为 True，则单击鼠标能选择整行；若 LabelEdit 属性为 True，则能编辑"姓名"下的名字。鼠标移向 Steve 再单击鼠标定位插入点，就能修改成"Steven"，如图 13-40 所示。不过其他字段，如学号、计算机都属于子表项，无法进行编辑。

图 13-40　ListView 选择整行、编辑表项

同样地，列表视图进入运行状态时，若属性 AllowColumnReorder 为 True，则可以拖曳某个字段。如图 13-41 所示，将字段"程序语言"拖曳到"学号"字段的后面。

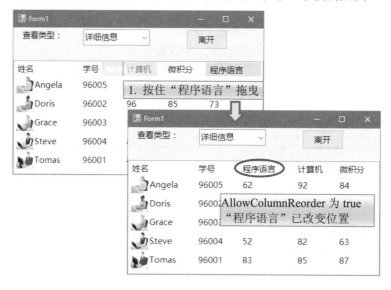

图 13-41　ListView 改变字段的位置

范例　CH1303B　列表视图控件

1　创建 Windows 窗体，项目名称为"CH1303B.csproj"。设置 ListView 控件的列（Columns），它的属性设置如表 13-12 所示。

表 13-12　范例 CH1303B 列表视图中列的属性设置

控件	Name	Text	Width
ColumnHeader1	colName	姓名	120
ColumnHeader2	colID	学号	80
ColumnHeader3	colComputer	计算机	75

（续表）

控件	Name	Text	Width
ColumnHeader4	colMath	微积分	75
ColumnHeader5	colProgram	程序语言	100

ListView 表项（Items）和子表项（SubItems）的属性设置如表 13-13 所示。

表 13-13　范例 CH1303B 列表视图的表项和子表项的属性设置

控件	Name	ImageIndex	ListViewSubItem：Text 属性			
ListViewItem1	Tomas	0	96001	85	87	83
ListViewItem2	Doris	1	96002	96	85	73
ListViewItem3	Grace	2	96003	54	65	43
ListViewItem4	Steve	3	96004	82	63	52
ListViewItem5	Angela	4	96005	92	84	62

其他控件的属性设置如表 13-14 所示。

表 13-14　范例 CH1303B 其他控件的属性设置

控件	Name	Text	View	Dock
ListView	lsvStudent		Details	Bottom
Label	lblType	查看类型		
ComboBox	cobType	详细信息		
Button	btnExit	离开		

2 完成的窗体如图 13-42 所示。

图 13-42　完成的窗体

3 用鼠标双击窗体空白处，进入程序代码编辑区（Form1.cs），在"Form1_Load"事件过程中编写以下程序代码：

```
25  private void Form1_Load(object sender, EventArgs e)
26  {
27    string[] view = new String[]{
28      "缩略图", "小图标", "列表", "详细信息"};
```

```
29      //将数组内容放入 ComboBox 的 Items
30      cobType.Items.AddRange(view);
31      //定义位置和大小
32      lsvStudent.Bounds = new Rectangle(new Point(5,5),
33        new Size(300, 200));
34      //运行时能编辑表项
35      lsvStudent.LabelEdit = true;
36      //标题栏可以使用鼠标拖曳来改变位置
37      lsvStudent.AllowColumnReorder = true;
38      lsvStudent.FullRowSelect = true;      //能整行选择
39      lsvStudent.GridLines = true;                //显示网格线
40      //以递增方式排序
41      lsvStudent.Sorting = SortOrder.Ascending;
42  }
```

▶▶ 4   切换到 Form1.cs[设计]选项卡，回到窗体，用鼠标双击 ComboBox 控件，再一次进入程序代码编辑区，在 "cobType_SelectedIndexChanged" 事件过程段中编写以下程序代码：

```
45  private void cobType_SelectedIndexChanged(object
46      sender, EventArgs e)
47  {
48      //判断用户选择哪个查看表项，获取表项的索引值
49      switch(cobType.SelectedIndex){
50        case 0:
51          lsvStudent.View = View.LargeIcon;  //缩略图
52          ImageLarge(); //调用 ImageLarge()方法显示缩略图
53          this.Text = "查看: LargeIcon";
54          break;
55        case 1:
56          lsvStudent.View = View.SmallIcon;  //小图标
57          ImageSmall(); //调用 ImageSmall()显示小图标
58          this.Text = "查看: SmallIcon";
59          break;
60        case 2:
61          lsvStudent.View = View.List;//列表
62          ListViewList();//调用 ListViewList()方法
63          this.Text = "查看: List";
64          break;
65        case 3:
66          lsvStudent.View = View.Details;//详细信息
67          this.Text = "查看: Details";
68          break;
69      }
70  }
```

▣▶ **5**　编写处理查看图像的程序代码。

```
74   //查看：List
75   public void ListViewList(){
76       //设置在列表视图中方块的大小
77       lsvStudent.TileSize = new Size(400, 45);
78       ImageSmall();
79   }

82   public void ImageSmall(){  //使用小图标
83       //创建 ImageList 对象
84       ImageList imgData = new ImageList();
85       imgData.Images.Add(Image.FromFile(
86           "F:\\Visual C# 2013 Demo\\Images" +
87           "\\Icon\\101.BMP"));
88       imgData.Images.Add(Image.FromFile(
89           "F:\\Visual C# 2013 Demo\\Images" +
90           "\\Icon\\103.BMP"));
91       imgData.Images.Add(Image.FromFile(
92           "F:\\Visual C# 2013 Demo\\Images" +
93           "\\Icon\\105.BMP"));
94       imgData.Images.Add(Image.FromFile(
95           "F:\\Visual C# 2013 Demo\\Images" +
96           "\\Icon\\107.BMP"));
97       imgData.Images.Add(Image.FromFile(
98           "F:\\Visual C# 2013 Demo\\Images" +
99           "\\Icon\\109.BMP"));
100      lsvStudent.SmallImageList = imgData; //设置小图标
101      this.Controls.Add(lsvStudent);
102  }
```

省略大图标的程序代码

　　运行：按"Ctrl＋F5"组合键运行此程序，打开"窗体"窗口，参照图 13-43 选择以"缩略图"来显示，最后单击"离开"按钮就会关闭窗体结束程序的运行，或者单击窗体右上角的 ☒ 按钮也能关闭窗体。

图 13-43　范例 CH1303B 的运行结果

程序说明

* 在窗体上加入 ComboBox 和 ListView 控件，选择 ComboBox 控件的查看表项时，ListView 会随之改变查看内容。

* 第 25~42 行：窗体加载时触发的事件处理程序，针对 ComboBox 和 ListView 控件进行初始化操作。

* 第 27~30 行：创建 ComboBox 列表项，然后调用 AddRange()方法将列表项放入 Items 属性中。

* 第 32~33 行：重新定义 ListView 的位置和大小，使用 Rectangle 和 Size 结构的构造函数重设新值。

* 第 35~41 行：LabelEdit、AllowColumnRecord 属性值为 "true" 时，运行时能直接在表项上进行编辑，并可以通过拖曳字段来改变其位置。FullRowSelect、GridLines 属性为 "true" 时，只要单击某个表项就能选择整行数据，运行画面会有网格线。Sorting 属性值为 "Ascending" 会以递增方式进行排序。

* 第 45~70 行：选择 ComboBox 的表项时，Index 值被改变所触发的事件会让 ListView 控件通过 View 属性显示不同的查看结果。

* 第 49~69 行：switch 语句获取 ComboBox 表项对应的 Index 值来判断用户选择了哪个表项。根据选择的表项来调用方法。

* 第 50~54 行：当 "View" 属性值为 "LargeIcon" 时，选择 "缩略图" 表项，这时调用 ImageLarge()方法以 LargeIcon（缩略图）方式来显示。

* 第 55~59 行：当 "View" 属性值为 "SmallIcon" 时，选择 "小图标" 选项，这时调用 ImageSmall()方法以 SmallIcon（小图标）方式来显示。

* 第 60~64 行：当 "View" 属性值为 "List" 时，选择 "列表" 表项，这时调用 ListViewList()用 List 来显示。

* 第 65~68 行：当 "View" 属性值为 "Details" 时，就恢复到原有的设置值。

* 第 75~79 行：ListViewList()方法处理 "列表"（List）被调用时，使用 TileSize 来设置显示列表时每个方块的大小。

* 第 82~102 行：ImageSmall()方法用来处理查看设置为 "SmallIcon" 时，使用 ImageList 的 Images 属性来存放图像。

* 第 84 行：创建 ImageList 类的对象 imgData 来存放图像。

* 第 85~87 行：存放图像时，使用 ImageList 对象的属性 Images 来调用 Add()方法来添加图像；使用 Image 类调用 FromFile()来指定图像的路径和文件名，此处 ImageList 存放的是图像的 Index 值而非图像本身。

* 第 100 行：再将图像对象和 ListView 控件使用 SmallImageList 属性来建立关联。

13.3.3 TreeView 控件

如果以文件资源管理器的结构来看，ListView（列表视图）控件提供的是右侧窗格的查看样式，而 TreeView（树视图）控件显示的是左侧窗格的分层结构，通过节点来显示文件夹和文件。例如要查看硬盘 C 有哪些文件夹，单击节点后，硬盘 C 的节点就会展开树状结构下的每个节点，节点可能包含其他节点，称为子节点（Child Node）。用户可以展开或收起节点，以便显示父节点（Parent Node）或包含子节点的节点。它的相关属性可参考表 13-15 的说明。

表 13-15　树视图的成员

按键	执行的操作
Indent	设置子节点的"缩排宽度"，以像素为单位
CheckBoxes	是否显示复选框
LineColor	设置子节点的线条颜色
Nodes	指定树视图控件的树状节点集合
Nodes[N].FullPath	获取从根节点到当前指定节点的完整路径
Nodes[N].Text	设置第 N 个节点的显示名称
PathSeparator	获取或设置树状节点路径的分隔符，默认为"\"
SelectedNode	设置当前选择的节点
Nodes.Add(Name)	增加第一层的一个子节点
Nodes[0].Nodes.Add(Name)	增加第二层的一个子节点
EndUpdate()方法	启用树视图的更新
ExpandAll()方法	展开所有树状节点
CollapseAll()方法	收起所有树状节点
Sort()方法	对 TreeView 控件中的表项进行排序

编辑节点

TreeView（树视图）控件提供节点的主要属性为 Nodes 和 SelectedNode。Notes 是一个树状节点的集合（TreeNode），它指的是树状根节点（简称根节点）。后续加入根节点的任何树状节点都称为子节点，每个 TreeNode 都可含有其他 TreeNode 对象的集合。编辑 Nodes 属性时是通过 TreeNodeCollection 来创建节点，以"学校"为根目录来创建以下节点，如图 13-44 所示。

图 13-44　生活中的树状结构

1　加入 TreeView 控件后，使用属性窗口的"Nodes"属性进入"TreeNode 编辑器"对话框。

411

或者展开其❶ "TreeView 任务",单击❷ "编辑节点"进入 "TreeNode 编辑器",如图 13-45 所示。

2 完成 "学校"根目录和两个节点。❶单击 "添加根"按钮,❷在 Text 属性输入 "学校",❸单击 "添加子级"按钮,如图 13-46 所示。❹属性 Text 设置为 "人文学院",选择❺ "学校"根目录,❻单击 "添加子级"按钮,属性 Text 设置为 "电子信息学院",如图 14-47 所示。

图 13-45　准备进入 "TreeNode 编辑器"

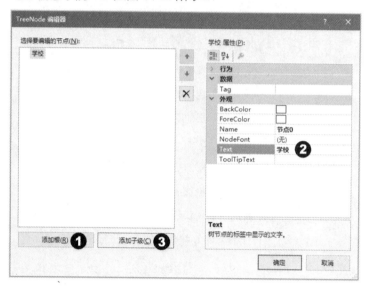

图 13-46　添加根节点

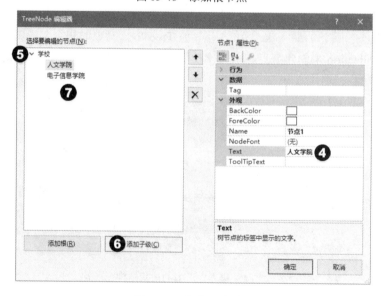

图 13-47　添加子节点

3 添加子子节点。❶单击"人文学院"，❷单击"添加子级"按钮，将属性 Text 设置为"中国文学院"；然后单击"电子信息学院"，再单击"添加子级"按钮，添加"信息工程学系"；接着❸单击"电子信息学院"，单击"添加子级"按钮，❹选择"节点 7"，❺把属性 Text 设置为"电信工程学系"；❻最后单击"确定"按钮来结束编辑。步骤如图 13-48 所示。

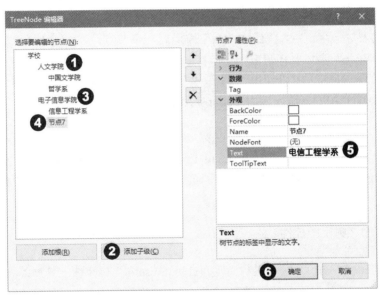

图 13-48　添加子子节点

在程序代码中，通过 Add()或 AddRange()方法加入新的节点。

```
//1.创建根节点并指定名称，再以 Add()方法加入
TreeNode rootNode = new TreeNode("学校");
treeViewSchool.Nodes.Add(rootNode);

//2.增加第一层两个子节点，先指定名称
TreeNode oneNode = new TreeNode("人文学院");
TreeNode twoNode = new TreeNode("电子信息学院");
//2-2.创建节点数组
TreeNode[] firstNode = new TreeNode[]
  { oneNode, twoNode };
//2-3.Add()方法加入一个子节点
rootNode.Nodes.Add(oneNode);

//3.增加第二层两个子节点
TreeNode secondNode1 = new TreeNode("中国文学系");
TreeNode secondNode2 = new TreeNode("哲学系");
TreeNode[] department1 = new TreeNode[]
  {secondNode1, secondNode2};
//AddRange()方法加入节点数组
```

```
rootNode.Nodes[0].Nodes.AddRange(department1);
```

上述程序代码是表示在"学校"根节点下创建两个学院子节点，第一层子节点分别创建第二层子节点，Add()方法只能加入一个节点；AddRange()方法则先创建节点数组再加入。

移动节点

SelectedNode 属性用于设置当前选择的节点。某些时候必须针对节点进行遍历操作，属性"FirstNode"代表第一个节点，"LastNode"为最后一个节点，"NextNode"表示要移至下一个节点，"PrevNode"表示要移至前一个节点。

树状节点（TreeNode）可以使用"+"或"－"展开/收起树状节点。要展开所有树状节点层，可以调用 ExpandAll()方法。调用 CollapseAll()方法可收起所有节点。

显示图标

与 ListView 控件一样，也可以使用 ImageList 组件在节点旁边显示图标。使用"ImageList"属性来获取 ImageList 组件的图标图像，然后通过 ImageIndex 属性为树视图中的节点设置图像索引值。

范例 CH1303C 树视图控件

1. 创建 Windows 窗体，项目名称为"CH1303C.csproj"。窗体上只加入 TreeView，Name 为"treeViewSchool"，Dock 为"Fill"。

2. 用鼠标双击窗体空白处，进入程序代码编辑区（Form1.cs），编写"Form1_Load"事件过程段的代码，程序代码部分可参考范例。

3. 切换到 Form1.cs[设计]选项卡，回到窗体，在属性窗口中切换为"事件"，用鼠标双击"AfterCheck"事件，编写该事件过程段的程序代码。

```
54  private void treeViewSchool_AfterCheck(object
55       sender, TreeViewEventArgs e)
56  {
57    if(e.Node.Text == "人文学院" && e.Node.Checked
58     == true)
59    {
60      MessageBox.Show("当前 -- " + e.Node.Text +
61       " 750 人");
62    }
63    else if(e.Node.Text == "电子信息学院" &&
64      e.Node.Checked == true)
65      MessageBox.Show("当前 -- " + e.Node.Text +
66       " 500 人");
67  }
```

运行：按"Ctrl＋F5"组合键运行此程序，打开"窗体"窗口。参照图 13-49，单击"+"会展开"人文学院"节点，勾选"人文学院"就会显示有多少人的对话框。

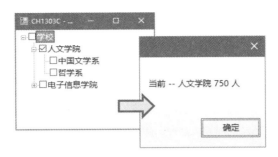

图 13-49　范例 CH1303C 的运行结果

程序说明

* 加载窗体时初始化树视图的节点，用鼠标勾选某一个节点时显示的信息。
* 第 54~67 行：勾选某个节点时所触发的 "AfterCheck" 事件处理程序。
* 第 57~66 行：使用 if/else if 语句来判断哪个节点被勾选，判断此节点的 Text 属性值是否等于所设置的值，如果等于，就以 MessageBox 来显示信息。

13.4　键盘和鼠标事件

使用计算机系统时，键盘和鼠标是最常用的输入设备。如果按下键盘的某个按键再放开，就会有一些事件要进行处理。单击鼠标后，选择某个对象拖曳，再放开鼠标的按键，又会触发一些事件。现在就来一起来认识它们吧。

13.4.1　认识键盘事件

在 Windows 操作系统中要获取输入的信息，除了鼠标外，另一个就是键盘的输入。从程序设计的观点来看，Windows 窗体若要获取键盘输入的信息，必须经由键盘事件处理程序来处理键盘的输入。

用户按下键盘的按键时，Windows 窗体会将键盘输入的标识符由位 Keys 枚举类型转换为虚拟按键码（Virtual Key Code）。通过 Keys 枚举类型，可以组合一系列按键来产生一个值。可以使用 KeyDown 或 KeyUp 事件检测大部分实际按键。再经由字符键（Keys 枚举类型的子集）来对应到 WM_CHAR 和 WM_SYSCHAR 值。使用 KeyPress 事件来检测组合按键的某一个字符。一般来说，在键盘按下某个按键，事件处理步骤为 "KeyDown" → "KeyPress" → "KeyUp"；若按下的是控制键，则触发的事件过程为 "KeyDown" → "KeyUp"。

13.4.2　KeyDown 和 KeyUp 事件

KeyDown 事件会发生一次，当用户按下键盘按键时，Windows 窗体会按 KeyDown 事件来处理，放开键盘按键则会触发 KeyUp 事件，它的处理程序如下。

```
private void 控件_KeyDown(Object sender,
    KeyEventArgs e)
```

```
{
    //处理事件的程序段
}
```

当键盘的按键被放开时会触发 KeyUp 事件，它的处理程序如下。

```
private void 控件_KeyUp(Object sender,
        KeyEventArgs e)
{
    //处理事件的程序段
}
```

用来处理 KeyDown 或 KeyUp 的事件例程 KeyEventArgs 本身就是类，由对象 e 接收用户按下的按键来获取相关事件信息，其属性列于表 13-16 中。

表 13-16　KeyEventArgs 的属性

e 的属性	说明
Alt	是否已按 "ALT" 键
Shift	是否已按 "SHIFT" 键
Control	是否已按 "CTRL" 键
Handled	设置是否要响应按键的操作
KeyCode	获取按键码
KeyValue	获取按键值
KeyData	结合按键码和组合按键
Modifiers	判断用户按下组合键 "SHIFT" "CTRL" 或 "ALT" 中的哪一个按键
SuppressKeyPress	用来隐藏该按键操作的 KeyPress 和 KeyUp 事件

KeyCode 属性用来获取按键值，它是由一连串的按键码组成的。例如，键盘右侧的数字按键会以 NumPad0~NumPad9 来表示，如果是退格键（Backspace）就以 Back 来表示。程序代码中会以 if 语句进行判断，语句如下：

```
if(e.KeyCode < Keys.NumPad0 || e.KeyCode > Keys.NumPad9){
    //程序语句
}
```

使用 PictureBox 控件

PictureBox（图片框）控件用来显示图片（或图像），可以使用的图片格式有 BMP、JPG、GIF 和 WMF（图元文件）。PictureBox 控件的图片如何载入？如何清除？通过下面的步骤来说明。

➡1　在窗体上加入 PictureBox 控件后，同样展开"Picture 任务"（❶选择图像，属性名为"Image"；❷选择大小模式，属性名为"SizeMode"），单击"选择图像"或者单击属性窗口的"Image"属性右侧的 ⋯ 按钮，进入"打开"对话框，如图 13-50 所示。

图 13-50　准备设置图像属性

2 进入"选择资源"对话框，❶单击"导入"按钮进入"打开"对话框；❷选择图片；❸单击"打开"按钮来完成导入操作。步骤如图 13-51 所示。

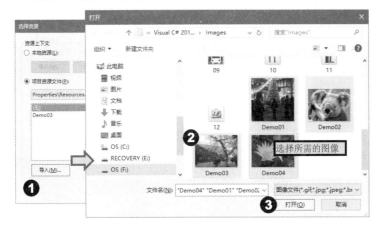

图 13-51　导入所需的图片

3 可以看到导入的图片，单击"确定"按钮后就会载入图片，如图 13-52 所示。

图 13-52　单击"确定"按钮后载入图片

　　如何清除导入的图片（或图像）？由于 PicutreBox 使用属性 Image 来加载图片，因此同样要使用 Image 属性来清除图片。❶选择属性窗口的"Image"属性，再右击展开快捷菜单，❷执行"重置"指令即可，如图 13-53 所示。

　　此外，在"选择资源"对话框中，"资源上下文"有以下两个选项。

417

- 本地资源：导入的图片不会存放于项目文件夹，日后项目有变动时，必须将图片复制并转存。
- 项目资源文件：会另存于项目文件夹下，跟着项目一起移动。

使用"解决方案资源管理器"就可以查看它的存在。载入图片后会产生一个"Resources"文件夹，存放导入的图片名称，如图 13-54 所示。

图 13-53　通过重置 Image 属性来清除图片

图 13-54　在"解决方案资源管理器"中
可以看到导入的图片名称

图片加载时有大有小，"SizeMode"属性可用于图片的调整，它的属性值作用如表 13-17 所示。

表 13-17　图片方法属性 SizeMode 的属性值

SizeMode 属性值	执行的操作
Normal	不进行调整
StretchImage	图片随图片框大小进行调整
AutoSize	图片框随图片大小调整
CenterImage	将图片居中
Zoom	将图片调小

范例　CH1304A　使用键盘事件

▷1　创建 Windows 窗体，项目名称为"CH1304A.csproj"。按照表 13-18 在窗体上添加两个标签和一个图片框。

表 13-18　范例 CH1304A 使用的控件

控件	属性	值	控件	属性	值
PictureBox	Name	picShow	Label1	Name	lblState
	SizeMode	StretchImage	Label2	Name	lblData
	Image	Demo03.jpg			

➡️**2** 选择窗体，属性窗口切换到"事件"标签，用鼠标双击"KeyDown"事件，进入程序代码
    编辑区（Form1.cs），编写以下程序代码：

```
20  private void Form1_KeyDown(object sender,
21      KeyEventArgs e)
22  {
23    if(e.KeyCode == Keys.Up){
24      lblState.Text = "向上";
25      if(picShow.Top + picShow.Height <= 0)
26        picShow.Top = picShow.Height;
27      else
28        picShow.Top -= 15;
29    }
30    else if(e.KeyCode == Keys.Down){
31      lblState.Text = "向下";
32      if(picShow.Top >= this.Height)
33        picShow.Top = 0 - picShow.Height;
34      else
35        picShow.Top += 15;
36    }
37    lblData.Text = String.Concat("按键值: ",
38      e.KeyValue.ToString());
39  }
```

运行：按"Ctrl + F5"组合键运行此程序，打
开"窗体"窗口，按键盘的上、下箭头键来移动图
片并显示键值，如图 13-55 所示。最后单击窗体右
上角的 ❌ 按钮就能关闭窗体。

程序说明

图 13-55　范例 CH1304A 的运行结果

* 窗体上一个 PictureBox 和两个 Label 控件，
  程序运行时使用方向键向上或向下来移动
  图片，使用标签来显示哪个按键被按下并
  返回键值。

* 第 23~36 行：在窗体按下键盘的向上或向下箭头键所触发的事件。第一层 if/else 语句
  判断用户是按下向上还是向下的箭头键来移动图片。

* 第 25~28 行：用户按下向上箭头键移动图片，使用图片框的属性 Top 和 Height 来获取
  图片的位置，让图片在窗体的范围内每次移动 15 个像素（pixel）。

* 第 37~38 行：按键的信息使用标签的 Text 属性来显示。

13.4.3　KeyPress 事件

当用户拥有输入焦点并按下按键时，会触发 KeyPress 事件。通常会直接响应此事件，而

无法得知按键是被一直按住还是已经放开。KeyPress 事件的 KeyPressEventArgs 参数包含以下内容。

- Handled：用来设置是否响应按键的操作，属性值设为 "true" 表示不进行响应；属性值为 "false" 才会进行响应。
- KeyChar：用来获取按键的字符码，这些组合的 ASCII 值对于每个字符按键和辅助按键都是独一无二的。

13.4.4 认识鼠标事件

在前面的章节中，事件处理都是以 Click 事件为主。但是触发的事件处理不可能只有 Click 事件，还包含鼠标和键盘的事件处理。对于 Windows 应用程序来说，通过鼠标来操作和处理相关程序是非常普遍的。当鼠标在控件上移动或单击鼠标，触发的事件可参考表 13-19 的介绍。

表 13-19　鼠标事件

鼠标事件	事件处理类	触发时机
Click	EventArgs	放开鼠标按键所触发，通常发生于 MouseUp 事件之前
DoubleClick	EventArgs	在控件上双击鼠标时触发
MouseEnter	EventArg	鼠标指针进入控件的框线或工作区（视控件类型而定）内所触发
MouseClick	MouseEventArgs	鼠标单击控件所触发
MouseDoubleClick	MouseEventArgs	用户在控件上双击鼠标时触发
MouseLeave	EventArgs	鼠标指针离开控件的框线或工作区所触发
MouseMove	MouseEventArgs	鼠标在控件上移动所触发
MouseHover	EventArgs	鼠标指针在控件上静止不动所触发
MouseDown	MouseEventArgs	用户将鼠标移至控件上并单击鼠标按键时所触发
MouseWheel	MouseEventArgs	用户在具有焦点的控件中转动鼠标滚轮所触发
MouseUp	MouseEventArgs	用户把鼠标指针移至控件并放开鼠标按键时所触发

从表 13-19 可得知鼠标事件处理的例程分为两大类：EventArgs 和 MouseEventArgs。那么这些鼠标事件执行的顺序是什么呢？如果是以鼠标事件来区分，那么触发顺序如图 13-56 所示。

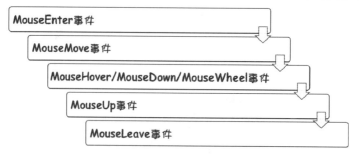

图 13-56　鼠标事件触发的顺序

将鼠标指针移向控件时会触发 MouseEnter 事件，在控件上移动鼠标会不断触发 MouseMove（移动）事件，鼠标指针停驻不动会触发 MouseHover 事件，在控件上单击鼠标按

键或滚动鼠标滚轮会触发 MouseDown 和
MouseWheel 事件，放开鼠标时触发
MouseUp 事件，离开时则触发 MouseLeave
事件。

如果鼠标指针是移向某个控件再单击
鼠标按键，由控件所触发的事件的顺序如图
13-57 所示。

图 13-57　单击控件，由控件所触发的事件顺序

若鼠标指针移向控件并双击该控件，则由控件触发的事件顺序如图 13-58 所示。

图 13-58　用鼠标双击控件，由控件所触发的事件顺序

13.4.5　获取鼠标信息

在屏幕上移动鼠标时，通常会想要知道鼠标指针的位置和鼠标按键的状态，操作系统也会随着鼠标指针的移动来更新位置。鼠标指针是一种包含单一像素的热点（Hot Spot，或作用点），操作系统会通过它来追踪并辨识指针位置。移动鼠标或单击鼠标按键时，会通过 Control 类触发适当的鼠标事件，通过 MouseEventArgs 可以了解鼠标当前的状态，包含"工作区坐标"（Client Coordinate）中鼠标指针的位置、鼠标哪个按钮被单击以及鼠标滚轮是否已滚动等信息。因此，它是一个会传送单击鼠标按键并追踪鼠标移动时相关事件的处理程序。MouseEventArgs 鼠标事件会将 EventArgs 传送至事件处理程序，但不会含有任何信息。

如何获取鼠标按键的当前状态或鼠标指针位置呢？通过 Control 类的 MouseButtons 属性来"得知"当前鼠标的哪一个按键被单击，MousePosition 属性可用于获取鼠标指针在屏幕坐标（Screen Coordinate）上的位置。

鼠标按键的常数值

表 13-20 列出了鼠标按键的常数值及其说明。

表 13-20　鼠标按键的常数值

鼠标按键	说明
Left	鼠标左键
Middle	鼠标中间键
Right	鼠标右键
None	没有单击任何鼠标按键
XButton1	具有 5 个按键的 Microsoft IntelliMouse，XButton1 能向后浏览
XButton2	具有 5 个按键的 Microsoft IntelliMouse，XButton2 能向前浏览

1 创建 Windows 窗体，项目名称为"CH1304B.csproj"。以窗体鼠标事件来进行处理，包含
MouseDown、MouseEnter、MouseMove 和 MouseUp 事件。窗体中加入 2 个 TextBox 来显
示鼠标事件及坐标位置，控件属性设置如表 13-21 所示。

表 13-21 范例 CH1304B 使用的控件

控件	Name	BorderStyle	BackColor
TextBox1	txtEvent	FixedSingle	GhostWhite
TextBox1	Position	FixedSingle	Bisque

2 选择窗体，属性窗口切换到"事件"标签，用鼠标双击"MouseDown"事件，进入程序代
码编辑区（Form1.cs），编写以下程序代码：

```
21  private void Form1_MouseDown(object sender,
22      MouseEventArgs e)
23  {
24    txtEvent.Clear();
25    txtPosition.Clear();
26    switch(e.Button){    //判断用户单击了哪一个按键
27      case MouseButtons.Left:
28        txtEvent.Text = "单击鼠标左键";
29          //获取 XY 坐标位置
30        txtPosition.Text = String.Concat(
31            "X = ", e.X.ToString(),",\t",
32            "Y = ", e.Y.ToString());
33          break;
34      case MouseButtons.Right:
35        txtEvent.Text = "右击";
36        txtPosition.Text = String.Concat(
37            "X = ", e.X.ToString(),",\t",
38            "Y = ", e.Y.ToString());
39       break;
40      case MouseButtons.None:
41        txtEvent.Text = "没有单击鼠标";
42        txtPosition.Text = String.Concat(
43            "X = ", e.X.ToString(),",\t",
44            "Y = ", e.Y.ToString());
45        break;
46      default:
47        break;
48    }
49  }
```

▶3 切换到 Form1.cs[设计]选项卡，在属性窗口中，用鼠标双击"MouseMove"事件，在程序
编辑区编写以下程序代码：

```
60  //在窗体上移动鼠标
61  private void Form1_MouseMove(object sender,
62      MouseEventArgs e)
63  {
64    //第65行程序语句被注释掉才会显示MouseEnter和MouseUp事件
65    txtEvent.Text = "鼠标移动中...";
66    txtPosition.Text = string.Concat(
67      "X = ", e.X.ToString(),
68      ",\t", "Y = ", e.Y.ToString());
69  }
```

运行：按"Ctrl + F5"组合键运行此程序，打开"窗
体"窗口。只要在窗体上单击鼠标按键或移动鼠标就能使
用文本框获取鼠标事件和坐标，如图 13-59 所示。单击窗
体右上角的 × 按钮就能关闭窗体。

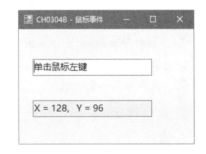

图 13-59　范例 CH1304B 的运行结果

程序说明

* 第 21~49 行：MouseDown 事件，用户单击鼠标或
  移动鼠标指针。
* 第 26~48 行：switch 语句判断鼠标哪一个按键被单击，使用 MouseEventArgs 的 e 对象
  来获取 X、Y 坐标位置，再显示于文本框上。
* 第 61~69 行：MouseMove 事件，只要鼠标移动它就会不断被触发。将程序的第 65 行
  加上注释才会显示 MouseEnter 和 MouseUp 事件。
* 结论：当用户在窗体上单击鼠标时会触发 MouseDown 事件和 MouseMove 事件。

13.4.6　鼠标的拖曳功能

鼠标的"拖放操作"就是拖曳对象并越过其他控件。在 Windows 系统中以鼠标进行拖曳
操作时，可根据拖曳的对象分为以目标为主的拖放操作和以来源为主的拖放操作。

以目标为主

如果是以目标为拖曳对象，会用 DragEventArgs 类来提供鼠标指针的位置、鼠标按键和键
盘辅助按键的当前状态、正在拖曳的数据，其事件处理可参考表 13-22 的说明。

表 13-22　DragEventArgs 类的事件处理程序

拖曳事件	事件处理程序	说明
DragEnter	DragEventArgs	用户拖曳对象时，移动鼠标指针到另一个控件上
DragOver	DragEventArgs	用户拖曳对象时移动鼠标指针越过另一个控件
DragDrop	DragEventArgs	用户完成拖放操作放开鼠标按键，将某个对象放置于另一个控件上
DragLeave	EventArgs	对象拖曳时超出控件界限所触发的事件

DragEventArgs 类中的 AllowedEffect 属性用于指定对来源进行拖曳时的效果，使用 DragDropEffects 枚举类型的值进行设置，如表 13-23 所示。

表 13-23　DragDropEffects 所设置的值

常数值	拖曳时
All	结合 Copy、Move 以及 Scroll 的效果
Copy	复制数据到目标中
Link	将源数据以拖曳方式和目标链接
Move	将源数据以拖曳方式搬移至目标
Scroll	滚动至目标
None	目标不接受数据

范例　CH1304C　鼠标拖曳

1　创建 Windows 窗体，项目名称为"CH1304C.csproj"。只放入一个 RichTextBox 控件，Dock 属性设为"Fill"。

2　进入程序代码编辑区，在 Form1() 先定义 RichTextBox 要处理的拖曳事件。

```
15  public Form1()
16  {
17    InitializeComponent();
18
19    //定义 RichTextBox 执行的事件
20    this.rtxtShow.DragDrop += new DragEventHandler(
21      this.rtxtShow_DragDrop);
22    this.rtxtShow.DragEnter += new DragEventHandler(
23      this.rtxtShow_DragEnter);
24  }
```

3　在程序代码编辑区，编写 DragDrop 和 DragEnter 事件处理程序代码。

```
33  //鼠标指针移向 RichTextBox 控件而触发的事件
34  private void rtxtShow_DragEnter(Object sender,
35    DragEventArgs e){
36    //如果是文字内容就以复制方式将文字复制到文本框上
37    if(e.Data.GetDataPresent(DataFormats.Text)){
38      e.Effect = DragDropEffects.Copy;
39    }
40    else{
41      e.Effect = DragDropEffects.None;
42    }
43  }
44
45      //选择的文字拖曳到 RichTextBox 控件而触发的事件
```

```
46  private void rtxtShow_DragDrop(Object sender,
47      DragEventArgs e){
48    int locate;
49    string data  = null;
50    //获取选择文字的起始位置
51    locate = rtxtShow.SelectionStart;
52    data = rtxtShow.Text.Substring(locate);
53    rtxtShow.Text =
54      rtxtShow.Text.Substring(0, locate);
55    //拖曳到文本框
56    string str = String.Concat(rtxtShow.Text,
57      e.Data.GetData(DataFormats.Text).ToString());
58    rtxtShow.Text = String.Concat(str, data);
59    }
```

运行：使用 Word 打开 "Sample" 文件。按 "Ctrl + F5" 组合键运行此程序，打开 "窗体" 窗口。参照图 13-60，先从❶Word 选择部分文字，❷再拖曳到窗体的文本框，单击窗体右上角的 ✕ 按钮就能关闭窗体。

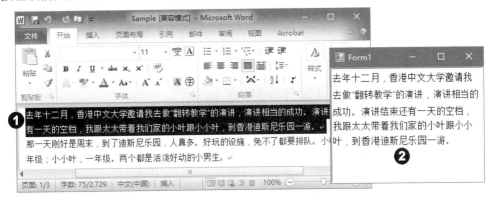

图 13-60   范例 CH1304C 的运行结果

程序说明

* 由于 RichTextBox 控件并无拖曳事件处理程序，因此必须先使用 Word 打开文件 "Sample"，然后把选择的文字拖曳到文本框上。

* 第 15~24 行：DragEnter 和 DragDrop 并不是一般的默认事件，须定义 RichTextBox 控件这两个事件处理程序。

* 第 33~43 行：把来源对象拖曳到 RichTextBox，鼠标指针移向 RichTextBox 文本框时触发的事件。

* 第 36~42 行：判断来源对象为文字时，将文字复制到 RichTextBox 文本框中，使用 DragDropEffects 枚举类型进行值的设置。

* 第 46~59 行：来源文字放入 RichTextBox 文本框，放开鼠标按键所触发的事件。

* 第 53~54 行：Substring()方法获取 RichTextBox 文本框文字的起始位置，如果文本框没有文字，就从最前面开始；如果已有文字，就从插入点开始。

以来源为主

如果拖放操作是以来源为主，就必须获取鼠标按键和键盘辅助按键的当前状态，判断用户是否按了"ESC"键，这些操作由 QueryContinueDragEventArgs 类提供，而拖放操作是否继续，则通过 DragAction 的值来设置。通过 QueryContinueDragEventArgs 类处理的事件如表 13-24 所示。

表 13-24　拖放操作来源对象所触发的事件

拖曳操作	事件处理程序	说明
GiveFeedback	GiveFeedbackEventArgs	鼠标指针改变时拖放操作是否取消
QueryContinueDrag	QueryContinueDragEventArgs	拖曳来源时是否取消拖放操作

在拖放过程中，会用 QueryContinueDragEventArgs 对象指定拖放操作是否要继续进行。如何进行呢？判断有没有辅助按键（Modifier Key）被按下，用户有没有按"ESC"键。一般来说，QueryContinueDrag 事件会在按"ESC"键时触发，通过 DragAction 设置的值如表 13-25 所示。

表 13-25　DragAction 的设置值

拖曳操作	事件处理程序
Cancel	取消操作
Continue	操作将继续
Drop	操作会因为鼠标放下而停止

13.5　重点整理

- "单文档界面"（Single Document Interface，SDI）一次只能打开一份文件，例如使用的"记事本"。"多文档界面"（Multiple Document Interface，MDI）能同时编辑多份文件，例如 MS Word，它可以打开多份文件。使用"窗口"菜单下的"新建窗口""并排显示"以及"拆分"菜单项，可以对打开的文件进行管理。
- 产生常规窗体后，属性"IsMDIContainer"设为"True"时会成为 MDI 父窗体；常规窗体使用 MdiParent 属性加入父窗体后会成为 MDI 子窗体。
- FlowLayoutPanel 控件以水平或垂直流向排列它的内容。WrapContents 属性决定其版面上的控件是要裁剪大小还是将控件换行；FlowDirection 属性则用于设置版面上控件的流向。
- TableLayoutPanel 控件以网格线来产生行、列版面，要添加或删除行数、列数，可使用 RowCount、ColumnCount 和 GrowStyle 这些属性值。
- 要设计一个较为复杂的版面，使用 SplitContainer 控件是一个比较好的选择。它提供了类似网页中框架的做法，可以根据需求加入 SplitContainer 来建立嵌套样式的版面。
- ListView（列表视图）提供了 4 种属性来选择查看方式，包含列表（List）、小图标（SmallIcon）、缩略图（LargeIcon）和详细信息（Details）；默认属性值是"LargeIcon"。
- 从文件资源管理器的结构来看，ListView（列表视图）控件提供了右侧窗格的查看样式，TreeView（树视图）控件则用于显示左侧窗格的分层结构，通过节点来显示文件夹和文件。因此，TreeView（树视图）通过节点显示分层式结构，节点由选择性复选框或图标组成。

- ✦ ImageList（图像列表）提供了多种图像格式来存放多张图像文件。其中属性 Images 存放图像列表，属性 ImageSize 用于在图像列表内获取或设置图像大小。

- ✦ 用户按下键盘按键，Windows 窗体会将键盘输入的标识符由位 Keys 枚举类型转换为虚拟按键码（Virtual Key Code）。通过 Keys 枚举类型，可以组合一系列按键来产生一个值。使用 KeyDown 或 KeyUp 事件检测大部分实际按键，再经由字符键（Keys 枚举类型的子集）对应到 WM_CHAR 和 WM_SYSCHAR 值。

- ✦ 处理 KeyDown 或 KeyUp 事件的例程 KeyEventArgs，由对象 e 接收事件信息。

- ✦ 当用户拥有输入焦点并按下按键时，会触发 KeyPress 事件，由 KeyPressEventArgs 类来处理。属性 Handled 用来设置是否响应按键的操作，KeyChar 用来获取按键的字符码。

- ✦ 鼠标拖曳操作中，若以目标为拖曳对象，则会用 DragEventArgs 类来提供鼠标指针的位置、鼠标按键和键盘辅助按键的当前状态以及正在拖曳的对象。

- ✦ 移动鼠标或单击鼠标按键时，由 Control 类触发适当的鼠标事件，通过 MouseEventArgs 了解鼠标当前的状态，包含"工作区坐标"（Client Coordinate）中鼠标指针的位置、鼠标的哪一个按键被单击以及鼠标滚轮是否已滚动等信息。

- ✦ 如何获取鼠标按键的当前状态或鼠标指针的位置呢？通过 Control 类的 MouseButtons 属性来"得知"当前鼠标的哪一个按键被单击，MousePosition 属性则用于获取鼠标指针在屏幕坐标（Screen Coordinate）上的位置。

13.6　课后习题

一、选择题

（1）要将窗体变成 MDI 父窗体，须使用属性窗口的哪一个属性来更改为"True"？（　　）

A. BorderStyle　　　　B. IsMdiChild　　　　C. MdiParent　　　　D. IsMDIContainer

（2）如果要将版面以网格线来排列控件，哪一种版面控件较为合适？（　　）

A. SplitContainer　　　B. TableLayoutPanel　　C. Panel　　　　D. FlowLayoutPanel

（3）由于 TableLayoutPanel 控件是以行、列（栏）的组成来调整控件，哪一个属性用来决定是否增加单元格？（　　）

A. GrowStyle　　　　B. RowCount　　　　C. Panel　　　　D. Columns

（4）使用 ImageList 控件来存放图像时，哪一个属性可以改变图像大小？（　　）

A. ImageStream　　　B. Images　　　　C. ColorDepth　　　D. ImageSize

（5）使用 ImageList 控件时，哪一个属性用来存放图像列表？（　　）

A. ImageSize　　　　B. Images　　　　C. ColorDepth　　　D. ImageStream

（6）ListView 控件中，哪一个属性可以改变列表的查看模式？（　　）

A. Items　　　　　　B. Columns　　　　　　C. View　　　　　　D. ListViewItem

（7）TreeView 控件中，哪一个属性可以用来创建节点？（　　）

A. Nodes　　　　　　B. Indent　　　　　　C. Text　　　　　　D. View

（8）当用户按下键盘按键时会触发什么事件？（　　）

A. KeyPress 事件　　B. KeyDown 事件　　C. KeyUp 事件　　D. 上述事件都会发生

（9）键盘的 KeyPress 事件中，KeyPressEventArgs 进行变量处理，哪一个属性可以获取按键字符码？（　　）

A. Shift　　　　　　B. Handled　　　　　　C. KeyChar　　　　D. SuppressKeyPress

（10）"MouseButtons.Left" 事件表示用户单击了鼠标哪一个按钮？（　　）

A. 左键　　　　　　B. 右键　　　　　　　C. 中间键　　　　　D. 未单击鼠标按键

二、填空题

（1）一次只能打开一份文件，称为_____；在一个窗口下能同时打开多份文件，称为_____。单文档界面、多文档界面 MDI 父窗体的多个 MDI 子窗体，能使用 LayoutMdi()方法将窗口进行 4 种不同排列：以图标排列要使用_____、重叠排列要使用_____、水平排列要使用_____、垂直排列则要使用_____。

（2）FlowLayoutPanel 版面控件的 FlowDirection 属性有 4 种属性值决定控件流向：_____、_____、_____和_____。

（3）ListView 控件以哪 4 种属性提供了 4 种查看方式：_____、_____、_____和_____。

（4）使用 ImageList 来创建图像列表时，使用_____方法来添加一个图像；_____方法可用清除所有图像。

（5）根据图 13-61 填写，列表视图以什么属性来完成：①为_____、②为_____、③为_____。

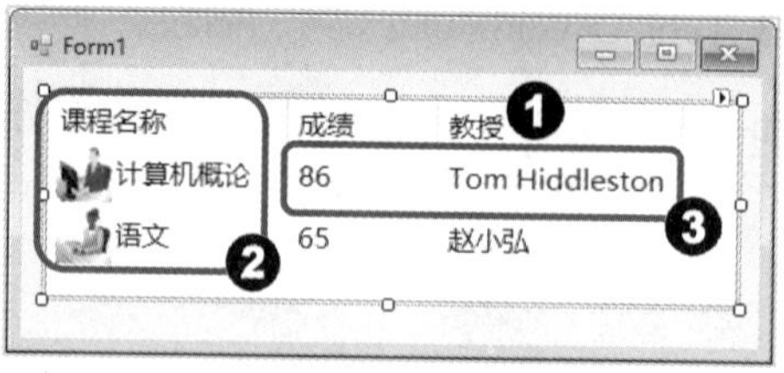

图 13-61　列表视图

（6）在树视图控件中，SelectedNode 属性设置当前选择的节点。属性_____代表第一个节点，属性_____表示最后一个节点，_____表示要移向下一个节点，_____表示要移至前一个节点。

（7）处理 KeyDown 或 KeyUp 事件的例程 KeyEventArgs，由对象 e 接收事件信息。属性_____获取按键码，属性_____获取键盘值，属性_____结合按键码和组合按键。

（8）当我们单击鼠标时，MouseDown 事件的例程由_____类来处理，Click 事件的例程由_____来处理。

（9）鼠标的拖曳操作中，若以目标为拖曳对象，则 DragEventArgs 类负责哪 3 种拖曳？

_____、_____、_____。

图 13-62　有菜单的 MDI 父、子窗体

三、实践题

（1）根据第 13.1 小节来创建有菜单的 MDI 父、子窗体，并把子窗体水平、垂直和重叠排列，如图 13-62 所示。

（2）将范例 CH1304A 改写，按方向键可以获取图像的上、下、左、右。

（3）请简单说明用鼠标在控件上双击时，会触发什么事件？

（4）使用 KeyPress 的概念来编写一个密码的判断程序，如图 13-63 所示。

- 密码只能输入数字
- 密码不能大于 6 个字符。

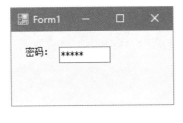 

图 13-63　判断程序窗口

习题答案

一、选择题

（1）D　　（2）B　　（3）A　　（4）D　　（5）B
（6）C　　（7）A　　（8）B　　（9）C　　（10）A

二、填空题

（1）ArrangeIcons　Cascade　TileHorizontal　TileVertical
（2）LeftToRight　TopDown　RightToLeft　BottomUp
（3）列表（List）　　小图标（SmallIcon）　　缩略图（LargeIcon）　　详细信息（Details）
（4）Add()　　Clear()
（5）字段名（ColumnHeader）　编辑表项（ListViewItem）　编辑子表项（ListViewSubItem）

（6）FirstNode　LastNode　NextNode　PrevNode

（7）KeyCode　KeyValue　KeyData

（8）MouseEventArgs　EventArgs

（9）DragEnter　DragOver　DragEventArgs

三、实践题

（3）当我们将鼠标指针移向控件时会触发 MouseEnter 事件，在控件上移动鼠标会不断触发 MouseMove（移动）事件，鼠标指针停驻不动会触发 MouseHover 事件，在控件上单击鼠标按键或滚动鼠标滚轮会触发 MouseDown 和 MouseWheel 事件，放开鼠标时会触发 MouseUp 事件，鼠标离开控件时则会触发 MouseLeave 事件。

（1）（2）（4）略

第 **14** 章

I/O 与数据流处理

章节重点

⌘　.NET Framework 处理数据流的概念。

⌘　目录的创建和查看目录的文件信息。

⌘　在数据流中,使用串流的写入器和读取器。

本章探讨 System.IO 命名空间和数据流的关系。打开文件进行读取，创建文件写入数据，这些不同格式的串流可搭配不同读取器和写入器。无论是可直接使用成员的静态类还是要有实例化对象的类，从文件到目录，经过本章的学习都可以做到概念的完整认识。

14.1　数据流与 System.IO

如何让数据写入文件或从文件中读取内容呢？与这些过程息息相关的就是数据流。在探讨文件之前，先了解什么是数据流。前面章节的范例中，控制台应用程序都是使用 Console 类的 Read()或 ReadLine()方法来读取数据，或使用 Write()、WriteLine()方法通过命令提示符窗口输出数据。在 Windows 窗体中则会使用 RichTextBox 配合 OpenFileDialog 来读取文本文件或 RTF 文件，使用 MessageBox 显示信息。所以，以数据流的概念来看，可分为以下两种。

- 输出数据流：把数据传到输出设备（例如屏幕、磁盘等）上。
- 输入数据流：通过输入设备（例如键盘、磁盘等）读取数据。

这些输入、输出数据流由 .NET Framework 的 System.IO 命名空间提供许多类成员，如图 14-1 所示。

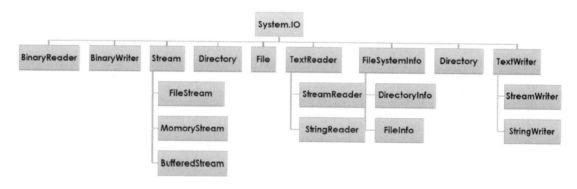

图 14-1　System.IO 命名空间

14.2　文件与数据流

了解了数据流（也可以称为串流）的基本概念，那么文件和数据流又有什么关系呢？通常看到的就是把存储于磁盘介质的数据重复地写入或读出。只有了解了文件处理的过程，才能把辛苦建立的数据存储在文件中，程序运行时，直接到文件中读取所需的数据内容。这样才能将数据长久的保存下来（除非磁盘中存放数据的文件被删除了）。

以数据流的概念来看，文件可视为一种具有永续性存放的"设备"，也是一种已经排序的字节的集合。使用文件时，它包含存放的目录路径、磁盘存储设备，以及文件和目录名称。与文件相比，数据流是由字节序列组成的，是读取和写入数据的备份存储区，它可以用磁盘或内存来作为备份存储区，所以它具有多元性。与文件、目录有关的类，存放于"System.IO"命名空间的有哪些呢？可参照表 14-1 的说明。

表 14-1　Sysem.IO 命名空间

文件、目录类	说明
Directory	目录的常规操作有复制、移动、重新命名、创建和删除目录
DirectoryInfo	提供创建、移动目录和子目录的实例方法
DriveInfo	提供与磁盘驱动器有关的创建方法
File	提供创建、复制、删除、移动和打开文件的静态方法
FileInfo	提供创建、复制、删除、移动和打开文件的实例化方法
FileSystemInfo	是 FileInfo 和 DirectoryInfo 的抽象基类
Path	提供处理目录字符串的方法和属性

　　FileSystemInfo 是一个抽象基类，其派生类包含 DirectoryInfo、FileInfo 两个类，它含有文件和目录管理的通用方法。实例化的 FileSystemInfo 对象可以作为 FileInfo 或 DirectoryInfo 对象的基础。从表 14-1 可知，创建文件和目录时，除了可以直接使用 DirectoryInfo、FileInfo 类之外，还可以使用 FileSystemInfo 的相关成员，它的常用属性可以参考表 14-2 的说明。

表 14-2　FileSystemInfo 类的常用属性

FileSystemInfo 属性	说明
Attributes	获取或设置文件属性，例如 ReadOnly（只读）或处于 Archive（存档）状态
CreationTime	获取或设置文件/目录的创建日期与时间
Exists	指出文件/目录是否存在
Extension	获取文件的扩展名
FullName	获取目录/文件的完整路径
LastAccessTime	获取或设置上次存取目录/文件的时间
LastWriteTime	获取或设置上次写入目录/文件的时间
Name	获取文件的名称

14.2.1　文件目录

　　通常以文件资源管理器进入某个目录，就是为了查看此目录有哪些文件或存放了哪种类型的文件，也有可能新建一个目录（文件夹）或把某一个目录删除。所以 Directory 静态类提供了目录处理的功能，例如创建、移动文件夹。由于提供的是静态方法，因此通常可直接使用，表 14-3 所示为常用方法。

表 14-3　Directory 类的常用方法

Directory 类方法	执行的操作
CreateDirectory()	产生一个目录并以 DirectoryInfo 返回相关信息
Delete()	删除指定的目录
Exists()	判断目录是否存在，返回 true 表示存在，返回 False 表示不存在
GetDirectories()	获取指定目录中子目录的名称

Directory 类方法	执行的操作
GetFiles()	获取指定目录的文件名
GetFileSystemEntries()	获取指定目录中所有子目录和文件名
Move()	移动目录和文件到指定位置
SetCurrentDirectory()	将应用程序的工作目录指定为当前目录
SetLastWriteTime()	设置目录上次被写入的日期和时间

（续表）

CreateDirectory(string path)方法用来创建目录，使用时要在前面加上 Directory 类名称，其文件路径以字符串形式来表示，同样目录之间要以"\\"双斜线来隔开。

```
Directory.CreateDirector("D:\\Demo\\Sample\\");
Directory.CreateDirector(@"D:\Demo\Sample\");
```

- 使用@带出完整路径，用双引号括住，用单斜线即可。
- @是表明后面跟随的字符所包含的"\"并非转义符号。

Exits(string path)方法用来检查 path 所指定的文件路径是否存在。如果存在，就返回"true"；如果不存在，就返回"false"。要删除文件可以使用 Delete()方法，指定删除文件的路径，还可以进一步决定是否连同它底下的子目录、文件也要一起删除！

```
public static void Delete(string path);
public static void Delete(string path, bool recursive);
```

- path：要删除的目录名称。
- recursive：是否要删除 path 中的目录、子目录和文件，"true"表示要一起删除，"false"表示删除操作会停顿。

```
Directory.Delete(@"D:\Demo", true)
```

要把目录移到指定位置，可以使用 Move()方法，使用时必须以参数来创建目的地目录，完成操作后会自动删除源目录。

```
public static void Move(string sourceDirName,
    string destDirName);
```

- sourceDirName：要移动的文件或目录的路径。
- destDirName：sourceDirName 的目的地目录的路径。

使用 GetDirectories()方法可获取指定目录的所有子目录名称，GetFiles()方法可获取指定目录内的所有文件名，所以这两个方法会以数组返回结果值。

```
public static string[] GetDirectories(string path);
public static string[] GetFiles(string path);
```

另一个类是 DirectoryInfo，想要针对某一个目录进行维护工作，就要以 DirectoryInfo 来创建实体对象，其常用成员如表 14-4 所示。

表 14-4　DirectoryInfo 类的常用成员

DirectoryInfo 成员	执行的操作
Parent	获取指定路径的上一层目录
Root	获取当前路径的根目录
Create()	创建目录
CreateSubdirectory()	在指定目录下创建子目录
Delete()	删除目录
MoveTo()	将当前目录移到指定位置
GetDirectory()	返回当前目录的子目录
GetFiles()	返回指定目录的文件列表

DirectoryInfo 类必须先实例化对象，再指定存放的目录。

```
DirectoryInfo myPath = new Direcotry("@D:\Demo\Sample\");
```

范例 CH1401A　创建文件夹并查看内容

1　创建 Windows 窗体，项目名称为"CH1401A.csproj"。按照表 14-5 在窗体上加入这些控件。

表 14-5　范例 CH1401A 使用的控件

控件	属性	值	控件	属性	值
Button1	Name	btnView	TextBox	Name	txtInformation
	Text	查看目录		MultiLine	True
Button2	Name	btnAddDir		ScrollBars	Vertical
	Text	新建目录		Duck	Right
Button3	Name	btnDeleteDir	Button3	Text	删除目录

2　用鼠标双击"查看"按钮，进入程序代码编辑区（Form1.cs），在"btnView_Click"事件过程段中编写以下程序代码：

```
10  using System.IO;
21  string path = @"F:\Visual C# 2013 Demo\Testing";
24  private void btnView_Click(object sender,
25      EventArgs e)
26  {
27    //存储要返回的文件路径和文件类型
28    string path = @"F:\Visual C# 2013 Demo\Images";
29    string fnShow = "文件列表---<*.PNG>";
30
31    //判断文件夹是否存在，若不存在则抛出异常情况
32    try
33    {
```

```
34        //获取文件路径信息
35        DirectoryInfo currentDir = new
36           DirectoryInfo(path);
37        //从指定路径返回指定的文件类型
38        FileInfo[] listFile =
39           currentDir.GetFiles("*.png");
40        //设置文件标题
41        string header = string.Format(fnShow +
42           Environment.NewLine + "{0,28}",
43           "文件名   " + "    文件长度    " + "修改日期" +
44           Environment.NewLine);
45     txtInformation.Text = header;
46
47        /* 读取文件夹中的信息 —— 文件名(Name)、长度(Length)
48         * 和修改日期(LastWriteTime)*/
49        foreach(FileInfo getInfo in listFile)
50        {
51           txtInformation.Text += string.Format
52              ("{0,-12} {1,9} {2,13}",
53              getInfo.Name,
54              getInfo.Length.ToString(),
55              getInfo.LastWriteTime.ToShortDateString()
56              + Environment.NewLine);
57        }
58     }
59   catch(Exception ex)
60   {
61      MessageBox.Show("无此文件夹" + ex.Message);
62   }
63 }
```

➡ 3　切换到 Form1.cs[设计]选项卡，回到窗体，用鼠标双击“新建目录”按钮进入程序代码编辑区，在“btnAddDir_Click”事件过程段中编写以下程序代码:

```
66 private void btnAddDir_Click(object sender,
67     EventArgs e)
68 {
69   try
70   {
71     //先判断文件夹是否存在
72     if (Directory.Exists(path))
73     {
74        txtInformation.Text ="文件夹已经存在! ";
75     }
```

```
76        //创建新的文件夹
77        DirectoryInfo newDir =
78            Directory.CreateDirectory(path);
79        txtInformation.Text = "文件夹创建成功" +
80            Directory.GetCreationTime(path);
81      }
82    catch (Exception ex2)
83    {
84      MessageBox.Show("文件夹创建失败！" + ex2.Message);
85    }
86  }
```

运行：按 "Ctrl + F5" 组合键运行此程序，打开 "窗体" 窗口。参照图 14-2，单击 "查看目录" 按钮，加载 PNG 格式的文件。最后单击窗体右上角的 ▨ 按钮就能关闭窗体。

图 14-2　范例 CH1401A 的运行结果

程序说明

* 说明：通过 DirectoryInfo 类来添加或删除路径，并获取某一个目录下的文件信息。由于处理的对象是文件和文件夹，因此必须导入 "System.IO" 命名空间。
* 第 21 行：指定的文件夹 "Testing" 并不存在，测试时创建此文件夹，用后删除。
* 第 24~63 行：单击 "查看目录" 按钮会按照指定的目录查看是否有此 "PNG" 文件。
* 第 32~62 行：为了防止异常情况发生，以 try/catch 语句来避免错误。
* 第 35~36 行：DirectoryInfo 类实例化一个可以传入指定路径的文件夹对象。
* 第 38~39 行：创建一个 FileInfo 对象数组，获取文件路径后，由 GetFiles() 方法指定存放文件类型是 "PNG" 文件。
* 第 41~45 行：通过 string.Format() 方法创建显示文件的文件名、文件大小，并修改日期的标题，再放入文本框中。
* 第 49~57 行：使用 foreach 循环读取指定的文件类型，使用 FileSystemInfo 的属性 Name 返回文件名，使用 Length 获取文件长度，并用 LastWriteTime 获取最后修改的日期，再由文本框显示结果。
* 第 66~86 行：单击 "新建目录" 按钮来判断文件夹是否存在，如果不存在就新建一个目录。同样使用 try/catch 进行异常情况的处理。
* 第 72~75 行：以 Directory 类的 Exists 方法确认指定路径的目录是否存在。
* 第 77~78 行：在指定路径上创建新的文件夹，DirectoryInfo 类会以实例化对象调用 CreateDirectory() 来创建文件夹，然后由 Directory 静态类的 GetCreationTime 方法显示创建的时间。

14.2.2　文件信息

大家应该很熟悉文件，与它有关的基本操作有复制、移动和删除等。那么文件本身呢？要打开某个文件，首先得知道这个文件是否存在。打开文件之前要先了解文件的相关信息，比如文件是文本文件还是 RTF 格式的文件？打开文件后是否要写入其他内容？FileInfo 类和 File 静态类会搭配 FileStream 来提供这些相关的服务，FileInfo 相关成员的说明请参照表 14-6。

表 14-6　FileInfo 成员

FileInfo 成员	说明
Exists	检测文件对象是否存在（true 表示存在）
Directory	获取当前文件的存放目录
DirectoryName	获取当前文件存放的完整路径
FullName	获取完整的文件名，包含文件路径
Length	获取当前文件的长度
AppendText()	把指定字符串附加至文件，若文件不存在则创建一个文件
CopyTo()	复制现有的文件到新的文件
Create()	创建文件
CreateText()	创建并打开指定的文件对象，配合 StreamWriter 类
Delete()	删除指定的文件
MoveTo()	将当前文件移动到指定位置
Open()	打开方法

使用 FileInfo 类包含了文件的基本操作。以 Create()方法来创建文件时，所指定的文件夹路径必须存在，否则会发生错误。但也要注意，若创建的文件已经存在，Create()会删除原来的文件。此外，创建的文件对象必须以 Close()来关闭，这样占用的系统资源才能被释放。用 Open()方法打开文件，必须指定打开模式。

```
Open(mode, access, share)
```

- mode：为指定的打开模式，FileMode 参数，可参考表 14-7。
- access：文件存取方式。FileAccess 参数有 3 个：Read 是只读文件，Write 只能写入文件，ReadWrite 表示文件能读能写。
- share：决定文件共享模式，FilesShare 参数，可参考表 14-7。

FileMode 用来指定文件的打开模式，请参考表 14-7 的说明。

表 14-7　FileMode 常数

FileMode 常数	说明
Create	创建新文件。文件存在时会被覆盖。文件不存在则与 CreateNew 作用相同
CreateNew	创建新文件。文件存在时会抛出 IOException 异常情况

（续表）

FileMode 常数	说明
Open	打开现有的文件。文件不存在时，会抛出 FileNotFoundException 异常情况
OpenOrCreate	打开已存在的文件，否则就创建新文件
Truncate	打开现有文件并将数据清空
Append	如果文件存在，就打开并搜索至文件末端，文件不存在就创建新文件

FileShare 为文件共享方式，决定其他程序是否要打开相同的文件，成员如表 14-8 所示。

表 14-8　FileShare 常数

FileShare 常数	说明
None	拒绝文件共享，会造成其他文件无法打开成功
Read	允许其他程序打开为只读文件
Write	允许其他程序打开为唯写文件
ReadWrite	允许其他程序打开为能读能写文件

复制文件使用 CopyTo()方法，移动文件使用 MoveTo 方法，语法如下：

```
CopyTo(string destFileName);//不能覆盖现有的文件
CopyTo(string destFileName, bool overwrite);
MoveTo(string destFileName);
```

- destFileName：要复制或移动的文件名，包含完整路径。
- overwrite：true 才能覆盖现有文件，false 不能覆盖。

范例 CH1402B　使用 FileInfo 类

1　创建 Windows 窗体，项目名称为"CH1402B.csproj"。按照表 14-9 在窗体上加入这些控件。

表 14-9　范例 CH1402B 使用的控件

控件	Name	Text	控件	属性	值
Button1	btnCreate	创建		Name	txtShow
Button2	btnCopy	复制	TextBox	MultiLine	True
Button3	btnDelete	删除		ScrollBars	Vertical
Button4	btnView	查看		Duck	Bottom

2　用鼠标双击"创建"按钮，进入程序代码编辑区（Form1.cs），编写以下程序代码：

```
21  //创建文件
22  private void btnCreate_Click(object sender,
23      EventArgs e)
24  { //指定路径创建文件
25    string path =
```

```
26        "F:\\Visual C# 2013 Demo\\Easy\\Test.txt";
27     FileInfo createFile = new FileInfo(path);
28     //以 Create 方法创建一个文件
29     FileStream fs = createFile.Create();
30     fs.Close();//关闭文件
31   }
```

3 切换到 Form1.cs[设计]选项卡，回到窗体，用鼠标双击"复制"按钮，再一次进入程序代码编辑区，在"bntCopy_Click"事件过程段中编写以下程序代码：

```
34   private void btnCopy_Click(object sender,
35        EventArgs e)
36   {
37     string path =
38        "F:\\Visual C# 2013 Demo\\Easy\\Test.txt";
39     btnDelete.Enabled = true;//恢复删除按钮的作用
40     //目标文件 "Text.txttmp"
41     String tagPath = path + "tmp";
42     FileInfo copyFile = new FileInfo(path);
43     try
44     {
45        copyFile.CopyTo(tagPath);  //以 CopyTo 方法复制文件
46        txtShow.Text = path + "已复制";
47     }
48     catch (Exception ex)
49     {
50        MessageBox.Show(ex.Message);
51     }
52   }
```

```
55   private void btnDelete_Click(object sender, EventArgs e)
56   {
57     string path =
58        "F:\\Visual C# 2013 Demo\\Easy\\Test.txttmp";
59     FileInfo copyFile = new FileInfo(path);
60     if (copyFile.Exists == false)//查看文件是否存在
61     {
62        MessageBox.Show("无此文件");
63     }
64     else
65        copyFile.Delete();//删除文件
66   }
```

运行：按"Ctrl＋F5"组合键运行此程序，打开"窗体"窗口，参照图 14-3，先单击❶"创建"按钮，再单击❷"查看"按钮，文本框显示文件信息；❸单击"复制"按钮，再单击❹"查看"按钮就有两个文件显示于文本框中。

图 14-3　范例 CH1402B 的运行结果

程序说明

* 窗体加入 4 个按钮，分别是创建、复制、删除和查看，每执行一个与文件有关的操作，都可以使用"查看"按钮来查看文本框显示的结果。在窗体加载时，只有"创建"和"查看"按钮有作用；创建文件后，"复制"按钮才有作用；完成文件复制后，"删除"按钮才有作用。
* 第 21~31 行：单击"创建"按钮触发的事件处理程序，先指定文件和路径。
* 第 27 行：先创建 FileInfo 类的对象来加载文件和路径。
* 第 29~30 行：用 FileStream 创建一个文件对象，再调用 Close() 来关闭此文件对象。
* 第 34~52 行：单击"复制"按钮触发的事件处理程序。同样是创建 FileInfo 类的对象 copyFile 来加载文件和路径。
* 第 42 行：copyFile 对象调用 CopyTo() 进行文件的复制，被复制的文件加入 tmp 字符串到文件扩展名中以示区别。
* 第 55~66 行：单击"删除"按钮所触发的事件处理程序，指定要删除文件的名称和路径。
* 第 60~65 行：if/else 语句查看删除文件时，先以属性 Exists 判断，如果它返回"True"，就调用 Delete() 方法删除。

14.2.3　使用 File 静态类

一般来说，File 类和 FileInfo 类的功能几乎相同。File 类提供静态方法，所以不能使用 File 类来实例化对象，而使用 FileInfo 类将对象实例化。表 14-10 所示为 File 类常用的方法。

表 14-10　File 静态类方法

File 静态类方法	执行的操作
CreateText	创建或打开编码方式为 UTF-8 的文本文件
Exists	判断文件是否存在，若存在则返回 True
GetCreationTime	DateTime 对象，返回文件产生的时间
OpenRead	读取打开的文件
OpenText	读取已打开的 UTF-8 编码文本文件
OpenWrite	写入打开的文件

数据写入文本文件

要将数据写入到文本文件，使用 StreamWriter 类创建的写入器对象，配合 File 静态类或

FileInfo 来写入一个文本文件。下面说明操作步骤。

STEP 1 假设文件路径 "string path = @ "D:\Test\domo.txt";"，使用 FileInfo 类来创建实例对象 fileIn，让它指向要写入的文本文件。

```
FileInfo fileIn = new FileInfo(path);
```

STEP 2 选择要创建的数据模式，可以使用 CreateText()方法或 AppendText()方法，配合 StreamWriter 数据流对象打开文件。

使用静态方法 CreateText()方法来创建或打开文件，如果文件不存在，就会创建一个新的文件；如果文件已经存在，就会覆盖原有文件并清空内容。使用时通常会以 FileInfo 对象或直接以 File 静态类调用 CreateText()方法，将指定的数据写入对象为 StreamWriter 的串流对象。

```
StreamWriter sw = fileIn.CreateText()
StreamWriter sw = File.CreateText(path))
```

STEP 3 配合 Write()或 WriteLine()方法将指定的数据写入。

```
sw.WriteLine("990025, 李小兰");//sw 是 StreamWriter 对象
```

STEP 4 将串流内的数据写入数据文件并清空缓冲区，然后关闭数据文件。

```
sw.Flush();
sw.Close();
```

打开文本文件

从文本文件读取数据时要使用 StreamReader 类，创建串流对象作为读取器。下面说明操作步骤。

STEP 1 假设文件路径 "string path = @ "D:\Test\domo.txt";"，使用 FileInfo 类来创建实例对象 fileIn，让它指向要读取的文本文件。

```
FileInfo fileIn = new FileInfo(path);
```

STEP 2 选择要读取的数据模式，可以使用 OpenText()方法，配合 StreamReader 数据流对象作为文件的读取器。

OpenText()方法打开已存在的文本文件，也是以参数 path 指定文件名。其语法如下：

```
OpenText (path);
```

- path：要创建或要打开文件的路径。

由于读取文件是以数据流方式来进行，因此要有 StreamReader 类所创建的对象。使用时通常会用 FileInfo 对象或直接用 File 静态类调用 OpenText()方法将指定的数据加载到 StreamReader 串流对象。

```
StreamReader read = File.OpenText(path);
```

3 配合 Read()或 ReadLine()方法来读取指定的数据。

Read()方法一次只读取一个字符，所以可以调用 Peek()方法来检查，读取完毕时返回"－1"，配合文本框显示内容。

```
while(true){
  char wd =(char) read.Read();
  if(read.Peek() == -1)
    break;
  textBox1.Text += ch;
}
```

ReadLine()方法可以读取整行文字，不过读取这些内容时必须加入换行字符""\r\n\""；读取数据末行时，可用"null"来判别是否读取完毕。

```
while(true){
  string data = read.ReadLine();
   if(data == null)
     break;
  txtShow.Text += data + "\r\n";
}
```

4 读取完毕，用 Close()方法关闭文件。

范例　CH1401C　使用 File 静态类的方法

1 创建 Windows 窗体，项目名称为"CH1401C.csproj"。按照表 14-11 在窗体上加入这些控件。

表 14-11　范例 CH1401C 使用的控件

控件	Name	Text	控件	Name	Multiline
Button1	btnCreate	创建文件	TextBox	txtShow	True
Button2	btnOpen	打开文件			

2 用鼠标双击"创建文件"按钮，进入程序代码编辑区（Form1.cs），编写以下程序代码：

```
10  using System.IO;
21  string path =
22      "F:\\Visual C# 2013 Demo\\Easy\\Sample.txt";
25  private void btnCreate_Click(object sender, EventArgs e)
26  {
27    //用 File 静态类的 Exists()方法判断文件是否存在
28    if(File.Exists(path) == false)
29    {
```

```
30        using (StreamWriter note = File.CreateText(path)){
31          //写入 4 笔数据
32          note.WriteLine("990025, 李小兰");
33          note.WriteLine("990028, 张四端");
34          note.WriteLine("990032, 王春娇");
35          note.WriteLine("990041, 林志鸣");
36          note.Flush(); //清除缓冲区
37          note.Close(); //关闭文件
38        }//using 结束时自动调用 note 的 Dispose()方法释放资源
39
40        MessageBox.Show("文件已创建");
41    }
42  }
```

3 切换到 Form1.cs[设计]选项卡，回到窗体，用鼠标双击"打开文件"，再一次进入程序代码编辑区，在"btnOpen_Click"事件过程段中编写以下程序代码：

```
45  private void btnOpen_Click(object sender, EventArgs e)
46  {
47    //打开并读取文件
48    StreamReader read = File.OpenText(path);
49    //返回下一个字符，直到-1 表示已读完
50    while(true){
51      string data = read.ReadLine();
52      if(data == null)
53        break;
54      txtShow.Text += data + "\r\n";
55    }
56  }
```

运行：按"Ctrl＋F5"组合键运行此程序，打开"窗体"窗口。参照图 14-4，先❶单击"创建文件"按钮，显示消息对话框，单击"确定"按钮就会关闭对话框。❷单击"打开文件"按钮来加载刚刚创建的文件中的数据。

图 14-4　范例 CH1401C 的运行结果

程序说明

* 以 CreateText 方法创建"Sample.txt"文件，再以 OpenText 方法来读取此文件。

* 第 28~41 行：使用 if 语句判断文件是否存在，若文件不存在，则通过 StreamWriter 对象，配合 CreateText 来创建一个文本文件（Sample.txt）。
* 第 30~38 行：using 语句程序段跟着 StreamWriter 对象来写入数据，完成时会自动调用 Dispose() 来释放资源。
* 第 48 行：以 StreamReader 对象，配合 OpenText 方法来读取刚刚创建的 "Sample.txt" 文件。
* 第 50~54 行：使用 while 循环来读取文件内容，若返回 null 值则表示读取完毕，将内容显示于文本框中。

14.3 标准数据流

System.IO 命名空间提供了从数据流读取编码字符以及将编码字符写入数据流的相关类。通常数据流是针对字节的输入输出所设计的。读取器和写入器类型会处理编码字符与字节之间的转换，让数据流能够完成参照，不同的读取器和写入器类都会有相关联的数据流。

.NET Framework 把每个文件都视为串行化的"数据串流"（Stream），处理对象包含字符、字节以及二进制（Binary）等。System.IO 下的 Stream 类是所有数据流的抽象基类。Stream 类和它的派生类提供了不同类型的输入和输出。当数据以文件方式存储时，为了便于写入或读取，可用 StreamWriter 或 StreamReader 来读取和写入各种格式的数据。BufferedStream 提供了缓冲数据流，以改善读取和写入的性能。FileStream 支持文件的打开操作。表 14-12 列出了这些数据流读取/写入的类及其说明。

表 14-12　数据流写入/读取类

类名称	说明
BinaryReader	以二进制方式读取 Stream 类和基本数据类型
BinaryWriter	以二进制写入 Stream 类和基本数据类型
FileStream	可同步和异步来打开文件，使用 Seek 方法来随机存取文件
StreamReader	自定义字节数据流方式来读取 TextReader 的字符
StreamWriter	自定义字节数据流方式将字符写入 TextWriter
StringReader	读取 TextReader 实现的字符串
StringWriter	将实现的字符串写入 TextWriter
TextReader	StreamReader 和 StringReader 抽象基类，输出 Unicode 字符
TextWriter	StreamWriter 和 StringWriter 抽象基类，输入 Unicode 字符

TextReader 是 StreamReader 和 StringReader 的抽象基类，用来读取数据流和字符串。而派生类能用来打开文本文件，以读取指定范围的字符，或根据现有数据流创建读取器。TextWriter 则是 StreamWriter 和 StringWriter 的抽象基类，用来将字符写入数据流和字符串。创建 TextWriter 的实例对象时，能将对象写入字符串、将字符串写入文件，或将 XML 串行化。

14.3.1 FileStream 类

使用 FileStream 类能读取、写入、打开和关闭文件。使用标准数据流处理时，能将读取和写入操作指定为同步或异步。FileStream 会缓冲处理输入和输出，以获取较佳的性能。其构造函数的语法如下：

```
public FileStream(string path, FileMode mode)
public FileStream(string path, File mode,
    FileAccess access);
public FileStream(string path, File mode,
    FileAccess access);
public FileStream(string path, File mode,
    FileAccess access, FileShare share);
```

- path：打开的文件目录位置和文件名，为 String 类型。
- mode：指定文件模式，为 FileMode 常数，可参考表 14-7。
- access：指定存取方式，为 FileAccess 常数。
- share：是否要将文件与其他文件共享，可参考表 14-8。

使用 FileStream 类，Seek()方法用于在指定目标位置进行搜索，也可以用 Read()方法读取数据流，或者用 Write()方法将数据流写入，常见属性、方法及其说明可参照表 14-13。

表 14-13　FileStream 类的成员

FileStream 成员	说明
CanRead	当前获取数据流是否支持读取
CanSeek	当前获取数据流是否支持搜索
CanWrite	当前获取数据流是否支持写入
Length	获取数据流的比特长度
Name	获取传递给 FileStream 的构造函数名称
Position	获取或设置当前数据流的位置
Close()	关闭数据流
Dispose()	释放数据流的所有资源
Finalize()	确认释出资源，于再使用 FileStream 时执行其他清除操作
Flush()	清除数据流的所有缓冲区，并让数据全部写入文件系统
Read()	从数据流读取字节区块，并将数据写入指定缓冲区
ReadByte()	从文件读取一个字节，并将读取位置前移一个字节
Seek()	指定数据流位置来作为搜索的起点
SetLength()	设置这个数据流长度为指定数值
Write()	使用缓冲区，将字节区块写入这个数据流
WriteByte()	写入一个字节到文件数据流中的当前位置

以 Seek()方法处理数据流位置时，语法如下：

```
Seek(offset, origin)
```

- offset：搜索起点，以 Long 为数据类型。
- origin：搜索位置，为 SeekOrigin 参数，"Begin"表示数据流的开端，"Current"表示数据流的当前位置，"End"表示数据流的结尾。

使用 using 关键字

当我们创建串流对象来写入或读取文件时，会占用一些资源，完成文件的相关操作后会调用 Dispose()来释放这些属于 Unmanaged 的资源。为了让系统自动释放这些资源，可以使用 using 语句，以大括号来定义程序段的范围，让串流对象在此程序段内进行处理。

也就是通过 using 语句，让这些 Unmanaged 的资源自动实现 IDisposable 接口，让创建的串流对象自动调用 Dispose()方法。在 using 程序段（或程序块）内，对象为只读而且不可修改或重新指派。

```
using (StreamWriter note = File.CreateText(path)){
        note.WriteLine("990025, 李小兰");
        note.WriteLine("990028, 张四端");
        note.WriteLine("990032, 王春娇");
}
```

完成写入的操作后，串流对象 note 会自动调用 Dispose()方法进行资源的释放。

范例 CH1403A　创建比特数据

▶1　创建 Windows 窗体，项目名称为"CH1403A.csproj"。按照表 14-14 在窗体上加入一个按钮和一个文本框。

表 14-14　范例 CH1403A 使用的控件

控件	属性	值	控件	属性	值
Button	Name	btnCreate	TextBox	Name	txtShow
	Text	读取位		Dock	Bottom

▶2　用鼠标双击"读取比特"按钮，进入程序代码编辑区（Form1.cs），编写以下程序代码：

```
22  private void btnCreate_Click(object sender, EventArgs e)
23      {
24      //指定存储路径和文件类型
25      string path =
26          @"F:\Visual C# 2013 Demo\Easy\Demo.dat";
27      //产生 5 个随机数，以 numbers 数组存储
28      Random rand = new Random();
29      byte[] numbers = new byte[5];
30      rand.NextBytes(numbers);
31      //以 Create 来创建 FileStream 新串流对象
```

```
32    FileStream outData = File.Create(path);
33    //进行异常处理
34    try
35    { //using建立范围, wr会自动调用Dispose()方法
36       //以BinaryWriter来写入二进制数据
37       //将FileStream串流以UTF-8编码方式写入
38       using (BinaryWriter wr = new BinaryWriter
39         (outData))
40       {
41          //以比特方式将数据写入文件
42          foreach (byte item in numbers)
43          {
44             //Write()方法将值编码成字节
45             wr.Write(item);
46             txtShow.Text += item + "  ";
47          }
48       }
49       txtShow.Text += Environment.NewLine;
50
51       //读取比特数据
52       byte[] dataInput = File.ReadAllBytes(path);
53       foreach(byte item in dataInput)
54       {
55          txtShow.Text += item + "  " ;
56       }
57       txtShow.Text += Environment.NewLine;
58
59    }
60    catch (IOException)
61    {
62       MessageBox.Show(txtShow.Text + "不存在",
63             "CH1403A", MessageBoxButtons.OK,
64             MessageBoxIcon.Error);
65    }
66  }
```

运行: 按 "Ctrl＋F5" 组合键运行此程序, 打开 "窗体" 窗口。参照图 14-5, 单击 "读取比特" 按钮, 每单击一次就会有 5 个随机数值显示在文本框内, 写入和输出是相同的数值。

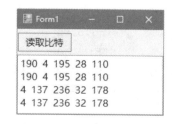

图 14-5　范例 CH1403A 的运行结果

程序说明

★　以文本框为界面, 查看二进制数据的写入和读出。

* 第 25 行：设置要写入/读取数据的路径和文件名，由于是二进制数据，因此以 "*.dat" 为扩展名。

* 第 28~30 行：用 Random 产生 5 个随机数，使用 numbers 数组来存储。

* 第 32 行：File.Create()方法创建新文件（若文件已存在，则会先把它删除），配合 FileStream 创建串流对象来写入文件。

* 第 37~47 行：要写入数据时先以 using 关键字建立范围，BinaryWriter 以 UTF-8 编码 创建写入器，写入二进制数据。

* 第 42~47 行：Write()方法将 foreach 循环读取的随机数值写入。

* 第 52 行：声明一个数组来存放 ReadAllBytes()方法所读取的二进制数据，再以 foreach 循环输出数据。

14.3.2　StreamWriter 写入器

Stream 是所有数据流的抽象基类。以数据处理的观点来看，若是字节数据，则 FileStream 类比较适当。而 StreamWriter 写入器，我们已经悄悄用了好几次，搭配字符编码格式，将它写 入纯文本或 RTF 格式数据，对于它的构造函数语法应该不陌生吧！

```
StreamWriter sw = new StreamWriter(stream);
StreamWriter sw = new StreamWriter(path);
StreamWriter sw = new StreamWriter(stream, encoding);
StreamWriter sw = new StreamWriter(path, encoding);
```

* stream：以 Stream 类为数据流。
* path：要读取文件的完整路径，为 String 类型。
* encoding：要读取的数据流须指定编码方式，包含 UTF8、NASI、ASCII 等，以 Encoding 为类型。

StreamWriter 常用成员及其说明可参考表 14-15。

表 14-15　StreamWriter 成员

StreamWriter 成员	说明
AutoFlush	调用 Write 方法后，是否要将缓冲区清除
Encoding	获取输入输出的 Encoding
NewLine	获取或设置当前 TextWriter 所使用的行终止符
Close()	数据写入 Stream 后关闭缓冲区
Flush()	数据写入 Stream 后清除缓冲区
Write()	将数据写到数据流（Stream），包含字符串、字符等
WriteLine()	将数据一行行写入 Stream

14.3.3　StreamReader 读取器

StreamReader 类用来读取数据流的数据，其默认编码为 UTF-8，而非 ANSI 代码页（Code

Page）。若想处理多种编码，则必须在程序开头导入"using System.Text"命名空间。StreamReader 构造函数的语法如下：

```
StreamReader sr = new StreamReader(stream);
StreamReader sr = new StreamReader(path);
StreamReader sr = new StreamReader(stream, encoding);
StreamReader sr = new StreamReader(path, encoding);
```

例如，读取一个编码为 ASCII 的文件。

```
StreamReader srASCII = New Stream("Test01.txt", _
    System.Text.Encoding.ASCII
```

StreamReader 通常会用 ReadLine()方法来逐行读取数据，用 Peek()方法来判断是否读到文件尾，StreamReater 成员简介如表 14-16 所示。

表 14-16　StreamReater 成员

StreamReater 成员	说明
ReadToEnd()	从当前所在位置的字符读取到字符串结尾，并将其还原成单一字符串
Peek()	返回下一个可供使用的字符，−1 值表示文件尾
Read()	从当前数据流读取下一个字符，并将当前位置往前移一个字符
ReadLine()	从当前数据流读取一行字符

范例 CH1403B　控制

1 创建 Windows 窗体，项目名称为"CH1403B.csproj"。按照表 14-17 在窗体上加入这些控件。

表 14-17　范例 CH1403B 使用的控件

控件	属性	值	控件	属性	值
Botton	Name	btnWrite	TextBox	Name	txtShow
	Text	写入数据		MultiLine	True

2 用鼠标双击"写入数据"按钮，进入程序代码编辑区（Form1.cs），编写以下程序代码：

```
22  private void btnWrite_Click(object sender, EventArgs e)
23  {
24    txtShow.Clear();
25    //AppendText：数据附加至文件尾，若文件不存在则会新建一个文件
26    using(StreamWriter sw = File.AppendText
27      (@"D:\Visual C#2013 Demo\Easy\log.txt")){
28      logFile("Sample01", sw);
29      logFile("Sample02", sw);
30      sw.Flush(); //清除缓冲区的数据
31      sw.Close(); //关闭文件
```

```
32        }
33      //以 OpenText 打开文件并读取
34      using (StreamReader sr = File.OpenText
35         (@"F:\Visual C# 2013 Demo\Easy\log.txt"))
36      {
37         RecordLog(sr);
38      }
39   }
```

3 编写"logFile()"方法的程序代码。

```
41   //获取文件记录值写入文件
42   private void logFile(string rdFile, TextWriter tw)
43   {
44      string record = "记录：" + tw.NewLine +
45         rdFile + "-- " +
46         DateTime.Now.ToLongDateString() + " " +
47         DateTime.Now.ToLongTimeString() + tw.NewLine;
48      tw.WriteLine(record);
49      txtShow.Text += record;
50      tw.Flush(); //清除缓冲区的数据
51   }
```

运行：按"Ctrl + F5"组合键运行此程序，打开"窗体"窗口。参照图 14-6，单击"写入数据"按钮，显示文件信息。

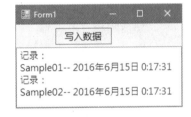

图 14-6　范例 CH1403B 的运行结果

程序说明

* 使用 File 静态类的 AppendText() 来创建文件，调用 logFile() 方法来获取特定文件的信息，然后写入文件；再以 RecordLog() 方法来读取记录文件的内容。

* 第 22~39 行：单击"写入数据"按钮所触发的事件处理程序。调用 logFile() 方法来执行写入操作，用 RecordLog() 来读取文件。

* 第 26~32 行：先以 using 语句来创建串流对象的使用范围。以 AppendText() 方法来指定路径和文件名并赋值给串流对象。指定文件名后，调用 logFile() 执行写入操作。

* 第 34~38 行：以 File 静态类的 OpenText() 方法来打开指定路径的文件，配合 StreamReader 的读取器对象，调用 RecordLog() 方法。

* 第 42~51 行：logFile() 方法以文件名来获取时间和日期并记录。

* 第 44~48 行：将文件和获取的日期与时间用 record 字符串存储后，再调用写入器 tw 的 WriteLine() 方法将信息一行行写入。

14.4　重点整理

❖ 数据流可分为两种：输出数据流是把数据传到输出设备（例如屏幕、磁盘等）上；输入数据流是通过输入设备（例如：键盘、磁盘等）来读取数据。

❖ .NET Framework 把每个文件视为串行化的"数据串流"（Stream），处理对象包含字符、字节以及二进制（Binary）等。System.IO 下的 Stream 类是所有数据流的抽象基类。StreamWriter 或 StreamReader 可用于读取和写入各种格式的数据。BufferedStream 提供缓冲数据流，以改善读取和写入的性能。FileStream 支持文件打开操作。

❖ FileSystemInfo 是一个抽象基类，派生类包含 DirectoryInfo、FileInfo 两个类。这说明 FileSystemInfo 类与文件和目录有关，创建文件和目录时除了可以直接使用 DirectoryInfo、FileInfo 类外，也可以使用 FileSystemInfo 相关成员。

❖ Directory 类提供了目录处理的功能，例如创建、移动文件夹，由于提供了静态方法，通常可直接使用。另一个类是 DirectoryInfo，想要针对某一个目录进行维护工作，就要用 DirectoryInfo 来创建实例对象。

❖ FileInfo 类用 Open 方法来打开文件，参数的 mode 用来指定打开模式；参数 access 决定文件是 Read 或 Write 存取方式；参数 share 则决定文件是否要使用共享模式。

❖ System.IO 下的 Stream 类是所有数据流的抽象基类。Stream 类和它的派生类提供了不同类型输入和输出，其中的 FileStream 能以同步或异步方式来打开文件，配合 Seek 方法能随机存取文件。

❖ StreamWriter 用来写入纯文本数据，并且提供了字符编码格式的处理。StreamReader 类用来读取数据流的数据，其默认编码为 UTF-8，而非 ANSI 代码页（Code Page）。若想处理多种编码，则必须在程序开头导入"Imports System.Text"命名空间。

14.5　课后习题

一、选择题

（1）要判断某个目录是否存在，须使用 Directory 类的哪一个方法？（　　）

A. Exists()　　　　B. GetFiles()　　　　C. GetFileSystemEntries()　　　　D. GetDirectories()

（2）要获取指定目录的文件名，须使用 Directory 类的哪一个方法？（　　）

A. Exists()　　　　B. GetFiles()　　　　C. GetFileSystemEntries()　　　　D. GetDirectories()

（3）检查指定的文件路径是否存在，须使用 Directory 类的哪一个方法？（　　）

A. GetDirectories()　　　　　　　　B. GetFiles()
C. GetFileSystemEntries()　　　　　D. Exists()

（4）调用 FileInfo 类的实例化方法来创建文件对象时，要有 StreamWriter 搭配的是哪一个？
（　　）

    A. AppendText()　　　　　B. CreateText()　　　　C. Create()　　　　D. Open()

（5）调用 FileInfo 类的实例化方法来创建文件对象时，哪一个方法会把原来已存在的文件删除。（　　）

    A. AppendText()　　　　　B. CreateText()　　　　C. Create()　　　　D. Open()

（6）在 System.IO 命名空间中，哪一个类是 StreamReader 和 StringReader 的抽象基类，用来读取数据流和字符串？（　　）

    A. TextReader　　　　　B. FileSystemInfo　　　C. File　　　　D. Stream

（7）StreamReader 读取器，使用哪一个方法会返回-1来判断它是文件末端？（　　）

    A. Read()　　　　　B. Close()　　　　C. Seek()　　　　D. Peek()

二、填空题

（1）FileSystemInfo 是一个抽象基类，其派生类有两个：_____和_____。

（2）要移动目录到指定位置，可以使用 Directory 静态类 Move()方法，它的两个参数是：_____是要移动的文件或目录的路径；_____是目地目录的路径。

（3）使用 Open()方法打开文件，有 3 个参数：_____指定打开模式；_____为文件存取方式；_____决定文件共享模式。

（4）File 静态类用_____方法创建文本文件；用_____方法来打开文件。

（5）查看文件最后一次的访问时间，可使用 FileSystemInfo 的属性_____、文件最后一次的写入时间则是属性_____。

（6）使用串流对象的读取器时，_____方法可以把字符一个一个读取；使用串流对象的写入器时，_____方法可以把数据整行写入。

（7）使用 StreamWriter 写入器写入数据后，_____方法会清除缓冲区数据；再用_____方法关闭缓冲区。

三、实践题

（1）请解释 using 语句的作用。

（2）使用两个文本框来进行目录或文件的搜寻，如图 14-7 所示。由于没有使用按钮控件，因此使用第一个文本框的"KeyDown 事件"。输入字符串后按"Enter"键会列出指定位置的目录或文件。

```
private void txtSerach_KeyDown(object sender,
    KeyEventArgs e)
{
  if (e.KeyCode == Keys.Enter){}
}
```

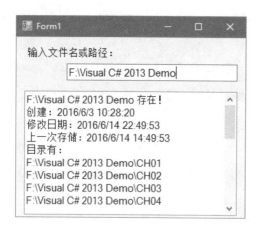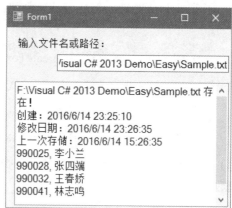

图 14-7 使用两个文本框对目录或文件进行搜录

习题答案

一、选择题

（1）A　　　（2）B　　　（3）D　　　（4）B　　　（5）C　　　（6）A　　　（7）D

二、填空题

（1）DirectoryInfo　　FileInfo　　　　　（2）sourceDirName　　destDirName

（3）mode　　access　　share　　　　　（4）CreateText()　　OpenWrite()

（5）LastAccessTime　　LastWriteTime　　（6）Read()　　WriteLine()

（7）Flush()　　Close()

三、实践题

（1）当我们创建串流对象来写入或读取文件时，会占用一些资源，完成文件的相关操作后会调用 Dispose()来释放这些属于 Unmanaged 的资源。为了让系统自动释放这些资源，可以使用 using 语句，以大括号来定义程序段（或程序块）的范围，让串流对象在此程序段内进行处理。

也就是通过 using 语句，让这些 Unmanaged 的资源自动实现 IDisposable 接口，让创建的串流对象自动调用 Dispose()方法。在 using 程序段中，对象为只读而且不可修改或重新指派。

（2）略

第 15 章

ADO.NET 组件

章节重点

- 认识数据库系统，了解关系数据库的特性。
- 组成 ADO.NET 架构的 .NET Framework 数据提供程序和 DataSet。
- 用数据源配置向导程序获取数据库的内容。
- 了解"查询生成器"如何产生 SQL 语句。
- 介绍 SQL 语句 SELECT、WHERE、INSERT、UPDATE 和 DELETE。
- 用程序代码编写连接字符串、执行 SQL 语句，DataReader 显示查询结果。
- 使用 DataAdapter 对象将查询结果加载到 DataSet 对象，再用 DataGridView 控件显示。

15.1 数据库基础

通过手机，可以记录他人的电话号码，其目的何在？其实就是便于下次拨打时使用。如果把手机视为一个简易数据库，将存储的电话号码予以分类，就能以电话号码或姓名来搜索联系人。若从其他视角思考，"数据库"（Database）就是一些相关数据的集合。

所谓数据库，其实是"数据库系统"（Database System）的一部分，一个完整的数据库系统，由数据库（Database）、数据库管理系统（Database Management System，DBMS）和用户（User）组成。有了这样的概念后，下一步就开始了解数据库吧！

15.1.1 数据库系统

以下列数据来说，只看得出来它们是姓名和对应的分数，但是这些数据的真正用途却无法得知。

王大树	79
陈伯明	65
孙亚美	75
林玉煌	81.67
朱梅英	64.67

若是将这些数据予以整理，则会发现这是一份成绩单，如表 15-1 所示。

表 15-1　经过整理的数据

通讯录					
学系：应用数学			班级：一年乙班		
姓名	平均成绩	数学	英文	语文	备注
王大树	79.00	78	96	63	
陈伯明	65.00	63	47	85	
孙亚美	75.00	77	85	63	
林玉煌	81.67	92	88	65	
朱梅英	64.67	85	47	62	

因此，数据必须经过多个步骤的处理，才能转换为有用的信息。而数据库系统是计算机上应用的数据库，一个完整的数据库系统须包含存储数据的数据库、管理数据库的 DBMS、让数据库运行的计算机硬件设备和操作系统，以及管理和使用数据库的相关人员。

由此看来，数据库、数据库管理系统和数据库系统是 3 个不同的概念，数据库提供的是数据的存储，数据库的操作与管理必须通过数据库管理系统，而数据库系统提供的是一个整合的环境。

15.1.2　认识关系数据库

关系数据库中，数据存储于二维表格中，称为"数据表"（Table）。所谓"关系"，就是数据表与数据表之间字段值的相关关系（或关联），通过这种关系可筛选出所需的信息。

关系数据库的数据表是一个行列组合的二维表格，每一列（垂直）视为一个"字段"（Field），为属性值的集合，每一行（水平）称为元组（tuple，或称为值组），就是一般所说的"一笔记录"。使用关系数据库须具有下列特性：

- 一个存储位置只能有一个存储值。
- 每列（栏）的字段名都必须是一个单独的名称。
- 每行的数据不能重复，即表示每笔记录都是不相同的。
- 行、列的顺序是没有关系的。
- 主索引用来标识行的值，创建数据库后，必须为每个数据表设置一个主索引，其字段值具有唯一性，而且不能重复。
- 在关系数据库中，关联的种类分为以下 3 种。
  - ➢ 一对一的关联（1:1）：指一个实体（Entity）的记录只能关联到另一个实体的一笔记录。如一个部门里必定会有员工，同时一个员工也只能隶属于一个部门。
  - ➢ 一对多的关联（1:M）：指一个实体的记录关联到另一个实体的多笔记录。如一个客户会有多笔交易的订单。
  - ➢ 多对多的关联（M: N）：指一个实体的多笔记录关联到另一个实体的多笔记录。如一个客户可订购多项商品，一项商品也能被不同的客户订购。

15.2　认识 ADO.NET

想要存取其他来源的数据（例如 SQL Server、Excel 文件），可使用 ADO.NET 再配合 OLE DB 和 ODBC。使用 ADO.NET 连接至所需的数据源，还能进一步提取、处理以及更新其中的内容。

15.2.1　System.Data 命名空间

由于 ADO.NET 是 .NET Framework 类库的一环，因此未介绍 ADO.NET 之前，先来了解所使用的命名空间"System.Data"及相关的命名空间。"System.Data"命名空间用来存取 ADO.NET 架构的类，以便有效地管理来自多个数据源的数据。System.Data 命名空间下常用的类如表 15-2 所示。

表 15-2　System.Data 命名空间

类	说明
DataColumn	描述 Schema，表示 DataTable 中数据字段的结构
DataColumnCollection	表示 DataTable 的 DataColumn 对象集合

（续表）

类	说明
DataRelation	表示两个 DataTable 对象之间的父/子关系
DataRow	表示 DataTable 中的数据行
DataRowView	表示 DataRow 的自定义查看
DataSet	存储于内存中快取的数据
DataTable	存储于内存中的虚拟数据表
DataTableReader	以一个或多个只读顺序类型结果集的形式，米获取 DataTable 对象的内容
DataView	自定义 DataTable 的可绑定数据的查看表，用于排序、筛选、搜索、编辑和遍历

除此之外，还有哪些命名空间和 ADO.NET 有关，可参考表 15-3 的概述。

表 15-3　与 ADO.NET 有关的命名空间

命名空间	说明
System.Data.Common	为 .NET Framework 数据提供程序所共享的类，用来存取数据源，包含 DataAdapter、DbConnection 等
System.Data.OleDb	数据源 Access 数据库，提供 .NET Framework Data Provider for OLE DB，包含 OleDbDataAdapter、OleDbDataReader、OleDbCommand 和 OleDbConnection 等类
System.Data.Sql	支持 SQL Server 特定功能的类

15.2.2　ADO.NET 架构

ADO.NET 由 .NET Framework 类库所提供，在编写 Visual C#应用程序时，通过 ADO.NET 来创建数据库应用程序。其架构包含两大类：.NET Framework 数据提供程序和 DataSet，如图 15-1 所示。

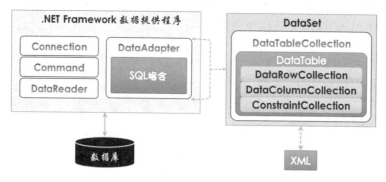

图 15-1　ADO.NET 架构

认识 DataSet

DataSet（数据集）为 ADO.NET 架构的主要组件，是客户端内存的虚拟数据库，用于显示查询结果。由 DataTable 对象的集合所组成的是一种脱机式对象，也就是存取 DataSet 对象时，并不需要与数据库保持连接。使用 DataRelation 对象将对象产生关联。以 UniqueConstraint

和 ForeignKeyConstraint 对象来获取使用数据的完整性。当用户修改数据，或者要获取最新的查询结果，才会通过 DataTable 存取数据库的内容。

.NET Framework 数据提供程序

".NET Framework 数据提供程序"用于数据操作，提供了 ADO.NET 四个核心组件。

- Connection 对象：提供数据源的连接。OLE DB（例如 Access 数据库）使用 OleDbConnection 对象；若是 SQL Server，则使用 SqlConnection 对象。
- Command 对象：能执行数据库命令，用 SQL 语句来新增、修改、删除数据，执行存储过程（Stored Procedure）等。OLE DB 使用 OleDbCommand 对象，SQL Server 则是 SqlCommand 对象。DbCommand 类是所有 Command 对象的基类。
- DataReader 对象：显示 Command 对象执行 SQL 语句所得的查询结果，获取只读和只能向前（顺序读取）的高性能数据流。DbDataReader 类是所有 DataReader 对象的基类。
- DataAdapter 对象：提供 DataSet 对象与数据源之间的沟通桥梁。将 SQL 语句所得结果，配合 DataSet 对象和 DataGridView 控件显示出来。

15.3　获取数据源

如何获取数据源？方法一是使用"数据源配置向导"产生数据集；方法二是以 Visual C# 编写程序代码。

由于 ADO.NET 在"数据绑定"中扮演数据提供程序的角色，完成 DataSet 对象之后，就可以在窗体上使用控件来显示数据库内容。如何与数据源产生绑定呢？最快速的方法是用 Visual Studio 2013 创建项目后，通过"数据源配置向导"产生数据集（DataSet），并自动加入"DataSet.xdc"文件。而"数据绑定"的作用就是将外部获取的数据集成到 Windows 窗体中，通过控件呈现数据，借助.NET Framework 的数据绑定技术，在控件内显示数据库的记录。

15.3.1　生成 DataSet

Visual C# 2013 提供了数据绑定（Databinding）控件，便于设计人员快速地制作数据库窗体。如何与数据库产生连接，并用 Windows 窗体显示出来呢？必须有以下几个操作：

- "数据源"窗口，用来与数据库产生连接。
- 生成 DataSet、TableAdapter 对象。
- 自动生成 BindingNavigator 控件和 BindingSource 组件。
- 配合其他控件：DataGridView、ListBox、ComboBox 等显示数据内容。

范例 CH1503A　创建数据库连接字符串

➡1　创建 Windows 窗体，项目名称为"CH1503A.csproj"。执行❶"查看"菜单展开菜单选项后，选择❷"其他窗口"来展开第二层菜单选项，执行❸"数据源"指令，打开"数据源"窗口，如图 15-2 所示。

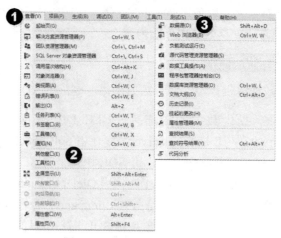

图 15-2　打开"数据源"窗口

STEP 2　从"数据源"窗口的右上角单击 ![按钮]"添加新数据源"按钮，打开"数据源配置向导"窗口，如图 15-3 所示。

图 15-3　启动数据源配置向导

STEP 3　选择数据源类型；❶选择"数据库"，❷单击"下一步"按钮，如图 15-4 所示。选择数据库模型；❸选择"数据集"，❹单击"下一步"按钮，如图 15-5 所示。

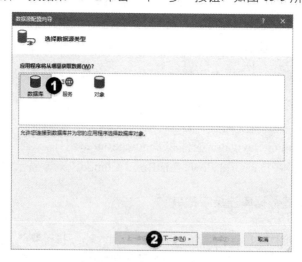

图 15-4　选择数据库类型

图 15-5　选择数据库模型

4 选择数据连接，单击❶"新建连接"按钮，进入"选择数据源"对话框，如图 15-6 所示。

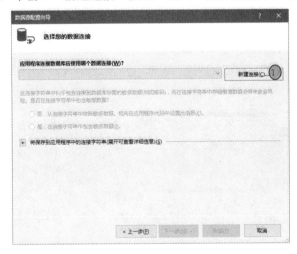

图 15-6　选择数据连接

5 ❶在数据源中选择"Microsoft Access 数据库文件"；单击❷"继续"按钮进入"添加连接"对话框，如图 15-7 所示。

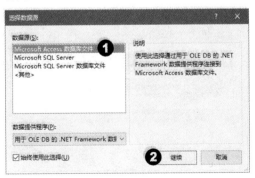

图 15-7　在数据源中选择"Microsoft Access 数据库文件"

STEP 6 单击❶ "浏览"按钮来加入一个 Access 数据库。单击❷ "测试连接"按钮，若无问题则会显示 "测试连接成功"的消息框，单击❸ "确定"按钮关闭对话框，再单击❹ "确定"按钮关闭 "添加连接"对话框，如图 15-8 所示。之后回到步骤 4 的 "选择您的数据连接" 画面。

图 15-8　添加连接并测试

STEP 7 直接单击 "下一步"按钮，如图 15-9 所示。

图 15-9　选择好数据连接后继续

STEP 8 由于数据库文件并非与项目在同一文件夹，会显示以下警告信息！提示是否要把数据库复制到当前的项目中，单击 "是"按钮继续，如图 15-10 所示。

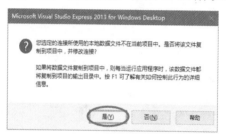

图 15-10　选择将数据库文件复制到当前项目

STEP 9 ❶勾选"是，将连接保存为："复选框，将连接字符串保存到应用程序配置文件中，单击 ❷"下一步"按钮，如图 15-11 所示。

图 15-11 将连接字符串保存到应用程序配置文件中

STEP 10 ❶可以展开数据表，勾选所需的数据表，❷数据集名称用默认值"NorthDataSet"，❸再单击"完成"按钮，如图 15-12 所示。

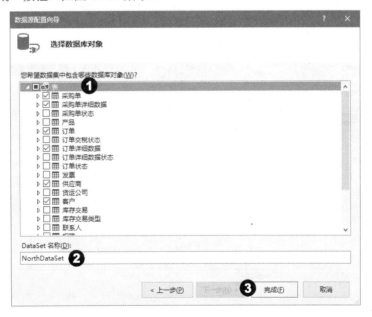

图 15-12 展开数据表，勾选所需的数据表

STEP 11 从"数据源"窗口可以看到"NorthDataSet"下所导入的数据表，而解决方案资源管理器窗口可以看到 Access 数据库"North.accdb"，如图 15-13 所示。

也可以展开"查看"菜单,从展开的菜单项中找到"其他窗口"来展开第二层菜单,执行"数据库资源管理器"来查看其他的数据库对象,如图 15-14 所示。

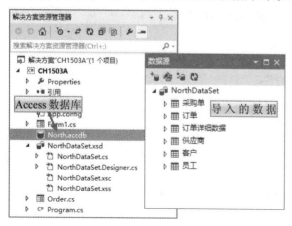

图 15-13　连接的数据库和导入的数据表　　　　图 15-14　数据库资源管理器窗口

使用"查看设计器"

找到位于解决方案资源管理器中的"NorthDataSet.xsd"文件,它是一个描述数据表、字段、数据类型和其他元素的 XML 结构定义文件。用鼠标右键单击这个结构定义文件,在展开的快捷菜单中执行"查看设计器"指令(或鼠标直接双击该文件),就能查看此数据库所设置的关联,如图 15-15 所示。

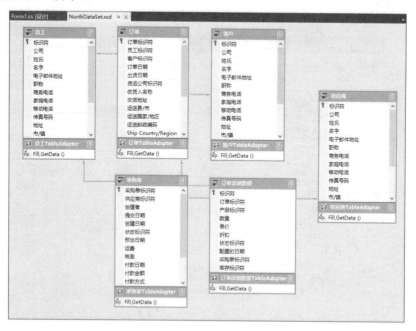

图 15-15　使用"查看设计器"

15.3.2　查看数据源窗口

先看看"数据源"工具栏,有关功能从左到右依次简单介绍一下,如图 15-16 所示。

❶ 添加新数据源：会进入"数据源配置向导"获取新的数据源。

❷ 使用设计器编辑数据集：打开"NorthDataSet.xsd"结构定义文件。

❸ 使用向导配置数据源：会重新进入"数据源配置向导"，重新设置要显示的数据库对象（参考 15.3.1 小节的 Step 10）。

单击数据源窗口的某个数据表时，会在窗口右侧显示☑按钮，单击此按钮会显示相关选项，如图 15-17 所示。单击"供应商"数据表，还能进一步展开相关选项。

- DataGridView：默认选项，以表格方式显示数据表的字段和记录。
- 详细信息：会根据数据表的每一个字段自动创建对应的控件。

展开"供应商"数据表，还可以选择某一个字段，单击此字段右侧的☑按钮，决定要以哪一个控件在窗体上显示内容，展开"供应商"数据表，如图 15-18 所示。

图 15-16　数据源窗口　　　图 15-17　可展开数据表　　　图 15-18　设置字段的控件

15.3.3　DataGirdView 控件

DataGridView 控件以表格方式显示数据。当数据绑定对象包含多个数据表时，还能将 DataMember 属性设置为数据表所要绑定的目标字符串。在"数据源"窗口展开 DataTable 对象，将相关数据拖曳至窗体，就能自动创建 DataGridView 控件。此外，会自动添加 TableAdapter、BindingSource 和 BindingNavigator 对象。说明如下：

- TableAdapter 对象：功能和 DataAdapter 对象相似，通过源数据能执行多次查询。借助 TableAdapter 对象，能更新 DataSet 对象多个数据表的记录。
- BindingNavigator 控件：用来绑定至数据的控件。负责数据记录遍历和操作用户界面（UI）。用户可以通过 Windows 窗体来操作数据。
- BindingSource 组件：提供间接取值（Indirection）的作用。当窗体上的控件绑定至数据时，BindingSource 组件绑定至数据源，而窗体上的控件会绑定至 BindingSource 组件。操作数据时（包括遍历、排序、筛选和更新），都会调用 BindingSource 组件来完成。

单击"预览数据"按钮（见图 15-19），会进入"预览数据"对话框。
再单击对话框的"预览"按钮，能进一步浏览供应商数据的记录，如图 15-20 所示。

图 15-19　DataGridView 控件

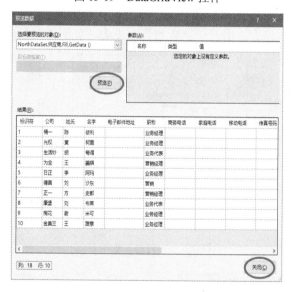

图 15-20　DataGridView 预览数据表

除此之外，还能通过"DataGridView"任务窗口的"编辑列"来添加和移除选定的列。例如，从"预览数据"对话框中发现"电子邮件地址"并无数据，进而可以移除此字段，如图 15-21 所示。

图 15-21　DataGridView 数据编辑表

范例 CH1503A　使用 DataGridView 控件

1 延续上一个项目"CH1503A.csproj"。在"数据源"窗口中，单击"供应商"数据表右侧的☑按钮，在展开的下拉项目中，单击"DataGridView"（参考图 15-17）。

2 将"供应商"拖曳至窗体，就会将相关对象添加于窗体下方的组件匣中，并在窗体加入 DataGridView 控件，将其 Dock 属性设为"Fill"（或使用 DataGridView 任务窗口的"在父容器中停靠"），如图 15-22 所示。

图 15-22　将"供应商"拖曳至窗体

3 选择 DataGridView 控件，从属性窗口找到"AlternatingRowsDefaultCellStyle"属性，单击⋯按钮，进入"CellStyle 生成器"对话框，把"BackColor"设置为淡黄色，如图 15-23 所示。

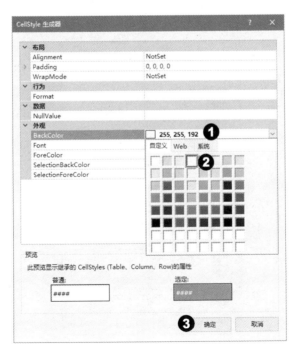

图 15-23　设置 DataGridView 控件的背景颜色

运行：按"Ctrl＋F5"组合键运行此程序，打开"窗体"窗口。由于"AlternatingRowsDefault-CellStyle"属性是针对奇数行应用所设置的单元格样式，因此结果如图 15-24 所示。

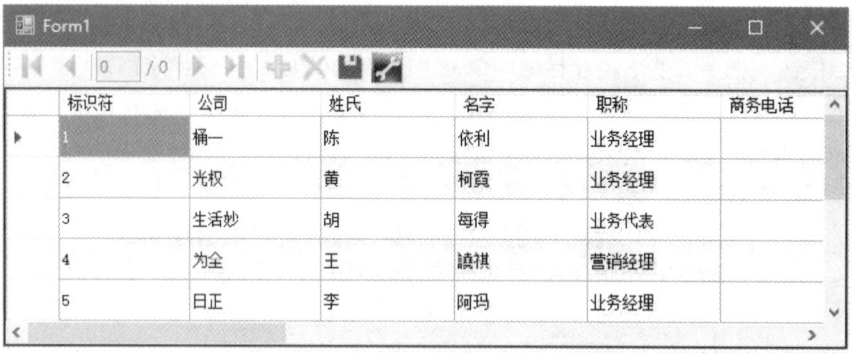

标识符	公司	姓氏	名字	职称	商务电话
1	桶一	陈	依利	业务经理	
2	光权	黄	柯霞	业务经理	
3	生活妙	胡	每得	业务代表	
4	为全	王	谟祺	营销经理	
5	日正	李	阿玛	业务经理	

图 15-24　范例 CH1503A 的运行结果

- 由于 AllowUserToResizeColumns 属性值为"True"，因此当鼠标移向两个字段之间时鼠标指针以双箭头显示，表示可以自由调整列宽。

显示单笔的详细数据

范例 CH1503A　使用"采购单"数据表来显示单笔的详细内容

1 延续上一个项目"CH1503A.csproj"。执行"项目"→"加入 Windows 窗体"指令，将名称存储为"Order.cs"。

2 在数据源窗口找到"采购单"数据表，单击右侧的 ▼ 按钮，选择 "详细信息"，再将"采购单"数据表拖曳至窗体，如图 15-25 所示。

图 15-25　在第二个窗体中加入"采购单"数据表

3 切换至 Form1 窗体，在窗体工具栏添加单笔编辑的"ToolStripButton"控件，Name 设为 "stbtnOrderDetail"，Text 设置为"单笔编辑采购单"，如图 15-26 所示。

图 15-26　为窗体工具栏添加控件

4 用鼠标双击"stbtnOrderDetail"进入 Click 事件过程段，程序代码如下。

```
43  private void stbtnOrderDetail_Click(object sender,
44      EventArgs e)
45  {
46    Order fmOrder = new Order();
47    fmOrder.Show(); //显示窗体
48  }
```

运行：按"Ctrl + F5"组合键运行此程序，打开"窗体"窗口。单击工具栏的"单笔编辑采购单"按钮会打开"采购单"，如图 15-27 所示。

图 15-27　范例 CH1503A 的运行结果

前述范例是使用"数据源配置向导"来快速生成和建立数据库应用程序的界面。它的基本步骤如下：

1 完成创建的数据库。

2 使用 .NET Framework 数据提供程序的 Connection 对象来生成连接字符串。

3 创建数据集（DataSet），让数据库的数据能存放于此，进行脱机操作。

4 使用 BindingSource 控件的 DataSet 属性设置 DataSet 数据集，才能获取数据源并进一步与窗体进行绑定，如图 15-28 所示。

5 创建数据连接控件，将它的属性 DataSource 设为所对应的 BindingSource 控件对象，让彼此间有互动，如图 15-29 所示。

图 15-28　BindingSource 控件要绑定到 DataSet　　　图 15-29　DataGridView 控件要绑定到 BindingSource

15.4　简易 SQL 语句

SQL（Structured Query Language）语言，它是用于关系数据库查询数据的一种结构化语言，通过 SQL 语句可存取和更新数据库的记录，SQL 语句基本上分为以下 3 类。

- 数据定义语言 DDL（Data Definition Language）：用来创建数据表，定义字段。
- 数据操作语言 DML（Data Manipulation Language）：定义数据记录的新增、更新、删除。
- 数据控制语言 DCL（Data Control Language）：属于数据库安全设置和权限管理的相关指令设置。

15.4.1　使用查询生成器

Visual Studio 2013 提供了"查询生成器"来生成 SQL 语句。通过生成的数据集，以可视化界面，让不会使用 SQL 语句的设计者也能一窥 SQL 语句的面貌。它的环境简介如图 15-30 所示。

配合已完成的数据集，有两种方法获取查询生成器：查询标准生成器和 TableAdapter 查询配置向导。下面以范例 CH1504B 进行说明。

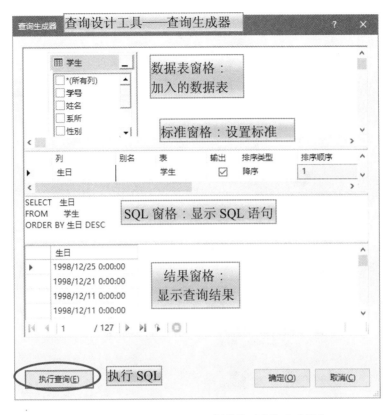

图 15-30 Visual Studio 2013 提供的“查询生成器”

范例 CH1504B SQL 查询——查询标准生成器

STEP 1 打开项目“CH1504B.csproj”。将“学生”数据表以“详细信息”显示于窗体，如图 15-31 所示。

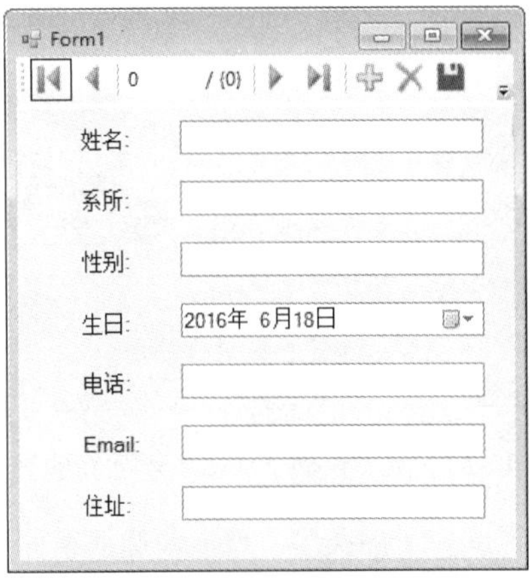

图 15-31 将“学生”数据表以“详细信息”显示于窗体中

STEP 2 在窗体下方的“匣”中找到❶“学生 TableAdapter”控件，右击展开快捷菜单选项，执行❷“添加查询”指令，如图 15-32 所示。

图 15-32　添加查询

3 添加要查询的数据表。❶确认数据源数据表为 "CH15DbDataSet 学生"；❷新的查询名称为 "SortBirth"；❸单击 "查询生成器" 按钮进入查询窗口，如图 15-33 所示。

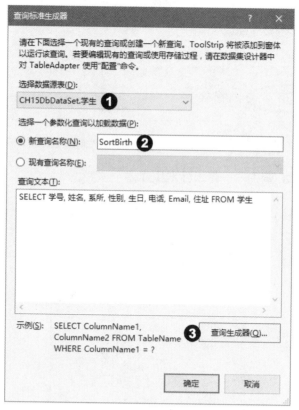

图 15-33　用 "查询生成器" 添加新的查询

4 为 "生日" 字段选择 "降序" 排序类型，❶被勾选的字段才会输出。❷ "生日" 字段的排序类型设置为 "降序"，❸排序顺序设为 "1"，❹单击 "确定" 按钮回到上一层 "查询标准生成器" 窗口，再单击 "确定" 按钮关闭窗口。步骤如图 15-34 所示。

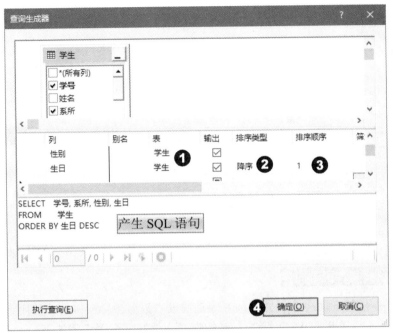

图 15-34　设置生成的查询语句的细节

运行：按"Ctrl + F5"组合键运行此程序，打开"学生"数据表，如图 15-35 所示。

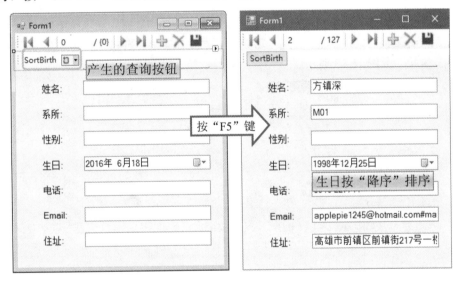

图 15-35　范例 CH1504B 的查询结果

注意事项

通过"查询生成器"只能修改原有的 SQL 语句，不能将基本语句的某一个字段取消勾选不进行输出。例如图 15-36 中，性别字段未勾选进行 "输出"，表示基本语句进行了修改，关闭"查询标准生成器"窗口就会产生错误信息，如图 15-37 所示。

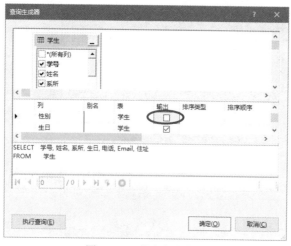

图 15-36 某个字段未勾选

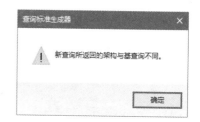

图 15-37 查询标准生成器窗口报错的情况

TableAdapter 查询配置向导

要获取 SQL 语句查询结果，另一种方式是通过"数据源"窗口的"使用设计器编辑数据集" 按钮，其实就是进入 XSD（XML 结构定义文件），设置步骤如下。

范例 CH1504B　SQL 查询——设计器编辑数据集

1 延续范例 CH1504B.csproj。将"学生"数据表以"详细数据"显示于窗体。

2 进入设计工具窗口，右击"学生"数据表，在快捷菜单中选择"添加"选项，再选择"查询"选项，如图 15-38 所示。

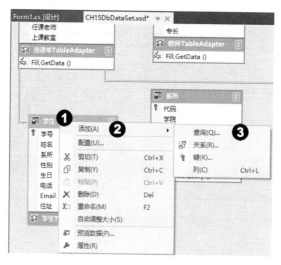

图 15-38　准备进入"查询配置向导"

3 进入"TableAdapter 查询配置向导"对话框，❶选择"使用 SQL 语句"，❷单击"下一步"按钮，如图 15-39 所示。

图 15-39　选择"使用 SQL 语句"

STEP 4 进一步❶选择查询类型"SELECT(返回行)",❷单击"下一步"按钮,如图 15-40 所示。

图 15-40　选择"SELECT(返回行)"

STEP 5 单击"查询生成器"按钮,进入其对话框,如图 15-41 所示。

图 15-41 进入"指定 SQL SELECT 语句"对话框

STEP 6 ❶在姓名字段的筛选器中输入"LIKE '林%'";❷单击"执行查询"按钮,若无错误,会从结果窗口输出结果;❸单击"确定"按钮。步骤如图 15-42 所示。

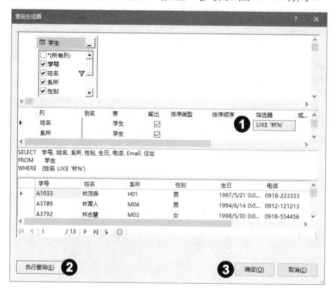

图 15-42 执行筛选查询

STEP 7 回到"TableAdapter 查询配置向导"窗口,再单击"完成"按钮,如图 15-43 所示。

STEP 8 回到 XSD 结构定义文件可以看到"学生"数据表下方列出了创建的查询,选择❶"FillBy, GetDataBy1",右击,再从快捷菜单中执行❷"预览数据"指令,如图 15-44 所示。进入预览数据窗口,❸单击"预览"按钮,可以查看姓名只列出姓氏为"林"的学生数据,❹再单击"关闭"按钮,如图 15-45 所示。

图 15-43　单击"完成"按钮以完成 SQL 语句的添加

图 15-44　选择查询语句的快捷菜单中的"预览数据"选项

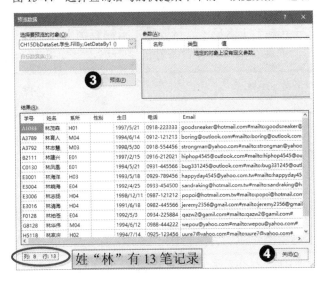

图 15-45　查询的预览结果

15.4.2　SELECT 子句

数据库中含有数据表，针对数据表中某些字段或记录，使用选择查询（Select Query）来筛选所需的结果。SQL 语言中最基本的语句就是 Select，其作用就是从数据表选择数据，语法如下：

```
SELECT 字段 1 [, 字段 2, ...]
FROM 数据表 1[, 数据表 2]
```

使用 Select 语句，想要获取学生数据表中"姓名""生日""系所"3 个字段的数据。

```
SELECT 姓名, 生日, 系所 FROM 学生
```

- SELECT 指令：要有字段名，不同的字段要以","（逗号）隔开。
- FROM 指令：数据表名称。同样地，不同的数据表名称也要以","（逗号）隔开。

若进一步要选择学生数据表的所有字段，则使用"*"符号来代表所有字段。

```
SELECT * FROM 学生
```

15.4.3　WHERE 子句

SQL 语言中的 WHERE 子句可配合条件进行查询，语法如下：

```
WHERE Condition
```

- Condition：设置查询条件，其作用就是从有关字段中找出符合条件的字段值。

如果是单一条件查询，文字字段必须加单引号或双引号。例如从"系所"字段中，找出"理学院"。

```
SELECT 代码, 学院, 学系 FROM 系所
WHERE 学院 = '理学院'
```

查询时，WHERE 子句配合 LIKE 运算符提供"模糊查询"。此外，使用"%"（任意字符串）或"_"（单个字符）通配符来查找符合条件的字符串，例如找出"理"开头的系所。

```
SELECT 代码, 学院, 学系 FROM 系所
WHERE 学院 LIKE "理%"
```

如果是数值字段，就直接以 WHERE 子句查询。例如，找出课程数据表学分等于 4 的科系。

```
SELECT 课程代码, 课程名称, 学分, 选必修 FROM 课程
WHERE 学分 = 4
```

使用多重条件查询，可配合 AND 或 OR 运算符来串接查询条件。例如，想要知道课程数据表中 3 学分或 4 学分有哪些课程，使用 WHERE 子句配合 OR 运算符。

```
SELECT 课程代码, 课程名称, 学分, 选必修 FROM 课程
WHERE (学分 = 4) OR (学分 = 3)
```

想要知道必修学分中是否有 3 学分或 4 学分的课程，WHERE 子句的简述如下。

```
SELECT 课程代码, 课程名称, 学分, 选必修 FROM 课程
WHERE (学分 = 4) AND (选必修 = true) OR
      (学分 = 3) AND (选必修 = true)
```

想要查询某一个范围的记录，还可以使用 WHERE BETWEEN。例如，查询学生数据表中生日是"1995/1/1"到"1998/12/31"。

```
SELECT  学号, 姓名, 系所, 性别, 生日, 电话, Email, 住址
FROM  学生
WHERE (生日 BETWEEN #1/1/1995# AND #12/31/1998#)
```

将数据排序

使用 SQL 语句还能将数据进行排序，只要在 WHERE 子句后加上"ORDER BY"子句，未指定参数值默认是升序（ASC），降序排序的参数则是 DESC。例如，学生数据表中将学生按"姓名"进行升序方式排序。

```
SELECT  学号, 姓名, 系所, 性别, 生日, 电话, Email, 住址
FROM  学生
ORDER BY 姓名
```

15.4.4 动态查询

介绍数据库的操作语言（DML），包含 INSERT（插入记录）、DELETE（删除记录）、UPDATE（更新）等 SQL 语句。

INSERT

INSERT 用来新增记录，语法如下：

```
INSERT INTO table(column1, column2, ...)
VALUES('value1', 'values', ...)
```

- table：数据表名称。
- column：为指定数据表的字段名，用逗号将字段分隔。
- value：字段值，必须与 column 对应，数据若是字符、日期则必须用引号括住，若为 Access 数据库日期，则要使用"#"符号。

如果使用"TableAdapter 查询配置向导"，就将查询类型选为"INSERT"，再用"查询生成器"在系统数据表中输入数据，如图 15-46 所示。

通过"TableAdpater 查询配置向导"来执行 INSERT、UPDATE 和 DELETE 等语句时，数据库的内容会有更改，"查询生成器"只会显示有几笔记录被更改了，而不会通过"结果窗格"显示结果。以上述新增一笔记录到"系所"数据表来说，只会显示消息框，如图 15-47 所示。

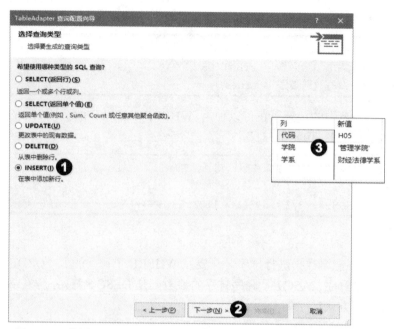

图 15-46　使用"TableAdapter 查询配置向导"在系统数据表中输入数据

图 15-47　消息框提示新增一笔记录

UPDATE

UPDATE 语句用来指定数据表中符合条件的记录，再将字段值予以更新，语法如下。

```
UPDATE table SET column1 = 'value1' WHERE CONDITIONS
```

- SET 指令之后是要更新的字段。
- WHERE 子句省略时，数据表所有字段都会被更新。

例如，在"系所"数据表中，将财经法律学系的代码变更为"HL1"。

```
UPDATE 系所
SET  代码 = 'HL1'
WHERE  学系 = '财经法律学系'
```

DELETE

DELETE 指令用来删除数据表内符合条件的记录，语法如下：

```
DELETE FROM table WHERE CONDITIONS
```

例如，在"系所"数据表中，删除代码为"HL1"的财经法律学系。

```
DELETE FROM 系统
WHERE 代码 = 'HL1'
```

15.5　用程序代码来提取、存入数据

命名空间 System.Data.OleDb 是 .NET Framework Data Provider for OLE DB。可用来存取 OLE DB 数据源。使用 OleDbDataAdapter，配合内存的 DataSet，可以查询及更新数据源。ADO.NET 的 DataReader 对象能读取数据库记录；DataAdapter 能从数据源提取数据，并填入 DataSet 的数据表。

前述范例是用"数据源配置向导"来创建连接字符串，再进一步和数据库产生连接，然后由 DataGridView 控件来显示数据表的内容。如果要用 C#程序代码来编写，要如何着手呢？以图 15-48 中的步骤来说明。

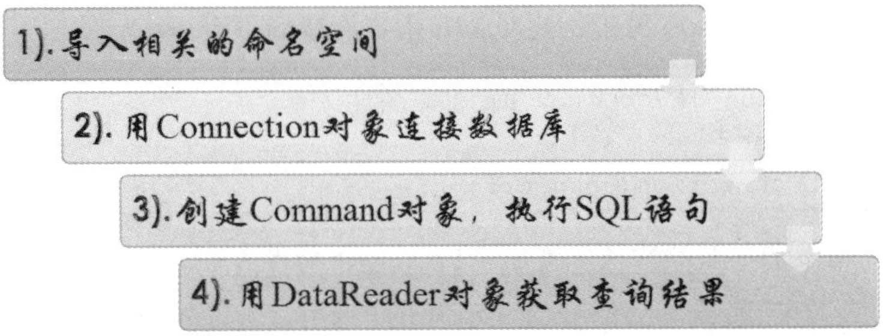

图 15-48　编写 C#程序代码来存取数据库的步骤

15.5.1　导入相关命名空间

要连接数据库，第一个要确认数据库类型。.NET Framework Data Provider 的用途是用来连接数据库、执行命令和提取结果。共有 4 个：

- .NET Framework Data Provider for SQL Server：适用于 Microsoft SQL Server 7.0 以后的版本，使用 System.Data.SqlClient 命名空间。
- .NET Framework Data Provider for OLE DB：适用于 Access 数据库，使用 System.Data.OleDb 命名空间。System.Data.OleDb 命名空间的常用类如表 15-4 所示。

表 15-4　System.Data.OleDb 命名空间的常用类

类	说明
OleDbCommand	针对数据源执行的 SQL 语句或存储过程
OleDbConnection	建立数据源的连接
OleDbDataAdapter	数据命令集和数据库连接，用来填入 DataSet 并更新数据源
OleDbDataReader	提供数据源读取数据行的方法

- .NET Framework Data Provider for ODBC：适用于 ODBC 数据源的中介应用程序，使用 System.Data.Odbc 命名空间。
- .NET Framework Data Provider for Oracle：适用于 Oracle 数据库，支持 Oracle 客户端软件 8.1.7（含）以后版本，使用 System.Data.OracleClient 命名空间。

创建项目后，若是连接 Access 数据库，则必须导入 "System.Data.OleDb" 命名空间。

```
using System.Data.OleDb;
```

15.5.2　用 Connection 对象连接数据库

不同的数据库需要不同的 Connection 对象，Access 数据库使用 OLE DB。所以要用 ".NET Framework 数据提供程序" 的 OleDbConnection 对象来创建连接，其构造函数的语法如下。

```
public OleDbConnection(string connectionString);
```

- connectionString：用来打开数据库的连接。

所以要用 OleDbConnection 类来创建对象并指定连接的字符串。

```
//创建 OleDbConnection 对象 conn，并指定连接字符串
OleDbConnection conn;
conn = new OleDbConnection(connString);
```

connString 为指定数据源的连接字符串，以 Access 数据库而言，会有以下两种情况。

```
connString = "Provider = Microsoft.Jet.OLEDB.4.0;" +
  "Data Source=C:\bin\LocalAccess40.mdb"; //旧版 Access
connString = "Provider = Microsoft.ACE.OLEDB.12.0;" +
  "Data Source=D:\VBDemo\CH17\Loan.accdb"; //新版 Access
```

- Provider 属性：OLE DB 提供者名称以 Access 数据库为主，若连接 Access 2007 以后的版本则是 "Microsoft.ACE.OLEDB.12.0"，而非 "Microsoft.Jet.OLEDB.4.0"。
- DataSource 属性：数据源，用来指出 Access 数据库的文件路径。
- 不同的数据源属性，须以 ";"（分号）字符分隔开。

完成 Connection 对象的创建后，用 Open 方法来打开数据库。

```
conn.Open();
```

OleDbConnection 类的常用成员可参考表 15-5 的说明。

表 15-5　OleDbConnection 类的常用成员

成员	说明
ConnectionString	获取或设置打开数据库的字符串
ConnectionTimeout	产生错误前尝试终止连接的等待时间
Database	获取或设置要连接的数据库名称

（续表）

成员	说明
DataSource	获取或设置要连接连接的数据源名称
Provider	获取连接字符串"Provider ="子句指定的 OLE DB 提供者名称
Close()	关闭 OLE DB 数据库的连接
Dispose()	释放 OleDbConnection 所占用的资源
Open()	打开 OLE DB 数据库的连接

15.5.3 用 Command 对象执行 SQL 语句

Command 对象能用来执行相关的 SQL 语句。Command 对象主要是通过两个方法来执行 SQL 语句：ExecuteReader 方法要搭配 DataReader 使用，将 SQL 语句查询所得结果以 DataReader 来提取；ExecuteNonQuery 方法不返回数据记录，但可以返回变动的数据笔数，例如使用 INSERT 或 UPDATE 语句等。用 OleDbCommand 类来创建 Command 对象，要先了解其构造函数：

```
OleDbCommand(String)
OleDbCommand(String, OleDbConnection)
OleDbCommand(String, OleDbConnection, OleDbTransaction)
```

- String：为 SQL 语句。
- OleDbConnection：数据库的连接对象。
- OleDbTransaction：执行的数据库操作。

例如，要用 OleDbCommnad 对象去获取 "Reader" 数据表的所有内容。

```
OleDbCommand cmd; //创建 OleDbCommand 对象 cmd
//SQL 语句：获取 Reader 数据表的所有记录
sqlShow = "SELECT * FROM Reader";
//OleDbConnection 对象
cmd = new OleDbCommand(sqlShow, conn);
```

OleDbCommand 类常见的成员可参考表 15-6。

表 15-6 OleDbCommand 类的成员

OleDbCommand	说明
CommandText	获取或设置数据源的 SQL 语句或存储过程
CommandTimeout	获取或设置错误产生之前的等待时间
CommandType	获取或设置 CommandText 属性的解译方法
Connection	获取或设置 OleDbCommand 所使用的 OleDbConnection
Parameters	获取 OleDbParameterCollection
Transaction	获取或设置 OleDbTransaction，执行其中的 OleDbCommand
Cancel()	用来尝试取消 OleDbCommand 的执行

产生 Command 对象,用 DataReader 对象读取数据库时,可调用"Command.ExecuteReader"提取数据源的记录,然后由 DataReader 对象显示查询的结果。

```
OleDbDataReader rdDisplay;
rdDisplay = cmd.ExecuteReader();
```

Command 对象提供的 Execute()方法可参考表 15-7。

表 15-7　Execute()方法

命令	返回值
ExecuteReader	返回 DataReader 对象
ExecuteScalar	从数据表获取单一字段数据,通常是第一笔记录第一个字段
ExecuteNonQuery	执行 SQL 语句,但不会返回任何记录

15.5.4　DataReader 显示内容

用 SQL 语句执行查询时,会将结果一直存储于客户端的网络缓冲区,直到使用 DataReader 的 Read()方法读取它们为止。由于可以立即提取可用的数据,而一次只将一个数据行存储到内存中,因此 DataReader 可以提高应用程序的性能、减少系统的负荷。DataReader 对象用来读取数据源的数据流,常见的属性、方法可参考表 15-8。

表 15-8　DataReader 类的成员

DataReader 成员	说明
FileCount	用来获取当前数据字段数的整数值
HasRows	判断 OleDbDataReader 是否有一个以上的数据行,返回布尔值
Item	用来获取 ColumnName 字段值
GetName()	获取指定的字段名
GetValue()	获取指定的字段值
IsDBNull()	判断指定的数据字段是否为空值,返回布尔值
Read()	读取记录时,一次一笔,直到记录读完为止

如何读取 DataReader 对象的内容?可通过 while 循环或 Do while 配合 DataReader 提供的 Read()方法,一次读取一笔记录。先以 for 循环获取要读取数据表的栏数(即字段数),将数据输出。

```
while(rdDisplay.Read()){
  MessageBox.Show(result);
  for (int ct = 0; ct < rdDisplay.FieldCount; ct++)
  {
    result +=
      rdDisplay[ct].ToString() + "\t";
  }
```

```
      result += Environment.NewLine;
  }
```

范 例 CH1505A　**以连接字符串读取数据表内容**

▶1　创建 Windows 窗体，项目名称为"CH1505A.csproj"。加入控件 Button，其属性 Name 设置为"btnAccess"，Text 设置为"打开 Access 数据库"。TextBox 的属性 Name 设置为 "txtDbShow"。

▶2　用鼠标双击"打开 Access 数据库"按钮，进入程序代码编辑区（Form1.cs）编写以下程序 代码：

```
21  private void btnAccess_Click(object sender, EventArgs e)
22  {
23    //步骤 2 —— 创建连接 Access 数据库的相关对象
24    OleDbConnection conn; //数据库的连接对象
25    OleDbCommand cmd; //执行 SQL 语句的 Command 对象
26    OleDbDataReader rdDisplay;
27    string connString, sqlText;
28    //创建连接字符串
29    connString = "Provider=Microsoft.ACE.OLEDB.12.0;" +
30        @"Data Source = F:\Visual C# 2013 Demo\Easy\" +
31        "CH15Db.accdb";
32    conn = new OleDbConnection(connString);
33    conn.Open(); //打开数据库
34
35    //步骤 3 —— 以 Command 对象 cmd 执行 SQL 语句,读取所有字段
36    sqlText = "SELECT * FROM 系所";
37    //sqlText = "SELECT TOP 3 * FROM 系所";
38    //获取 SQL 语句
39    cmd = new OleDbCommand(sqlText, conn);
40    //步骤 4 —— 将查询结果用 DataReader 来显示
41    rdDisplay = cmd.ExecuteReader();
42    string result = "";
43    //for 循环读取字段数
44    for (int ct = 0; ct < rdDisplay.FieldCount; ct++)
45    {
46      result += rdDisplay.GetName(ct) + "\t";
47    }
48    result += Environment.NewLine;
49    result +="-----------------------------\n";
50    result += Environment.NewLine;
51    //读取每一笔记录
52    while(rdDisplay.Read()){
```

```
53        for (int ct = 0; ct < rdDisplay.FieldCount; ct++)
54        {
55          result +=
56            rdDisplay[ct].ToString() + "\t";
57        }
58        result += Environment.NewLine;
59      }
60    rdDisplay.Close();//关闭数据表的读取
61    conn.Close();//关闭数据库
62    txtDbShow.Text = result;
63  }
```

运行：按"Ctrl + F5"组合键运行此程序，打开"窗体"窗口。参照图 15-49，单击"打开 Access 数据库"按钮，载入读取的记录。

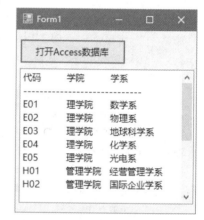

图 15-49　范例 CH1505A 的运行结果

程序说明

* 第 23~28 行：声明与数据库连接时有关的对象。
* 第 29~31 行：创建要打开数据库的相关对象，以连接字符串打开 Access 2013 版本的数据库。
* 第 32-35 行：设置 SQL 语句，从"系所"数据表获取 4 个字段，再由 Command 对象执行此指令。
* 第 36 行：设置 SQL 语句，表示会读取"系所"数据表中的所有字段。
* 第 39 行：OleDbCommand 对象 cmd 获取 SQL 语句和连接字符串内容。
* 第 41 行：执行 ExecuteReader 方法，将 SQL 语句获取的内容读取出来。
* 第 44~47 行：以 for 循环先读取字段名，暂时存放在 result 变量中。
* 第 52~59 行：while 循环，配合 DataReader 的 Read 方法，按序逐笔来读取记录。
* 第 60~61 行：以 Close 方法释放 DataReader 和 Connection 对象的资源。

15.5.5　DataAdapter 载入数据

DataAdapter 对象扮演"数据配送器"的角色，是数据源与 DataSet 之间的中介，将 SQL 命令的运行结果填入 DataSet 并更新数据源。DataAdapter 类常见的属性、方法可参考表 15-9。

表 15-9　DataAdapter 类的成员

DataAdapter 成员	说明
SelectCommand	获取或设置 OLE DB 数据源所要执行的 SQL 语句
InsertCommand	将数据新增到 OLE DB 数据源所要执行的 SQL 语句
UpdateCommand	更新 OLE DB 数据源所要执行的 SQL 语句
DeleteCommand	将 OLE DB 数据源的数据删除所要执行的 SQL 语句

（续表）

DataAdapter 成员	说明
Fill 方法	将数据表的数据加载到 DataSet 对象
Update 方法	DataSet 对象要执行 SQL 语句（INSERT、UPDATE、DELETE）

如何使用 DataAdapter，程序如下：

- 先创建 Connection 对象来连接并打开数据库。
- 再用 DataAdapter 对象执行 SQL 语句，将所得数据存入 DataSet。例如，创建对象 daShow，通过 OleDbDataAdapter 构造函数传入参数 sqlText（SQL 语句）和 conn 对象（Connection）。

```
OleDbDataAdapter daShow;
daShow = new OleDbDataAdapter(sqlText, conn);
```

- 指定数据绑定的对象，用 Fill 方法加载 DataSet 对象，并指定控件的"DataSource"属性，显示数据表内容。

```
DataSet ds = new DataSet();
daShow.Fill(ds, "Reader")  'Fill 方法 —— 将 Reader 数据表载入
dgvReader.DataSource = ds.Tables["Reader"].DefaultView
```

范例 CH1505B　以连接字符串读取数据表内容

1 创建 Windows 窗体，项目名称为"CH1504B.csproj"。控件 Button 的属性 Name 设置为"btnOpen"，Text 设置为"打开数据库"；DataGridView 的属性 Name 设置为"dgvReader"，Dock 设置为"Bottom"。

2 用鼠标双击"打开数据库"按钮，进入程序代码编辑区（Form1.cs）编写以下程序代码：

```
21 private void btnOpen_Click(object sender, EventArgs e)
22 {
23   string sqlText = null, connString;
24   OleDbDataAdapter daShow;
25   DataSet ds = new DataSet();
26   //Step1 —— 创建连接字符串
27   connString="Provider = Microsoft.ACE.OLEDB.12.0;" +
28     @"Data Source = F:\Visual C# 2013 Demo\Easy\" +
29     "CH15Db.accdb";
30   try
31   {
32     using( OleDbConnection conn =
33       new OleDbConnection(connString))
34     {
35       conn.Open(); //打开数据库
```

```
36          sqlText = "SELECT * FROM 课程";
37          //step2 —— 创建 DataAdapter 对象来执行 SQL 语句
38          daShow = new OleDbDataAdapter(sqlText, conn);
39          daShow.Fill(ds, "课程");//载入课程数据表
40          dgvReader.DataSource =
41             ds.Tables["课程"].DefaultView;
42        }
43     }
44     catch(Exception){
45        MessageBox.Show("错误" + sqlText);
46     }
47  }
```

运行：按"Ctrl + F5"组合键运行此程序，打开"窗体"窗口。参照图 15-50，单击"打开数据库"按钮，载入读取的记录。

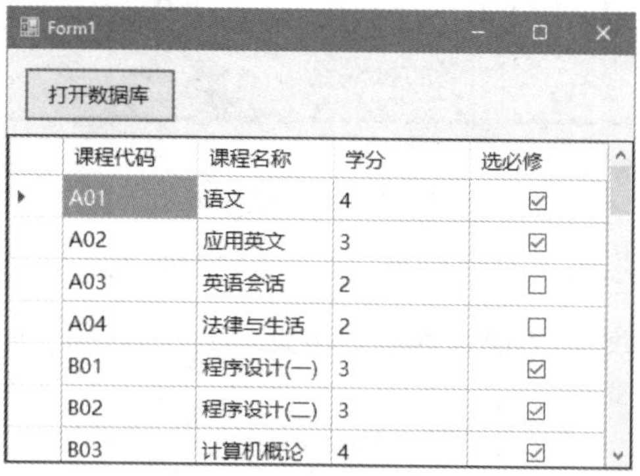

图 15-50　范例 CH1505B 的运行结果

程序说明

* 第 23~29 行：声明与数据库连接时有关的对象并创建连接字符串。
* 第 30~46 行：使用 try/catch 语句来防止连接数据库所发生的错误。
* 第 32~42 行：using 语句创建资源区，离开时会自动释放资源。
* 第 38~41 行：创建 OleDbDataAdapter 对象，并用构造函数传入 SQL 语句和 Connection 对象这两个参数；再用 Fill 方法将数据集（DataSet）的"系所"数据表载入，用"Tables"属性将存储于 DataSet 的数据表赋值给 DataGridView 的"DataSource"属性，以便显示其内容。

15.6　重点整理

✧ 数据库、数据库管理系统和数据库系统是 3 个不同的概念，数据库提供的是数据的存储，数据库的操作与管理必须通过数据库管理系统，而数据库系统提供了一个整合的环境。

◈ 关系数据库的数据表是一个行列组合的二维表格，将每一列（垂直）视为一个"字段"（Field），为属性值的集合，每一行称为元组（tuple，或值组），就是一般所说的"一笔记录"。

◈ 在关系数据库中，关联的种类分为 3 种：一对一的关联（1:1）、一对多的关联（1:M）、多对多的关联（M：N）。

◈ "System.Data"命名空间存取 ADO.NET 架构的类，使用 ADO.NET 能建立数据库应用程序。其架构包含两大类：.NET Framework 数据提供程序和 DataSet。

◈ DataSet（数据集）为 ADO.NET 架构的主要组件，是客户端内存中的虚拟数据库，用于显示查询结果。由 DataTable 对象的集合所组成的则是一种脱机式对象。

◈ ".NET Framework 数据提供程序"用于数据操作，提供了 ADO.NET 4 个核心组件：Connection、Command、DataReader 和 DataAdapter。

◈ "数据绑定"的作用是将外部获取的数据集成到 Windows 窗体中，通过控件呈现数据的内容；通过 .NET Framework 的数据绑定技术，在控件内显示数据库的记录。

◈ Visual Studio 2013 创建项目获取数据库连接，用"数据源配置向导"来产生数据集，可选择以"DataGridView"控件显示所有数据内容，或以单笔显示详细的数据，此时窗体自动新增 TableAdapter、DataConnector 和 DataNavigator 等相关对象。

◈ BindingNavigator 控件是用来绑定至数据的控件。负责数据记录的遍历和操作用户界面（UI）。

◈ BindingSource 组件提供间接取值（Indirection）。当窗体上控件绑定至数据时，BindingSource 组件绑定至数据源，而窗体上的控件会绑定至 BindingSource 组件。操作数据时（包括遍历、排序、筛选和更新），都会调用 BindingSource 组件来完成。

◈ SQL（Structured Query Language）语言是用于关系数据库来查询数据的一种结构化语言，基本上分为 3 大类：数据定义语言 DDL（Data Definition Language）用于创建数据表，定义字段；数据操作语言 DML（Data Manipulation Language）用于定义数据记录的新增、更新、删除；数据控制语言 DCL（Data Control Language）属于数据库安全设置和权限管理的相关指令。

◈ Visual Studio 2013 提供了"查询生成器"来生成 SQL 语句。数据集以可视化的界面，让不会使用 SQL 语句的设计者也能一窥 SQL 语句的面貌。配合已完成的数据集，有两种方法可以调用"查询生成器"：查询标准生成器和 TableAdapter 查询配置向导。

◈ 连接数据库是第一个要确认的数据库类型。.NET Framework Data Provider 的用途是用来连接数据库、执行命令和提取结果。共有 4 个 Data Provider（数据提供者）：.NET Framework Data Provider for SQL Server、.NET Framework Data Provider for OLE DB、.NET Framework Data Provider for ODBC 和.NET Framework Data Provider for Oracle。

◈ SQL 语句中 SELECT 子句用来查询数据内容，WHERE 子句能设置查询条件，INSERT 语句用来新增记录，UPDATE 语句用于更新字段值，DELETE 则用于删除符合条件的记录。

◈ 提取数据的步骤：首先导入相关命名空间，用 Connection 对象连接数据库，然后创建 Command 对象，执行 SQL 语句，用 DataReader 对象获取查询结果。

⨁ SQL 语句执行查询时，会将结果一直存储于客户端的网络缓冲区，直到使用 DataReader 的 Read 方法读取它们为止。因为可以立即提取可用的数据，而一次只将一个数据行存储到内存中，所以 DataReader 可以提高应用程序的性能、减少系统的负荷。

⨁ DataAdapter 对象扮演"数据配送器"的角色，是数据源与 DataSet 之间的中介，将 SQL 命令的运行结果填入 DataSet 并更新数据源。

15.7   课后习题

一、选择题

（1）下列对于数据库系统的描述，哪一个不正确？（   ）

A. 只能存储数据，不进行任何管理　　　　B. 包含计算机硬设备和操作系统

C. 要有管理数据库的软件　　　　　　　　D. 还要有管理和操作数据库的人员

（2）命名空间"System.Data.Common"提供的功能中，哪一个正确？（   ）

A. 为 ADO.NET 中.NET Framework 数据提供程序

B. 用来链接 Access 数据库

C. 支持 SQL Server 特定的功能

D. 以上都是

（3）对于 DataSet 的功能描述中，哪一个是错误的？（   ）

A. 为 ADO.NET 中主要组件之一　　　　　B. 是实体数据库

C. 能显示查询结果　　　　　　　　　　　D. 由 DataTable 对象的集合所组成

（4）创建数据源后，若以 DataGridView 控件显示数据内容，则下列控件中哪一个不是自动生成的？（   ）

A. TableAdapter 控件　　　　　　　　　　B. BindingSource 控件

C. BindingNavigator 控件　　　　　　　　D. ComboBox 控件

（5）SQL 语句中，SELECT…FROM…中的 FROM 子句须指明什么？（   ）

A. 字段名　　　　B. 查询条件　　　　C. 数据表名称　　　　D. 排序方式

（6）SQL 语句中，要将数据进行排序，需要在 SELECT 子句加上什么子句？（   ）

A. WHERE　　　　B. FROM　　　　C. INSERT　　　　D. ORDER BY

（7）SQL 语句中，说出下列 WHERE 子句的作用？（   ）

A. 找出售价大于 500　　　　　　　B. 找出售价 500~1000

C. 找出售价小于 500　　　　　　　D. 找出售价小于 1000

```
WHERE 售价 BETWEEN 500 AND 1000
```

（8）用程序代码连接数据源，若是 OLE DB，则要导入什么命名空间？（　　）

A. System.Data.Odbc　　　　　　　　　B. System.Data.Service

C. System.Data.Oledb　　　　　　　　　D. System.Data.SqlClient

（9）用程序代码连接数据源，若是 SQL Server，则要导入什么命名空间？（　　）

A. System.Data.Odbc　　　　　　　　　B. System.Data.Service

C. System.Data.Oledb　　　　　　　　　D. System.Data.SqlClient

（10）对于 Connection 对象的描述，哪一个不正确？（　　）

A. OleDbConnection 连接 Access 数据库　　　B. 连接时不用设置连接字符串

C. 以 Open 方法打开数据库　　　　　　　　D. 以 Close 方法关闭数据库

二、填空题

（1）ADO.NET 的架构包含两大类：＿＿＿＿＿＿＿＿＿＿和＿＿＿＿＿＿＿＿＿＿。

（2）".NET Framework 数据提供程序"用于数据操作，提供了 ADO.NET 四个核心组件：
＿＿＿＿＿＿＿＿对象、＿＿＿＿＿＿＿＿对象、＿＿＿＿＿＿＿＿对象和＿＿＿＿＿＿＿＿对象。

（3）设置 DataGridView 控件的＿＿＿＿＿＿＿＿＿＿＿＿＿＿属性，改变其 BackColor，能
呈现奇偶数行颜色交错的效果。

（4）Visual Studio 2013 提供了"查询生成器"来生成 SQL 语句，有两种方法：＿＿＿＿＿＿＿
和＿＿＿＿＿＿＿＿。

（5）将图 15-51 中"查询生成器"各窗格的功能填入：❶为＿＿＿＿＿＿＿窗格；❷为＿＿＿＿＿＿
窗格；❸为＿＿＿＿＿＿窗格；❹为＿＿＿＿＿＿窗格。

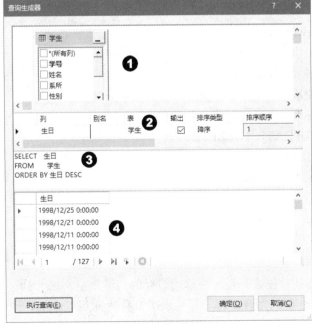

图 15-51　　"查询生成器"对话框

（6）在 SQL 语句中，要新增记录使用＿＿＿＿＿＿指令；更新字段值使用＿＿＿＿＿＿指令；删除记录使用＿＿＿＿＿＿指令。

（7）连接 Access 数据库，设置 ConnectionString 须设置两个属性值：①＿＿＿＿＿和②＿＿＿＿＿＿。

（8）Command 对象会用两个方法来执行 SQL 语句：①＿＿＿＿＿＿＿方法和②＿＿＿＿＿＿＿＿方法。

（9）DataReader 对象用＿＿＿＿方法一笔笔读取数据源的数据。

（10）使用 DataAdapter 处理数据源时，要先用＿＿＿＿＿＿＿对象连接数据库，用 DataAdapter 对象执行 SQL 语句，将结果存入＿＿＿＿＿对象。

三、问答与实践题

（1）请说明关系数据库的特色。

（2）请以实例说明 SQL 语句中，动态查询的 INSERT、UPDATE、DELETE 语句的用法。

（3）通过"数据源配置向导"去连接 Access 数据库的"CH15Db.accdb"，再用 DataGrid-View 显示"课程"数据表的内容。再新增一个窗体显示单笔数据，两个窗体之间能互相调用。

习题答案

一、选择题

（1）A　　（2）A　　（3）B　　（4）D　　（5）C
（6）D　　（7）B　　（8）C　　（9）D　　（10）D

二、填空题

（1）NET Framework 数据提供者　DataSet

（2）Connection　Command　DataReader　DataAdapter

（3）AlternatingRowsDefaultCellStyle

（4）查询标准生成器　TableAdapter 查询配置向导

（5）数据表　标准　SQL　结果

（6）INSERT　UPDATE　DELETE

（7）Provider　DataSource

（8）ExecuteReader　ExecuteNonQuery

（9）Read

（10）Connection　DataSet

三、问答与实践题

（1）关系数据库的数据表，是一个行列组合的二维表格，每一列（垂直）视为一个"字段"（Field），为属性值的集合，每一行（水平）称为元组（tuple，或值组），就是一般所说的"一笔记录"。使用关系数据库，须具有下列特性：

◆ 一个单元格只能有一个存储值。

◆ 每列的字段名都必须是一个单独的名称。

◆ 每行的数据不能有重复性；表示每笔记录都是不相同的。

◆ 行、列的顺序是没有关系的。

◆ 主索引是用来标识行的值，创建数据库后，必须为每个数据表设置一个主索引，其字段值具有唯一性，而且不能有重复。

◆ 关系数据库中，关联种类分为以下 3 种。

- 一对一的关联（1:1）：指一个实体（Entity）的记录只能关联到另一个实体的一笔记录。如一个部门里必定会有员工；相同地，一个员工亦只能隶属一个部门。

- 一对多的关联（1:M）：指一个实体的记录关联到另一个实体的多笔记录。如一个客户会有多笔交易的订单。

- 多对多的关联（M：N）：指一个实体的多笔记录关联到另一个实体的多笔记录。如一个客户可订购多项商品，一项商品也能被不同的客户来订购。

第 **16** 章

语言集成查询——LINQ

学习重点

- ⌘ 学习 LINQ 之前先了解什么是 LINQ。
- ⌘ 根据建立 LINQ 的 3 个步骤来认识建立 LINQ 的基本语法。
- ⌘ LINQ 的应用，简单介绍 LINQ to Object 和 LINQ to SQL。

LINQ 究竟是什么？它有什么迷人之处？它与数据库的 SQL 语句有何差异？现在就开始 LINQ 的探索之旅吧！

16.1 LINQ 简介

LINQ（Language-Integrated Query，语言集成查询）是一种标准且容易学习的查询运算模式。传统上，数据查询用简单的字符串来表示，既不会在编译时进行类型检查，也不支持 IntelliSense。但是使用 LINQ 具有数据查询和语言集成的能力，所以使用 SQL 数据库、XML 文件、各种 Web 服务时，LINQ 将"查询"（Query）变成 C#和 Visual Basic 中第一级的语言构件。它的应用技术包含以下 4 种。

- LINQ to SQL：用来存取 SQL Server 数据库。
- LINQ to XML：使用于 XML 文件的查询技术。
- ADO.NET Dataset：对 DataSet 进行查询运算。
- LINQ to Objects：可以实现 IEnumerable 或 IEnumerable<T>接口的集合。

LINQ 查询操作包含 3 个步骤，如图 16-1 所示。

图 16-1　LINQ 查询操作的 3 个步骤

16.2 基本的 LINQ 语法

通过 LINQ 查询的 3 个步骤来认识 LINQ 的基本查询。

16.2.1 获取数据源

在 LINQ 查询中，第一步是指定数据源。LINQ 技术提供了一致的模型来使用各种数据源的数据。这里还需要"可查询类型"（Queryable Type），支持 IEnumerable<T>或派生接口（例如泛型 IQueryable<T>）的类型。可查询类型不需要进行修改或特殊处理，就可以当成 LINQ 数据源。如果源数据不是内存中的可查询类型，LINQ 提供者必须将它表示为可查询类型。

所以获取数据源的第一步是获取数据源，可以是自定义的数组或者数据库。然后使用 from 子句引入数据源（如 students）和"范围变量"（Range Variable，如 stud）。

```
from 范围变量 in 数据源;
```

- "范围变量"（Range Variable），代表来源序列中的每个表项。
- 数据源的类型必须是 IEnumerable 接口、泛型版本 IEnumerable<T>接口或派生的类型。

```
int[] Scores = {65, 78, 58, 63, 86, 72 };//数据源
```
```
var queryVariable = from score in Scores //创建查询
    select stud;
```
```
IEnumerable<int> QueryVariable = from score in Scores;
```

- 使用 var 关键字将查询变量"queryVariable"声明为隐式类型。
- from 子句之后的 score 是"范围变量"，而 Scores 是"数据源"。
- 未使用查询变量，也可使用 IEnumerable<T>接口指定 T 参数的类型，但它必须与数据源相同。

16.2.2　创建查询

查询时可指定一个或多个数据源来作为数据的提取源，使用类似 SQL 语法来创建查询，也可以让数据在返回之前加入群组来排序。查询会存储于查询变量中，并以查询表达式进行初始化。

查询表达式有 3 个基本子句：from、where 和 select。from 子句指定数据源，where 子句应用筛选条件，而 select 子句指定返回表项的类型。

```
var queryVariable = from score in Score
  select score;
```

- select 后面接的是范围变量，会按执行查询结果来产生值类型。

另一个基本子句就是 where，用来设置过滤条件，然后在查询表达式中返回结果。它会把范围变量以布尔值（Boolean）条件应用到每个来源的表项，并返回指定条件为 True 的表项。

```
var scoreQuery1 =
        from score in Scores
        where score > 80
        select score;
```

- 使用 where，表示要找出范围变量中大于 80 的分数。

要注意的地方是 where 子句采用筛选机制。它可以放置在查询表达式的绝大多数位置，但不能放在第一个或最后一个子句中。where 子句会根据需要在来源表项完成分组之前或分组之后来筛选来源表项，即 where 出现在 group 子句之前或之后。

16.2.3　执行查询

查询变量本身只会存储查询命令。实际执行查询的操作采用"延后执行"（Deferred Execution），下面使用 foreach 循环将查询结果逐一取出。

```
foreach (int ct in scoreQuery1)
```

```
{
    Console.Write(ct + " ");
}
```

另一种方法就是使用"强制立即查询"（Forcing Immediate Exception），其方法有：总计 Sum()、平均 Average()、计数 Count()、最大值 Max()和 Min()最小值。

```
Console.WriteLine("分数大于 60 的有：{0}个",
    scoreQuery1.Count());
```

范例 CH1601A 简单的 LINQ 查询

设置模板为"控制台应用程序"。在 Main()主程序块中编写以下程序代码：

```
13  static void Main(string[] args)
14  {
15      //1.创建数组产生数据源
16      int[] Scores = {65, 78, 58, 63, 86, 92 };
17      //2.创建查询 —— LINQ 查询，范围变量 score，数据源 Scores
18      var scoreQuery1 =
19          from score in Scores
20          where score > 60
21          select score;
22      //Count()方法找出有多少个
23      Console.WriteLine("分数大于 60 的有：{0}个",
24          scoreQuery1.Count());
25      Console.Write("包含：");
26      //3.执行查询，使用 foreach 循环读取查询变量 scoreQuery1
27      foreach (int ct in scoreQuery1)
28      {
29          Console.Write(ct + " ");
30      }
31      Console.Read();
32  }
```

运行：按"Ctrl＋F5"组合键运行此程序，打开"命令提示符"窗口，显示图 16-2 所示的运行结果。

图 16-2 范例 CH1601A 的运行结果

程序说明

* 使用控制台应用程序制作简易查询。创建一个存放分数的数组 Scores 为数据源，再用 from 设置数据源和范围变量 score，where 找出范围变量中分数大于 60 的人，再以 select 指定范围变量，最后以 foreach 循环来完成执行查询并输出结果。
* 第 18~21 行：LINQ 查询语法，范围变量为 "score"。将查询结果存储于查询变量 scoreQuery1 中。

* 第 24 行: 使用查询变量 scoreQuery1 调用 Count()方法来统计出分数大于 60 的人。
* 第 27~30 行: 使用 foreach 循环将存储于查询变量 scoreQuery1 中的结果输出。

认识查询运算符

"标准查询运算符"（Standard Query Operator）是组成 LINQ 的基本架构，前文所介绍的 from、where 和 select 子句以及有 group 和 orderby 子句都是标准查询运算符。这些子句只要有指定的范围变量就能进行查询。但标准查询运算符提供的查询功能不只这些,还包括筛选、投影、汇总（Aggregation）、排序等。

LINQ 标准查询运算符共有两组，其中一组适用于类型为 IEnumerable<T>的对象，而另一组适用于类型为 IQueryable<T>的对象。不同的泛型有各自的方法，可通过它们的静态成员来调用各自的方法。

16.2.4 配合 orderby 和 group 子句

group 子句会返回包含零个或多个符合群组的索引键值的 IGrouping<TKey, TElement>（有共同索引键的对象集合）对象序列。例如，求得各科的平均分来产生的分数序列。在这种情况下，以某个平均值为索引键，它会存储于 Grouping<TKey, TElement>对象的 Key 属性中。编译程序会推断出索引键的类型。通常在查询表达式结尾加上 group 子句。

范例 CH1602A LINQ 查询加入 group 子句

1 创建 Windows 窗体，设置项目名称为"CH1602A.csproj"。在窗体上加入 Button（属性 Name 设置为"btnSearch"，属性 Text 设置为"执行 LINQ"）和 TextBox（属性 Name 设置为"txtShow"，属性 Multiline 设置为"True"，属性 ScrollBars 设置为"Vertical"）。

2 进入程序代码编辑区（Form1.cs），编写以下程序代码:

```
13  public partial class Form1 : Form
14  {
15    //使用 List 来创建 Student 列表作为数据源
16    static List<Student> students = new List<Student>
17    {
18      new Student {Name = "李大同", ID = 111,
19          Scores = new List<int> {97, 92, 81, 60}},
20      new Student {Name = "方镇深", ID = 112,
21          Scores = new List<int> {75, 84, 91, 39}}
22    . . .//省略程序代码
23    };
24  }
```

3 切换到 Form1.cs[设计]选项卡，回到窗体，用鼠标双击"运行"按钮，在"btnSearch_Click"事件过程段中编写以下程序代码:

```
49  private void btnSearch_Click(object sender, EventArgs e)
50  {
```

```
51    string result = null;
52    //创建 LINQ 查询 —— 找出学生中平均分数大于 85 的人
53    var studentQuery =
54      from student in students
55      group student by student.Scores.Average() >= 85;
56    //以 85 平均分数为分界，高于 85 的人放入“平均分数高者”
57    foreach (var studentGroup in studentQuery)
58    {
59      //使用三元运算符 "?:" 来判断 Key 值
60      result += string.Format(studentGroup.Key == true ?
61        "平均分数高者----" : "平均分数低者----") +
62        Environment.NewLine;
63      //以平均分数 85 为分界，输出学生名称和平均分数
64      foreach (var student in studentGroup)
65      {
66        result += student.Name + "\t" +
67          student.Scores.Average() +
68          Environment.NewLine;
69      }
70    }
71    txtShow.Text += result;//以文本框输出
72  }
```

运行：按“Ctrl + F5”组合键运行此程序，打开“窗体”窗口。参照图 16-3，单击“执行 LINQ”按钮，显示出查询结果。

程序说明

图 16-3　范例 CH1602A 的运行结果 1

* 使用 List 类来创建含有学生多科分数的数据源，LINQ 查询加入 group 子句，设置某个平均值为界线，再执行查询结果。

* 使用泛型 List 的 T 变量来填入 Student 类的对象，然后以 List<int> 来创建各科的分数，按照这种方式来产生每位学生的各科成绩。

* 第 49~72 行：单击按钮所触发的事件处理，会执行 LINQ 查询并在文本框上输出结果。

* 第 53~55 行：创建 LINQ 查询，以 Average() 方法来计算各科的平均分数，设置某个平均值为 Key 值，然后 group 子句按照这个 Key 值来查询范围变量 student。

* 第 57~70 行：执行查询，以 group 子句所设置的 Key 值配合 "?:" 运算符来判断范围变量。

* 第 64~69 行：第二层 foreach 循环按照 group 子句的 Key 值将存储于查询变量的范围变量分成两个群组来输出。

orderby 子句

orderby 子句会按某个设置值以升序或降序的顺序来排序。可以指定多个索引键，以执行一个或多个批次的排序操作。排序由表项类型的默认比较运算符（Comparer）来执行，升序为默认的排序操作。例如，根据各科的成绩进行排序，如图 16-4 所示。

 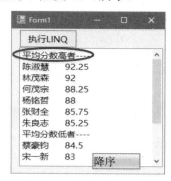

图 16-4　CH1602A 的运行结果 2

```
var studentQuery =
    from student in students
    //orderby 按照各科平均分进行排序
    orderby student.Scores.Average()//默认是升序
    group student by student.Scores.Average() >= 85;
orderby student.Scores.Average()descending//降序排序
```

16.3　LINQ 的应用

前文已提及以 LINQ 技术应用大致分为 4 个方面，下面就以 "LINQ to Object" 和 "LINQ to SQL" 做个通盘性的了解。

16.3.1　LINQ to Object

LINQ to Object 主要是以 LINQ 对象进行查询，范围很广泛，可能是字符串、数组、文件，或者是 ADO.NET 组件。同样它要实现 IEnumerable 或 IEnumerable<T>接口。

范例 CH1603A 要将文件根据特定字符来进行分割，这里加上标准查询运算符 "let" 子句，用来改变 from 子句已设置好的范围变量，让后续的表达式可以根据新的范围变量进行初始化操作。需要注意的是一旦进行初始化，范围变量的值就不能变更了。不过，如果范围变量保留的是可查询的类型，那么还是可以对其进行查询的。

```
var splitQuery = from data in Sample
            let word = data.Split(',');
```

- 使用 let 子句后，范围变量由 "data" 变更为 "word"。

此外，我们使用 group 来创建群组操作。如果要进一步指定群组上更细节细部的表项，可

以配合 "into" 内容关键字来指定暂时的标识符（ID，或主键——Key 值）。最后，以 select 子句或其他 group 子句结束查询。

```
var splitQuery = from data in Sample
    let word = data.Split(',')
    group data by word[2][0] into sysgroup;
```

- into 内容关键字指定 sysgroup，表示范围变量会按照第 3 组字符串的第一个字符作为 Key 值来执行查询。

范例 CH1603A　按文件特定字符来分割

1 设置模板为 "控制台应用程序"。在 Main() 主程序块中编写以下程序代码：

```
14  static void Main(string[] args)
15  {
16    //ReadAllLines()方法读取全部内容
17    string[] Sample = File.ReadAllLines(
18      @"F:\Visual C# 2013 Demo\Easy\Sample03.txt");
19    //设置 LINQ 查询 —— 按文件的逗点来识别字符串
20     var splitQuery = from data in Sample
21        //let 子句将范围变量变更为 word
22        let word = data.Split(',')
23        //第 3 组字符串的第一个字符设为群组 Key 值
24        group data by word[2][0] into sysgroup
25        //按 group 子句的 Key 值进行升序排序
26        orderby sysgroup.Key
27        select sysgroup;
28    //根据 group 子句设置的 Key 属性来创建新的文件
29    foreach (var sys in splitQuery)
30    {
31      //按设置值来创建文本文件
32      string fileName = @"F:\Visual C# 2013 Demo\Easy\" +
33        "CH16File_" + sys.Key + ".txt";
34      Console.WriteLine(sys.Key);
35      //创建写入器
36      using (StreamWriter sw = new StreamWriter
37        (fileName))
38      {
39        foreach (var item in sys)
40        {
41          sw.WriteLine(item);//以整行方式写入
42          Console.WriteLine("{0}", item);
43        }
44      }
45    }
46  }
```

运行：按"Ctrl + F5"组合键运行此程序，打开"命令提示符"窗口，输出如图 16-5 所示的结果。

程序说明

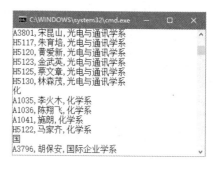

* 将一个 UTF-8 格式的文本文件按"系所"的第一个字符来分割文件内容。

* 第 17~18 行：File 静态类直接调用 ReadAllLines() 方法来读入指定路径的文件名，并存放到 Sample 数组中。

图 16-5　范例 CH1603A 的运行结果

* 第 20~27 行：创建 LINQ 查询。let 子句将原有的范围变量 data 调用 Split() 方法指定"逗点"来分割，重新指派 word 为新的范围变量；group 子句按照此 word 范围将第 3 组字符串设为 Key 值，orderby 也使用此值为升序的根据。

* 第 29~45 行：执行查询时，第一层 foreach 循环按群组的 Key 值来创建文件。

* 第 36~44 行：using 语句创建写入器的资源范围，再以 foreach 循环将整行写入文件。

16.3.2　LINQ to SQL

顾名思义，LINQ to SQL 是用来存取 SQL 数据库的，让运行时的关系数据库以对象模式来管理。也就是以对象模型（Object Model）对应至关系数据库的数据模型，根据对象模型对数据执行操作。表 16-1 所示为对应的说明。

表 16-1　LINQ to SQL 与关系型数据模型的对应

LINQ to SQL 对象模型	关系型数据模型
实体类	数据表
类成员	Column
关联	外键关联性
方法	存储过程或函数

如何使用 LINQ to SQL 来存取 SQL 数据库呢？步骤为：创建对象模型，创建 DataContext 类的对象来作为进入点，创建 LINQ 查询，输出结果。

创建对象模型之前要先导入"System.Data.Linq"和"System.Data.SqlClient"命名空间。使用 System.Data.Linq 下的 DataContext 类来作为 LINQ to SQL 架构的主要进入点，用来管理数据库的连接，追踪数据库的变动和对象状态。数据库数据表是"实体类"（Entity Class）。实体类就如同应用程序中创建的类，是可将自定义属性（TableAttribute）加到声明的类。

```
[Table(Name = "数据表名称")]
```

如果要以 NORTHWND 数据库的 Employees 数据表来对应 LINQ to SQL 对象模型，就要以 Employees 数据表的 EmployeeID、Title 和 BirthDate 三个字段来编写类，程序代码如下：

```
[Table(Name = "Employees")]
class Employee {
    [Column]
```

```
    public int EmployeeID {get; set;}
    [Column]
    public string Title{get;set; }
    [Column]
    public DateTime BirthDate{get; set;}
}
```

- Employees 是 NORTHWND 数据库的数据表，要放在类前。
- EmployeeID、Title、BirthDate 是 Employee 数据表的字段。

范例 CH1603B 自定义类

STEP 1 创建 Windows 窗体，设置项目名称为"CH1603B.csproj"。将"NORTHWND.MDF"数据库复制到此项目文件夹的"bin\Debug"文件夹下。

STEP 2 添加引用 System.Data.Linq。展开"项目"菜单，执行"添加引用"指令来进入"引用管理器"对话框。❶勾选"System.Data.Linq"，❷单击"确定"按钮，如图 16-6 所示。

图 16-6 添加对 System.Data.Linq 的引用

STEP 3 添加一个"Employee.cs"文件，编写以下程序代码：

```
10  [Table(Name = "Employees")]//数据表名称
11  class Employee
12  {
13     //3 个数据表字段
14     [Column]
15     public int EmployeeID {get; set;}
16     [Column]
17     public string Title{get;set; }
18     [Column]
19     public DateTime BirthDate{get; set;}
20  }
```

STEP 4 要以 DataGridView 来读取数据表的内容，所以加入此控件。将 Name 属性设置为"dagvShow"、Dock 属性设置为"Fill"，并在"Form1.cs"中导入相关的命名空间。

```
using System.Data.Linq;
using System.Data.SqlClient;
```

5 在"Form1_Load"事件过程段中编写以下程序代码:

```
22  private void Form1_Load(object sender, EventArgs e)
23  {
24    using (SqlConnection conn = new SqlConnection())
25    {
26      conn.ConnectionString = //创建 SQL Server 连接
27        @"Data Source =(LocalDB)\v11.0;" +
28        "AttachDbFilename = |DataDirectory|" +
29        "NORTHWND.MDF;" +
30        "Integrated Security=True";
31      //获取连接字符串来创建 LINQ to SQL 的进入点
32      DataContext dc = new DataContext(conn);
33      //GetTable()返回 Employee 数据表的对象集合
34      Table<Employee> emp = dc.GetTable<Employee>();
35      //LINQ 查询 —— 获取数据表字段
36      var result = from p in emp
37                   select new{p.EmployeeID,
38                     p.Title, p.BirthDate};
39      dagvShow.DataSource = result;
40    }
41  }
```

运行:按"Ctrl + F5"组合键来运行此程序,打开窗体窗口,显示如图 16-7 所示的运行结果。

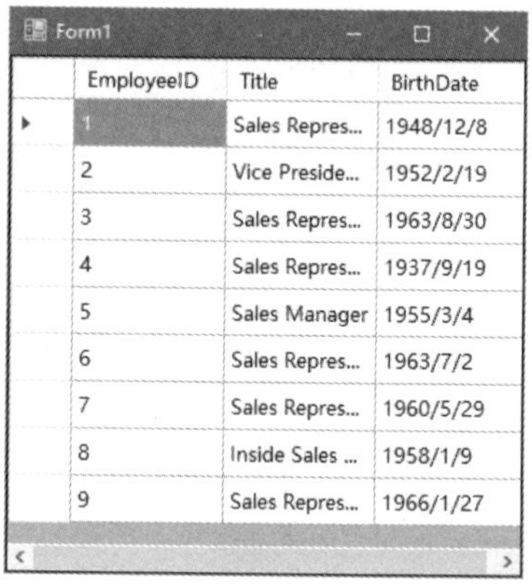

程序说明

* 第 26~30 行:建立数据库的连接。
* 第 32 行:创建 DataContext 的对象为 LINQ to SQL 的进入点。
* 第 34 行:调用 GetTable()方法返回 Employee 数据表的对象集合。
* 第 36~38 行:LINQ 查询,显示数据表字段。

EmployeeID	Title	BirthDate
1	Sales Repres...	1948/12/8
2	Vice Preside...	1952/2/19
3	Sales Repres...	1963/8/30
4	Sales Repres...	1937/9/19
5	Sales Manager	1955/3/4
6	Sales Repres...	1963/7/2
7	Sales Repres...	1960/5/29
8	Inside Sales ...	1958/1/9
9	Sales Repres...	1966/1/27

图 16-7 范例 CH1603B 的运行结果

使用 O/R 设计工具

创建 LINQ to SQL 的第二种方式是使用 O/R 设计工具,简化 LINQ to SQL 的基本工作流程。

范例 CH1603C O/R 设计工具

1 创建 Windows 窗体,设置项目名称为"CH1603C.csproj"。

STEP 2 打开"数据库资源管理器"窗口，❶用鼠标右键单击"数据连接"来展开快捷菜单，❷执行"添加连接"指令，进入"添加连接"对话框，如图 16-8 所示。

STEP 3 设置数据源为"SQL Server 数据库文件"。❶单击"更改"按钮进入"更改数据源"对话框；❷选择"Microsoft SQL Server 数据库文件"；❸单击"确定"按钮，如图 16-9 所示，回到"添加连接"对话框；❹单击"浏览"按钮，将

图 16-8　添加连接

"NORTHWND.MDF"数据库加入项目，最后❺单击"确定"按钮完成设置，如图 16-10 所示。

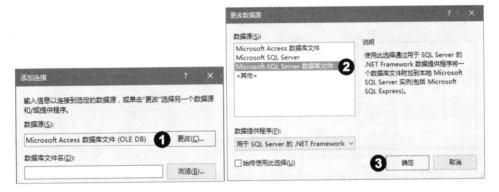

图 16-9　选择添加"Microsoft SQL Server 数据库文件"

图 16-10　将"NORTHWND.MDF"数据库加入项目

STEP 4 展开"项目"菜单，执行"添加新项目"指令，进入"添加新项"对话框。❶选择"LINQ to SQL 类"，❷更改名称为"Customer.dbml"，❸单击"添加"按钮，如图 16-11 所示。

STEP 5 将"数据库资源管理器"的数据表展开，❶找到 Customers 数据表，将其拖曳到"Customer.dbml"窗口，会弹出消息框，提示数据库文件要复制到项目目录下，❷单击"是"按钮，如图 16-12 和图 16-13 所示。

图 16-11　添加 "LINQ to SQL 类"

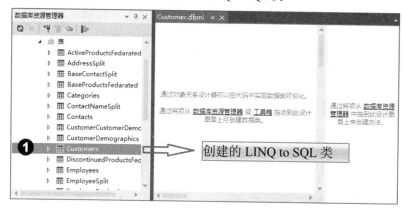

图 16-12　创建 LINQ to SQL 类

STEP **6**　添加好的 "Customers" 类如图 16-14 所示。。

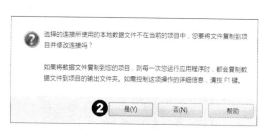

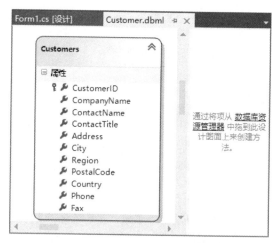

图 16-13　提示数据文件是否要复制到项目文件夹下　　　　图 16-14　添加好的 "Customers" 类

STEP **7**　在窗体中加入 DataGridView 控件，设置属性 Dock 为 "Fill"，更改 Name 为 "dagwShow"，并在 "Form1_Load" 事件过程段中编写以下程序代码：

```
20  private void Form1_Load(object sender, EventArgs e)
21  {
22    CustomerDataContext cust = new
23      CustomerDataContext();
24    var custQuery = from data in cust.Customers
25                select new {data.CompanyName,
26                data.ContactTitle, data.City,
27                data.Address};
28    dagwShow.DataSource = custQuery;
29  }
```

运行：按"Ctrl + F5"组合键运行此程序，打开窗体窗口，显示如图 16-15 所示的运行结果。

图 16-15　范例 CH1603C 的运行结果

程序说明

* 第 22~23 行：由于是创建"LINQ to SQL"类，因此会创建 CustomerDataContext 来作为 LINQ to SQL 的进入点。
* 结论：使用 O/R 设计工具比较简单。

16.4　重点整理

◇ LINQ 将"查询"（Query）变成 C#和 Visual Basic 中第一级的语言构件。它的应用技术包含 4 种：LINQ to SQL 用于存取 SQL Server 数据库；LINQ to XML 用于 XML 文件的查询技术；ADO.NET Dataset 针对 DataSet 进行查询运算；LINQ to Objects 可以实现 IEnumerable 或 IEnumerable<T>接口的集合。

◇ LINQ 查询操作包含 3 个步骤：第一步指定数据源；第二步使用查询变更存储创建的查询结果；第三步执行查询。由于查询变量本身只会存储查询命令，因此实际执行查询的操作采用"延后执行"（Deferred Execution），使用 foreach 循环将查询结果逐一取出。

- from 子句用于引入数据源和"范围变量"（Range Variable）；where 子句用于设置过滤条件，然后在查询表达式中返回结果；orderby 子句会按照某个设置值以升序或降序的顺序排序；group 子句会返回包含零个或多个符合群组索引键值的 IGrouping<TKey, TElement>（有共同索引键的对象集合）对象序列。

- 使用 LINQ to SQL 来存取 SQL 数据库步骤为：创建对象模型，创建 DataContext 类的对象来作为进入点，创建 LINQ 查询，输出结果。

16.5　课后习题

一、选择题

（1）在 LINQ 的标准查询运算符中，哪一个子句用来设置数据源？（　　）

A. select 子句　　　　　B. where 子句　　　　　C. group 子句　　　　　D. from 子句

（2）在 LINQ 的标准查询运算符中，哪一个子句用来设置过滤条件？（　　）

A. select 子句　　　　　B. where 子句　　　　　C. group 子句　　　　　D. from 子句

（3）在 LINQ 的标准查询运算符中，哪一个子句用来设置群组？（　　）

A. select 子句　　　　　B. where 子句　　　　　C. group 子句　　　　　D. from 子句

（4）在 LINQ 的标准查询运算符中，哪一个子句用来设置排序依据？（　　）

A. orderby 子句　　　　B. where 子句　　　　　C. group 子句　　　　　D. from 子句

（5）在 LINQ 的标准查询运算符中，哪一个子句可以变更范围变量、重设范围？（　　）

A. select 子句　　　　　B. where 子句　　　　　C. let 子句　　　　　D. from 子句

（6）在 LINQ 的标准查询运算符中，哪一个子句用来设置数据源？（　　）

A. select 子句　　　　　B. where 子句　　　　　C. group 子句　　　　　D. from 子句

二、填空题

（1）在 LINQ 查询的数据源中可以实现＿＿＿＿＿＿、派生接口或＿＿＿＿＿＿的类型。

（2）LINQ to SQL 架构的主要进入点为＿＿＿＿＿＿类。

（3）使用 LINQ to SQL 来创建对象模型之前要导入＿＿＿＿＿＿和＿＿＿＿＿＿命名空间。

三、实践题

（1）LINQ 技术应用包含哪 4 项？请简单说明。

（2）使用表 16-2 中的数据来创建 LINQ 基本查询。找出 2011 学年选修的人数；按上课教室进行降序排序；以学年为单位，分成 2010、2011、2012 和 2013 四个文本文件，文件名是"选修 2010.txt""选修 2011.txt"……

表 16-2 学生课程数据

学年	选修学生	选修课程	任课老师	上课教室
2010	李大同	经济学（一）	朱美莉	E103
2010	方镇深	应用英文	Dick Kusleika	E203
2010	方镇深	交互式多媒体设计	蔡明建	W507
2010	方镇深	程序设计（一）	Annie Sullivan	W508
2012	方镇深	数字图像处理	朱彰彤	W505
2012	方镇深	人机系统	Kathleen Nebenhaus	W502
2012	方镇深	数据结构	Jodi Jensen	E306
2012	方镇深	云计算	Jodi Jensen	E212
2013	方镇深	移动游戏设计	张培良	W309
2013	方镇深	程序设计（二）	Kathleen Nebenhaus	W508
2011	何茂宗	法律与生活	李家豪	E208
2011	何茂宗	应用英文	Dick Kusleika	E203
2011	何茂宗	语文	吴承谕	E311
2011	何茂宗	交互式多媒体设计	蔡明建	W507
2011	何茂宗	程序设计（一）	Annie Sullivan	W508

习题答案

一、选择题

（1）D　　　（2）B　　　（3）C　　　（4）A　　　（5）C　　　（6）D

二、填空题

（1）IEnumerable<T>　　IQueryable<T>　　　　（2）DataContext

（3）System.Data.Linq　　System.Data.SqlClient

三、实践题

（1）

- LINQ to SQL：用来存取 SQL Server 数据库。
- LINQ to XML：用于 XML 文件的查询技术。
- ADO.NET Dataset：针对 DataSet 进行查询运算。
- LINQ to Objects：可以实现 IEnumerable 或 IEnumerable<T>接口的集合。

（2）略

第**17**章

简易方块游戏

学习重点

- ⌘ 从窗体的坐标系统认识画布的基本运行。
- ⌘ 配合简易游戏介绍 Graphics 类绘图的相关方法。
- ⌘ 制作一个简易方块游戏。

本章的重点是通过前面所学过的 C#程序语句进行综合性的练习，以众所周知的俄罗斯方块（Tetris）为蓝本来编写一个简易的方块游戏，并配合 GDI+让大家了解如何编写游戏。

17.1 图形设备接口

可以通过 Windows 中的"图形设备接口"（Graphics Device Interface，GDI）在 Windows 应用程序中绘出颜色和字体。位于 System.Drawing 命名空间下的 GDI+是旧版 GDI 的扩充版本。GDI+对于绘图路径功能、图像文件格式提供更多支持。GDI+可创建图形、绘制文字，以及将图形图像当作对象来管理，能在 Windows Form 和控件上显示图形图像，其特色是隔离应用程序与显示图形的硬件，让程序设计人员能够创建与设备无关的应用程序。下列命名空间提供了与绘制有关的功能（或函数）。

- System.Drawing：提供对 GDI+基本绘图功能的存取。
- System.Drawing.Drawing2D：提供升级的 2D 和向量图形功能。
- System.Drawing.Imaging：提供升级的 GDI+图像处理功能。
- System.Drawing.Text：提供升级的 GDI+文字处理功能。
- System.Drawing.Printing：提供和打印相关的服务。

17.1.1 窗体的坐标系统

创建图形的首要条件就是认识窗体的版面。对于 Visual Studio 2013 而言，每一个窗体都有自己的坐标系统，起始点位于窗体的左上角(0, 0)，X 轴为水平方向，Y 轴为垂直方向，X、Y 交叉之处可以定位坐标的一个点。绘制图形时，像素（pixel）是窗体的最小单位。一般来说，坐标具有下述特性。

- 坐标系统的原点(0,0)位于窗体图形左上角。
- (X,Y)坐标中，X 值指向水平轴，而 Y 值指向垂直轴。
- 测量单位是窗体图形的高度和宽度的百分比，坐标值介于 0 和 100 之间。

GDI+使用 3 个坐标空间：世界、页面和设备。

- 世界坐标（World Coordinate）：制作特定绘图自然模型的坐标，也就是在 .NET Framework 中传递给方法（method）的坐标。
- 页面坐标（Page Coordinate）：代表绘图接口（例如窗体或控件）使用的坐标系统。通常可以使用属性窗口的 Location 来引用。
- 设备坐标（Device Coordinate）：在屏幕或纸张进行绘图的物理设备所采用的坐标。

使用 DrawLine()方法绘制线条时，语句范例如下：

```
myGraphics.DrawLine(myPen, 0, 0, 160, 80)
```

调用 DrawLine()方法的后 4 个参数((0, 0)和(160, 80))位于世界坐标空间。使用 Graphics 类的相关方法在屏幕上绘制线条之前，坐标会先经过转换，将"世界坐标"转换为"页面坐标"，再将"页面坐标"转换为"设备坐标"。

17.1.2 产生画布

使用 GDI+绘制图形对象时，必须先创建 Graphics 对象，利用绘图接口创建图形图像的对象。创建图形对象的步骤如下：

▶1 创建 Graphics 图形对象。

▶2 将窗体或控件转换成画布。通过 Graphics 对象提供的方法可绘制线条和形状、显示文字或管理图像。

可以通过以下 3 种方式创建 Graphics 图形对象。

- 使用窗体或控件的 Paint()事件：通过 Paint()事件中的事件处理程序 PaintEventArgs 来获取图形对象的引用。处理程序如下：

```
private void Form1_Paint(object sender,
        PaintEventArgs e)
{
    Image bkground = Image.FromFile("10.jpg");
    e.Graphics.DrawImage(bkground, 0, 0);
}
```

- 调用控件或窗体的 CreateGraphics()方法：要在窗体或控件上进行绘图，调用 CreateGraphics()方法可获取该控件或窗体绘图接口的 Graphics 对象引用。

```
Label Show = new Label();
Show.CreateGraphics();
```

- 使用 Image 对象：通过 Image 来创建 Graphics 对象，必须调用 Graphics.FromImage 方法，提供要创建 Graphics 对象的 Image 变量。

```
Image bkground = Image.FromFile("10.jpg");
Graphics.FromImage(bkground);
```

从 Paint 事件中的 PaintEventArgs 获取 Graphics 对象引用的步骤如下：

- 声明 Graphics 对象。
- 变量赋值，以 PaintEventArgs 作为 Graphics 对象的引用。
- 插入程序代码来绘制窗体或控件。

17.2　绘制图形

.NET Framework 提供了 Graphics、Pen、Brush、Font 和 Color 等绘图类，可用于窗体彩绘。

- Graphics：提供画布，就如同画图一般，要有画布对象才能作画。
- Pen：画笔，用来绘制线条或任何几何图形。
- Brush：画刷，用来填充颜色。
- Font：绘制文字，包含字体样式、大小和字体效果。
- Color：设置颜色。

17.2.1　认识 Graphics 类

Graphics 类提供相当多的绘制方法，可参考表 17-1 的说明。

表 17-1　Graphics 的绘制方法

Graphics 方法	说明
Blend()	定义 LinearGradientBrush 对象的渐变图样
BeginContainer()	打开并使用新的图形容器，存储 Graphics 的当前状态
EndContainer()	关闭当前的图形容器
Clear()	清除整个绘图接口，并指定背景颜色来填充
Dispose()	释放 Graphics 所使用的资源
DrawArc()	绘制弧形，由 X、Y 坐标以及宽度和高度指定
DrawBezier()	绘制由 4 个点组成的贝塞尔曲线
DrawCloseCurve()	绘制封闭的基本曲线
DrawImage()	以原始图像的大小在指定位置绘制指定的图像
DrawString()	利用画刷和字体对象在指定位置绘制字符串
FillRang()	为 Point 定义的多边形内部填充颜色
FromImage()	指定 Image 类来产生新的 Graphics 对象
SetClip()	设置剪切区域

使用 DrawImage()方法可以指定 Image 类加载图像，其语法如下：

```
Public Sub DrawImage(image As Image, point As Point)
```

- image：要绘制的 Image。
- point：指定绘制图像的左上角位置。

同样地，配合 CreateGraphics()可将图像显示于指定的控件中，范例如下：

```
//参考范例 CH1701A
private void Form1_Paint(object sender,
        PaintEventArgs e)
{
    Image bkground = Image.FromFile("10.jpg");
    Label Show = new Label();
    Show.CreateGraphics();//创建绘图对象
    Controls.Add(Show);
}
```

* 创建 Image 对象 bkground，配合 FromFile()方法加载图像文件。
* 用新创建的标签对象 Show 来调用 CreateGraphics()方法，以产生绘图对象。

17.2.2　配合画笔绘制线条、几何图形

Graphics 类提供了画布，要有画笔才能在画布尽情挥洒。利用 Pen 类可以绘制线条、几何图形，根据需求还能设置画笔的颜色和粗细。而线条是图形的基本组成，多个线条可以形成矩形、椭圆形等几何形状。Graphics 对象提供实际的绘制，而 Pen 对象用来存储属性，例如线条颜色、宽度和样式。表 17-2 所示为 Pen 类的常用成员说明。

表 17-2　Pen 类的常用成员

Pen 类常用成员	说明
Brush	设置画笔以填充方式来绘制直线或曲线
Color	设置或获取画笔颜色
DashStyle	设置线条的虚线样式，枚举类型可参考表 17-3 的说明
LineJoin	设置连接的两条线
PenType	设置或获取直线样式
Width	设置或获取画笔宽度
Dispose()	释放 Pen 使用的所有资源

Pen 类的构造函数可配合 Brush 设置图形内部，或以 Color 指定颜色，语法如下：

```
Pen(Brush brush)      //指定画刷
Pen(Brush brush, float width)    //设置画刷和画笔的宽度
Pen(Color color)    //指定颜色
Pen(Color color, float width)    //设置颜色和画笔的宽度
```

例如，创建一个具有颜色的画笔：

```
Pen myPen = new Pen(Color.Black, 4);
```

以画笔绘制线条时，既有可能是实线，也有可能是虚线。DashStyle 用来决定线条的样式，各种设置样式可参考表 17-3。

表 17-3　设置样式

DashStyle 枚举类型	说明
Custom	用户自定义虚线样式
Dash	指定含有虚线的线条
DashDot	指定含有"虚线-点"的线条
DashDoDot	指定含有"虚线-点-点"的线条
Dot	指定含有点的线条
Solid	指定实线

绘制线条时可使用 DrawLine()方法，语法如下：

```
public void DrawLine(pen As Pen,
    pt1 As Point, pt2 As Point)
```

绘制有"虚线-点"的线条，简述如下：

```
//参考范例 CH1702A
private void Form1_Paint(object sender,
      PaintEventArgs e)
{
    Pen myPen = new Pen(Color.Black, 4);
    myPen.DashStyle =
          System.Drawing.Drawing2D.DashStyle.DashDot;
    //设置要绘制线条的坐标
    Point pt1 = new Point(10, 100);
    Point pt2 = new Point(200, 100);
    e.Graphics.DrawLine(myPen, pt1, pt2);//绘制线条
}
```

★ 使用 DashStyle 枚举类型时，要导入"System.Drawing.Drawing2D"命名空间，或者在程序代码开头使用 using 语句导入。

使用 Graphics 类绘制矩形可调用 DrawRectangle()方法，范例如下：

```
public void DrawRectangle(Pen pen, int x, int y,
    int width, int height)
```

- pen：使用 Pen 类来决定矩形的颜色、宽度和样式。
- x：绘制矩形左上角的 X 坐标。
- y：绘制矩形左上角的 Y 坐标。
- width：绘制矩形的宽度。
- height：绘制矩形的高度。

如何绘制一个矩形？范例如下：

```
//参考范例 CH1702B
private void Form1_Paint(object sender,
        PaintEventArgs e)
{
    Pen myPen = new Pen(Brushes.Blue, 4);//蓝色画刷
    Graphics gs = e.Graphics;      //①
    gs.DrawRectangle(myPen, 20, 40, 100, 50);//绘制矩形
}
```

* 除了直接调用 Paint()事件中 PaintEventArgs 的 e 对象外，也可将 e 对象赋给 Graphics 对象 gs，再进一步调用相关方法。

若要绘制椭圆形，则可使用 DrawEllipse()方法。它和 DrawRetangle()方法类似，不同的是以矩形产生的 4 个点框住椭圆形，语法如下：

```
public void DrawEllipse(Pen pen, float x, float y,
    float width, float height)
```

- pen：使用 Pen 类来决定椭圆形的颜色、宽度和样式。
- x：定义椭圆形圆框，以左上角为主的 *X* 轴坐标。
- y：定义椭圆形圆框，以左上角为主的 *Y* 轴坐标。
- width：定义椭圆周框的宽度。
- height：定义椭圆周框的高度。

绘制多边形要使用 DrawPolygon()方法，以画笔 pen 配合 Point 数组对象来完成。Point 数组中的每一个点都代表一个顶点的坐标。其语句语法如下：

```
public void DrawPolygon(Pen pen, PointF[] points)
```

* 使用 Point 类的数组方式来构成多边形。

产生多边形的程序范例如下：

```
//参考范例 CH1702B
//产生多边形的坐标
    Point[] pts = {new Point(350, 200),
        new Point(200, 200), new Point(200, 150),
        new Point(250, 50), new Point(300, 80)};
    gs.DrawPolygon(pen3, pts); //绘制多边形
```

先创建坐标数组 pts，再调用 DrawPolygon()产生多边形。

17.2.3 绘制字体

Graphics 类以 DrawString()方法来绘制字体。字体绘制主要包括两部分：字体系列和字体对象，简介如下。

- 字体系列：将字体相同但样式不同的字体组成字体系列。例如，以 Arial 字体来说，

包含 Arial Regular（标准）、Arial Bold（粗体）、Arial Italic（斜体）和 Arial Bold Italic（粗斜体）。

- 字体对象：绘制文字之前要先创建 FontFamily 对象和 Font 对象。FontFamily 对象会指定字体（例如 Arial），Font 对象则会指定大小、样式和单位。此外，当 Font 对象创建完成后便无法修改其属性，若需要不同效果的 Font 对象，则可通过构造函数来自定义 Font 对象。

Font 类常用属性

Font 类常用属性可参考表 17-4 的说明。

表 17-4　Font 类常用属性

Font 类	说明
Bold	设置 Font 为粗体
Italic	设置 Font 为斜体
Strikeout	Font 加上删除线
Underline	Font 加上下划线
FontFamily	获取与 Font 关联的 FontFamily
Height	获取 Font 的行距
Name	获取 Font 的字体名称
Size	获取 Font 的大小，以 Unit 属性指定的单位来测量
Style	获取 Font 的样式信息
SystemFontName	IsSystemFont 属性返回 True，获取系统字体的名称

绘制文字可利用 Graphics 类提供的 DrawString()方法，语法如下：

```
public void DrawString(string s, Font font,
   Brush brush, PointF point)
```

- string：表示要绘制的字符串。
- Font：用来定义字符串的格式。
- Brush：决定绘制文字的颜色和纹理。
- PointF：指定绘制文字的左上角。

善用画刷

一般来说，使用画刷画图时，Brush 类能够绘制矩形、椭圆等相关的几何图形。由于 Brush 是抽象类，因此必须借助派生类才能实现它的方法。另一个画刷是 Brushes，没有继承类，提供了标准颜色，可以直接使用。程序范例如下：

```
//定义一个矩形
Rectangle rect = new Rectangle(80, 80, 200, 100);
//创建绘图对象 gs，配合 Brushes 画一个矩形
Graphics gs;
```

```
gs.Graphics.DrawRectangle(Brushes.Blue, rect);
```

Brush 的派生类让画刷提供各种不同的填充效果，可参考表 17-5 的说明。

表 17-5　各种不同的填充效果

Brush 派生类	说明
SolidBrush	定义单种颜色的画刷
HatchBrush	通过规划样式、前景和背景颜色来定义矩形画刷
TexturlBrush	填充图形的内部
LinearGradienBrush	设置线性渐变
PathGradienBrush	设置路径渐变

使用 SolidBrush 只要配合颜色就能绘制几何对象，其构造函数的语法如下：

```
public SolidBrush(Color color)
```

color 为 Color 结构。

可产生线性渐变的 LinearGradienBrush 的构造函数语法如下：

```
public LinearGradientBrush(Rectangle rect,
    Color color1, Color color2, float angle)
```

- rect：设置矩形的坐标、长和宽。
- color1、color2：设置颜色。
- angle：渐变方向线的角度（角度从 X 轴以顺时针方向来测量）。

以下述范例来说明画刷的用法。

```
//参考范例 CH1702B —— 绘制有阴影效果的字体
  Color brushColor = Color.FromArgb(
      150, Color.DarkCyan);//定义透明度
  //定义画刷
  SolidBrush brushFt = new SolidBrush(brushColor);
  gs.DrawString("Hello!", new Font("Arial", 26),
      brushFt,197.0f, 300.0f);
  gs.DrawString("Hello!", new Font("Arial", 26),
      Brushes.Gray, 200.0f, 302.0f);
```

★ 使用 Font 和 SolidBrush 时，必须使用 new 运算符配合构造函数来创建新的对象。
★ 如果使用的画刷是 "Brushes" 类，就只能用来指定标准颜色，不需要创建新的对象。

17.2.4　Color 结构

Color 结构提供的颜色为 ARGB，以 32 位值表示，以 8 个位分别代表 Alpha（透明度）、Red（红色）、Green（绿色）和 Blue（蓝色）。Alpha 值表示颜色的透明度，也就是颜色与背景颜色混合的程度。Alpha 值的范围为 0～255，0 表示完全透明的颜色，255 表示完全不透明的

颜色。要设置这些颜色，可调用 Color 结构中的 FromArgb 方法，语法如下：

```
public static Color FromArgb(int alpha, int red,
    int green, int blue)
```

- alpha 代表透明值，要设为不透明颜色，就要把 alpha 设为 255。
- red、green、blue 代表红、绿、蓝的颜色设置，设置值在 0~255 之间。

前面学过了如何使用 DrawRectangle()方法绘制矩形，若要为矩形填充颜色则可使用 FillRectangle()方法，语法如下：

```
public void FillRectangle(Brush brush,
    Rectangle rect)
```

- brush：除了使用画刷外，也可以使用相关的派生类。
- rect：表示要绘制的矩形，要设置 X、Y 坐标及其长与宽。

配合画刷来产生一个填充线性渐变颜色的矩形，程序范例如下：

```
//参考范例 CH1702C
private void Form1_Paint(object sender,
        PaintEventArgs e)
{
    Graphics gs = e.Graphics; //绘图对象
    //定义颜色①
    Color colr1 = Color.FromArgb(200, 250, 0, 255);
    Color colr2 = Color.FromArgb(150, 15, 255, 0);
    //定义矩形②
    Rectangle rect = new Rectangle(20, 20, 200, 250);
    //设置画刷③
    LinearGradientBrush brush = new
        LinearGradientBrush(rect, colr1, colr2, 60.0f);
    gs.FillRectangle(brush, rect); //矩形填充线性渐变颜色
}
```

① 调用 Color 结构的 FromArgb()方法来定义线性渐变画刷的颜色。
② 定义矩形的坐标、长和宽。
③ 调用 LinearGradientBrush 的构造函数，设置相关参数。

17.3　简易方块游戏

制作一个简易的方块游戏，这里参考了俄罗斯方块游戏的相关规则。不过它并不是一个完整的游戏。配合 GDI+相关方法，可以让大家了解 C#程序设计语言的应用。游戏规划如图 17-1 所示。

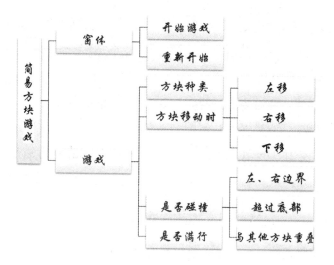

图 17-1　简易方块游戏的规划

17.3.1　游戏界面说明

将游戏规划为大小两个界面，主界面会显示落下的方块，另一个小界面上显示下一次要产生的方块。单击"开始"按钮启动游戏，游戏结束后可以在主界面单击鼠标，让游戏重新开始，如图 17-2 所示。

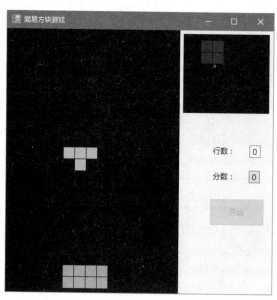

图 17-2　游戏界面 1

在游戏过程中（见图 17-3），可以使用上、下、左、右箭头键（或方向键），简单说明如下：

- 左、右箭头键让方块左、右移动。
- 向下箭头键可以改变方块下落的速度。
- 向上箭头键可以改变方块的方向。

当游戏结束时（见图 17-4），可以在界面上单击鼠标，让游戏重新开始。

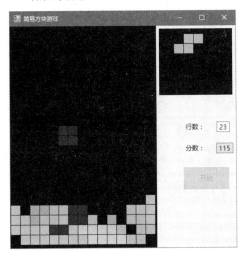

图 17-3　游戏界面 2

图 17-4　结束时的界面

17.3.2　方块的版面

利用坐标的概念创建一个 20×20 的小方块。方块占据的地方会涂上单色，没有方块的地方就以背景色覆盖。所以在游戏过程中要不断地检查以下内容。

- 移动的方块要不断去检查它是否超出左、右和底部的边界。
- 是否和其他方块重叠。
- 是否满行，如果满行，就要将整个主界面的方块下移一行。

可以使用两个标签（Label）控件来计算满行消去的行数和得到的分数。

17.3.3　方块的组成和移动

俄罗斯方块由以下 7 种方块组成。

- 田型方块：程序代码中以英文字 O 表示，它只有一种形状，如图 17-5 所示。

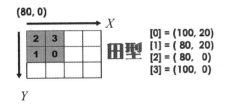

图 17-5　田型方块

- L 形方块：加上旋转会有 4 种不同的形状，如图 17-6 所示。
- J 型方块：反向的 L 型，加上旋转后会再产生 3 种形状，如图 17-7 所示。
- S 型方块：加上旋转共有两种形状，如图 17-8 上半部分所示。
- Z 型方块：与 S 型方块方向相反，加上旋转也有两种形状，如图 17-8 下半部分所示。

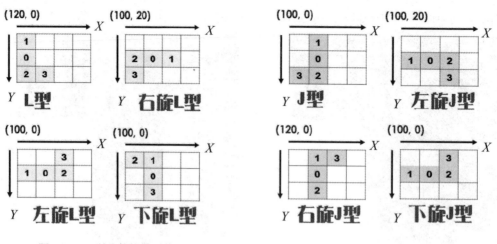

图 17-6　L 型及其旋转形状　　　　　图 17-7　J 型及其旋转形状

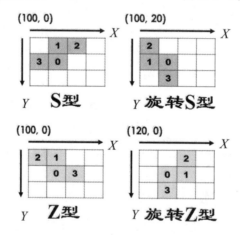

图 17-8　S 型及其旋转形状和 Z 型及其旋转形状

- T 型方块：3 种旋转形状，如图 17-9 所示。
- "一"型方块：还有一个旋转的 I 型方块，如图 17-10 所示。

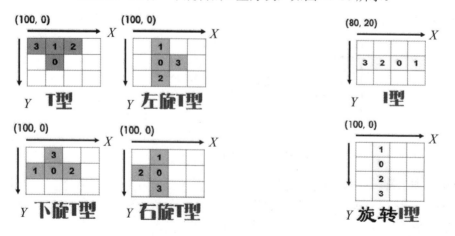

图 17-9　T 型及其旋转形状　　　　　图 17-10　I 型及其旋转形状

17.3.4 简易方块游戏相关信息

通过前面的学习，我们对方块的组成有了基本概念，这里需要将每种形状及其不同方向的旋转汇集到项目中，现在来编写程序代码。

范例 Square.csproj

1 项目采用 Windows 窗体，使用的文件如表 17-6 所示。

表 17-6 项目使用的文件

名称	说明
Form1	游戏的操作界面
Square	类，创建方块的主要内容

2 窗体使用的控件如表 17-7 所示。

表 17-7 项目使用的控件

控件	属性	值	控件	属性	值
panel1	Name	mainPanel	Label1	Text	
行数	panel2	Name	previewPanel	Label2	
Text	分数	Button	Name	btnStart	Label3
Name	lblSaveRow	Timer1	Name	tmrGame	
Lable4	Name	lblScore			

3 加入类 Diamond，使用的相关方法用表 17-8 来说明。

表 17-8 使用的相关方法

方法名称	说明
baseSquare()	创建方块的基本样式，共 7 种
decorateBricks()	按传入的控件来初始化游戏区域
drawBrick()	针对单个方块进行上色操作
gameWroking()	创建游戏主界面，为小方块填上背景色
prepareGameSqr()	准备改变方块的样式
cleanGameBrick()	清除游戏界面
purifyBkground()	针对当前方块所在区域重上背景色
changeSquareType	按基本方块来列出所有可改变方向的方块
ProceedWith()	按传入参数来决定方块的移动方向
sweepFullRows()	当方块满行时将整个界面的方块下移
checkOverBound()	检查移动中的方块是否超出左、右和底部边界

4 窗体配合控件所编写的程序代码中使用的事件或方法名称如表 17-9 所示。

表 17-9　所使用的事件或方法名称

事件或方法名称	说明
btnStart_Click()事件	按下鼠标，游戏开始
gmrGame_Tick()事件	启动 Timer 定时器
Form1_KeyDown()事件	按下键盘的向上、向左、向右和向上箭头键
Form1_KeyUp()事件	放开键盘引发的事件
mainPanel_Paint()事件	将没有方块的地方填上背景色
mainPanel_MouseClick()事件	单击 Panel 控件让游戏重新开始
previewPaint()方法	创建预览下一个方块的区域（小界面）

5 由于 Diamond 类和窗体都会用到 Graphics 类，因此要在每个类的开始导入命名空间。

```
01  using System.Drawing;
```

6 Diamond 类使用的方法简单说明如下：

```
02  Point[] moveSquare = new Point[4];//移动中的方块
03  Control gameControl = new Control();
04  public void cleanGameBrick()
05  {
06      //调用绘图对象
07      Graphics g = gameControl.CreateGraphics();
08      for (int i = 0; i < moveSquare.Length; i++)
09      {
10        //创建方块组区域
11        Rectangle brick = new Rectangle(
12          moveSquare[i].X, moveSquare[i].Y, 20, 20);
13        //将每个方块涂上相同背景色
14        drawBrick(g, new SolidBrush(
15          Color.Black), brick);
16      }
17  }
```

程序说明

* 第 2 行：此处使用坐标来定位每个小方块，以 4×4 方格来绘制不同形状的方块组，所以 moveSquare 代表移动中的方块，以数组表示。
* 第 3 行：使用 Control 控件类来调用窗体上使用的两个控件 Panel，并用 gameControl 对象来调用 CreateGraphics()方法，以创建绘图对象。
* 第 4~17 行：游戏开始，先以背景色来清除游戏区域。

7 Diamond 类的方法 baseSquare()会接收一个参数值，选择方块的类型（样式）。

```
18  private const int SquareSize = 20;//定义方块大小
19  public const int START_X = 120;
20  public const int START_Y = 20;
21  public Point startPt = new Point(START_X, START_Y);
22  public void baseSquare(int opt)
23  {
24      //设置方块的起始位置
25      moveSquare[0] = startPt;
26      switch (opt)//按枚举类型获取方块样式
27      {
28          case 1://田型方块
29          {
30              //设置第2、3、4个方块的位置
31              moveSquare[1] = new Point(startPt.X -
32                  SquareSize, startPt.Y);
33              moveSquare[2] = new Point(
34                  startPt.X - SquareSize,
35                  startPt.Y - SquareSize);
36              moveSquare[3] = new Point(startPt.X,
37                  startPt.Y - SquareSize);
38              //方块的颜色、样式编号值
39              SmallSqr = Color.Maroon;//设置颜色
40              Option = 1;
41              break;
42          }
43          case 2://L型方块
44          {
45              moveSquare[1] = new Point(startPt.X,
46                  startPt.Y - SquareSize);
47              moveSquare[2] = new Point(startPt.X,
48                  startPt.Y + SquareSize);
49              moveSquare[3] = new Point(
50                  startPt.X + SquareSize,
51                  startPt.Y + SquareSize);
52              SmallSqr = Color.Lime;
53              Option = 3;
54              break;
55          }
56      }
57  }
```

程序说明

★ 第 28~42 行：田型方块，根据坐标来创建方块组。由于第一个小方块的坐标可以设置

坐标值来维持定点，因此从第二个小方块开始设置。由于它无论如何旋转也只有一个形状，因此变量 option = 1。

* 第 43~55 行：L 型方块旋转后可以产生 3 种形状，所以 option = 3，表示它会传递此值去获取 L 型方块旋转后的形状。与此方法有关的是 changeSquareType()，它同样接收 int 参数，列出方块所有的形状（包含旋转后的形状），共有 19 种。

8 Diamond 类的方法 public void ProceedWith(int dict) 用来判断游戏中方块的移动，有 3 种：左移、右移和下移。

```
58  Point[] preSquare = new Point[4];//下一个方块
59  public void ProceedWith(int dict)
60  {
61     switch (dict)
62     {
63       case 0: //下移
64       {
65         //读取每个小方块
66         for (int i = 0; i < preSquare.Length; i++)
67           //小方块下移一个位置
68           preSquare[i] = new Point(preSquare[i].X,
69             preSquare[i].Y + SquareSize);
70           break;
71       }
72     }
73  }
```

程序说明

* 第 63~71 行：先用传进来的参数判断方块的移动方向，再用 for 循环来读取每个移动的小方块。
* 既然是移动中的方块，就要判断是否碰到了左、右边界，或者方块落到了底部。另一个有关的方法是 public bool checkOverBound(int activ)，根据传入的参数值来查看方块是否碰触到了边界。若临时所设的变量值小于小方块本身，则方块可能碰到了边界。

9 Diamond 类的方法 purifyFullRows(int Max, int Min) 用来判断是否满行！如果满行，就将整个界面下移一行，并将数值写入得分中。

```
74  bool[] fillSquare_Is = { //方块组某行是否有方块
75     false, false, false, false };
76  public void purifyFullRows(int Max, int Min)
77  {
78     //存储方块组在某行的最大、最小值
79     int tmpLarge = Large / SquareSize;
80     int tmpSmall = Small / SquareSize;
```

```
81     bool check_is = false;
82     //初始化新行，返回 false 表示小方格是空的
83     for (int i = 0; i < LENGTHS; i++)
84       fillSquare_Is[i] = false;
85     int vary = moveSquareY;//存储某行最大方块组的 Y 坐标
86     //for 循环进行检查，如果得到最小行的值已经大于 19 就表示出界了
87     for (int i = 0; i < 4; i++)
88     {
89       if ((tmpSmall + i) > 19)//如果超出边界
90         break;//停止查看
91         check_is = false;
92         //前行有空格
93         for (int k = 0; k < screenW; k++)//
94         {
95           if (!Coorda_Is[k, tmpSmall + i])//位置是空的
96           {
97             check_is = true;
98             break;
99           }
100        }
101      if (!check_is)//如果已经满行
102      {
103          fillSquare_Is[i] = true;
104      }
105    }
106  }
107 }
```

程序说明

* 第 83~84 行：利用布尔值 fillSquare_Is（本身为数组）进行检查操作，false 表示没有小方块。
* 第 87~106 行：外层 for 循环查看用于填满行的方块是否出界了。
* 第 93~100 行：内层 for 循环查看方块是否有满行的情况。
* 第 101~104 行：如果是满行，就修改 fillSquare_Is 的存储状态。

🢂10 按键盘上的按键时窗体产生 KeyDown()事件。

```
108 Diamond haveFun, preViewSqr;
109 haveFun = new Diamond();//进行游戏的方块
110 preViewSqr = new Diamond();//下一个方块
111 private void Form1_KeyDown(object sender,
112     KeyEventArgs e)
113 {
```

```
114    if (!IsPlay)//如果游戏未开始
115       return;
116    //若按向上箭头键，则改变方块的方向（旋转）
117    if (e.KeyCode == Keys.Up)
118       haveFun.prepareGameSqr();
119
120    //若按向下箭头键，则改变速度
121    if (e.KeyCode == Keys.Down)
122    {
123       tmrGame.Interval = 300;//增加下移的速度
124       haveFun.ProceedWith(0);//方块下移
125    }
126    //若按向左或向右箭头键，则移动方块
127    if (e.KeyCode == Keys.Left)
128       haveFun.ProceedWith(1);
129    if (e.KeyCode == Keys.Right)
130       haveFun.ProceedWith(2);
131    }
```

程序说明

* 第 117~118 行：利用键盘事件的 KeyEventArgs 类的 e 对象来获取属性 KeyCode，以获取按键值。

* 在箭头键中，按向上键可以旋转方块，按向下键可以加快方块落下的速度，按向左或向右键可以移动方块。